BOLI SHENJIAGONG JISHU YU SHEBEI

玻璃深加工技术与设备

赵金柱 主 编

刘志海 马 军 副主编

化学工业出版社

·北京·

本书主要对玻璃深加工生产工艺与设备进行了阐述，力求使玻璃深加工既有一定的理论深度又具有实践意义。全书内容包括：玻璃的基础知识、玻璃深加工预处理工艺及设备、玻璃的热弯与钢化、玻璃的镀膜、夹层玻璃、中空玻璃等。

本书不仅适合从事玻璃深加工工作的一般技术人员使用，也适合作为相关专业的大专院校教材。

图书在版编目（CIP）数据

玻璃深加工技术与设备/赵金柱主编．—北京：化学工业出版社，2012.6（2023.3重印）

ISBN 978-7-122-14161-3

Ⅰ．玻…　Ⅱ．赵…　Ⅲ．玻璃-加工　Ⅳ．TQ171.6

中国版本图书馆 CIP 数据核字（2012）第 082707 号

责任编辑：仇志刚　　文字编辑：陈　雨

责任校对：王素芹　　装帧设计：杨　北

出版发行：化学工业出版社（北京市东城区青年湖南街 13 号　邮政编码 100011）

印　　装：北京盛通数码印刷有限公司

710mm×1000mm　1/16　印张 21¼　字数 436 千字　2023 年 3 月北京第 1 版第 11 次印刷

购书咨询：010-64518888　　售后服务：010-64518899

网　　址：http://www.cip.com.cn

凡购买本书，如有缺损质量问题，本社销售中心负责调换。

定　　价：59.00 元

编写人员名单

主　　编：赵金柱

副 主 编：刘志海　马　军

参编人员：石新勇　郭志敏　谢志峰　陈国强　陈　霞

刘延国

前　言

近年来，玻璃深加工行业得到了迅猛的发展。但是有关玻璃深加工技术的系统资料、书籍还是不够，缺乏这方面系统性和针对性的书籍，难以满足现在行业发展的要求和高职高专的教育要求。高职高专较之过去传统的本科及大专教育应该更多强调实际操作能力的培养。本书正是在这种思想指引下编写的。

本书主要由玻璃的基础知识、玻璃加工预处理工艺及设备、玻璃的热弯与钢化、玻璃的镀膜、夹层玻璃、中空玻璃等部分构成，主要对玻璃深加工生产工艺及设备进行阐述，力求使玻璃深加工既有理论深度又具有实践意义。

本书在编写过程中得到了李勇、马誉荣、朱洪祥等著名专家学者的指导和帮助，付建利、孙美红、张志路为本书提供了一些资料，在此向他们表示感谢。

由于笔者水平所限，疏漏恐难避免，敬请广大读者批评指正。

编　者

2012 年 3 月

目　录

1　概述 …… 1
1.1　玻璃的基础知识 …… 1
1.1.1　玻璃的结构 …… 1
1.1.2　玻璃的性质 …… 10
1.2　玻璃的缺陷 …… 14
1.2.1　概述 …… 14
1.2.2　气泡 …… 14
1.2.3　析晶与结石（固体夹杂物） …… 15
1.2.4　条纹和节瘤（玻璃态夹杂物） …… 15
1.2.5　光学变形（锡斑） …… 16
1.2.6　划伤（磨伤） …… 16
1.3　玻璃深加工方式方法 …… 17
1.3.1　提高玻璃的强度，增强玻璃的安全性 …… 17
1.3.2　改变平板玻璃的几何形状 …… 17
1.3.3　玻璃表面处理 …… 17
1.3.4　隔热隔声玻璃组件 …… 18
1.4　玻璃深加工技术的发展趋势 …… 19
1.4.1　镀膜玻璃的涂层材料开发 …… 19
1.4.2　夹层玻璃及贴膜玻璃膜片开发 …… 19
1.4.3　各种玻璃合理组合开发新品种 …… 19
1.4.4　能产生特色功能的玻璃原料开发 …… 20
2　玻璃加工预处理工艺及设备 …… 21
2.1　研磨和抛光 …… 21
2.1.1　研磨与抛光机理 …… 21
2.1.2　研磨与抛光材料 …… 24
2.1.3　影响玻璃研磨过程的主要工艺因素 …… 24
2.1.4　影响玻璃抛光过程的主要工艺因素 …… 26
2.2　玻璃装卸板和堆垛设备 …… 27
2.2.1　真空吸盘架 …… 27
2.2.2　自动装卸板和堆垛设备 …… 28
2.2.3　玻璃机械手 …… 28

2.3 切割……29
2.3.1 高压水切割……29
2.3.2 机械切割……30
2.3.3 火焰切割……31
2.3.4 水平式夹层玻璃自动切割机……32
2.3.5 玻璃切割的注意事项……32
2.4 玻璃磨边……33
2.4.1 主要的磨边设备……33
2.4.2 磨边产品的质量问题……37
2.5 玻璃钻孔……38
2.5.1 玻璃钻孔的主要方法……39
2.5.2 钻孔的设备……40
2.6 玻璃清洗干燥……42
2.6.1 玻璃清洗方法……43
2.6.2 玻璃清洗应达到的标准……47
2.6.3 玻璃清洗机……47
2.6.4 清洗液的选择……49
2.6.5 预防清洗干燥机卡玻璃……50
2.6.6 清洗干燥时容易产生的缺陷……50
2.7 玻璃深加工预处理操作规程……50
2.7.1 切割上下片操作规程……50
2.7.2 玻璃切割机操作规程……51
2.7.3 玻璃双边直线圆边机操作规程……52
2.7.4 玻璃清洗机操作规程……52
3 玻璃的热弯与钢化……54
3.1 热弯……54
3.1.1 概述……54
3.1.2 热弯的分类……54
3.1.3 热弯玻璃的温度控制……55
3.1.4 热弯玻璃的设备……55
3.1.5 热弯模具的制作……57
3.1.6 特殊热弯玻璃的退火问题……58
3.2 物理钢化玻璃……58
3.2.1 物理钢化的意义及性质……58
3.2.2 物理钢化玻璃的原理……60
3.2.3 钢化玻璃炉的设计……68
3.2.4 玻璃物理钢化的生产工艺……79

3.2.5 特殊钢化玻璃技术 …… 82
3.2.6 钢化玻璃生产线及其设备 …… 93
3.2.7 钢化玻璃常见缺陷及解决措施 …… 112
3.2.8 钢化炉参数设定的参考准则 …… 119
3.2.9 钢化炉操作及保养维护 …… 123
3.2.10 钢化玻璃的应用 …… 125
3.3 化学钢化工艺及设备 …… 127
3.3.1 玻璃化学钢化的机理 …… 127
3.3.2 化学钢化玻璃的性能 …… 128
3.3.3 化学钢化玻璃的分类 …… 128
3.3.4 离子交换化学钢化 …… 128
4 玻璃的镀膜 …… 138
4.1 镀膜玻璃概述 …… 138
4.1.1 镀膜玻璃定义及分类 …… 139
4.1.2 镀膜玻璃的发展历史 …… 139
4.2 化学气相沉积法 …… 141
4.2.1 离线 CVD 法 …… 141
4.2.2 在线 CVD 法 …… 142
4.3 溶胶-凝胶法 …… 145
4.3.1 成膜原理 …… 145
4.3.2 浸镀溶液 …… 147
4.3.3 凝胶浸镀法的制膜方法 …… 149
4.3.4 凝胶浸镀法的优缺点 …… 151
4.4 真空蒸镀法 …… 151
4.4.1 真空蒸镀法原理 …… 151
4.4.2 真空蒸镀法的种类 …… 153
4.4.3 真空蒸镀法的工艺及设备 …… 157
4.4.4 薄膜形成过程 …… 158
4.4.5 镀膜条件对膜层的影响 …… 159
4.4.6 提高膜的附着强度的措施 …… 160
4.4.7 真空蒸镀法生产中常见的质量问题及解决办法 …… 162
4.5 阴极磁控溅射法 …… 165
4.5.1 溅射原理 …… 165
4.5.2 磁控溅射工艺 …… 166
4.5.3 磁控溅射生产材料 …… 167
4.5.4 磁控溅射法的生产方式和工艺流程 …… 172
4.5.5 溅射法生产镀膜玻璃的特点 …… 174

4.5.6 溅射法生产镀膜玻璃的注意事项 …… 175
4.5.7 蒸镀法与溅射法的比较 …… 176
4.6 阳光控制镀膜玻璃 …… 177
4.6.1 概述 …… 177
4.6.2 膜层材料及膜系结构 …… 177
4.6.3 节能原理 …… 179
4.6.4 阳光控制镀膜生产技术 …… 180
4.6.5 阳光控制镀膜玻璃的性能及应用 …… 183
4.7 低辐射玻璃 …… 184
4.7.1 概述 …… 184
4.7.2 Low-E 玻璃节能原理 …… 186
4.7.3 离线 Low-E 玻璃 …… 187
4.7.4 在线 Low-E 玻璃 …… 190
4.7.5 离线 Low-E 玻璃与在线 Low-E 玻璃的区别 …… 193
4.7.6 低辐射玻璃的应用 …… 198
4.7.7 Low-E 玻璃的发展趋势 …… 205
4.7.8 Low-E 玻璃技术要求及检测方法 …… 206
4.8 纳米自洁净玻璃 …… 206
4.8.1 纳米自洁净玻璃概述 …… 206
4.8.2 纳米自洁净玻璃的特性 …… 207
4.8.3 纳米自洁净玻璃的应用前景 …… 207
4.9 镀银玻璃镜 …… 208
4.9.1 真空镀铝玻璃镜 …… 208
4.9.2 化学镀银玻璃镜 …… 208
4.10 镀膜玻璃常见质量问题 …… 211
4.10.1 划伤或擦伤 …… 211
4.10.2 掉膜 …… 212
4.10.3 斑点或斑纹 …… 212
4.10.4 镀膜玻璃热炸裂成因及预防 …… 213
5 夹层玻璃 …… 216
5.1 夹层玻璃分类及性能 …… 216
5.1.1 夹层玻璃分类 …… 216
5.1.2 夹层玻璃特点及性能 …… 217
5.2 夹层玻璃的制备 …… 224
5.2.1 夹层玻璃的原材料 …… 224
5.2.2 干法夹层玻璃的制备方法 …… 232
5.2.3 影响干法夹层玻璃质量的因素 …… 243

5.2.4　湿法夹层玻璃的制备方法 …… 244
5.2.5　影响湿法夹层玻璃质量的因素 …… 246
5.2.6　湿法夹层工艺的特点 …… 247
5.2.7　EN胶片夹层玻璃的生产工艺及设备 …… 247
5.3　防弹（防盗）玻璃 …… 248
5.3.1　概述 …… 248
5.3.2　防弹（防盗）玻璃的结构与性能 …… 249
5.3.3　防弹（防盗）玻璃的制备 …… 256
5.3.4　防弹（防盗）玻璃检验标准 …… 257
5.3.5　防弹（防盗）玻璃的应用 …… 257
5.4　防火玻璃 …… 258
5.4.1　防火玻璃的种类 …… 258
5.4.2　防火玻璃特点及性能 …… 262
5.5　夹层玻璃的应用 …… 263
5.5.1　建筑领域 …… 264
5.5.2　汽车领域 …… 265
5.5.3　航空领域 …… 265
5.5.4　其他领域 …… 265
5.6　夹层玻璃操作规程 …… 265
5.6.1　合片操作细则 …… 265
5.6.2　预压操作细则 …… 266
5.6.3　高压釜工艺操作规程 …… 269
6　中空玻璃 …… 270
6.1　中空玻璃的定义与分类 …… 270
6.1.1　中空玻璃的定义 …… 270
6.1.2　中空玻璃的分类 …… 270
6.2　中空玻璃的种类及材料 …… 272
6.2.1　中空玻璃的种类 …… 272
6.2.2　中空玻璃的原材料 …… 273
6.3　中空玻璃生产工艺 …… 285
6.3.1　复合胶条式中空玻璃生产工艺 …… 285
6.3.2　槽铝式中空玻璃生产工艺 …… 286
6.3.3　中空玻璃生产过程中的质量控制 …… 287
6.4　中空玻璃的性能特点及影响因素分析 …… 293
6.4.1　中空玻璃的性能特点 …… 293
6.4.2　影响中空玻璃节能性能的因素分析 …… 293
6.4.3　影响中空玻璃耐久性和密封寿命的因素分析 …… 299

6.5　中空玻璃成型设备 …………………………………………………… 300
6.5.1　复合胶条式中空玻璃主要成型设备 ………………………………… 300
6.5.2　槽铝式中空玻璃主要成型设备 ……………………………………… 301
6.5.3　多种加工设备的调整及维护保养 …………………………………… 303
6.6　中空玻璃耐久性分析 …………………………………………………… 310
6.6.1　中空玻璃的失效原因及预防措施 …………………………………… 310
6.6.2　中空玻璃出现炸裂的原因 …………………………………………… 315
6.6.3　低辐射 Low-E 玻璃加工中空玻璃常见问题及分析 ……………… 318
6.6.4　粘接工艺对中空玻璃密封胶粘接性能的影响 ……………………… 321
6.6.5　密封胶的常见问题及解决措施 ……………………………………… 324
6.6.6　丁基胶在涂布过程中产生的缺陷 …………………………………… 325
6.6.7　密封胶不实 …………………………………………………………… 326
参考文献……………………………………………………………………… 328

1 概　述

1.1 玻璃的基础知识

1.1.1 玻璃的结构

玻璃的物理化学性质不仅决定于其化学组成，而且与其结构有着密切的关系。只有认识玻璃的结构，掌握玻璃成分、结构、性能三者之间的内在联系，才有可能通过改变化学成分、热历史或利用某些物理的、化学的处理方法，制取符合预定物理化学性能的玻璃材料或制品。

1.1.1.1 玻璃的特性

玻璃是非晶态固体的一个分支，由熔体过冷所得增大而具有固体机械性质的无定形物体。习惯上常称之为“过冷的液体”。

在自然界中固体物质存在着晶态和非晶态两种状态。所谓非晶态是以不同方法获得的以结构无序为主要特征的固体物质状态。玻璃态是非晶态固体的一种，玻璃中的原子不像晶体那样在空间作远程有序排列，而近似于液体，具有近程有序排列。玻璃像固体一样能保持一定的外形，而不像液体那样在自重作用下流动。玻璃态物质具有下列主要特征。

(1) 各向同性　玻璃态物质的质点排列是无规则的，是统计均匀的，所以，玻璃中不存在内应力时，其物理化学性质（如硬度、弹性模量、热膨胀系数、热传导系数、折射率、电导率等）在各方向上都是相同的。但当玻璃中存在应力时，结构均匀性就遭到破坏，玻璃就会显示各向异性，如出现明显的光程差等。

(2) 介稳性

所谓玻璃处于介稳状态，是因为玻璃是由熔体急剧冷却而得，由于在冷却过程中黏度急剧增大，质点来不及作形成晶体的有规则排列，系统的内能不是处于最低值，而是处于介稳状态；但尽管玻璃处于较高能态，由于常温下黏度很大，因而实际上不能自发地转化为晶体；只有在一定的外界条件下，即必须克服物质由玻璃态转化为晶态的势垒，才能使玻璃析晶。因此，从热力学的观点看，玻璃态是不稳定的，但从动力学的观点看，它又是稳定的。因为它虽具有自发放热转化为内能较低的晶体的倾向，但在常温下，转变为晶态的概率很小，所以说玻璃处于介稳状态。

(3) 无固定熔点

玻璃态物质由固体转变为液体是在一定温度区间（转化温度范围内）进行的，

它与结晶态物质不同，没有固定熔点。当物质由熔体向固体转化时，如果是结晶过程，在系统中必有新相生成，并且在结晶温度，性质等许多方面发生突变，但是，当物质由熔体向固态玻璃转化时，随着温度的逐渐降低，熔体的黏度逐渐增大，最后形成固态玻璃。此凝固过程是在较宽温度范围内完成的，始终没有新的晶体生成。从熔体向固态玻璃过渡的温度范围决定于玻璃的化学组成，一般波动在几十到几百度内，因此玻璃没有固定的熔点，而只有一个软化温度范围。在此范围内，玻璃由黏性体经黏塑性体、黏弹性体逐渐转变成为弹性体。这种性质的渐变过程正是玻璃具有良好加工性能的基础。

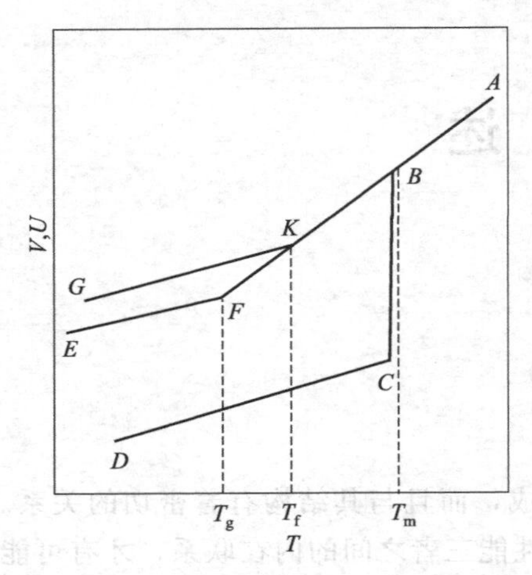

图 1-1　内能与比容随温度的变化

BK—过冷区；*KG*—快冷区；

KF—转变区；*FE*—慢冷区

(4) 性质变化的连续性和可逆性

玻璃态物质从熔融状态到固体状态的性质变化过程是连续的和可逆的，其中有一段温度区域呈塑性，称"转变"或"反常"区域，在这个区域内性质有特殊变化。图 1-1 表示物质的内能与比容随温度的变化。

在结晶情况下，性质变化如曲线 *ABCD* 所示，T_m为物质的熔点，过冷却形成玻璃时，过程变化如曲线 *ABKFE* 所示，T_g为玻璃化转变温度，T_f为玻璃的软化温度，T_g～T_f称为"转变"或"反常"区域，对氧化物玻璃而言，相应于这两个温度的黏度大约为 10^{12} Pa・s 和 $10^{10.5}$ Pa・s 。

1.1.1.2　玻璃的结构学说

"玻璃结构"是指离子或原子在空间的几何配置以及它们在玻璃中形成的结构形成体。关于玻璃结构的研究物化了许多玻璃科学工作者的心血和智慧结晶。最早试图解释玻璃本质的是 G. Tamman 的过冷液体假说，认为玻璃是过冷液体，玻璃从熔体凝固为固体的过程仅是一个物理过程，即随着温度的降低，组成玻璃的分子因动能减小而逐渐接近，同时相互作用力也逐渐增加使黏度上升，最后形成堆积紧密的无规则的固体物质。随后有许多人做了大量工作，最有影响的近代玻璃结构的假说有：晶子学说、无规则网络学说、凝胶学说、五角形对称学说、高分子学说等，其中能够最好地解释玻璃性质的是晶子学说和无规则网络学说。

(1) 晶子学说

兰德尔 (Randell) 于 1930 年提出了玻璃结构的微晶学说，因为一些玻璃的衍射花样与同成分的晶体相似，认为玻璃由微晶与无定形物质两部分组成，微晶具有正规的原子排列并与无定形物质间有明显的界限，微晶尺寸为 1.0～1.5nm，其含量占 80% 以上，微晶的取向无序。列别捷夫在研究硅酸盐光学玻璃的退火中发现，在玻璃折射率随温度变化的曲线上，于 520℃附近出现突变，他把这一现象解释为玻璃中的石英“微晶”在520℃的同质异变，列别捷夫认为玻璃是由无数“晶子”所组成，“晶子”不同于微晶，是带有点阵变形的有序排列分散在无定形介质中，且从“晶子”到无定形区的过渡是逐步完成的，两者之间并无明显界限。

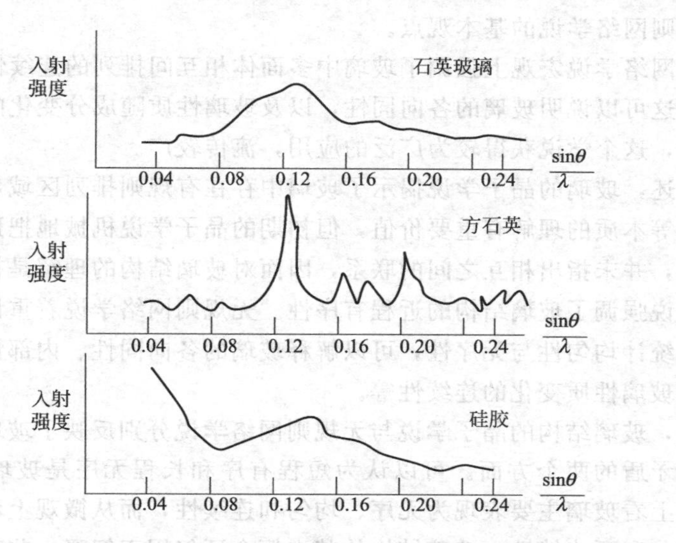

图 1-2　石英玻璃、方石英和硅胶的 X 射线衍射图

晶子学说为 X 射线结构分析数据所证实，玻璃的 X 射线衍射图，一般发生宽的（或弥散的）衍射峰，与相应晶体的强烈尖锐的衍射峰有明显的不同。但二者峰值所处的位置基本是相同的（参见图 1-2)。另外，实验证明，把晶体磨成细粉，粒度小于 0.1μm 时，其 X 射线图也发生一种宽广的衍射峰，与玻璃类似，而且颗粒度愈小，衍射图的峰值宽度愈大。这些都是玻璃存在“晶子”的佐证。

玻璃的晶子学说揭示了玻璃中存在有规则排列区域，即有一定的有序区域，这对于玻璃的分相、晶化等本质的理解有重要价值，但初期的晶子学说机械地把这些有序区域当作微小晶体，并未指出相互之间的联系，因而对玻璃结构的理解是初级的和不完善的。总的来说，晶子学说强调了玻璃结构的近程有序性。

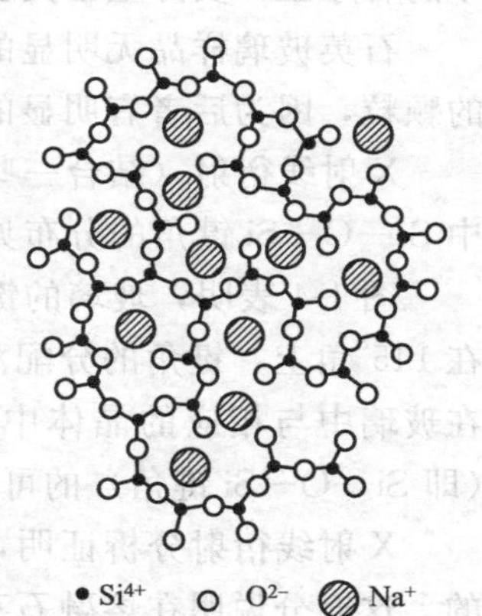

图 1-3　无规则网络学说的钠硅玻璃结构模型

(2) 无规则网络学说

1932 年查哈里阿森提出了无规则网络学说。他是借助于哥尔德希密特的离子结晶化学原理，并参照玻璃的某些性能（如硬度、热传导、电绝缘性等）与相应晶体的相似性而提出来的。认为像石英晶体一样，熔融石英玻璃的基本结构单元也是硅氧四面体，玻璃被看作是由硅氧四面体为结构单元的三维空间网络所组成，但其排列是无序的。缺乏对称性和周期性重复，故不同于晶态石英结构。当熔融石英玻璃

中加入碱金属或碱土金属氧化物时，硅氧网络断裂，碱金属或碱土金属离子均匀而无序地分布于某些硅氧四面体之间的空隙中，以维持网络中局部的电中性。图 1-3 是无规则网络学说的玻璃结构模型。后来瓦伦通过一系列的 X 射线结构分析数据证实了无规则网络学说的基本观点。

无规则网络学说宏观上强调了玻璃中多面体相互间排列的连续性、均匀性和无序性方面。这可以说明玻璃的各向同性，以及玻璃性质随成分变化的连续性等基本特性。因此，这个学说获得较为广泛的应用，流传较广。

综上所述，玻璃的晶子学说揭示了玻璃中存在有规则排列区域，这对于玻璃的分相、晶化等本质的理解有重要价值，但初期的晶子学说机械地把这些有序区域当作微小晶体，并未指出相互之间的联系，因而对玻璃结构的理解是初级的和不完善的。晶子学说强调了玻璃结构的近程有序性。无规则网络学说着重说明了玻璃结构的连续性、统计均匀性与无序性，可以解释玻璃的各向同性、内部性质均匀性和随成分改变时玻璃性质变化的连续性等。

事实上，玻璃结构的晶子学说与无规则网络学说分别反映了玻璃结构这个比较复杂问题的矛盾的两个方面。可以认为短程有序和长程无序是玻璃物质结构的特点，从宏观上看玻璃主要表现为无序、均匀和连续性，而从微观上看，它又体现有序、微不均匀和不连续性。玻璃结构的基本概念还仅用于解释一些现象，尚未成为公认的理论，仍处于学说阶段，对玻璃态物质结构的探索尚需进一步深入开展。

1.1.1.3 硅酸盐玻璃的结构

(1) 石英玻璃的结构

目前一般都倾向于用无规则网络学说的模型来描述石英玻璃的结构，认为石英玻璃结构主要是无序而均匀的。而有序范围大约仅有 7～8Å（1Å＝0.1nm），这样小的有序区，实际上已失去了晶体的意义。

石英玻璃样品无明显的小角度衍射，这说明结构是连续的，不像硅胶含有独立的颗粒，因为后者有明显的小角度衍射。

X 射线衍射（结合一些新的实验技术和分析数据的手段）测定的熔融石英玻璃中 Si—O—Si 键角的分布见图 1-4。

图 1-4 表明，玻璃的键角分配是比较宽的，大约为 120°～180°，中心点大约落在 145°角上，键角的分配范围要比结晶态的方石英宽。可是 Si—O 和 O—O 的距离在玻璃中与相应的晶体中是一样的。玻璃结构的无序性主要是由于 Si—Si 距离（即 Si—O—Si 键角）的可变性而造成的。

X 射线衍射分析证明，硅氧四面体［SiO_4］之间的旋转角度完全是无序分布的。这充分说明在熔融石英玻璃中，硅氧四面体之间不可能以边相连，或以面相连，而只能以顶角相连。Si—O 键是极性共价键，与离子性约各占 50% ，因此，硅原子周围四个氧的四面体分布，必须满足共价键的方向性和离子键所要求的阴阳离子的大小比。硅氧四面体［SiO_4］是熔融石英玻璃和结晶态石英的基本结构单元。硅氧键强相当大，整个硅氧四面体正负电荷重心重合，不带极性。硅氧四面体

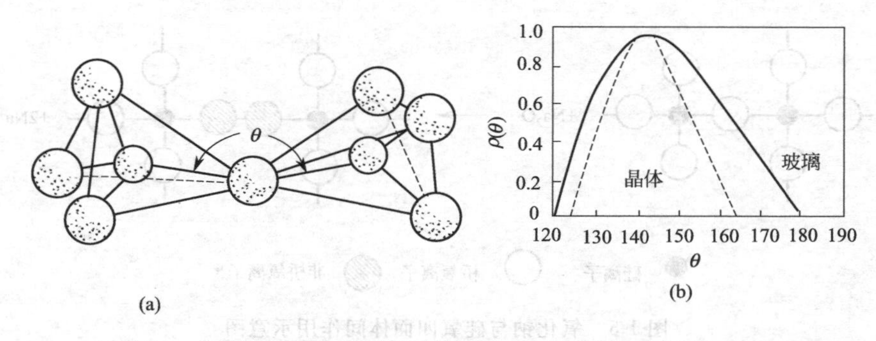

图 1-4　相邻两硅氧四面体之间的 Si—O—Si 键角示意图(a) 及石英玻璃和方石英晶体的 Si—O—Si 键角分布曲线(b)

之间是以角相连，形成一种向三维空间发展的架状结构。所有这些都决定了熔融石英玻璃黏度大，机械强度高，热膨胀系数小，耐热和化学稳定性好等一系列优良性能。因此，一般硅酸盐玻璃 SiO_2 含量愈大，上述各种性质就愈好。

根据 X 射线衍射分析，证明熔融石英玻璃与方石英具有类似的结构，结构比较开放，内部存在许多空隙（估计空隙直径平均 2.4Å）。因此，在高温高压下，石英玻璃具有明显的透气性，这在熔融石英玻璃作为功能材料时，是值得注意的问题。

（2）碱硅酸盐玻璃结构

如前所述，熔融石英玻璃在结构、性能方面都比较理想。熔融石英玻璃硅氧比值（1∶2）与 SiO_2 分子式相同，因此可以把它近似地看成是由硅氧网络形成的独立“大分子”。如果熔融石英玻璃中加入碱金属氧化物，就使原有的（具有三维空间网络的）“大分子”发生解聚作用，主要是碱金属氧化物提供氧使硅氧比值发生改变所致。这时氧的比值已相对增大，玻璃中已不可能每个氧都为两个硅原子所共用（这种氧称为桥氧），开始出现与一个硅原子键合的氧（称为非桥氧），使硅氧网络发生断裂。非桥氧的过剩电荷为碱金属离子所中和。碱金属离子处于非桥氧附近的网穴中，碱金属离子只带一个正电荷，与氧结合力较弱，故在玻璃结构中活动性较大，在一定条件下，它能从一个网穴转移到另一个网穴。一般玻璃的析碱和玻璃的电导等，大都来源于碱金属离子的活动性。图 1-5 是碱硅玻璃结构示意图。

非桥氧的出现，使硅氧四面体失去原有的完整性和对称性。结果使玻璃结构减弱、疏松，并导致一系列物理、化学性能变坏。表现在玻璃黏度变小，热膨胀系数上升，机械强度、化学稳定性和透紫外性能下降等。碱含量愈大，性能变坏愈严重。实践证明，二元碱硅玻璃，由于性能不好，一般没有实用价值。

（3）钠钙硅玻璃结构

如前所述，碱硅二元玻璃由于结构上的原因，一系列性能都不理想，没有实用意义。当加入碱土金属氧化物时，情况大为改观。例如钠硅玻璃中加入 CaO 时，使玻璃的结构和性质发生明显的变化，主要表现在结构的加强，一系列物理化学性

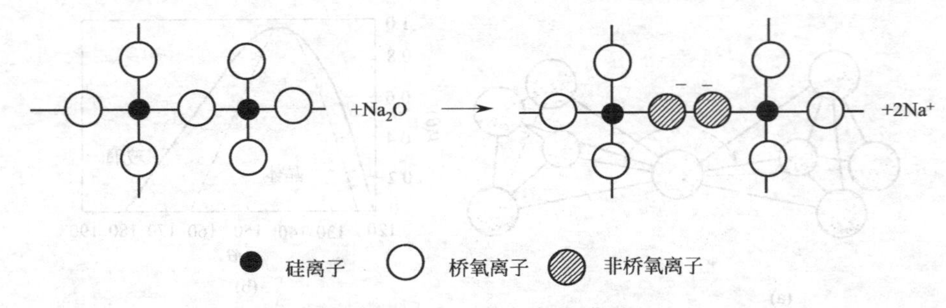

图 1-5　氧化钠与硅氧四面体间作用示意图

能变好，成为各种实用钠钙硅玻璃的基础。钙的这种特殊作用来源于它本身的特性及其在结构中的地位。Ca^{2+} 的离子半径（0.99Å）与 Na^{+}（0.95Å）近似，但 Ca^{2+} 的电荷比 Na^{+} 大一倍，钙的场强比钠大得多。它具有强化玻璃结构和限制钠离子活动的作用。

目前大多数的实用玻璃［例如瓶罐玻璃、器皿玻璃、保温瓶玻璃、灯泡（泡壳）玻璃、平板玻璃等］，都属于钠钙硅为基础的玻璃。为了进一步改善玻璃的性能，在钠钙硅成分的基础上还必须加入少量的 Al_2O_3 和 MgO。

1.1.1.4　玻璃的热历史

玻璃的物理、化学性能在很大程度上取决于它的热历史。

玻璃的热历史是指玻璃从高温液态冷却，通过转变温度区域和退火温度区域的经历。对某一玻璃成分来说，一定的热历史必然有其相应的结构状态，而一定的结构状态必然反映在它外部的性质。例如急冷（淬火）玻璃较慢冷（退火）玻璃具有较大的体积和较小的黏度。在加热过程中，淬火玻璃加热到 300～400℃时，在热膨胀曲线上出现体积收缩，伴随着体积收缩还有放热效应，这种现象在良好的退火玻璃的膨胀曲线上并不存在。在一定的温度下，随着保温时间的增加，淬火玻璃的黏度逐渐增大，而退火玻璃的黏度则逐渐减小，最后趋向一平衡值。淬火玻璃和退火玻璃的密度、电阻等亦有这种情况。显然，这种现象与玻璃的热历史密切相关。

为了正确理解玻璃的结构、性质随热历史的递变规律，首先必须认识玻璃在转变温度区间的结构及其性质的变化情况。

(1) 玻璃在转变区的结构、性能的变化规律

玻璃熔体自高温逐渐冷却时，要通过一个过渡温度区，在此区域内玻璃从典型的液体状态，逐渐转变为具有固体的各项性质（即弹性、脆性等）的物体。这一区域称之为转变温度区域。一般以通用符号 T_f 和 T_g 分别表示玻璃转变温度区的上下限：T_f 通称膨胀软化温度，T_g 通称转变温度。

上述两个温度均与试验条件有关，因此一般以黏度作为标志，即 T_f 相当于 $\eta=10^{8\sim10}$ Pa·s 时的温度，T_g 相当于 $\eta=10^{12.4}$ Pa·s 时的温度。

在 T_f 和 T_g 转变温度范围内，由于温度较低，黏度较大，质点之间将按照化学键和结晶化学等一系列的要求进行重排，是一个结构重排的微观过程。因此玻璃的

某些属于结构灵敏的性能都出现明显的连续反常变化，而与晶体熔融时的性质突变有本质的不同，如图 1-6 所示，G（图 1-6 的Ⅰ）表示热焓、比容等性质；$\frac{dG}{dT}$（图 1-6 的Ⅱ）表示其对温度的导数，如热容、线膨胀系数等；$\frac{d^2G}{d^2T}$（图 1-6 的Ⅲ）表示与温度二阶导数有关的各项性质，如电阻率、机械性质等。

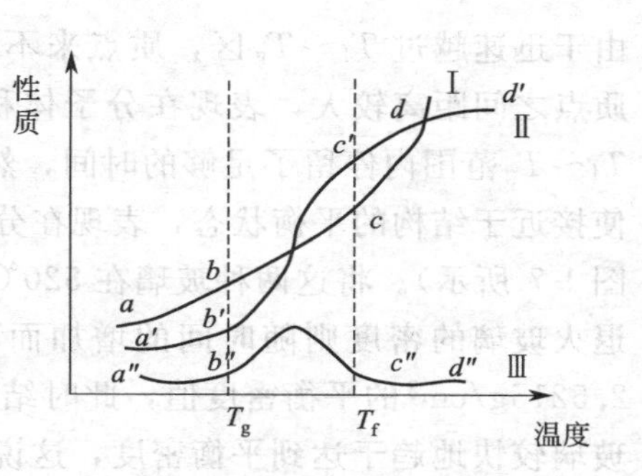

图 1-6　玻璃在转变温度范围的性质变化

曲线均有三个线段：低温线段和高温线段，其性质几乎与温度变化无关；中间线段，其性质随着温度变化而急速改变。$T_g \sim T_f$温度区间的大小决定于玻璃的化学组成。对一般玻璃来说，这一温度区间的变动范围由几十度到几百度。

在 $T_g \sim T_f$范围内及其附近的结构变化情况，可以从三个温度范围来说明。

在 T_f以上：由于此时温度较高，玻璃黏度相应较小，质点的流动和扩散较快，结构的改变能立即适应温度的变化，因而结构变化几乎是瞬时的，经常保持其平衡状态。因而在这个温度范围内，温度的变化快慢对玻璃的结构及其相应的性能影响不大。

在 T_g以下：玻璃基本上已转变为具有弹性和脆性特点的固态物体，温度变化的快慢，对结构、性能影响相当小。当然，在这个温度范围（特别是靠近 T_g时）玻璃内部的结构组团间仍具有一定的永久位移的能力。如在这一阶段热处理，在一定限度内仍可以清除以往所产生的内应力或内部结构状态的不均匀性。但由于黏度极大，质点重排的速度很低，以至于实际上不可能觉察出结构上的变化，因此，玻璃的低温性质常常落后于温度。这一区域的黏度范围相当于 $10^{12} \sim 10^{13.5}$ Pa·s 之间。这个温度间距一般称退火区域。低于这一温度范围，玻璃结构实际上可认为已被“固定”，即不随加热及冷却的快慢而改变。

在 $T_f \sim T_g$范围内：玻璃的黏度介于上述两种情况之间，质点可以适当移动，结构状态趋向平衡所需的时间较短。因此玻璃的结构状态以及玻璃的一些结构灵敏的性能，由 $T_f \sim T_g$区间内保持的温度所决定。当玻璃冷却到室温时，它保持着与温度区间的某一温度相应的平衡结构状态和性能。这一温度也就是图尔（Tool）提出的著名的“假想”温度。在此温度范围内，温度越低，达到平衡所需的时间越长，即滞后时间越长。玻璃的热历史主要是指这一温度区的热历史。

(2) 热历史对性能的影响

玻璃的热历史对玻璃的一系列物理化学性能都有显著的影响，现就密度、黏度和热膨胀性能分述如下。

① 密度

急冷（淬火）和慢冷（退火）的同成分玻璃，它们的密度有较大的差别。前者

由于迅速越过 $T_f \sim T_g$ 区，质点来不及取得其平衡位置，结构尚未达到平衡状态，质点之间距离较大，表现在分子体积较大，结构疏松，故密度较小。后者由于在 $T_f \sim T_g$ 范围内停留了足够的时间，然后冷却至室温，质点有足够的时间进行调整，使接近于结构的平衡状态，表现在分子体积较小，结构较为致密，故密度较大（如图 1-7 所示）。将这两种玻璃在 520℃保温，淬火玻璃的密度随时间的增加而增大，退火玻璃的密度则随时间的增加而下降，最后（经 100h 保温）两者达到密度为 2.5215g/cm^3 的平衡密度值，此时结构达到平衡状态。从图 1-7 还可以看出，快冷玻璃较快地趋于达到平衡密度，这说明快冷玻璃的相对疏松的结构，较慢冷玻璃容易调整。

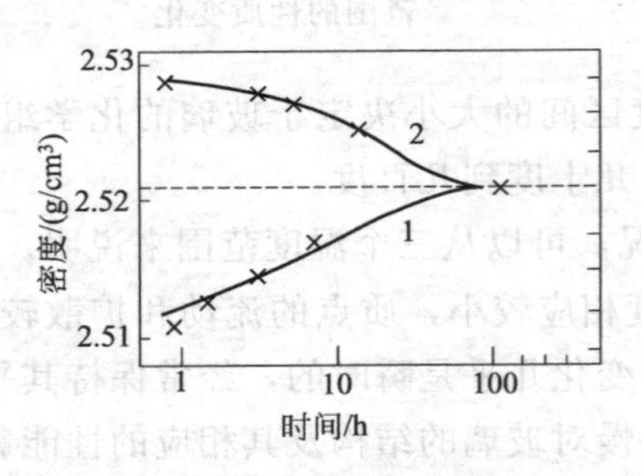

图 1-7　淬火玻璃（1）与退火玻璃（2）在 520℃时密度的平衡过程

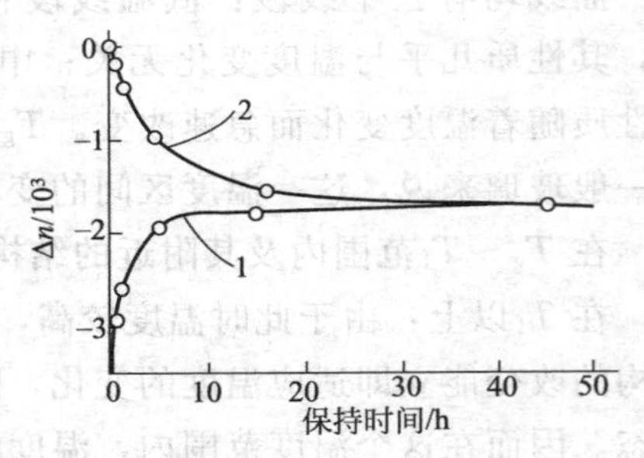

图 1-8　光学玻璃在退火范围保持一定温度（620℃）时折射率随时间的变化

1—淬火样品；2—退火样品

与密度有直接关系的玻璃折射率，也有同样的变化规律，图 1-8 表示淬火样品和退火样品在某一温度（620℃）保温时，折射率趋向于平衡的典型变化曲线。

② 黏度

黏度不仅是温度的函数，也和热历史有关。如钠钙硅玻璃急冷试样和经 477.8℃退火试样，同在 486.7 ℃温度保温，分别随时间的增加而出现增大和减小的现象，最后共同趋向一平衡值，如图 1-9 所示。

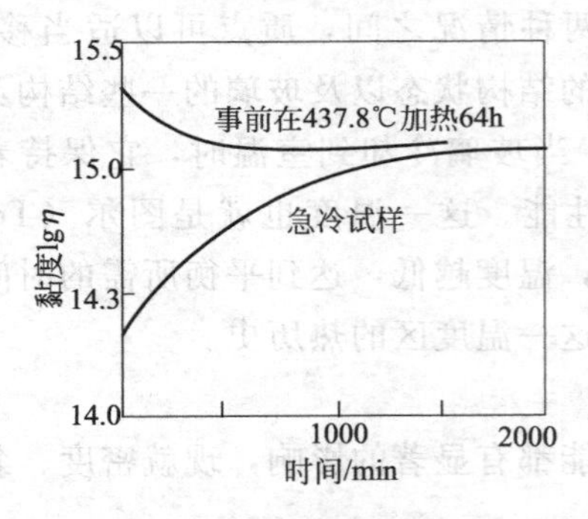

图 1-9　两个不同玻璃试样在 486.7℃保温的黏度-时间曲线

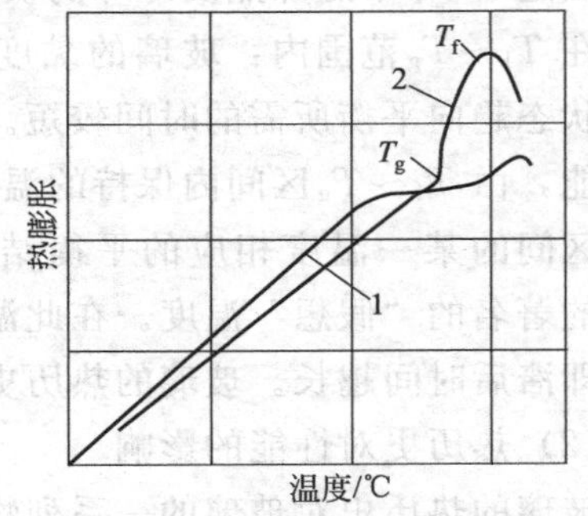

图 1-10　淬火玻璃和退火玻璃的热膨胀曲线

1—淬火玻璃；2—退火玻璃

③ 热膨胀

玻璃的热膨胀系数也和玻璃的热历史有关。一般来说，$T_g \sim T_f$之间的热历史对膨胀系数有明显的影响。同成分的淬火玻璃比退火玻璃的热膨胀系数约大百分之几，如图 1-10 所示。

从图 1-10 还可以看出，退火玻璃在退火温度以上（高于 T_g温度）热膨胀系数迅速上升，直到玻璃软化为止。而淬火玻璃的热膨胀曲线则是另一种类型。

图尔（Tool）等对硼硅酸盐玻璃和火石玻璃的热膨胀和热效应进行过一系列的研究，图 1-11 是其中一部分数据。

从图 1-11 可以看出，淬火试样(a) 在高于 250℃的温度，在正常膨胀率上出现了收缩。这种收缩随着温度的升高而增加。待到 350℃时，玻璃已具有明显的负膨胀。如在 443℃保温一段时间，试样仍将继续收缩。但在 360℃处理过的退火试样(b)，在 443℃保温则呈现膨胀。这两种试样在 443℃保温后的冷却曲线差不多完全相同。

根据玻璃的热历史对热膨胀和热效应的影响，图尔等提出了“假想”温度和在这个温度下存在的物理-化学平衡态。从“假想”温度随温度或时间的变化关系，他们导出一经验式。其计算值和实验结果大致符合。因而图尔所提的“假想”温度和相应的物理-化学态概念为一般人所接受。

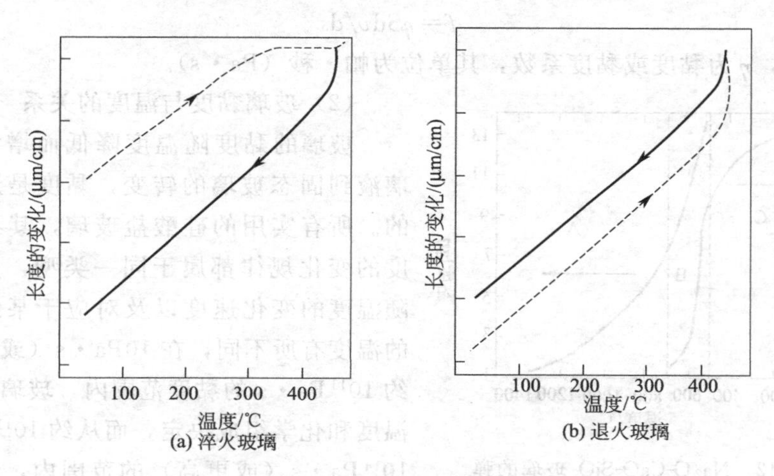

图 1-11 不同热历史玻璃的膨胀曲线

虚线—膨胀曲线；实线—冷却曲线

(3) 理论分析

多年以来，人们曾经用不同的理论，解释有关玻璃热历史引起玻璃性能变化的种种现象。前面已提到图尔的“假想”温度对这方面的解释。后来人们又利用结晶物质在晶格缺陷方面的成就来说明，认为玻璃熔体在高温时含有大量的肖特型空位。当冷却至软化温度附近时，空位浓度随温度下降逐渐减小。到了转变温度区以下，认为空位已被冻结，此时随着温度的降低，空位浓度的降低非常缓慢。到达室温后，即使在长时间内也不会觉察到空位浓度的变化。

如果玻璃从软化温度附近急冷至室温，就可能将相应于软化温度附近的空位浓度保存到室温来，这时玻璃即保存了大量的过剩空位。因此，可以认为玻璃自高温急冷时所保存的状态，即是高温的空位浓度状态。所谓相应温度（或“假想”温度）的平衡态即是空位浓度的平衡态。玻璃某些性能受着热历史的制约，也正是空位所起的作用。玻璃在 $T_f \sim T_g$ 这段温度区间内性能所发生的变化，也正是因为空位浓度在这段温度范围内的变化所引起的。例如将急冷玻璃在转变区某一温度保温，随着时间的增加，空位浓度随之减小，因此密度、折射率随之增大，热膨胀下降，最后达到某一平衡值。这说明，玻璃一系列性能因热历史不同所引起的变化，也可以从空位浓度在 $T_f \sim T_g$ 温度区间内的消长过程来解释。

1.1.2 玻璃的性质

1.1.2.1 玻璃的黏度

（1）黏度的定义

黏度是指面积为 S 的二平行液层，以一定速度梯度 dv/ds 移动时需克服的内摩擦阻力 f。

$$f = \eta S dv/ds \tag{1-1}$$

式中，η 为黏度或黏度系数，其单位为帕·秒（Pa·s）。

（2）玻璃黏度与温度的关系

玻璃的黏度随温度降低而增大，从玻璃液到固态玻璃的转变，黏度是连续变化的。所有实用的硅酸盐玻璃，其黏度随温度的变化规律都属于同一类型，只是黏度随温度的变化速度以及对应于某给定黏度的温度有所不同，在 10Pa·s（或更低）至约 10^{11} Pa·s 的黏度范围内，玻璃的黏度由温度和化学组成决定，而从约 10^{11} Pa·s 至 10^{14} Pa·s（或更高）的范围内，黏度又是时间的函数。图 1-12 为 Na_2O-CaO-SiO_2 玻璃的弹性模量、黏度与温度的关系。

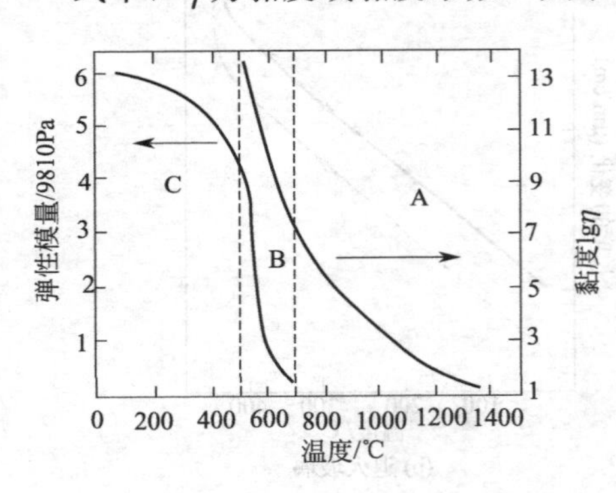

图 1-12 Na_2O-CaO-SiO_2 玻璃的弹性模量、黏度与温度的关系

图 1-12 为 Na_2O-CaO-SiO_2 玻璃的弹性模量、黏度与温度的关系。图中分三个温度区，在 A 区因温度较高，玻璃表现为典型的黏性液体，它的弹性性质近于消失，在这一温度区中黏度仅决定于玻璃的组成和温度，$\lg\eta = a + b/T$（a、b 为常数）；当温度进入 B 区（一般叫转变区），黏度随温度下降而迅速增大，弹性模量也迅速增大，在这一温度区黏度除决定于组成和温度外，还与时间有关，$\lg\eta = a' + b'/T^2$（a'、b'为常数）；在 C 区，温度继续下降，弹性模量进一步增大，黏滞

流动变得非常小，在这一温度区，玻璃的黏度又仅决定于组成和温度，而与时间无关，$\lg\eta=a+b/T$（a、b为常数）。生产上常把玻璃的黏度随温度变化的快慢称为玻璃的料性。黏度随温度变化快的玻璃称为短性玻璃，反之称为长性玻璃。

1.1.2.2 玻璃的力学性能

(1) 玻璃的理论强度和实际强度

玻璃的机械强度一般用抗压强度、抗折强度、抗张强度和抗冲击强度等指标表示。从力学性能的角度来看，玻璃之所以得到广泛应用，就是因为它的抗压强度高，硬度也高。然而，由于它的抗张强度与抗折强度不高，并且脆性很大，使玻璃的应用受到一定的限制。

玻璃的理论强度按照 Orowan 假设计算等于 11.76GPa，表面上无严重缺陷的玻璃纤维，其平均强度可达 686MPa。玻璃的抗张强度一般在 34.3～83.3MPa，而抗压强度一般在 4.9～1.96 GPa。但是，实际上用作窗玻璃和瓶罐玻璃的抗折强度只有 6.86MPa ，也就是比理论强度相差 2～3 个数量级。

玻璃的实际强度低的原因是由于玻璃的脆性和玻璃中存在有微裂纹和不均匀区所引起。由于玻璃受到应力作用时不会产生流动，表面上的微裂纹便急剧扩展，并且应力集中，以至于破裂。为了提高玻璃的机械强度，可采用退火、钢化、表面处理与涂层、微晶化、与其他材料制成复合材料等方法。这些方法都能大大提高玻璃的机械强度，有的可使玻璃抗折强度成倍增加，有的甚至增强几十倍以上。

影响玻璃机械强度的主要因素有：

① 玻璃强度与化学组成的关系

不同化学组成的玻璃结构间的键强也不同，从而影响玻璃的机械强度。各种氧化物对玻璃抗张强度的提高作用顺序是：

$$CaO > B_2O_3 > BaO > Al_2O_3 > PbO > K_2O > Na_2O > (MgO, Fe_2O_3)$$

各组成氧化物对玻璃抗压强度提高作用的顺序是：

$$Al_2O_3 > (MgO, SiO_2, ZnO) > B_2O_3 > Fe_2O_3 > (CaO, PbO)$$

② 玻璃中的缺陷

宏观缺陷如固态夹杂物、气态夹杂物、化学不均匀等，由于其化学组成与主体玻璃不一致而造成内应力。同时，一些微观缺陷（如点缺陷、局部衍晶、晶界等）常常在宏观缺陷的地方集中，而导致玻璃产生微裂纹，严重影响玻璃的强度。

③ 温度

在不同的温度下玻璃的强度不同，根据对-200～500℃范围内的测量结果可知，强度最低值位于 200℃左右（图 1-13）。

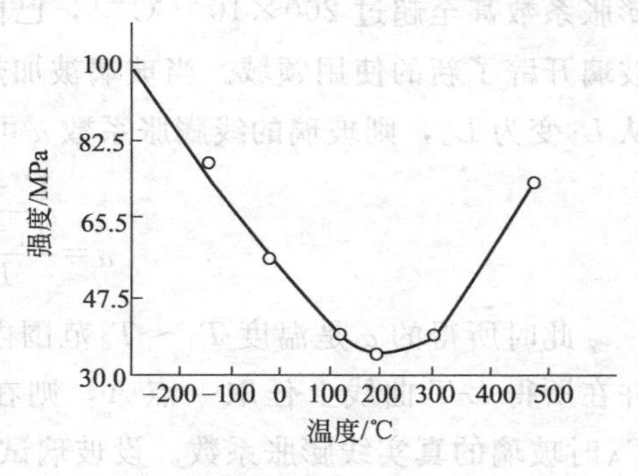

图 1-13 玻璃的强度与温度的关系

一般认为，随着温度的升高，热起伏现象增加，使缺陷处积聚了更多的应变能，增加了破裂的概率。当温度高于200℃时，由于玻璃黏滞性流动增加，使微裂纹的裂口钝化，缓和了应力作用，从而使玻璃强度增大。

④ 玻璃中的应力

玻璃中的残余应力，特别是分布不均匀的残余应力，使强度大为降低，实验证明，残余应力增加到1.5～2倍，抗弯强度降低9%～12%。玻璃进行物理钢化后，玻璃表面存在压应力，内部存在张应力，而且是有规则的均匀分布，玻璃强度得以提高。除此之外，玻璃结构的微不均匀性、加荷速度、加荷时间等均能影响玻璃的强度。

(2) 玻璃的硬度

硬度是表示物体抵抗其他物体侵入的能力。硬度的表示方法甚多，有莫氏硬度、显微硬度、研磨硬度和刻划硬度，玻璃的莫氏硬度为5～7。玻璃的硬度决定于组成原子的半径、电荷大小和堆积密度，网络生成体离子使玻璃具有硬度，而网络外体离子则使玻璃硬度降低。各种组成对玻璃硬度提高的作用大致为：

$SiO_2 > B_2O_3 >$ (MgO, ZnO, BaO) $> Al_2O_3 > Fe_2O_3 > K_2O > Na_2O > PbO$

玻璃的硬度随着温度的升高而降低。

(3) 玻璃的脆性

玻璃的脆性是指当负荷超过玻璃的极限强度时立即破裂的特性。破坏时的脆性常用它所受到的冲击强度来表示。冲击强度的测定值与试样厚度及样品的热历史有关，淬火玻璃的冲击强度较退火玻璃高5～7倍。

1.1.2.3 玻璃的热学性能

(1) 玻璃的热膨胀系数

热膨胀系数是玻璃最重要的热学性质之一。它对玻璃的成型、退火、钢化、玻璃与玻璃、玻璃与金属、玻璃与陶瓷的封接，以及玻璃的热稳定性等性质都有重要的意义。

玻璃的热膨胀系数是由组成原子的非简谐振动产生的。根据化学组成不同，玻璃的热膨胀系数可在$(5.8\sim150)\times10^{-7}℃^{-1}$范围内变化。若干非氧化物玻璃的热膨胀系数甚至超过$200\times10^{-7}℃^{-1}$，已能制得零膨胀或负膨胀的微晶玻璃，从而为玻璃开辟了新的使用领域。当玻璃被加热时，温度从T_1升到T_2，玻璃试样的长度从L_1变为L_2，则玻璃的线膨胀系数α可用下式表示：

$$\alpha=\frac{\dfrac{L_1-L_2}{T_1-T_2}}{L_1}=\frac{\dfrac{\Delta L}{\Delta T}}{L_1} \tag{1-2a}$$

此时所得的α是温度$T_1\sim T_2$范围内的平均线膨胀系数。如果把L对T作图，并在所得L-T曲线上任取一点A，则在这一点上曲线的斜率dL/dT表示温度为T_A时玻璃的真实线膨胀系数。设玻璃试样是一个立方体，受热温度从T_1升至T_2，玻璃试样的体积从V_1变为V_2，则玻璃的体膨胀系数β可用下式表示：

$$\beta=\frac{\frac{V_1-V_2}{T_1-T_2}}{L_1}=\frac{\frac{\Delta V}{\Delta T}}{L_1} \tag{1-2b}$$

由于$V=L^3$，$L_2=L_1(1+\alpha\Delta T)$，则：

$$\beta=\frac{L_1^3\ (1+\alpha\Delta T)^3-L_1^3}{L_1^3\Delta T}=\frac{(1+\alpha\Delta T)^3-1}{\Delta T}\approx 3\alpha \tag{1-2c}$$

根据上式，可由线膨胀系数α粗略计算体膨胀系数β，测定α较测定β简便，因此，在讨论玻璃的热膨胀系数时，通常都是采用线膨胀系数。

R_2O、RO 氧化物对玻璃热膨胀系数影响的次序为：

$$Rb_2O>Cs_2O>K_2O>Na_2O>Li_2O$$

$$BaO>SrO>CaO>CdO>ZnO>MgO>BeO$$

从玻璃网络本身考虑，网络愈完整，热膨胀系数愈小，反之亦然。若从玻璃的熔化温度考虑，则熔化温度愈高，热膨胀系数愈小。

玻璃组成对热膨胀系数α的影响主要有以下几个方面：

① 比较玻璃的化学组成对玻璃热膨胀系数的影响时，首先要看它们在玻璃中的作用，是网络形成体还是中间体或网络外体。

② 形成网络或积聚作用的氧化物使α降低，能引起断网的氧化物使α上升。

③ R_2O和 RO 主要起断网作用，积聚作用是次要的，而高电荷离子主要起积聚作用。

④ 玻璃中R_2O总量不变情况下，引入两种不同的R^+产生“混合碱效应”，同样能使α出现极小值。

⑤ 网络中间体氧化物在有足够“游离氧”条件下，形成四面体参加网络，使α降低。

温度对玻璃热膨胀系数的影响表现为，在T_g温度以下是一个与温度无关的常数，在T_g温度范围，淬火玻璃的热膨胀系数变化不大，而退火玻璃的热膨胀系数却剧烈增加，直到软化为止。

热历史对玻璃的热膨胀系数也有较大的影响。组成相同的淬火玻璃比退火玻璃的热膨胀系数大，因为淬火玻璃保持高温时的结构，存在着较大的应力，质点间距也大，相互吸引力较弱。玻璃的平均热膨胀系数与真实热膨胀系数是不同的。从0℃直到退火下限，α大体上是直线变化，即α-T曲线实际上是由若干线段所组成的折线，每一段仅适用于一个狭窄的温度范围，而α随温度的升高而增大。

在不同的热历史条件下，玻璃的α-T曲线产生不同的变化。若要精确地考察热膨胀系数α，就必须具体地考虑玻璃的热历史。

(2) 玻璃的导热性

物质靠质点的振动把热能传递至较低温度方面的能力称为导热性。物质的导热性用热导率表示，其数值的大小表征玻璃单位时间内传递热能的大小，它的倒数称为热阻。物质的热导率值是晶格和电子所引起的热传导的总和。玻璃结构无序，自由电子少，所以玻璃的热导率小，热阻大，相对金属材料导热能力较低。玻璃的透明性又增加了辐射热的透过性，因此，高温时，玻璃的导热性随着温度的升高而增强，如加热到软化温度的玻璃的导热性几乎增加一倍。

在玻璃中引入 CaO、MgO、B_2O_3、Al_2O_3、Fe_2O_3、Na_2O 等都能提高导热性，而引入 PbO、BaO 则相反。

在加热和冷却条件下，用导温系数表征玻璃温度的变化速度。

(3) 玻璃的热稳定性

玻璃经受剧烈的温度变化而不破坏的性能称为玻璃的热稳定性。热稳定性的大小用试样在保持不破坏条件下所能经受的最大温度差来表示。在受热冲击条件下，由于玻璃是热的不良导体，致使沿玻璃的厚度方向存在温度差，因而从表面到内部，不同处有着不同的膨胀量，由此产生内部不平衡应力使玻璃破裂。可见，提高玻璃热稳定性的途径，主要是降低玻璃的热膨胀系数。

玻璃的热膨胀系数愈小，其热稳定性愈好。凡是能降低玻璃热膨胀系数的组分都能提高玻璃的热稳定性。含大量碱金属氧化物的玻璃热稳定性差。在平板玻璃中引入一定量的 B_2O_3，可以大大改善平板玻璃的热稳定性，同时也有较好的化学稳定性。

1.2 玻璃的缺陷

1.2.1 概述

从原料加工、配合料制备、熔化、澄清、均化、冷却、成型及切裁等各生产过程中，工艺制度的破坏或操作过程的差错，都会在平板玻璃原板上表现为各种不同的缺陷。平板玻璃的缺陷使玻璃质量大大降低，甚至严重地影响玻璃的进一步成型和加工，或者造成大量的废品。

平板玻璃的缺陷种类和它产生的原因是多种多样的。根据缺陷存在于玻璃的内部和外部，分为内在缺陷和外观缺陷。玻璃内在缺陷主要存在于玻璃体内，按照其状态的不同，可以分成三大类：气泡（气体夹杂物）、结石（固体夹杂物）、条纹和节瘤（玻璃态夹杂物）。外观缺陷主要在成型、退火和切裁等过程中产生，主要包括光学变形（锡斑）、划伤（磨伤）、端面缺陷（爆边、凹凸、缺角）等。

不同种类的缺陷，其研究方法也不同，当玻璃中出现某种缺陷后，往往需要通过几种方法的共同研究，才能正确加以判断。在查明产生原因的基础上，及时采取有效的工艺措施来制止缺陷的继续发生。

1.2.2 气泡

玻璃中的气泡是可见的气体夹杂物，不仅影响玻璃制品的外观质量，更重要的是影响玻璃的透明性和机械强度。因此它是一种极易引起人们注意的玻璃体缺陷。

气泡的大小由零点几毫米到几毫米。按照尺寸大小，气泡可分为灰泡（直径<0.8mm）和气泡（直径>0.8mm），其形状也是各种各样的，有球形的、椭圆形的及线状的。气泡的变形主要是制品成型过程中造成的。

气泡的化学组成是不相同的，常含有 O_2、N_2、CO、CO_2、SO_2、氧化氮和水蒸气等。

根据气泡产生的原因不同，可以分成：一次气泡（配合料残留气泡）、二次气泡、外界空气气泡、耐火材料气泡和金属铁引起的气泡等多种。在生产实践中，玻璃制品产生气泡的原因很多，情况很复杂。通常是通过在熔化过程的不同阶段中取样，首先判断气泡是在何时何地产生的，再详细研究原料、熔制及成型条件，从而确定其生成原因，并采取相应的措施加以解决。

1.2.3 析晶与结石（固体夹杂物）

结石是出现在玻璃体中的结晶状固体夹杂物，是玻璃体内最危险的缺陷，极大地影响玻璃质量，它不仅破坏了玻璃制品的外观和光均一性，而且降低了制品的使用价值，是使玻璃出现开裂损坏的主要因素。结石与它周围玻璃的膨胀系数相差愈大，产生的局部应力也就愈大，这就大大降低了制品的机械强度和热稳定性，甚至会使制品自行破裂。特别是结石的热膨胀系数小于周围玻璃的热膨胀系数时，在玻璃的交界面上形成张应力，常会出现放射状的裂纹。

在玻璃制品中，通常不允许有结石存在，应尽量设法排除它。

结石的尺寸大小不一，有的呈针头状细点，有的可大如鸡蛋甚至连片成块。其中包含的晶体有的用肉眼或放大镜即可察觉，有的需要用光学显微镜甚至电子显微镜才能清楚地辨别。因为结石周围总是同玻璃液接触，所以它们往往和节瘤、线道或波纹伴随在一起出现。

1.2.4 条纹和节瘤（玻璃态夹杂物）

玻璃体内存在的异类玻璃夹杂物称为玻璃态夹杂物（条纹和节瘤），它属于一种比较普遍的玻璃不均匀性方面的缺陷，在化学组成和物理性质上（折射率、密度、黏度、表面张力、热膨胀、机械强度、有时包括颜色）与玻璃体不同。

由于条纹、节瘤在玻璃体上呈不同程度的凸出部分，它与玻璃的交界面不规则，表现出由于流动或物理化学性的溶解而互相渗透的情况。它分布在玻璃的内部，或在玻璃的表面上。大多呈条纹状，也有呈线状、纤维状，有时似疙瘩而凸出。有些细微条纹用肉眼看不见，必须用仪器检查才能发现，然而这在光学玻璃中也是不允许的。对于一般玻璃制品，在不影响其使用性能情况下，可以允许存在一定程度的不均匀性。呈滴状的、保持着原有形状的异类玻璃称为节瘤。在制品上它以颗粒状、块状或成片状出现。条纹和节瘤由于它们产生的原因不同，可以是无色的，也可以是绿色的或棕色的。

1.2.5 光学变形（锡斑）

光学变形也称“锡斑”，是玻璃表面上的微小凹坑，其形状呈平滑的圆形，直径0.06～0.1mm，深0.05mm。这种斑点缺陷损害了玻璃的光学质量，使观察到的物像发生畸变，故也称其为“光畸变点”。

光学变形缺陷主要是由于氧化亚锡和硫化亚锡蒸气的聚集冷凝所造成的。氧化亚锡可以溶于锡液，同时又有很大的挥发性，而硫化亚锡的挥发性更强，它们的蒸气在温度较低的部位冷凝并逐渐聚集，当聚集到一定程度，受到气流的冲击或震动等作用，冷凝的氧化亚锡或硫化亚锡就会落到未完全硬化的玻璃表面形成斑点缺陷。此外，这些锡化合物的聚集物也有可能受到保护气体中还原组分的作用，还原成金属锡，这种金属锡滴同样也会使玻璃形成斑点缺陷。当锡化合物在锡槽的高温段玻璃表面形成斑点时，由于这些化合物的挥发，就会在玻璃表面形成小凹坑。

减少光学变形缺陷的办法主要有，减少氧污染和硫污染。氧污染主要来源于保护气体中的微量氧和水蒸气以及锡槽缝隙漏入和扩散进入的氧。它使金属锡氧化生成氧化亚锡和氧化锡浮渣，氧化亚锡既可溶解于锡液又能挥发进入保护气体，保护气体中的氧化亚锡在锡槽顶盖表面冷凝、积聚而落到玻璃表面上。玻璃本身也是一个氧污染的来源，即玻璃液中溶解的氧气会在锡槽中逸出，同样会使金属锡氧化，玻璃表面的水蒸气进入锡槽空间，也增加了气体中氧的比例。

硫污染是在使用氮氢保护气体的情况下，唯一由玻璃液带入锡槽的。在玻璃的上表面是以硫化氢的形式释放进入气体，再与锡反应生成硫化亚锡；在玻璃的下表面，硫进入锡液形成硫化亚锡，这些硫化亚锡溶于锡液并部分挥发进入保护气体中，同样可在锡槽顶盖的下表面冷凝、积累而落到玻璃表面形成斑点。

因此，为了防止斑点缺陷的产生，要经常采用高压保护气体吹扫锡槽面上的氧化亚锡和硫化亚锡的冷凝物，以减少光学变形缺陷。

1.2.6 划伤（磨伤）

在原板某一固定位置连续或断续出现的表面被划破的伤痕，它是原板的外观缺陷之一，影响原板的透视性能，叫擦伤或划伤，是由退火辊子或尖锐物在玻璃表面形成的缺陷。若划伤表现在玻璃上表面，则可能是由于锡槽后半部或退火窑上部某根电热丝或热电偶落到玻璃带上；或是后端间板下与玻璃之间卡有碎玻璃等硬质棱状物。若划伤表现在下表面，则可能是玻璃板下与锡槽端头之间卡有碎玻璃或其他棱状物，或由于出口温度低或锡液面低，使玻璃带在锡梢出口端头上摩擦；或是在退火窑前半段玻璃带下有碎玻璃等。这种缺陷的防止措施主要是要经常清理传动辊，使辊子表面保持光洁；再者就是要经常清理玻璃上表面的玻璃渣等杂物，减少划伤产生。

辊子擦伤是传动辊子与玻璃接触时在玻璃表面留下由于摩擦引起的表面划伤缺陷，这种缺陷的产生主要是由于辊子表面被污染或出现缺陷，其间距正好是辊子的周长，在显微镜下观察，每条擦伤都是由几十至几百个微裂的小坑组成，坑口裂面呈贝壳状。严重时会出现裂口，甚至造成原板破裂。产生的原因是个别传动辊子停转或转速不同步，辊子变形，辊子表面有磨伤或污染等。解决的办法是，及时检修辊道和清除槽内杂质。

轴花也是玻璃的表面划伤缺陷之一，表现为原板表面呈现出斑斑点点的压痕，它破坏了玻璃的光滑表面和透光性能。轴花产生的主要原因是原板在还没有完全硬化时，与石棉辊子接触产生的。这种缺陷严重时也会造成裂口，引起原板炸裂。轴花消除的方法是加强原板的冷却，降低成型作业温度。

1.3 玻璃深加工方式方法

平板玻璃深加工技术的方法主要有以下几种方式。

1.3.1 提高玻璃的强度，增强玻璃的安全性

提高玻璃强度，增强玻璃安全性的深加工技术主要包括玻璃钢化技术和玻璃夹层技术、玻璃涂膜和贴膜技术。

所谓玻璃钢化技术，就是通过物理或化学的方式方法，在玻璃表面造成压应力层，使它增加一个预应力来提高玻璃总的拉伸应力，经过如此处理的玻璃称为钢化玻璃或强化玻璃。目前，玻璃钢化技术已发展为全钢化、半钢化、区域钢化和均质钢化等。

玻璃夹层技术，是由两片或者两片以上的玻璃用合成树脂黏结在一起而制成的一种安全玻璃，当它破损时碎片不会飞散。目前按组成的材料可分为普通夹层玻璃、吸热（着色）夹层玻璃、镀膜夹层玻璃、装饰夹层玻璃、防火夹层玻璃、电热夹层玻璃、防眩夹层玻璃、调光夹层玻璃、防紫外线夹层玻璃、电磁屏蔽玻璃等。

玻璃涂膜和贴膜技术，是在玻璃表面涂覆或粘贴一种多层的聚酯膜等材料，以改善玻璃的性能和强度，使其具有保温、隔热、防爆、防紫外线、美化外观、安全等功能。目前主要用于汽车和建筑门窗、隔断顶棚等。玻璃贴膜后，相对普通平板玻璃、钢化玻璃、半钢化玻璃安全性大幅提高。

1.3.2 改变平板玻璃的几何形状

众所周知，平板玻璃一般是平整光滑的，但在使用中，人们往往需要一些具有异形平面、孔槽、弧度或曲面的玻璃等。这就需要改变平板玻璃的几何形状。目前其主要技术是，异形切割技术（包括机械切割、水切割、激光切割等）、各种磨边技术、各种钻孔技术、热弯技术等。

1.3.3 玻璃表面处理

玻璃表面处理技术包括两个方面：一方面是丰富玻璃表面，即利用物理或化学

方式在玻璃表面上制作出不同的花纹和图案；另一方面是对玻璃表面进行涂镀处理。

目前，主要包括玻璃表面研磨技术、玻璃表面彩绘技术、物理刻蚀技术、化学蚀刻技术、镀膜技术、涂抹技术等。其产品已拓展到各个领域，譬如车辆制造业、家电业、光伏产业等。

玻璃研磨技术，是利用金刚砂、硅砂等磨料对普通平板玻璃或压延玻璃的两个表面进行研磨，使之平坦以后，再用红粉、氧化锡及毛毡进行抛光，使玻璃表面更加光亮。

玻璃彩绘技术，一般是用特殊釉彩在玻璃上绘制图形后经过烤烧制作而成，或在玻璃上贴花烧制而成，制作方法有点像陶瓷。

玻璃刻蚀及蚀刻技术，是用物理的方法（包括喷砂、磨砂、雕刻等）、化学的方法（包括酸饰等）在玻璃表面雕蚀出线条、文字以及各种图案的加工技术。

玻璃丝网印刷及釉面烧结技术，是通过丝网印刷技术将玻璃彩釉印刷在玻璃表面，或在进行热处理后，制成的一种不透明的彩色玻璃的技术。

以上是玻璃表面处理的第一方面，即利用物理或化学的方式改变表面的光泽或绘制图案。玻璃表面处理的第二方面就是，以平板玻璃为基板在其表层涂覆一层或多层金属或非金属材料，涂覆层使原来玻璃性能改变，即玻璃表面涂膜和镀膜改性技术产品。

玻璃镀膜技术，自1835年出现手工镀银制镜方法之后，20世纪相继发明了各种物理的（真空喷涂、磁控溅射等）、化学的（水解沉积、热解沉积等）或物理-化学的镀膜方法，现已可制造出数十种各具特色功能的加工制品。主要产品有镀银、镀铝、镀硅的镜面玻璃、热反射镀膜玻璃、低辐射镀膜玻璃、防紫外线镀膜玻璃、电磁屏蔽玻璃、防水镀膜玻璃、光致变色玻璃、电致变色玻璃、自洁净玻璃、TCO玻璃（包括ITO、AZO、FTO玻璃等）等。

1.3.4 隔热隔声玻璃组件

众所周知，建筑物的门窗是保温隔热、节能的薄弱环节，普通单层玻璃窗的传统系数为6.0W/(m^2·K)，为了满足人们对窗玻璃的隔热、隔声的需求，中空玻璃应运而生，随后便发展出充气中空玻璃和真空玻璃。

中空玻璃制造技术，是由两块或多块玻璃板组成的玻璃板之间有隔热、隔声的空隙。中空玻璃自20世纪50年代初形成机械化小批量生产以来，发展非常迅速，在经济发达国家已经广泛应用，除用于建筑业外，还用于车船工业和电冰箱。中空玻璃的空隙最初是干燥的空气，目前多用热效率比空气低的其他气体制造中空玻璃。原片也从单一的普通平板玻璃发展为深加工玻璃，其隔框也从空腹薄铝型材发展为橡胶隔热条等。我国1964年开始用手工方法小批量生产。

真空玻璃制造技术，自1893年保温热水瓶问世以来，就一直有人研究能否将真空技术用在玻璃上，直到1994年我国获得此项技术使用权，目前的自主研发产品已经面市。

1.4 玻璃深加工技术的发展趋势

玻璃深加工的产品品种繁多，但基本包括以下内容：机械产品（磨光玻璃、喷砂或磨砂玻璃、喷花玻璃、雕刻玻璃），热处理产品（钢化玻璃、半钢化玻璃、弯曲玻璃、釉面玻璃、彩绘玻璃），化学处理产品（化学钢化玻璃、毛面蚀刻玻璃、蒙砂玻璃、光面蚀刻玻璃），镀膜玻璃（吸热玻璃、热反射玻璃、电磁屏蔽玻璃、防水玻璃、玻璃镜、Low-E 玻璃、杀菌玻璃、自洁净玻璃、TCO 玻璃），玻璃组件（普通中空玻璃、真空玻璃、充气中空玻璃），夹层玻璃（PVB 膜片夹层玻璃、EN 胶片夹层玻璃、饰物夹层玻璃、防弹玻璃、防盗玻璃、防火玻璃等），贴膜玻璃（防弹玻璃、镭射玻璃、遮阳绝热玻璃、贴花玻璃）。由此可见，玻璃深加工不只是利用单一的技术和方法进行生产，而是多种技术综合的方法生产，其产品的应用也更趋复合性，比如夹层-中空玻璃。玻璃深加工技术发展趋势主要有以下几个方面。

1.4.1 镀膜玻璃的涂层材料开发

镀膜玻璃受不同涂层材料及厚度、层数的影响，可获得不同颜色、不同功能的玻璃制品。尽管我国已经拥有各种生产工艺和技术，已生产出各种功能的产品，比如 Low -E 玻璃、自洁净玻璃等节能环保玻璃制品。但我国的玻璃膜技术的研发仍属于跟随型的，尚未建立起系统、规范的研究体系，所以随着人们对镀膜玻璃多种功能的需求，要求玻璃生产企业、研究院所联合与膜技术相关的化工业、冶金业，发明出一批更具特征功能的涂层材料。总之，新的涂层材料的开发研究无疑是产生新型镀膜玻璃的关键。

1.4.2 夹层玻璃及贴膜玻璃膜片开发

PVB 膜自 20 世纪 30 年代问世以来，一直是汽车和飞机风挡玻璃的优良中间层材料。PVB 膜片具有特殊的性能；它与无机玻璃有很好的黏结力，膜片的光学指标很好，透光率达到 90%以上；它的耐热性、耐寒性、抗冲击性和抗老化性能都很好；它的折射率和玻璃几乎一样。至目前为止，还没有其他材料能够取代它。但由于用 PVB 膜片生产夹层玻璃需用高压釜，生产工艺较复杂，所以 1997 年日本积水化学工业株式会社，首次在中国展示了非高压釜夹层玻璃样品，即 EN 膜夹层玻璃。这种夹层玻璃主要用于建筑物和装饰夹层玻璃，目前我国也已开发出夹层玻璃膜片，但是质量尚待提高改进。贴膜玻璃用的玻璃膜片我国尚不能生产，亟待开发研究。总之，这些有机材料胶合膜的开发应由玻璃行业与化工等行业共同联合开发。

1.4.3 各种玻璃合理组合开发新品种

产品不限于一种功能，而是将多种功能结合起来，即通过多种功能的玻璃合理组合，从而得到最有效利用资源，满足不同需求的新产品。如镀膜（Low-E 膜）中空玻璃兼有遮阳、保暖和装饰功能，比普通中空玻璃节约能源 18%；又如将涂光催化降解薄膜的隔声、消除霜露功能，还具有降解污垢的“自洁”功能。再如将丝网印花和钢化结合起来，制成丝网印花钢化玻璃；将玻璃镜表面镀膜通电加热或防水膜而生产的防雾玻璃镜等。在组合中要有突破，要采取逆向思维，要善于学会利用玻璃自身的缺陷。比如，利用钢化玻璃炸裂时会形成均匀的颗粒的特点，生产夹层碎花玻璃时，就有一种朦胧、破碎的美感，此产品已经应用于豪华宾馆、商店等高雅场所的门窗及隔断。

1.4.4 能产生特色功能的玻璃原料开发

平板玻璃除基体着色之外，目前尚无重大且可行的玻璃本体改性技术产生，这就需要业内人士进一步研究开发。

总之，我国在目前玻璃深加工技术的基础上，应加大玻璃改性材料的开发研究，从而使玻璃产品向复合功能型、生态智能型的节能环保方向发展。

2 玻璃加工预处理工艺及设备

平板玻璃的深加工产品一般都是定尺寸加工，工艺上要求在加工前对玻璃进行切割、磨边、钻孔、清洗干燥等处理。同时加工玻璃品种的规格趋于大型化，如镀膜玻璃，建筑夹层玻璃，将如此大规格的玻璃原片装到生产线上及从生产线卸下成品，通常采用装片机和卸片机来完成。某些加工玻璃在进行工艺加工之前，要对玻璃原片进行研磨抛光、切割、磨边、钻孔、洗涤干燥等处理，如钢化玻璃、夹层玻璃等。还有一些加工玻璃，经洗涤干燥进行工艺加工，然后根据使用的要求进行研磨抛光、切割、磨边、钻孔、洗涤等处理而成为最终产品，如玻璃镜。这些品种所使用的玻璃原片也是大规格的，将这些玻璃装到生产线或切割机上也需要采用装片机。

目前，玻璃深加工企业中，各种加工设备趋于大型化、规模化、集成化，自动化水平达到了新的阶段，玻璃加工设备趋于流水线作业。本章主要叙述国内外加工玻璃生产线常用的研磨抛光、装片及卸片、玻璃的切割、磨边、钻孔及洗涤干燥的工艺方法和设备。

2.1 研磨和抛光

研磨的目的，是将制品粗糙不平或成型时余留部分的玻璃磨去，使制品具有需要的形状和尺寸或平整的面。开始用粗磨料研磨，效率高，然后逐级使用细磨料，直至玻璃表面的毛面状态变得较细致，再用抛光材料进行抛光，使毛面玻璃表面变得光滑、透明，并具有光泽。研磨、抛光是两个不同的工序，这两个工序合起来，俗称磨光。经研磨、抛光后的玻璃制品，称磨光玻璃。

2.1.1 研磨与抛光机理

许多学者对玻璃研磨抛光的机理进行了探讨，归纳起来，有三类不同的理论。

① 磨削理论

这是最早也是最简单的概念。1665 年虎克提出研磨是用磨料将玻璃磨削到一定的形状，抛光是研磨的延伸，从而使玻璃表面光滑，纯粹是机械作用。这样的认识延续了几百年，直至 19 世纪末。

② 流动层理论

以英国学者雷莱、培比为代表，认为玻璃抛光时，表面有一定的流动性，也称可塑层。可塑层的流动，把毛面的研磨玻璃表面填平。

③ 化学理论

英国的普莱斯顿和苏联的格列宾希科夫，先后提出在玻璃的磨光过程中，不仅仅是机械作用，尚存在着物理、化学的作用。

实际上解释研磨现象的是以上三种或其中两种理论的综合，分述如下。

(1) 玻璃的研磨机理

英国学者弗兰奇认为作为自由磨料的金刚砂、刚玉等并不能切割玻璃，若磨盘与玻璃作相对运动，则在研磨盘压力下，磨料将负荷传递给玻璃，给玻璃剪切应力，从而使玻璃碎裂下来，如图 2-1(a) 所示。

苏联学者格列宾希科夫认为这时的作用具有振动-冲击性质，见图 2-1(b)。认为玻璃被自由磨料磨削，首先是机械作用。

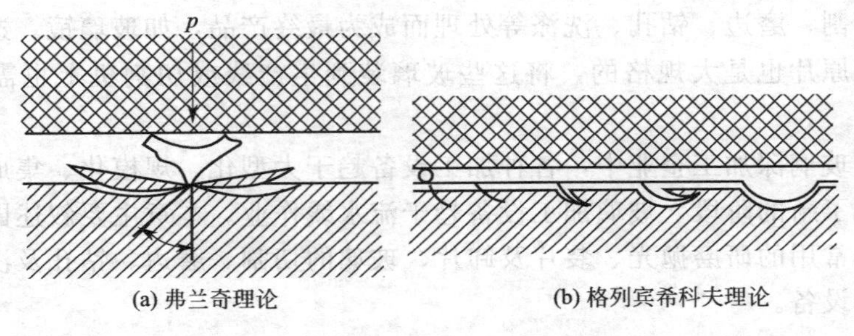

图 2-1　磨料对玻璃的作用示意图

普莱斯顿曾认为玻璃研磨时，表面上不仅有凹陷坑，而且有裂纹渗入玻璃，这个裂纹是由于磨料颗粒负载及其在摩擦作用下，表面增加应力的综合效应，如图 2-2 所示。

特威曼和德拉代认为研磨玻璃表面有一个压缩应力，工作层的下面则产生张应力，并发现应力大小与磨料粒度有关，如图 2-3 所示。

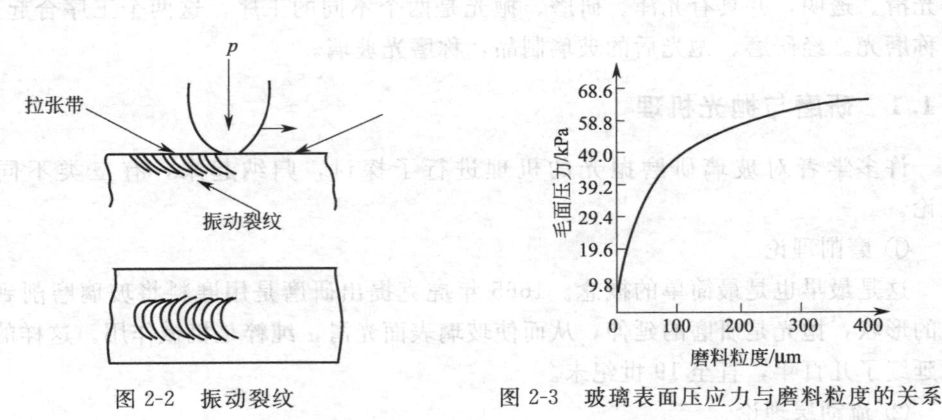

图 2-2　振动裂纹　　　图 2-3　玻璃表面压应力与磨料粒度的关系

综上所述，玻璃的研磨过程，首先是磨盘与玻璃作相对运动，自由磨粒在磨盘负载下对玻璃表面进行划痕与剥离的机械作用，同时在玻璃上产生微裂纹。磨粒所用的水既起着冷却的作用，同时又与玻璃的新生表面产生水解作用，生成硅胶，有利于剥离，具有一定的化学作用。如此重复进行，玻璃表面就形成了一层凹陷的毛面，并带有一定深度的裂纹层，如图 2-4 所示。

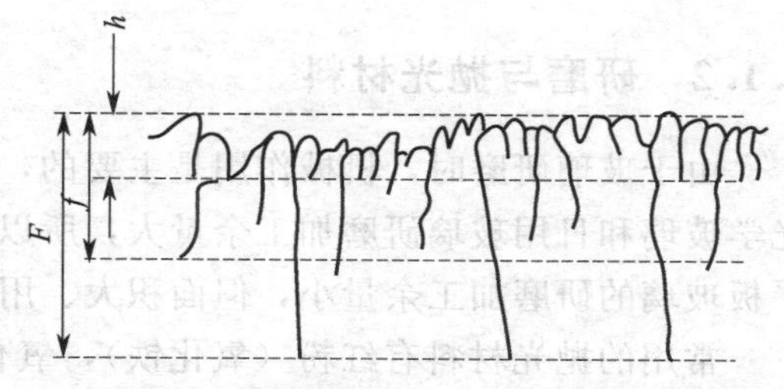

图 2-4　研磨玻璃断面（凹陷层及裂纹层）
h—凹陷层平均深度；f—裂纹层平均深度；
F—裂纹层最大深度

根据学者卡恰洛夫的研究，认为凹陷层的平均深度 h，决定于磨料的性质与磨粒直径，其关系为：

$$h=K_1D \tag{2-1}$$

式中　K_1——不同磨粒的研磨系数；

D——磨粒的平均直径。

这时产生的裂纹层的平均深度 f 与凹陷层的平均深度 h 的关系为：

$$f=2.3h \tag{2-2}$$

而裂纹层最大深度：

$$F=3.7\sim4.0h \tag{2-3}$$

玻璃是脆性材料，不同的化学组成具有不同的物理、力学、化学性能，对研磨表面生成的凹陷层深度和裂纹层深度都有很大影响。

将原始毛坯玻璃研磨成精确的形状或表面平整的制品，一般研磨的磨除量为 0.2～1mm，或者更多些。所以要用较粗的磨料，以提高效率。但由于粗颗粒使玻璃表面留下的凹陷层深度和裂纹层深度很大，不利于抛光。必须使研磨表面的凹陷层和裂纹层的深度尽可能减小，所以要逐级降低磨料粒度，以使玻璃毛面尽量细些。一般最后一级研磨的玻璃毛面的凹陷层平均深度 h 为 3～4μm，裂纹层最大深度 F 为 10～15μm。

(2) 玻璃的抛光机理

以前人们认为玻璃的抛光与研磨都是磨料对玻璃的机械作用，只是抛光的磨粒更细。英国学者雷莱用显微镜观察到抛光一开始，研磨表面凹陷顶部就出现了抛光得极好的不大的区域，随着抛光而继续扩大。所以他认为不应该将抛光看作只是从表面剥落玻璃碎屑，而是在抛光物质的作用下，发生分子过程。另一位英国学者培比认为玻璃由于干摩擦产生的热而熔化成一黏滞液在表面流动，并在表面张力的作用下，使玻璃表面光滑。此流动层称为“培比层”，约为 0.025～0.1μm 厚。

玻璃抛光时，除将研磨后表面的凹陷层（3～4μm）全部抛除外，还需要将凹陷层下面的裂纹层（10～15μm）也抛光除去。这个厚度虽比研磨时磨除的厚度小得多（仅为研磨时磨去的厚度的 1/40～1/20），但是抛光过程所需时间却比研磨过程要多（为研磨时间的 2 倍或更多），即抛光效率比研磨效率低得多。

2.1.2 研磨与抛光材料

由于玻璃研磨时，机械作用是主要的，所以磨料的硬度必须大于玻璃的硬度。光学玻璃和日用玻璃研磨加工余量大，所以一般用刚玉或天然金刚砂研磨效率高。平板玻璃的研磨加工余量小，但面积大、用量多，一般采用价廉的石英砂。

常用的抛光材料有红粉（氧化铁），氧化碲，氧化铬，氧化锆，氧化钍等，日用玻璃加工也有采用长石粉的。

红粉是 α- Fe_2O_3 结晶，为玻璃抛光材料中使用得最早最广泛的材料。氧化铈和氧化锆的抛光能力比红粉高，由于它们的价格较红粉高，应用上还没有红粉广泛。对抛光材料的要求，除了须有较高的抛光能力外，必须不含有硬度大、颗粒大的杂质，以免玻璃表面造成划伤。

玻璃研磨作业的不同阶段，需要不同颗粒度磨料，通常要进行分级处理。回收的废磨料经分级处理后也可再用。对颗粒较粗的粒级，可用过筛法分级，较细的粒级则需用水力分级法进行分级。

2.1.3 影响玻璃研磨过程的主要工艺因素

玻璃研磨过程中标志研磨速度和研磨质量的是磨除量（单位时间内被磨除的玻璃数量）和研磨玻璃的凹陷层深度。磨除量大即研磨效率高，凹陷层深度小则研磨质量好。工艺因素中某些只对其中一项有影响，也有对两项均有影响，但常常对一项有好的影响，而对另一项起相反的作用。各项工艺因素的影响分述如下。

（1）磨料的性质与粒度

磨料的硬度大，通常研磨效率高。金刚砂和碳化硅的研磨效率都比石英砂高得多。但硬度大的磨料使研磨表面的凹陷深度较大，这从上面的公式(2-1)可以明显看出。磨料粒度大小与玻璃磨除量的关系如图 2-5 所示，磨除量是随粒度的增大而增加的。根据公式(2-1)，研磨玻璃凹陷深度是随粒度的增大而增加的，即研磨质量是随粒度增大而变坏。为此，在研磨刚开始时，用较粗的粒度，提高研磨效率，以便在较短时间内使玻璃制品达到合适的外形或表面平整。之后，用细磨料逐级研磨，以使研磨质量逐步提高，最后达到抛光要求的表面质量。

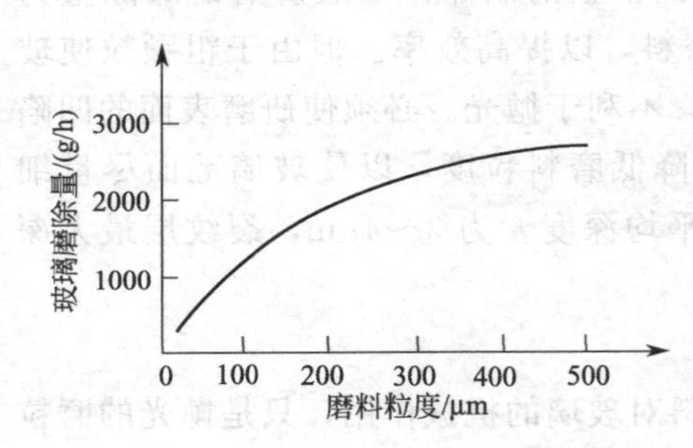

图 2-5 磨料粒度与研磨效率的关系

（2）磨料悬浮液的浓度和给料量

磨料系加水制成悬浮液使用。水不仅使磨料分散、均匀分布于工作面，并且带走研磨下来的玻璃碎屑，冷却摩擦产生的热，以及促成玻璃表面水解成硅胶薄膜。所以水的加入量对研磨效率有一定影响。通常以测量悬浮液密度或计算悬浮液的液固比来表示悬浮液的浓度，各种粒度的磨料都有它最适宜的浓度，过大或过小，都影响研磨效率，如图 2-6 所示。磨料浓度过小，还会使研磨表面造成伤痕。磨料的给料量对研磨效率的影响如图 2-7 所示。

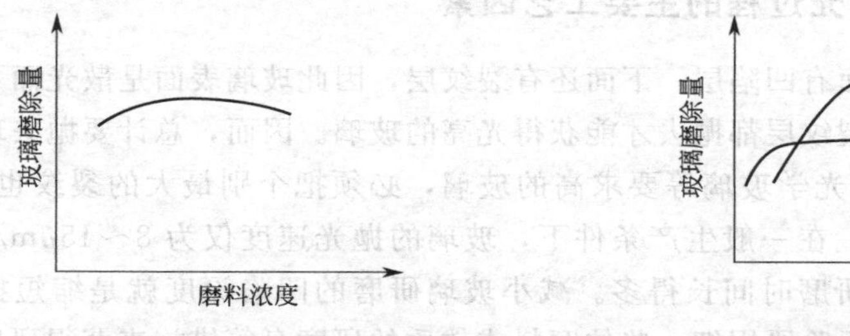

图 2-6 磨粒浓度与磨除量的关系

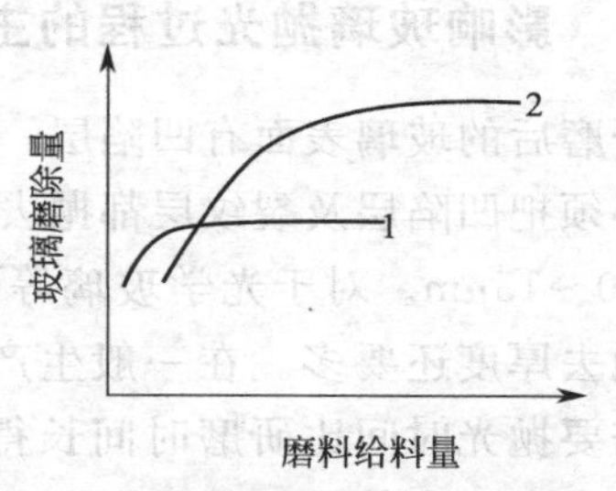

图 2-7 磨料给料量与磨除量的关系

1—细砂；2—粗砂

从图 2-7 曲线可以看出，研磨效率是随磨料给料量的增加而提高的，但到一定程度后，如再增加磨料给料量，研磨效率提高的速度减慢，甚至再增加给料量，研磨效率不再提高，所以每种粒度的磨料都有一个最适合的给料量。

（3）研磨盘转速和压力

研磨盘的转速和压力对研磨效率都成正比关系。研磨盘转速快，将磨料往外甩得就多；压力增大，磨料的磨损也显著增加。所以都必须相应提高磨料的给料量，否则不仅研磨效率不会增加，甚至降低，还会出现伤痕等缺陷。磨盘转速和压力与研磨效率（磨除量）的关系如图 2-8、图 2-9 所示。

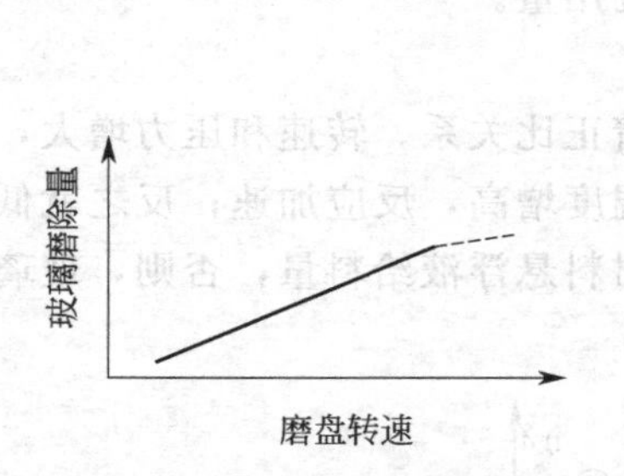

图 2-8 磨盘转速与研磨效率的关系

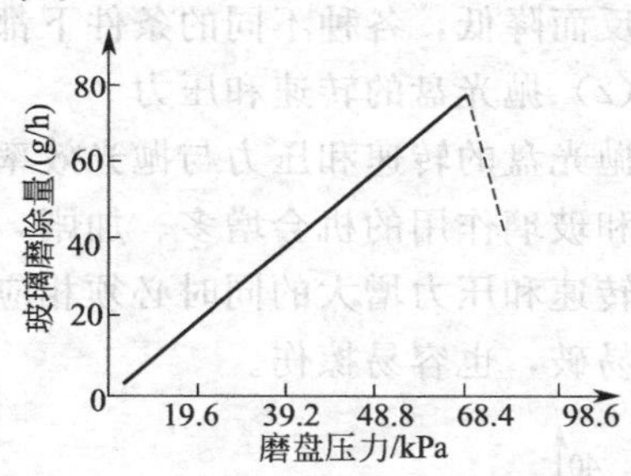

图 2-9 磨盘压力与研磨效率的关系

（4）磨盘材料

磨盘材料硬度大，能提高研磨效率。铸铁材料的研磨效率为 1，有色金属则为 0.6，塑料仅为 0.2。但硬度大的研磨盘使研磨表面的凹陷深度也较深。而硬度较小的塑料盘，可使玻璃凹陷深度比铸铁盘降低 30％。因此，如最后一级粒度的磨料用塑料盘，就可以大大缩短抛光时间。见图 2-10。

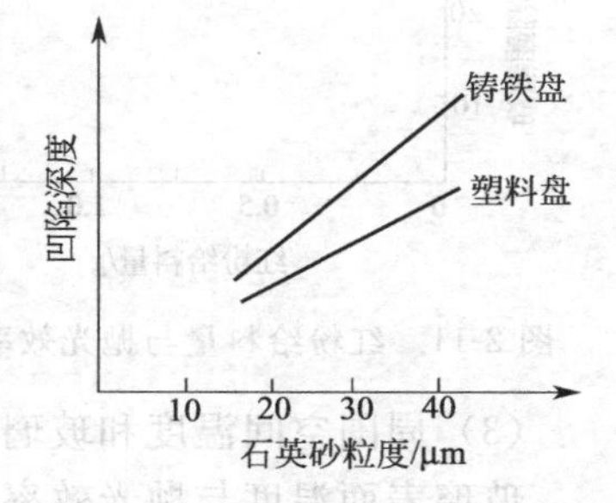

图 2-10 磨盘材料与研磨质量的关系

（5）玻璃的化学组成

玻璃的化学组成对研磨效率和凹陷深度有很大的影响，一般来说，质软的玻璃易研磨，但留下的凹陷深度较大。

2.1.4 影响玻璃抛光过程的主要工艺因素

研磨后的玻璃表面有凹陷层，下面还有裂纹层，因此玻璃表面是散光而不透明的。必须把凹陷层及裂纹层都抛去才能获得光亮的玻璃。因而，总计要抛去玻璃层厚度10～15μm。对于光学玻璃等要求高的玻璃，必须把个别最大的裂纹也抛去，则总抛去厚度还要多。在一般生产条件下，玻璃的抛光速度仅为8～15μm/h，因此所需要抛光时间比研磨时间长得多。减小玻璃研磨的凹陷深度就是缩短抛光时间，常常在研磨的最后阶段用细一些的磨料或软质的研磨盘等措施来获得研磨表面浅的凹陷层。另外采用合适的工艺条件，也能提高抛光效率而缩短加工时间，影响抛光的工艺因素分述如下。

(1) 抛光材料的性质、浓度和给料量

水在抛光过程中比在研磨过程中所起的化学-物理化学作用更为明显，因此抛光悬浮液浓度对抛光效率的影响是很敏感的，若使用红粉，一般以密度1.10～1.14g/cm^{3}为宜。刚开始抛光时，采用较高的浓度，以便抛光盘吸收较多的红粉，玻璃表面温度也可提高，抛光效率高。但抛光的后一阶段则逐步降低，否则玻璃表面温度过高易破裂，同时红粉也易于在抛光盘表面形成硬膜，使玻璃表面擦伤。抛光悬浮液的给料量，如图2-11所示，用量多，效率（磨除量）增高，但过量时，效率反而降低，各种不同的条件下都有最适宜的用量。

(2) 抛光盘的转速和压力

抛光盘的转速和压力与抛光效率之间存在着正比关系。转速和压力增大，抛光材料和玻璃作用的机会增多、加剧，玻璃表面温度增高，反应加速；反之就低。抛光盘转速和压力增大的同时必须相应增加抛光材料悬浮液给料量，否则，玻璃温度过高易破，也容易擦伤。

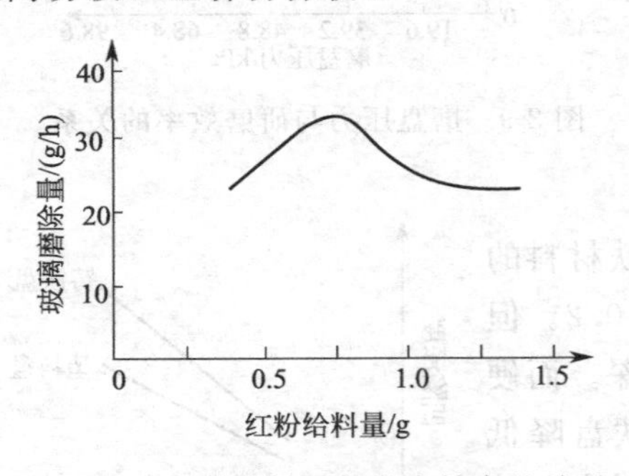

图 2-11　红粉给料量与抛光效率的关系

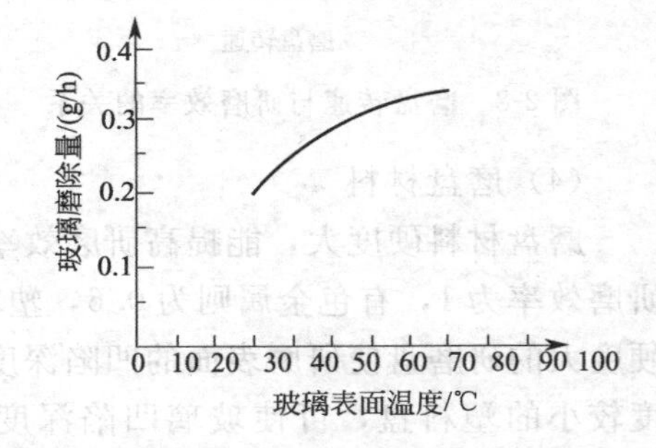

图 2-12　玻璃表面温度对抛光效率的影响

(3) 周围空间温度和玻璃温度

玻璃表面温度与抛光效率间的关系，如图2-12所示。抛光效率随表面温度的升高而增加。而周围空间温度对玻璃表面温度有影响，特别在温度低的时候，没有保暖措施，玻璃表面温度不高，抛光效率也就不高。见图2-13，周围环境温度从

5℃提高到 20℃，抛光效率几乎增加一倍，超过 30℃增加速度就变缓慢。因此为了提高抛光效率，抛光操作环境温度宜维持 25℃左右。

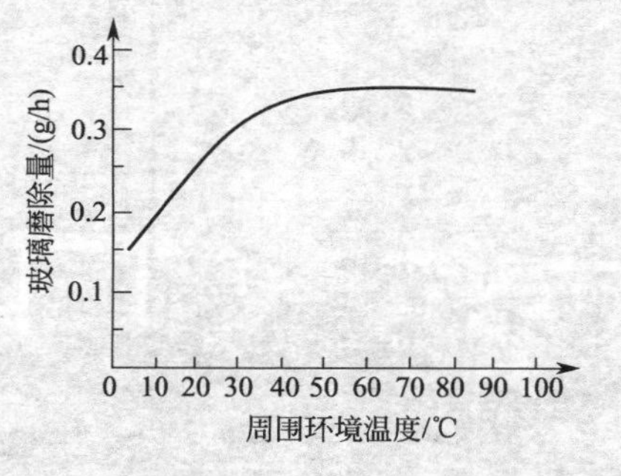

图 2-13　周围环境温度对抛光效率的影响

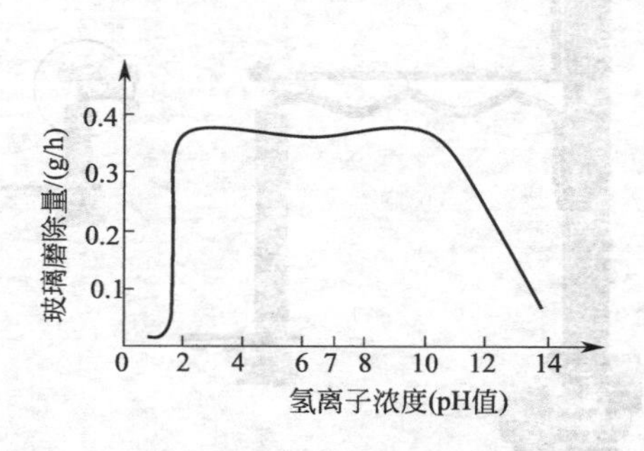

图 2-14　红粉中氢离子浓度对抛光效率的影响

(4) 抛光悬浮液的性质

红粉悬浮液氢离子浓度与抛光效率的关系如图 2-14 所示。在 pH 3～9 范围是最合适的，过大或过小均不好。加入各种盐类如硫酸锌、硫酸铁等，可起加速作用。

(5) 抛光盘材质

一般抛光盘都用毛毡制作，也有用呢绒、马兰草根等。粗毛毡或半粗毛毡的抛光效率高，细毛毡和呢绒的抛光效率低。

2.2　玻璃装卸板和堆垛设备

建筑用平板玻璃的规格一般比较大，单片玻璃质量甚至超过 1t，需要用到各种玻璃装卸设备。在大型玻璃切割机、玻璃镀膜线、夹层玻璃生产线等设备上，都必须用到玻璃自动装卸板设备作为配套设备使用。

2.2.1　真空吸盘架

这种设备一般用起重机和真空橡胶吸盘装置组合使用，真空吸盘装置的功能是吸住并搬运玻璃，真空吸盘架由起重机的吊钩吊起，将玻璃转移到指定位置，停止真空吸盘抽气并向吸盘内吹气，玻璃片即与吸盘脱离。操纵起重机和真空吸盘架配合使用即可把玻璃一片片地进行搬运，它常用于玻璃工程安装、深加工半成品玻璃转运等。

真空吸盘架由吊杆、转动蜗轮杆减速箱、吸盘架、真空吸盘、真空泵（或真空发生器）和真空管路、真空计、电磁阀以及控制电气按钮等组成，如图 2-15 所示。

吊杆用于把吸盘架悬吊到起重设备上，吊杆与吸盘架之间安装有一台蜗轮杆减速箱，在吊杆一直垂直状态下，它可以使吸盘架旋转 90°并保持自锁，便于玻璃从水平到垂直状态的相互翻转；吸盘架的连杆一般都有伸缩功能，方便各种规格玻璃的转运；真空吸盘、真空管路和真空泵一起构成真空系统，利用大气压力吸住玻璃。产生真空的设备一般采用真空泵，在玻璃加工厂内也有采用真空发生器的，利用压缩空气和虹吸原理产生真空的真空发生器外形尺寸很小，使用方便。见图 2-16。

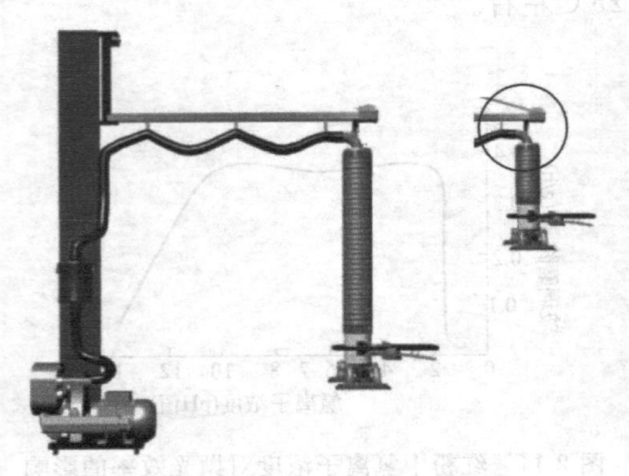
图 2-15　真空吸盘架示意图

图 2-16　真空吸盘的应用

真空吸盘架所能起吊的玻璃质量一般不超过 2t，可以满足单片玻璃的翻转和短距离搬运要求。

2.2.2　自动装卸板和堆垛设备

在各种流水化生产线上一般都配备自动装卸板和堆垛设备，下面是用于浮法线冷端玻璃堆垛和镀膜玻璃生产线的自动装卸板设备。

浮法玻璃生产线冷端设备是大型的玻璃堆垛设备（图 2-17），一般采用横梁式或龙门式结构，生产节奏快，装片时间短。采用真空吸盘吸住玻璃并翻转。玻璃从水平状态翻转到垂直状态，喷粉（或夹纸）后装到木包装箱内或玻璃架上，翻转角度一般为 93°～97°。

镀膜玻璃生产线、夹层玻璃生产线、大型玻璃银镜生产线等都配置有自动装卸片设备。一台独立的自动装卸片台由机架、输送辊道和传动系统、取片架和液压翻转系统、真空系统等组成。

图 2-17　玻璃堆垛机

图 2-18　玻璃机械手

2.2.3　玻璃机械手

工业机器人技术的发展也促进了玻璃机械的发展，利用工业机器人技术制造的玻璃机械手（图 2-18）广泛应用在浮法线的冷端和深加工设备上，机械手从竖直的玻璃架上吸取玻璃，翻转后水平放置在切割台上，同时进行精确定位。玻璃机械手一般用于较短距离和较小范围内的玻璃搬运。

2.3 切割

切割是利用玻璃的脆性和残余应力，在切割点加一刻痕造成应力集中，使之易于折断。对不太厚的板、管，均可用金刚石、合金刀或其他坚韧工具在表面刻痕，再加折断。为了增强切割处应力集中，也可在刻痕后再用火焰加热，更便于切割。如玻璃杯成型后有多余的料帽，可用合金刀沿圆周刻痕，再用扁平火焰沿圆周加热，即可割去。

对厚玻璃可用电热丝在切割的部位加热，用水或冷空气使受热处急冷产生很大的局部应力，形成裂口，进行切割。同理，对刚拉出的热玻璃，只需用硬质合金刀在管壁处划一刻痕，即可折为两段。

利用局部产生应力集中形成裂口进行切割时，必须考虑玻璃中本身残余应力大小，如果玻璃本身应力过大，刻痕时会破坏应力平衡，以致发生破裂。

切割建筑用玻璃的方法主要有高压水切割和机械切割等方式。

2.3.1 高压水切割

高压水切割的方式起源于苏格兰，经过 100 年的试验研究，才出现了工业高压水切割系统。1936 年美国和苏联的采矿工程师成功地利用高压水射流方式进行采煤和采矿，到 1956 年，苏联利用 200MPa 压力的水切割岩石。实际上高压水切割不是专利，1968 年美国哥伦比亚大学的教授在高压水中加入金刚砂磨料，通过水的高压喷射和磨料的磨削作用，加速了切割过程的完成。目前，高压水切割的方式主要用于大理石、瓷砖、玻璃、钢板、塑料、布料、聚氨酯、木材等。

玻璃高压水切割机主要是将混合有金刚砂磨料的水加压至 200～400MPa 的超高压力，通过 0.8～1mm 左右直径的耐磨合金喷嘴，水与磨料的混合液以高速冲击玻璃表面，使玻璃表面产生极小面积的脆性破损，连续作用即可穿透玻璃，形成切割。通过电脑数控水切割机，可以切割各种厚度、任何形状的玻璃。由于高压水切割的运行成本较高，喷嘴、导流套、高压密封件都是要经常更换的耗材，价格较贵，而且切割速度低，生产效率也非常低。随着玻璃机械切割方式的逐渐改进，目前，一般建筑用玻璃已经很少使用高压水切割机来切割玻璃。见图 2-19。

图 2-19 高压水切割机

2.3.2 机械切割

2.3.2.1 手工切割刀

由于玻璃的硬度非常高，早期的手工切割刀是将硬度更高的钻石或人造金刚石镶嵌在黄铜上，再安装一个手柄，就制成一把手工切割刀。切割玻璃时，手持切割刀，将金刚石通过一定的角度在玻璃表面施加压力，并将黄铜的基座靠在直尺或模板上，利用金刚石的锋利，高硬度棱角在玻璃表面形成划痕，破坏玻璃表面垂直方向的压应力和中间张应力的平衡，造成玻璃应力集中，再在玻璃表面划痕的两旁施加压力，就可使玻璃沿着划痕的位置完全分离。玻璃越厚，需要切割的划痕越深，分离玻璃时在划痕两旁施加的压力就越大。

由于人造金刚石的价格昂贵，随着金属冶炼技术的提高，已经逐渐被高硬度的合金材料所替代。目前所使用的手工切割刀，都是用高硬度的合金制成中间有轴孔可以滚动的小轮，轮缘的角度一般小于 120°，对小轮施加一定的压力并在玻璃表面滚动形成连续的刻痕，也可以将玻璃分离。

手动切割常利用一些简单工具，如：玻璃刀、推刀架、直尺、模板、画笔等，如图 2-20、图 2-21 所示。由于手工切割方式的效率太低，只适用于小批量的玻璃切割，在大规模的玻璃深加工厂，已经被自动切割机所取代。

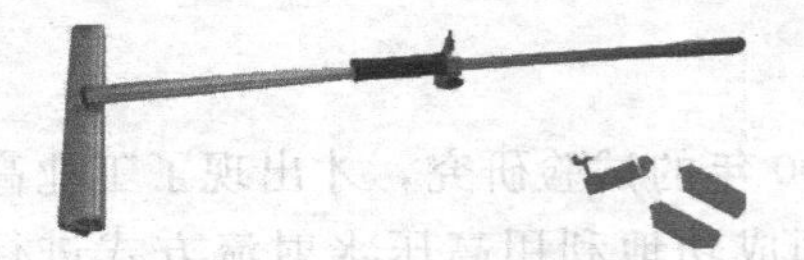

图 2-20　手工切割刀及刀头

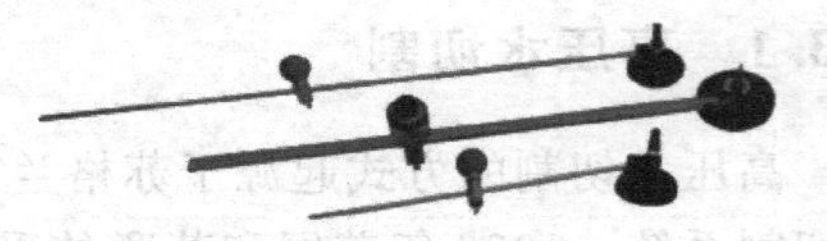

图 2-21　划圆刀

2.3.2.2 自动切割机

自动切割机主要由卸片台、切割台和掰片台三部分组成。见图 2-22。卸片台是利用真空吸盘和翻转架将竖直放置的原片玻璃自动抓取翻转并水平放置在传动平台上，将原片玻璃传送到切割台。高硬度的合金滚轮安装在自动运行的切割头上，通过电脑编程控制，使合金滚轮在玻璃表面形成不同形状和大小的连续均匀的刻痕，然后再将玻璃传送到掰片台进行分离。自动玻璃切割机采用电脑编程系统控制，从原片玻璃卸片到传送定位、切割和掰片一次完成。目前，自动切割机的切割玻璃速度已经达到 200m/min，大大提高了玻璃切割效率，适用于大规模的玻璃深加工企业。

图 2-22　全自动切割流水线

(1) 卸片台

卸片台主要由液压站、玻璃传动辊、中空系统、油缸、摆臂和橡胶吸盘等组成。切割机自动卸片台的工作原理：当自动卸片台接到控制台信号时，液压站工作，由油缸作用摆臂，摆臂向上旋转，当摆臂与竖直放置的原片玻璃基本平行并靠近玻璃时，摆臂上的吸盘吸附在玻璃上，这时真空泵开始工作，吸盘通过真空吸住玻璃，吸盘达到设定的真空度后，摆臂通过吸盘提取玻璃，使单片玻璃和其他玻璃分离，摆臂翻转下降回初始位置，吸盘放气吹风释放玻璃，玻璃完全放置在传动辊上，并被输送到切割台。

(2) 切割台

切割台主要由切割头、切割桥、传送带、定位系统和电脑编程控制系统等组成。

原片玻璃由输送带送到切割台面上，并被精确定位，操作人员将需要切割的尺寸和图案输入到电脑中，由电脑控制伺服电机驱动切割桥、切割头，在切割台上的任意运动组合，使安装在切割头上的高硬度切割刀轮在玻璃表面上滚动，形成连续均匀的任意形状的刻痕，刻痕的尺寸误差一般要求小于0.5mm。

一般根据玻璃厚度的不同，切割刀轮的压力和刀轮的角度选择都有所不同，玻璃越厚，刀轮给玻璃表面施加的压力越大，刀轮的角度也越大。

切割完成后，由传送带将玻璃传送到掰片台。

(3) 掰片台

掰片台由吹气风机、台面、毛毡、气动连杆、木质顶板等组成。

吹气风机打开，玻璃被传输到掰片台，气垫将玻璃托起，工作人员将玻璃上的刻痕并行移至顶板的正中，顶板上表面呈圆弧状，启动顶板气动机构，顶板升出台面，玻璃靠自重施加的压力即从刻痕处断开。目前国外很多公司生产的掰片台可自动定位掰片。掰片过程中应随时清除台面毛毡上的玻璃碎屑，要防止玻璃碎屑划伤玻璃下表面。

2.3.3 火焰切割

除了上述两种主要的切割方式，火焰切割对加工厚玻璃有其独到的优势。火焰切割的方法，有以下几种方式。

(1) 熔断

熔断切割是利用煤气或其他热源，将玻璃上确定的部位，边进行局部熔融边切断的方法。

此法已广泛应用于酒杯的制造工艺及安瓿瓶加工等方面。熔断切割要求火焰通过增氧成为锋利的火焰，为了使玻璃更好地熔融，必须用高发热量的燃气。

(2) 急冷切割

急冷切割是将圆筒状的玻璃一边旋转一边在沿圆周的狭小范围内急速加热，用经冷却过的冷却液体接触加热部位，借助热应力将玻璃切断。急冷切割用的火焰是氢气或城市煤气加氧气的狭缝喷灯，冷却体用容易引起裂纹起点的物体，如磨石、金属圆板等。如果能确保必需的加热时间，就能高速切割。

（3）爆口

爆口是人们很熟悉的一种玻璃加工方法。用金刚石或超硬合金在玻璃上造成伤痕，再向受伤部位加热，则裂纹扩展而使之切断。也有在加热时加上伤痕，随玻璃冷却，热应力使裂纹扩展而切断的。爆口能得到与熔断法一样的镜面状割断面。

（4）激光加工

用激光、等离子体喷射、电子束等高热源将金属材料熔断、熔接的方法也可以切割玻璃。

2.3.4 水平式夹层玻璃自动切割机

现代建筑使用的夹层玻璃是采用自动化大批量生产的，产品的规格大，往往需按订单的尺寸进行切割加工，然后供用户使用，国外目前有多种夹层玻璃自动切割机，水平式夹层玻璃自动切割机是其中的一种。

水平式夹层玻璃自动切割机由切割机及掰断两大部分组成。前者的切桌、切割桥、电脑控制箱等部件的结构与玻璃自动切割机的很相似，切割机的特点是有两个切割桥，分别安装在切桌的上、下方。两个切割头同时间、同方向在同一垂直面上，对夹层玻璃的上下表面进行切割，两条刀痕处在同一垂直面上。夹层玻璃的掰断有冷掰及热掰两种工艺，前者的掰断装置装在切桌的中部，切出刀痕的夹层玻璃在刀痕两边用夹板夹紧，然后液压装置将玻璃在切痕处折断，台上装有拉伸装置，用此拉伸装置将玻璃在断裂处拉开。中间的 PVB 膜即被折断，夹层玻璃就一分为二，即使是厚玻璃，玻璃及膜片的边都是平滑的，尺寸精确。

此种夹层玻璃自动切割机能切割膜片厚 4mm、总厚度达 28mm 的夹层玻璃，但只能切割双层玻璃，并仅限于直线切割。往往使用起重设备将大块的夹层玻璃装上切桌，在选用设备时，需考虑配备起重设备。

2.3.5 玻璃切割的注意事项

2.3.5.1 切割质量

在用高硬度的合金刀轮切割玻璃时，在玻璃上的刻痕一定要均匀，不能有断线，否则玻璃在掰片时不会按照刻痕的方向分离而导致切割失败。合金刀轮轮缘的角度大小，刀轮施加在玻璃表面上的压力，刀轮行走平稳和电脑控制精度等都是确保切割质量的关键。

2.3.5.2 原片利用率

玻璃原片成本是玻璃深加工企业的主要成本，如何提高原片利用率是降低制造成本的关键。由于常规使用的原片都是标准版面，为提高原片的利用率，通过选择不同玻璃尺寸在同一原片上进行切割是提高原片利用率的主要办法。目前，在大型的玻璃深加工企业，一般采用专门的电脑优化软件对大批量的玻璃尺寸进行优化排版处理，将使用的原片尺寸和切割玻璃尺寸及数量输入到电脑中，利用电脑的运算，排出最优化的切割顺序，可以提高生产效率和原片利用率。正常情况下，通过电脑优化排版后在标准版面原片上进行切割的原片利用率一般在 85% 左右。在切割的玻璃数量较大、尺寸规格不多的情况下，也可以通过事先的原片版面优化，向原片厂商专门定制非标准版面的原片，原片的利用率甚至可以达到 95% 以上。

2.3.5.3 掰片余量

切割玻璃时，切割线距边部或两条切割线之间的距离不能太小，否则将会造成掰片困难。两者之间的距离和玻璃厚度有关，玻璃越厚，间距越大，一般需要超过玻璃厚度的 2 倍。

2.4 玻璃磨边

经过切割后的玻璃断面凹凸不平、非常锋利，刃口上有许多微裂纹，不但容易割伤人体，在以后的使用过程中，在承受机械应力和热应力时，很容易从边部微裂口处破裂。因此，玻璃在切割后，往往需要对玻璃的断面进行打磨处理，以修正玻璃断面凹凸不平所产生的尺寸误差，消除锋利的刃口和微裂纹，增加玻璃的安全性和使用强度。由于玻璃的硬度非常高，一般使用含有人造金刚砂的磨轮和砂带，通过高速运动对玻璃边部进行磨削加工。

按磨边设备的分类，主要有：手持打磨机、砂带机、自动磨边机。

按磨边的效果和质量分类，主要有：精磨、粗磨、手工打磨。

2.4.1 主要的磨边设备

2.4.1.1 手持打磨机

手持打磨机（图 2-23）由高硬度的圆形磨片和高速电机组成，通过磨片的高速旋转，磨片上的金刚砂高速磨削玻璃的边部刃口，达到消除锋利刃口和微裂纹的目的。

优点：价格低廉，机动灵活，几乎可以打磨任意外形玻璃的边刃口。

缺点：手持打磨的力度不均匀，打磨后的外观不平整，还会产生新的微裂纹，打磨效率低，不适用于大规模的玻璃磨边加工。

图 2-23 手持打磨机

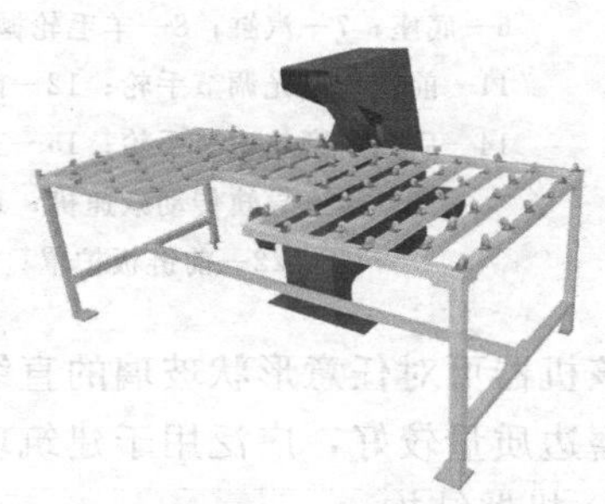

图 2-24 砂带打磨机

2.4.1.2 砂带打磨机

砂带打磨机（图 2-24）由金刚砂的砂带和高速电机组成，通过砂带的高速运动，达到消除玻璃的锋利刃口和微裂纹的目的。由于砂带的使用寿命低，无法修正玻璃边部凹凸不平的断面，外观不平整，已逐渐被配有金刚石磨轮的自动磨边机所取代。

2.4.1.3 自动磨边机

自动磨边机主要由玻璃传送定位系统、水冷却系统和含有不同粗细粒度金刚砂的金属磨轮和非金属磨轮组成。

同手持打磨机和砂带打磨机相比，自动磨边机可以将玻璃的边部通过不同磨轮的多次磨削，几乎可以完全消除玻璃边部凹凸不平的断面和微裂纹，外观非常平整光滑。根据不同玻璃的厚度，磨边速度最快可超过 10m/min，磨边效率大大提高，广泛应用于大型的玻璃深加工企业。

根据玻璃外形的不同，自动磨边机主要有直线单边磨边机、直线双边磨边机、异形磨边机和数控加工中心等设备。

(1) 立式直线单边磨边机

如图 2-25 所示，立式直线单片磨边机主要加工玻璃的直线边，边部的形状可以加工成平边、斜边、圆边和波浪形边等各种形状。

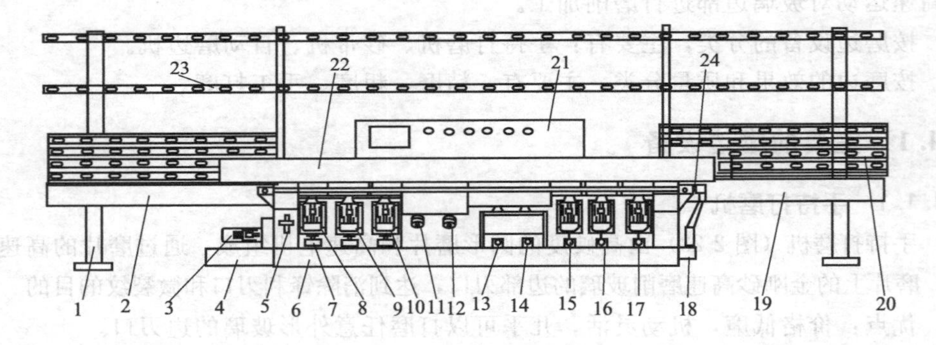

图 2-25 玻璃直线磨边机示意图

1—左支架；2—输出导轨；3—主传动电机；4—涡轮箱；5—油水分离器；6—底座；7—汽缸；8—羊毛轮抛光电机；9—二道抛光电机；10—一道抛光电机；11—前倒角抛光调节手轮；12—前倒角磨轮调节手轮；13—后倒角抛光调节手轮；14—后倒角磨轮调节手轮；15—三道金刚轮；16—二道金刚轮；17—一道金刚轮；18—输入导轨传动减速机；19—输入导轨；20—玻璃靠板；21—配电箱；22—前链板护罩；23—辅架；24—前梁进出移动机构

该机器可对任意形状玻璃的直线边进行磨边加工，设备价格低廉，占地面积较小，磨边质量较好，广泛用于建筑玻璃和家具玻璃的磨边加工。

① 机器结构

立式直线单边磨边机一般由底座、磨头、玻璃传动机构、玻璃夹紧链板（前后夹紧梁）、配电箱、供水冷却系统等部分构成。

磨头部分是机器的核心，它们安装在前后夹紧链板的下面，每个磨头都由一电机带动。当夹紧链板将玻璃输送到磨轮上方时，用手轮调节，使磨轮上表面接触玻璃，退出玻璃，再重新进玻璃，进玻璃时，观察磨头电机电流表粗调磨轮磨削量。在开机时，一定要注意先打开磨轮电机，再开传动，否则就会撞破玻璃。根据磨头的配置情况，一般1号金刚轮（粒度80～120号）的磨削量最多可达3mm，2号金刚轮（粒度120～170号）的磨削量为0.2～0.5mm，3号金刚轮（粒度210～270号）的磨削量为0.1mm左右。

抛光轮主要是将金刚石轮加工的磨痕消除，并尽量达到玻璃原色的效果。为了增加玻璃抛光效果，最后一道抛光用羊毛毡轮，羊毛毡轮采用气动控制，保证毡轮总是以一定的压力作用在玻璃上，以保证抛光效果。当玻璃输送到羊毛毡轮上沿时，玻璃碰到一连杆装置，连杆装置摆动，按压到控制汽缸电磁阀的行程开关，行程开关闭合，电磁阀动作，汽缸顶住抛光电机上升，紧压在玻璃边上，抛光磨轮以1500r/min的转速抛光玻璃。用羊毛毡轮抛光时，必须配以抛光液，抛光液用氧化铈和水混合而成。

每个磨轮上都有冷却水喷水管，喷水管在磨轮转动时同时供水，以降低玻璃磨边时所产生的高温。

立式直线单边磨边机前后加紧梁采用箱式梁结构，刚度较大。前后梁导轨系统采用端头圆导轨和两侧高耐磨性的镶钢淬火轨道，前后夹紧链板呈U形在前后梁上同步转动，玻璃在前后夹紧链板中随夹紧链板作直线运动，调整前后夹紧链板之间的距离，使之夹紧玻璃，最多可承受200kg左右的单片玻璃。

立式直线磨边机输出输入导轨采用同步带传动，玻璃随同步带同步运行。该机可根据玻璃厚度调节前夹紧梁，前夹紧梁移动由前梁同步机构完成。前梁移动距离可由数显表显示，调整时前梁左右端夹紧玻璃必须一致。

立式直线磨边机前后倒角分别由两道磨轮完成，一道磨削，二道抛光，磨轮和玻璃平面呈45°夹角。

② 立式直线磨边机常见磨削故障及处理

a. 玻璃烧结，抛光不亮　喷水不足，抛光轮调校不当，磨轮压力不够，磨削速度太快。其处理措施是：检查喷水系统，选择适当的抛光轮，提高磨轮压力，降低磨削速度。

b. 边角破损　金刚轮磨削量太大，磨削速度太快，输入输出带不平。处理措施：减小金刚轮磨削量，降低磨削速度，重新调整抛光轮，调整输入输出带水平速度。

c. 磨痕多　磨削速度太快，喷水不足。处理措施：降低磨削速度，检查喷水系统，修理喷水系统。

③ 立式直线磨边机主要规格

a. 加工玻璃厚度：3～30mm。

b. 加工玻璃最小尺寸：25mm×25mm。

c. 最快磨削速度：6m/min。

(2) 异形磨边机

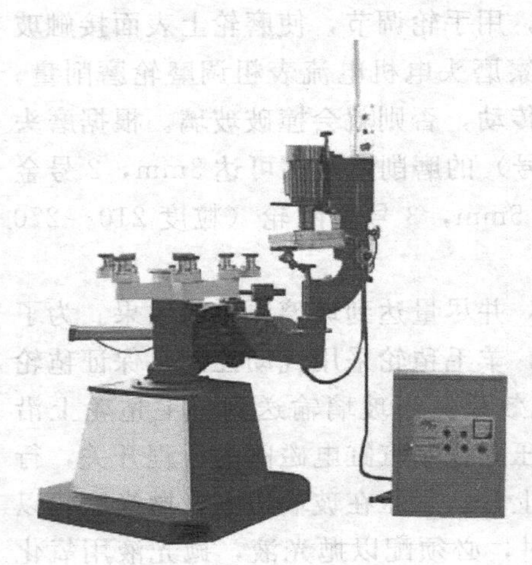

图 2-26 异形玻璃磨边机

单臂异形磨边机（图 2-26）可对任意外形的玻璃边部进行磨边处理。它一般由底座，大小臂，吸盘（五星盘），立柱，磨头部分，真空部件等部分组成。吸盘固定在五星盘上，五星盘由装在底座下的减速机传动，为了保证五星盘的平稳运转，消除间隙，在五星盘主轴传动齿轮部分安装一套刹车装置，在停机时大约用 50kgf（1kgf＝9.8N）旋转五星盘而保证五星盘没有转动间隙，玻璃放在吸盘上，开动真空使吸盘吸住玻璃，这样在磨削玻璃时不会出现玻璃逆方向抖动。大臂可以绕立柱作 360°旋转，小臂可以绕大臂作 300°左右旋转，磨头部分可以在羊角架上摆 45°，这样可以保证磨削 45°斜边。

加工玻璃时，磨削圆形玻璃，只需转动五星盘，固定大小臂，用调节手轮调整好磨轮位置并在羊角架上摆到所需角度，打开喷水管就可自动磨边；加工异形玻璃时，固定好玻璃，调整好磨轮位置，打开喷水管，五星盘不转，用手推动磨轮头加工。

单臂异形磨边机可以磨削平边、半圆边、圆边、波浪斜边、斜边等。

(3) 水平双边直线磨边机

图 2-27 是一台水平双边直线磨边机。它由电器控制台，机器底座，水箱，固定边（固定桥），移动工作边（移动桥），入口支撑架，出口支撑架，玻璃传送装置，磨头装置等组成。

图 2-27 水平双边直线磨边机

用水平双边直线磨边机加工大规格玻璃时，常用两台磨边机和一台转向输送架组成一组配套使用，两台磨边机通常布置成 90°，在作业位置受限制时，也可以两台磨边机和一台转向输送架呈一直线布置，当玻璃在第一台机器加工完两个边后，在转向输送架上转向，直接喂入下一台进行双边磨加工。

双边直线磨边机只能对矩形玻璃进行磨边，但由于可以同时对玻璃相对的两个直线边进行磨边，生产效率非常高，磨边误差可小于 0.2mm，广泛应用于大型的玻璃深加工企业。

① 双边磨磨轮配置

a. 磨底边磨轮。1 号金刚轮，80～120 号；2 号金刚轮，140～170 号；3 号金刚轮，210～270 号；4 号抛光轮，40 号；5 号抛光轮，60 号；6 号抛光轮，氧化铈。

b. 倒角　上下倒角磨削金刚轮，325 号；上下倒角抛光轮，60 号。

② 水平双边直线磨边机操作步骤

a. 根据玻璃宽度和厚度在控制板电脑上输入相关参数，然后按开始键，机器移动边自动调整到相应的宽度，玻璃压紧器按玻璃厚度调整到相应高度。

b. 将玻璃放到入口支撑架。

c. 启动磨轮，冷却系统同时打开，检查气压值是否正常。

d. 打开传动，根据玻璃厚度和磨削量调整磨削速度。

e. 玻璃在工作区域加工。

f. 连续放入玻璃，加工完成的玻璃送到下道工序。

③ 工作压力配置

按玻璃的厚度和磨轮转速正确地分配各抛光轮压力，才能得到满意的磨削抛光效果。

④ 设备调试

a. 移动桥调节　移动桥和固定桥之间的尺寸是玻璃加工的最终尺寸，切削量一般由玻璃厚度，切削精度，玻璃的进给速度（输送带速度）决定，玻璃厚度厚，玻璃的进给速度快，切削精度要求高，则切削量相对小。

b. 玻璃压紧器调节　玻璃输送的上部分为可移动类型，必须垂直地进行定位。在玻璃的厚度改变时，调整玻璃压紧器，在玻璃上施加合适的压力。玻璃压紧器的压力不能过大，否则容易在玻璃上留下压痕；压力不能过小，否则夹不紧玻璃，容易出现对角线误差，倒角宽度大小不一。

c. 金刚石磨轮调整　因金刚轮磨削量大，在磨削玻璃时轮前端比后端高 0.1mm 左右。各个磨轮的磨削量分配如下：3 号金刚轮磨削量 0.1mm，2 号金刚轮磨削量 0.2～0.5mm，1 号金刚轮磨削剩余的量。

d. 抛光磨轮调整　抛光轮的工作是由电脑进行控制的，各个抛光轮的气压调整应根据机器各种设备的实际要求进行调整。

e. 冷却水系统　双边磨加工机器配有水箱，为了节约用水并磨出质量优良的玻璃，水箱里的水每工作 24h 更换一次，并清洁水箱里的玻璃粉，更换掉的水经过沉淀和过滤后可重复利用。当冷却水不够时，易使玻璃烧结、玻璃破损、抛光不良等。所以要经常检查喷嘴是否有凝块物堵塞而无法向磨轮喷水。

f. 双边磨主要技术参数　根据规格不同，双边磨加工玻璃厚度 3～19mm；

最小宽度：200mm；

最大宽度：4000mm；

加工速度：0～10m/min。

2.4.2　磨边产品的质量问题

在日常的生产中会出现以下情况：对角线误差偏大、倒角不均匀、磨不平、崩边、崩角、精磨玻璃边部发白、压痕、划伤等缺陷。缺陷、原因及解决办法见表 2-1。

表 2-1 玻璃预加工产生缺陷种类、原因及解决办法

加工缺陷	原　因	解决方法
异常磨边纹路、烧边	磨削量过大	减小磨削量
	输送速度太快	降低输送速度
	第一个抛光轮压力低	调节工作压力
	喷水量小	检查冷却系统
不规则白色磨纹	某个抛光轮压力低	调整工作压力
	磨轮工作不良	更换磨轮
发亮的波纹	抛光轮压力过大	调整工作压力
棱角变宽、圆边	抛光轮压力不正确	调整工作压力
夹层玻璃有不规则的磨纹	磨轮上有胶粘接	清洁磨轮
玻璃爆边	磨削量过大	减小磨削量
	输送速度太快	降低输送速度
	冷却水不够	检查冷却系统
	金刚轮不锋利	清洁或更换金刚轮
玻璃划伤	转运架过高或速度快	调整速度、高度和磨边机一致
	压紧器过紧	调整压紧器
	同步带磨损	更换同步带
	磨轮前防水胶皮坏	更换防水胶皮
抛光不均匀	抛光轮压力不正确	调整工作压力
	输送速度太快	降低输送速度
	金刚轮调节不正确	调整金刚轮位置
	金刚轮不锋利	清洁或更换金刚轮
玻璃边不直	上下皮带速度不一	调节皮带张力或更换
玻璃破损	电磁阀震动，工作压力不正确	调整工作压力
	一个或几个电机不转	检查并排除电机故障

2.5 玻璃钻孔

将玻璃钻孔时，有时在孔的周围生成类似于贝壳状的缺陷。为防止这样的缺陷，一般是将孔打到板厚的一半时，翻过来再从反面把孔打通。还有在玻璃背面加贴另外一片玻璃一起开洞的方法。

2.5.1 玻璃钻孔的主要方法

2.5.1.1 超硬钻钻孔法

超硬钻钻孔法是机械钻孔中最常用的方法，适于对 3～15mm 厚的玻璃的穿孔，可用超硬质的三角钻、二刃钻、麻花钻。

一般认为钻头前端角以 90°为好，切削速度以 15～30m/min 为宜，切削液用水、轻油、松节油等。

2.5.1.2 研磨钻孔法

用研磨加工小孔径的穿孔法，是用 ϕ1mm 以下的纫丝做钻头，也能用 ϕ1mm 以上的管形针。为了得到比较大的孔径，使用称为盘状刀具的铜或黄铜制的圆筒状工具，将它固定在钻床上。为了玻璃与工具的冷却，要充分注入研磨液，从切口处加入。

2.5.1.3 超声波钻孔法

由超声发生器产生的高频电振荡施加于超声换能器上，将高频电振荡转换成超声振动通过变幅杆放大振幅，并驱动以一定静压力压在玻璃表面上的工具产生相应频率自动。工具端部通过磨料不断地捶击玻璃，使加工区的玻璃粉碎成很细的微粒，为循环的磨悬浮液带走，工具便逐渐进入到玻璃中，加工出与工具相应的形状。

超声打孔的孔径范围是 0.1～90mm，加工深度可达 100mm 以上，孔的尺寸精度可达 0.02～0.05mm。孔的形状不限于圆形，如果工作台不旋转，就有可能钻成各种各样的形状，也可同时钻几个孔。

2.5.1.4 高压水射流钻孔

高压水射流钻孔的主要原理是用水通过高压泵、增压器、水力分配器，达到 750～1000MPa 压力，经喷嘴射出超声速的水流，速度可达 500～1500m/s（空气中声速为 330m/s），从而对玻璃进行钻孔。钻孔时，还可在喷嘴中加入微粒（150μm 左右）磨料，如石榴石、石英砂等。

高压水射流钻孔，也被称为水刀钻孔。一般厚 3.8mm 的玻璃，用 1000MPa 压力射流切割时，切割速度为 46mm/s。

2.5.1.5 激光钻孔

用激光对玻璃切割预钻孔，常用 CO_2 激光器与 Nd：YAG（掺钕的钇铝石榴石）激光器，两者均能发射波长为 10.6μm 的红外线，这个中红外区的射线，容易被玻璃吸收，适合于对玻璃的热加工，激光器发射出的射线通过聚集，形成直径很小的激光束照射在玻璃表面，使玻璃表面的微小区域产生很大的温度梯度，出现局部热应力超过玻璃的容许热应力而引发产生裂纹，达到切割和钻孔的目的。

目前，使用激光器能切割 2～12mm 厚的玻璃，切割速度可达 60～120m/min，特别适于液晶显示器（LCD）基片、生物和医药用玻璃、汽车玻璃、建筑玻璃、家具玻璃以及 30μm 的超薄玻璃的切割。

2.5.2 钻孔的设备

玻璃钻孔机是用来对玻璃钻孔的专用设备，从玻璃的两面钻孔。钻头用磨料和金属烧结而成，中间是空的，以利于冷却液通过，钻头壁厚 1mm 左右，磨料一般是 80～180 号金刚砂，金属用黄铜。

玻璃的钻孔机有卧式钻孔机和立式钻孔机。

2.5.2.1 卧式钻孔机

图 2-28 是一台卧式钻孔机，它一般由底座、弓形臂、工作台、上下主轴、传动装置、玻璃压紧装置、气动系统、冷却水系统、汽缸、控制箱等部分组成。

玻璃钻孔机采用气动控制，轻按操作手柄，装在弓形臂前端下部的玻璃压紧装置在汽缸作用下压板压紧玻璃，压板下面粘接一层橡胶，避免玻璃产生震动，下钻头冷却水开，快速上升，在接近玻璃时，阻尼汽缸作用，钻头缓慢上升钻玻璃，阻尼汽缸的作用就是使钻头缓慢上升，使钻玻璃的进给速度合适，一方面不破玻璃，另一方面钻孔四周不爆边，下钻头先自动钻孔约 1/2 厚度后，再将上钻头用手按下，上钻头从玻璃压紧装置的压板中间通过，上钻头冷却水开，手动钻孔（套料），配有气动升降工作台，用于支承大面积平板玻璃。

卧式钻孔机的优点：①半自动操作，整机操作方便；②钻孔（套料）同心度高，且调节方便，不爆边。

图 2-28 卧式钻孔机

图 2-29 立式钻孔机

2.5.2.2 立式钻孔机

图 2-29 是一台立式钻孔机，它用来加工成批量多孔的大板玻璃，定位准确，生产效率高，定位 X、Y 轴精度偏差可达到 0.25mm 左右。立式钻孔机由 Y 轴、玻璃、靠架、前钻头装置、电脑显示器、X 轴、底座、钻头升降电机、升降传动装置、X 轴对位器、后钻头装置、控制箱等部分构成。

立式钻孔机采用数控系统，钻孔原点位置一般提前设定，一旦原点位置设定后，不再变更。钻孔时，先按孔的工艺要求更换所需的钻头，再将玻璃放到 X 轴上，背靠玻璃架，X 轴由同步带，减速机，电机，同步带传动机构等组成；然后在电脑显示器里输入要钻孔的形位尺寸，钻孔机按输入数据进行微机优化；按工作按钮，X 轴同步带传动开，按微机优化参数将玻璃输送到钻第一个空位置（第一个空位是按原点的位置相对而定）；钻头升降电机开，前后钻头总成在 Y 轴上同步移动到第一个孔位置；玻璃压板压紧玻璃，后钻头在汽缸作用下自动移向玻璃，当接近玻璃时，阻尼缸作用，使钻头按要求速度工作，冷却水在后钻头移动时同时打开，当后钻头钻到玻璃厚度大约一半时，限位开关工作，后钻头退出；前钻头钻穿玻璃；前钻头退出到起始位置后，钻头升降电机根据微机参数自动开，将前后钻头总成移动到第二个孔的位置，再重复以上动作，直到自动钻完玻璃上所有的孔。

立式钻孔机适用于高度在 150～2500mm、宽度在 4000mm 以下的平板玻璃孔加工，是建筑幕墙玻璃加工的理想设备。

立式钻孔机常见加工质量问题如下：

① 孔边爆边　其产生的原因及解决措施是：a. 钻头不锋利，用油石修正或更换；b. 进刀太快，需要调整阻尼汽缸，控制进刀速度。

② 前后孔对位偏　其产生的原因及解决措施是：a. 调整前后磨头电机上下左右位置，使前后孔对正；b. 磨头电机座轴承坏，需更换轴承。

③ 上下孔位偏差　需调整 X 轴水平位置。

2.5.2.3　数控磨边、钻孔

随着建筑行业的室内装饰和装潢的快速发展，为追求美感及艺术感，玻璃的形状千奇百怪，因对其加工精度及边部质量要求越来越高，所以应用数控技术集成的数控加工中心应用于玻璃深加工行业愈加广泛。

数控技术集微电子、计算机、信息处理、自动检测、自动控制等高新技术于一体，具有高精度、高效率、柔性自动化等特点。而用于玻璃深加工的数控加工中心是通过 CAD/CAM 绘图软件和数控加工程序与数控技术结合使其可自动生产出不同形状和尺寸要求的玻璃。

（1）概述

数控加工中心分为数控和机械两部分，数控部分由自动控制系统、微机系统、光感系统、供气系统、水循环系统组成。机械部分由工作平台、吸盘、刀架、刀具、传动装置、防护装置等组成。它是多功能的玻璃加工设备，其功能主要有：可加工出任何形状的异形玻璃、磨直边、磨圆边、磨鸭嘴边、挖槽、刻字、雕花等。

（2）加工流程

根据所要加工的玻璃尺寸用 CAD 绘制出来。因加工时玻璃的摆放与绘图时玻璃的位置必须一置，所以绘图时须将玻璃的左下角定为原点。绘好图后由专门的软件（CAM）将由 CAD 绘制出来的 dxf 格式文件转为可加工的程序。

在此软件中首先须选择好所要加工的图形线段（刀具轨迹），然后根据加工要求配置刀具组合，并设置合适的参数（主轴转速、进给速率、切削深度、步长、加工余量等）。参数值主要与所要加工的玻璃厚度及所配的刀具的种类有直接关系。最后须将玻璃准确定位，玻璃在工作台上的摆放是由定位块定位，移动吸盘将其固定完成的。所以须在软件中设定好定位块和吸盘。在所有的程序设定好后，将其保

存成文件，通过网络或软盘输送到数控加工中心 PC 机硬盘上。

加工前必须对设备进行校正回零，检查气压是否满足设备要求。准备就绪后调取程序进行定位，加工。

加工过程应注意以下事项：

① 采用新的刀具时须对刀具代码进行重新设置。

② 加工成品尺寸如出现误差，可能是由于刀具磨损造成的，须对其参数进行修正。

③ 选用刀具时，注意进刀方式和方向以免撞烂玻璃。

④ 加工时注意不能太靠近工作区域，以免碰到光感保护造成设备死机。

目前数控加工中心主要应用于家具玻璃和汽车玻璃，而用于建筑玻璃相对较少，但随着对建筑玻璃外观质量要求的提高，数控加工中心的使用也在增多，主要用于外露的切角挖槽处的处理、异形边的加工等。

（3）数控加工中心设备简介

电脑数控加工中心由电脑部分，加工站，辅助设施构成。加工站由电脑所控制。每一个需要修改的工作都是由特定的程序所负责。只要改变输入的程序，电脑数控加工中心便能将工件切割出精密的尺寸和形状。

CNC 玻璃加工中心能自动对浮法玻璃表面进行不同层次的刻画和雕花，铣削，边沿加工，图案可以做到线条细密、优美、复杂，适合于各种新潮艺术玻璃的加工。它满足了玻璃用户对高档玻璃产品的新需求。高级的数控系统，三维 CAD/CAM 软件编程、六轴控制、四轴联动（三个线性轴及一个旋转轴）充分保证了机器的稳定性和运行精度。对加工参数和刻花图案采用电脑管理和控制。通过参数设定对磨轮磨损进行自动补偿。系统配有功能强大的专用花形设计软件，用户可以自行设计各种花形。大面积工作台，可同时加工 1～20 块同样花形的玻璃。配有不同规格的磨轮，通过磨轮选择，花形图案的线条宽度、形状可灵活调整，自动换刀并自动循环加工，电脑进行速度控制和刀具补偿，工件真空吸附、润滑、供水自动控制，刀具库容量大、运行速度快、加工精度高、加工尺寸范围大、自动化程度高，是平板玻璃加工各种三维复杂图案的高级数控加工设备。

2.6 玻璃清洗干燥

暴露于大气中的玻璃表面普遍受到污染，表面上任何一种无用的物质与能量都是污染物，而任何处理都要造成污染。表面污染就其物理状态来看可以是气体，也可以是液体或固体，它们以膜或散粒形式存在。此外，就其化学特征来看，它可以处于离子态或共价态，可以是无机物或有机物。污染的来源有多种，而最初的污染常常是表面本身形成过程中的一部分。

吸附现象、化学反应、浸析和干燥过程、机械处理以及扩散和离析过程都使各种成分表面污染物增加。然而大多数科学技术研究和应用都要求清洁的表面，例如，在给一个表面镀膜之前，表面必须是清洁的，否则膜与表面将不能很好地黏附，甚至一点也不黏附。

2.6.1 玻璃清洗方法

常用的玻璃清洗方法有很多，归纳起来主要有用溶剂清洗、加热和辐射清洗、超声清洗、放电清洗等，其中用溶剂清洗和加热清洗最为常见。

用溶剂清洗是一种普遍的方法，使用含清洗剂的水、稀酸或碱以及无水溶剂如乙醇、丙酮等，也可以使用乳状液或溶剂蒸气。所采用的溶剂类型取决于污染物的本质。用溶剂清洗可分为擦洗、浸洗（包括酸液清洗、碱液清洗等）、蒸气脱脂、喷射清洗等方法。

2.6.1.1 擦洗玻璃

清洗玻璃最简单的方法就是用脱脂棉摩擦表面，该脱脂棉浸入一种沉淀的白垩、酒精或氨的混合物。有迹象表明，白垩的痕迹可以留在这些表面上，所以处理之后必须仔细地用纯净水或乙醇清洗这些部件。这种方法最适宜做预清洗，即清洗程序的第一步。用蘸满溶剂的镜头纸擦拭透镜或镜面衬底，几乎是一种标准的清洗方法。当镜头纸的纤维擦过表面时，它利用溶剂萃取并对附着微粒施以高的液体剪切力。最终的清洁度与溶剂和镜头纸中存在的污染物有关，每张镜头纸用过一次就丢掉，以避免再次污染。用这种清洗方法可以达到很高水平的表面清洁度。

2.6.1.2 浸洗玻璃

浸洗玻璃是另一种简单而常用的清洗方法，用于浸泡清洗的基本设备是一个由玻璃、塑料或不锈钢制成的开口容器，装满清洗液，将玻璃部件用镊子夹住或用特殊夹具钳住，然后放入清洗液中，搅动或不搅动它都可以，浸泡短时间后，从容器中取出，然后用未受污染的纯棉布将湿部件擦干，接着用暗场照明设备检验。若清洁度不符合要求，则可在同样液体或其他清洗液中再次浸泡，重复上述过程。

2.6.1.3 酸洗玻璃

所谓酸洗，是使用各种强度的酸（从弱酸到强酸）及其混合物（如铬酸和硫酸的混合物）来清洗玻璃。为了产生清洁的玻璃表面，除氢氟酸外，其他所有的酸必须加热至60～85℃使用，因为二氧化硅不容易被酸溶解（氢氟酸除外），而老化的玻璃表层总是有细碎的硅，较高的温度有助于二氧化硅的溶解。实践证明，一种含5% HF、33% HNO_3、2% Teepol 阳离子去垢剂和60% H_2O 的冷却稀释混合物，是清洗玻璃和二氧化硅的极好的通用液体。

需要注意的是酸洗并不适用于一切玻璃，特别是氧化钡或氧化铅含量较高的玻璃（如某些光学玻璃）是不适用的，这些物质甚至能被弱酸滤取，形成一种疏松的二氧化硅表面。

2.6.1.4 碱洗玻璃

碱洗玻璃是用苛性钠溶液（NaOH 溶液）清洗玻璃，NaOH 溶液具有去垢和清除油脂能力。油脂和类脂材料可被碱皂化成脂肪酸盐，这些水溶液的反应生成物可以很容易被漂洗出清洁的表面，一般希望把清洗过程限制在污染层，但底衬材料自身的轻度腐蚀是允许的，它保证清洗过程的圆满。必须注意，不希望有较强的腐蚀和浸析效应，这些效应会破坏表面质量，所以应当避免。耐化学腐蚀的无机和有机玻璃可在玻璃产品样本中找到，简单的和复合的浸渍清洗过程主要用于清洁小部件。

2.6.1.5 用蒸气脱脂清洗玻璃

蒸气脱脂主要适用于清除表面油脂和类脂膜，在玻璃的清洁中，它经常作为各种清洗工序的最后一步。蒸气脱脂设备基本上是由底部具有加热元件和顶部周围绕有水冷蛇形管的开口容器组成。清洗液可以是异丙基乙醇或一种氯化和氟化的碳水化合物，溶剂蒸发，形成一种热的高密蒸气，而冷却蛇形管阻止蒸气损失，所以这种蒸气可保留在设备中。将准备清洗的冷玻璃片，用特殊的工具夹住，浸入浓蒸气中 15s 至几分钟。纯净的清洁液蒸气对多脂物有较高溶解性，它在冷玻璃上凝结形成带有污染物的溶液并滴落，而后为更纯的凝结溶剂所代替。这种过程一直进行到玻璃过热不再凝结为止。玻璃的热容量越大，蒸气不断凝结清洗浸泡表面的时间就越长。

用这种方法清洗的玻璃带静电，这种电荷必须在离子化的清洁空气中处理来消除，以阻止吸引大气中尘埃粒子。因为有电力作用，尘埃粒子的黏附很强。

蒸气脱脂是得到高质量清洁表面的极好方法。清洗效率可用测定摩擦系数的方法来检验。另外，还有暗场检验、接触角和薄膜附着力测量等方法。这些值高，清洁表面就好。

2.6.1.6 用喷射清洗玻璃

喷射清洗处理运用运动流体施加于小粒子上的剪切力来破坏粒子与表面间的黏附力。粒子悬浮于湍流流体中，被流体从表面带走。通常用于浸渍清洗的液体也可用于喷射清洗。在恒定的喷射速度下，清洗液越浓，则传递给黏附的污染粒子的动能越大。增加压力和相应的液流速度则使清洗效率提高，所用的压力约 350kPa，为了获得最佳结果，用一种细的扇形喷口，而且喷口与表面之间的距离不应超过喷口直径的 100 倍。有机液的高压喷射造成表面冷却问题，随后不希望有水蒸气凝结留下表面污点。周围用氮气或利用无污物的水喷射代替有机液，可避免上述情况的发生。高压液体喷射对清除小到 $5\mu m$ 的粒子是非常有效的方法。在某些情况下，高压空气或气体喷射也很有效。

用溶剂清洗玻璃是有一定的程序的。因为在用溶剂清洗玻璃时，每种方法都有其适用范围，在许多情况下，特别当溶剂本身就是污染物时，它就不适用了。清洁液通常是彼此不相容的，所以在使用另一种清洁液前，必须先从表面上完全清除这一种清洁液。

在清洗过程中，清洗液的顺序必须是化学上相容的和可溶混的，而在各阶段都没有沉淀。由酸性溶液改为碱性溶液，期间需要用纯水冲洗。由含水溶液换成有机液，总是需要用一种溶混的助溶剂（如酒精或特殊的除水液体）进行中间处理。加工过程中的化学腐蚀剂以及腐蚀性清洁剂只允许在表面停留很短时间。清洁程序的最后一步必须极小心地完成。用湿法处理时，最后所用的冲洗液必须尽可能地纯，一般，它应该是极易挥发的。最佳清洁程序的选择需要经验。最后，最重要的是，已清洁的表面不要留在无保护处，在镀膜进一步处理之前，严格要求妥当存放和搬动。

2.6.1.7 超声清洗玻璃

超声清洗是一种清除较强黏附污染的方法。这种比较新的工艺产生强的物理清洗作用，因而是振松与去除表面强黏合污染物的非常有效的技术，既可采用无机酸性、碱性和中性清洗液，也可采用有机液。清洗是在盛有清洗液的不锈钢容器中进行的，容器底部或侧壁装有换能器，这些换能器将输入的电振荡转换成机械振动输出。玻璃主要在20～40 kHz频率下进行清洁，这些声波的作用是在玻璃表面与清洁液界面处引起空化作用，由小的内向爆裂气泡所产生的瞬间压力可达约100MPa。显而易见，空化作用是这样一个系统中的主要机理，虽然有时也用清洗剂加速乳化或使被释放出来的粒子分散。除了其他一些因素，输入功率的增加将在表面产生一种较高成穴密度，这反过来又提高了清洁效率，超声清洗也是一个迅速的过程，约在几秒到几分钟之间。超声清洗用来清除已经过光学加工的玻璃表面的沥青和抛光剂残渣。由于它还经常用于产生残留物很少的表面的清洗工序，所以清洗设备通常放在清洁室内而不放在加工场所。

2.6.1.8 用加热清洗玻璃

将衬底放置于真空中会促使挥发杂质的蒸发。这种方法的效果与衬底在真空中保留时间的长短、温度、污染物的类型及衬底材料有关。在室温高真空条件下，局部压力对解吸的影响是可以忽略的，解吸是由加热产生的。加热玻璃表面促使吸附的水分子和各种碳氢化合物分子的解吸作用有不同程度的增加，这与温度有关。外加温度在100～850℃，需要加热的时间在10～60min。在超高真空下，为了得到原子级清洁表面，加热温度必须高于450℃才行。对于较高温度衬底上淀积膜（制备特殊性质的膜）的情形，加热清洗特别有效。但是由于加热的结果，也就会发生某些碳氢化合物聚合成较大的团粒，并同时分解成炭渣。然而高温火焰处理（如氢-空气火焰）效果很好，虽然这个过程中表面温度仅约100℃，火焰中存在着各种离子、杂质及高热能分子。一般认为，火焰的清洁作用与一种辉光放电作用相类似，在辉光放电中，离子化的高能粒子撞击待清洁表面。粒子轰击和表面上离子的复合将释放热量，也有助于解吸污物分子。

2.6.1.9 用辐照清洗玻璃

利用紫外线辐射分解碳氢化合物，在空气中照射15h就产生清洁的玻璃表面。如果把适当预清洗的表面，放在一个产生臭氧的几毫米的紫外线源中，1min内就可形成清洁表面。显然这表明臭氧的存在增加了清洗效率。人们已知其清洁机理是，在紫外线影响下，污物分子受激并离解，而臭氧的生成和存在产生高活性的原子态氧。现在认为，受激的污物分子和由污物离解产生的自由基与原子态氧作用，形成较简单易挥发分子，如 H_2O、CO_2 和 N_2，而且反应速率随温度的升高而增大。

2.6.1.10 用剥去喷漆涂层清洗玻璃

利用可剥去黏附层或喷涂层以清除表面尘埃粒子的方法，是一种非常特殊的，有点异乎寻常的清洗方法，利用它清洗小片（如激光镜衬底）更为可取。甚至非常小的、已嵌入黏附涂层的尘粒，也能用这种方法从表面中清除。已发现在市场上现有的各种剥离涂层中，醋酸戊酯中的硝化纤维最适合于剥离尘埃，而不留下任何残渣。有时少量的有机残渣在剥离后仍留在表面上，这可能与所用涂层的类型有关。如果发生这种情况，剥离操作可重复进行，或利用一种有机溶剂再去清洁表面，尽可能在蒸气脱脂中进行。

基本清洗工序十分简单。厚的漆涂层适用于用刷洗或浸渍预清洁表面，然后使这些部件完全干燥，为避免再污染，在一层流箱中进行连续操作，这时漆膜被剥去。若线环嵌入涂层，剥离就比较容易。人们曾试图在真空中在薄膜淀积之间剥离膜，但只是取得部分成功，因为难以测定真空系统内表面的残渣。

2.6.1.11 放电清洗玻璃

这种清洗方法在实际中应用最广泛，它是在镀膜设备中膜淀积前立即减小压力完成的。利用持续的辉光放电来清洁的实验设备有多种，通常放电发生在位于衬底附近的两个可忽略的溅射铝电极之间。一般用氧和氩形成必需的气体环境，标准的放电电压在 500～5000V，衬底置于等离子体中，而不是辉光放电电路的一部分，这种方法只处理预清洁衬底。投入辉光放电等离子区的玻璃表面，受到电子，更主要的是阳离子、受激原子和分子的轰击。所以，辉光放电的清洁作用很复杂，与各种电参数和几何参数以及放电条件有紧密的关系。

一些过程决定着在膜淀积之前辉光放电处理衬底的有利作用，粒子轰击及表面电子与离子的复合把能量传递给衬底并引起发热，可使温度上升到 300℃，加热以及用电子、低能离子和中性原子轰击，都有利于吸附水和一些有机污物的解吸。受击氧原子的碰撞引起与有机污物的化学反应，形成低分子量、易挥发的化合物。进而，通过附加氧和玻璃中易迁移成分（如碱金属原子）的溅射，引起表面化学性质的变化。

在辉光放电清洗中，最重要的参数是外加电压的类型（交流或直流）、放电电压大小、电流密度、气体种类和气压、处理的持续时间、待清洗材料的类型、电极的形状和排列以及待清洗部件的位置等。在直流电中，这种电极作为阴极，设备的壁代表阳极并接地，绝缘衬底放在阳极附近。按照这种安排放电电流大部轰击在真空室壁上，仅一小部分轰击衬底。因此，真空室壁的气体解吸得到改善，从而减少了抽气所用时间，但从壁上溅射的很少量物质的淀积，可能污染所清洁的衬底。为了得到一种可控的气体环境，设备首先被抽成高真空，然后充氧气达到一定的浓度（需经仔细试验获得）。在阳极区域，有等量的低能离子和电子数目，它们的速度服从麦克斯韦分布。在辉光放电等离子区绝缘衬底的侵入，使用低能电子进行仔细清洁成为可能。

2.6.2 玻璃清洗应达到的标准

被清洗的表面可分为两类：原子级清洁表面和工业技术上的清洁表面。原子级清洁表面是特殊科学用途所要求的，仅能在超高真空下实现。除了这些采用先进技术的产品之外，实际上加工玻璃仅要求工业技术上的清洁或稍好的表面质量。表面清洁程度必须满足下述两个标准：它必须好到满足后续加工且必须充分保证将来使用表面时产品的可靠性。

对清洁表面的稳定和保持非常重要，保护不好，各种污染物如尘埃粒子、化学蒸气的凝结物等都会污染玻璃表面。通常把玻璃表面密封在一密封干燥装置中，或者是真空密封容器中。最好的办法就是尽量使从清洗到加工使用的时间间隔非常短。

2.6.3 玻璃清洗机

2.6.3.1 玻璃清洗机的组成

玻璃清洗机是玻璃在制镜、真空镀膜、钢化、热弯、复合等深加工工艺前工序对玻璃表面进行清洁、干燥处理的专用设备。主要由传动系统、刷洗、清水冲洗、纯水冲洗、冷风干、热风干、电控系统等组成。根据用户需要，中大型玻璃清洗机还配有手动（气动）玻璃翻转小车和检验光源等系统。

2.6.3.2 玻璃清洗机的工作原理

玻璃清洗干燥机的工作原理是用传动辊子把玻璃输送到刷辊间，再由水泵把温水带回清洗剂的水喷到刷辊和玻璃上，通过两道或数道刷辊的旋转刷洗玻璃。然后再喷淋清水或去离子水冲掉脏水，最后靠风刀吹风吹掉（干）玻璃表面的水，达到干燥的目的。必要时还可通过吹热风使玻璃进一步干燥。

深加工玻璃生产线通常使用专用清洗干燥机清洗玻璃，按产品形式可以分成平板玻璃清洗干燥机和弯玻璃清洗干燥机，弯玻璃清洗干燥机一般在汽车玻璃行业使用较多，平板玻璃清洗干燥机又有水平和立式之分。

2.6.3.3 水平玻璃清洗干燥机

水平玻璃清洗干燥机（图 2-30）是玻璃加工专用的设备，其原理主要是利用尼龙毛刷将玻璃表面上的污迹清除，然后用风机吹干，结构简图如图 2-31 所示。

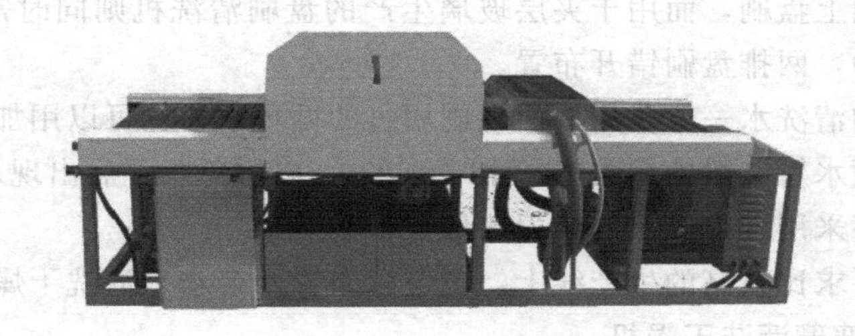

图 2-30 水平玻璃清洗干燥机

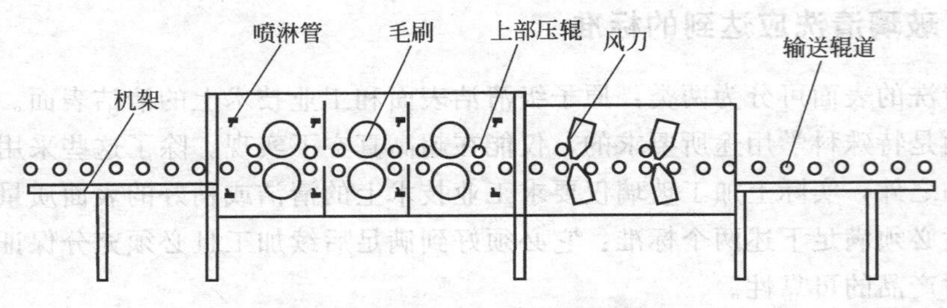

图 2-31　水平玻璃清洗干燥机结构示意图

水平玻璃清洗干燥机由输送辊道及其驱动装置、圆筒形辊刷和辊刷驱动装置、喷水管和水泵系统、风机和吹风风刀及空气过滤系统、机架和罩板等部分组成。

输送辊道采用橡胶包裹，以减少对玻璃的损伤，有的全包胶，有的间断包胶，有的在辊道上套橡胶圈。在斜风刀处还布置有短的自由辊道，部分辊道上面还配有被动传动的辊道作为压辊，防止玻璃滑动。输送辊道采用链轮、链条传动，驱动装置一般用调速电机或无级调速变速器进行调速，以保证玻璃清洗质量。

玻璃清洗干燥机至少要有三对圆筒形辊刷，刷毛材料一般采用尼龙丝，尼龙丝的直径可以根据产品进行选择，直径一般在 0.1～0.2mm，毛刷直径太大容易划伤玻璃表面，太小又不能达到清洗的效果。普通玻璃清洗一般选择直径为 0.2mm 的尼龙丝，镀膜玻璃一般选用直径为 0.1mm 的尼龙丝。辊刷每个单独驱动或整体驱动，驱动装置安装在机器外面。辊刷与玻璃之间的干涉距离是可以调整的，以保证辊刷对玻璃表面最佳的洗涤能力。每对辊刷中的上部辊刷是被动旋转的，旋转方向与玻璃输送方向相反。

在每道辊刷的前面有带喷嘴的喷淋管，特制喷嘴可以保证清洗水均匀地洒在玻璃上面，喷淋管的安装角度也可以调整。清洗水一般是逐级向前循环，经水泵加压后重复使用。

风刀安装在清洗之后，在清洗与吹干之间，一般用橡胶皮或毛毡隔离清洗水。风刀一般倾斜布置，与玻璃成一定角度。吹风的风压、角度以及距玻璃表面的距离对玻璃干燥效果都有很大影响。

另外，带盘刷的水平玻璃清洗干燥机与普通水平玻璃清洗干燥机基本相同，只是在辊刷的前面增加了盘刷机构。盘刷分上下两部分，用于镀膜、镀镜产品的盘刷清洗机一般只用上盘刷，而用于夹层玻璃生产的盘刷清洗机则同时需要上下盘刷。盘刷作往复摆动，两排盘刷错开布置。

盘刷部分的清洗水一般采用后面辊刷用过的循环水，也可以用加热后的洗涤剂水。最后一道喷水管一般使用去离子水（纯水），以避免吹干后出现水迹。

风刀部分多采用两道以上的风刀以保证干燥效果。

在洁净度要求比较高的生产线上，也可以布置两台水平清洗干燥机。

2.6.3.4　立式玻璃清洗干燥机

立式玻璃清洗干燥机一般不单独使用，多用于立式玻璃加工生产线的配套，如

图 2-32 所示。该机器分清洗、干燥两段，中间有隔板分割开。整个立式清洗机由玻璃传输系统、清洗用圆筒形辊刷和辊刷驱动装置、喷水管和水泵系统、吹风风刀机、过滤系统以及机架、罩板等部分组成。

图 2-32 立式玻璃清洗干燥机

输送辊道以至少 6°的仰角安装在机架上，传动装置安在输送辊道的一端，一般采用链轮、链条传动，在输送的下端有一排支撑轮，玻璃放在支撑轮上面，倾斜靠在输送辊道上进行传送，进入清洗辊刷段和吹干段，玻璃则有对辊夹持。

一台立式玻璃清洗干燥机一般有三对圆筒形辊刷，刷毛材料一般采用尼龙丝，辊刷每个单独驱动或整体驱动，驱动装置安装在机器外面。每对圆筒形辊刷与输送辊道平行安装，辊刷与玻璃之间的干涉距离是可以调整的，以保证辊刷对玻璃表面最佳的洗涤能力。

立式玻璃清洗干燥机除输送辊道传动装置外，其他方面基本与水平玻璃清洗干燥机相同。

立式玻璃清洗干燥机的清洗质量较好，由于玻璃是立式行走，辊刷上的脏物不会掉落在玻璃表面，风刀会把洗涤水吹到玻璃最下边的后角，因此吹风干燥效果要比水平玻璃清洗干燥机稍好。

2.6.3.5 玻璃清洗机有哪些种类

目前常用的玻璃清洗机主要有 QXJ-001 玻璃清洗机、YR-系列玻璃清洗机以及 HBSQ2500 自动化玻璃清洗干燥机等。

(1) QXJ-001 玻璃清洗机，此款玻璃清洗烘干机组是为夹层玻璃生产线、钢化玻璃、中空玻璃及装饰玻璃和其他玻璃深加工配套的前处理设备。该设备采用水平卧式结构，清洗工作段采用进口耐高温尼龙丝制作毛刷，带水工作段均为不锈钢板材制作，能有效防止歇时生锈产生。

(2) YR-系列玻璃清洗机，该清洗机配备有无极变速器，可以调整清洁速度。温度控制器可以调整吹风温度，并可加装高压风刀型风干装置。该设备密集滚筒带动设计，加工面积范围大，循环水清洗玻璃能一次完成。

(3) HBSQ2500 自动化玻璃清洗干燥机，该系列清洗机是一款用于平板玻璃的多用途机器，采用卧式输送，4 对毛刷清洗 3 对斜风刀吹干，该机不仅适合一般玻璃的清洗干燥，更广泛地应用于清洗要求较高的镀膜、夹胶、钢化、真空和要求比较高的 Low-E 玻璃的清洗。

2.6.4 清洗液的选择

选择清洗液时应注意以下几个方面的问题：

① 清洗液不腐蚀玻璃。

② 清洗液不腐蚀毛刷。

③ 清洗液容易溶于水。

④ 清洗液对设备各部分无影响。

⑤ 不破坏去离子水。

2.6.5 预防清洗干燥机卡玻璃

玻璃在进行清洗干燥时，有时会发生卡在机器内的现象，主要预防办法是：

① 不放入超过清洗干燥机限定最大厚度的玻璃。

② 入片时，玻璃之间摆放距离要足够大。

③ 不要清洗小于设备规定最小尺寸的玻璃，而当清洗那些符合规定，但尺寸仍很小的玻璃时，要设专人看守清洗机风刀和辊刷处，发现要卡玻璃或不正常时，立即停机排除。

④ 清洗窄长形玻璃或尺寸较小玻璃时，长边要顺前进方向摆放。

⑤ 风刀角度要调到符合要求，吹风方向不能太朝入片方向，不准随意乱动风刀。

2.6.6 清洗干燥时容易产生的缺陷

① 爆边　传动及夹紧系统问题造成玻璃在清洗机内碰撞。

② 划伤　清洗机下有碎玻璃以及操作时叠片码放。

③ 洗不净　水箱没有及时换水，水质不干净；毛刷沾玻璃粉太多；风干段没有过滤或滤不净，含尘量大。

④ 吹不干　风量及风压不够，风刀或吹风角度不合适。

2.7 玻璃深加工预处理操作规程

2.7.1 切割上下片操作规程

2.7.1.1 工作前准备

① 提前打扫好现场卫生区，将空压机过滤器中的水放出。

② 放置好现场玻璃，玻璃与上片台两边、前后预留位置要对称、均匀，不得影响正式切割。

③ 戴好安全帽，准备好工具、手套。拆箱、拆架时，所拆木板、拉玻器、塑料布、钢带、绳子、木角等要放在规定位置，成品玻璃架摆好，且要有软质纤维板。

④ 上片前要先用吸尘器或毛刷清扫台面，然后检查齿道、齿轮、切割桥是否有碎玻璃、灰尘，做好及时清扫。

2.7.1.2 正式上下片

① 上片时要检查玻璃原片是否有炸裂现象、相互配合好放置在台面上，放好

后检查原片缺陷情况。

② 玻璃每片切完送到掰断台，未经许可，不准用手向上挑，掰完边的成品玻璃，下片时两人配合好，镀膜玻璃之间要夹软片。

③ 架子放满后，绳子捆好，运往指定位置。

④ 每天下班前整理好现场卫生，以便次日工作。

⑤ 服从车间临时工作安排，遵守工作文明守则。

2.7.2 玻璃切割机操作规程

2.7.2.1 操作步骤

① 佩戴好手套、防护眼镜等劳保用品。

② 把纵横向的刀具调整至规定尺寸。

③ 打开电源开关。

④ 由两人把待切割的玻璃搬到切割台上。

⑤ 按下吹气按钮让玻璃浮于桌面上并可自由移动。

⑥ 玻璃定位后，按下停止按钮，再按吸气装置把玻璃牢牢固定在指定位置以达到定位的效果。

⑦ 当切割完成后，按下停止按钮，再按下吹气开关。

⑧ 把切割完成的整块玻璃平移至掰片台上（平移前先开启掰片台的吹气电机）。

⑨ 按刀痕横竖分成小块，余料放在指定的位置。

⑩ 把掰片后小块的玻璃叠整齐，放在玻璃架上。

⑪ 用抹布清洁好切割台和掰片台面上的玻璃碎粒。

⑫ 重复③～⑪。

2.7.2.2 注意事项

① 切割前要检查待切割的玻璃，外观不能有白点和刮花现象。

② 首件确认合格后，才能批量生产（测量时以横竖的第一排作为测量对象，必要时做全检）。

③ 抬玻璃前必须确认要搬抬的玻璃本身没有裂纹，避免搬抬时发生玻璃自动分开的现象。

2.7.2.3 机器维护与保养要点

① 切割前将切割台横梁上油箱注满清洁煤油或助切剂，再调整油箱上对应阀门，使刀盒油毡内充满煤油或助切剂。

② 纵横梁下面的滑动轴在使用前后加以适量机油进行清洁防护保养。

③ 工作时推动纵梁，归位后，再推动横梁，防止相互发生碰撞。

④ 切割玻璃完成后，及时清洁桌面，擦拭设备。

⑤ 桌面上不得堆放重物和滴洒水油等液体防止桌面变形。

2.7.3 玻璃双边直线圆边机操作规程

2.7.3.1 操作步骤

① 佩戴好手套，防护眼镜等劳保用品。

② 按待加工玻璃将粗精轮的磨削量、厚度、宽度调整好。

③ 合上电源开关（将钥匙开关打开）。

④ 按下水泵按钮观察水泵是否启动，冷却水喷嘴位置是否适合。

⑤ 按下磨头电机按钮，观察各磨头电机是否启动，工作电机是否正常，转向是否符合规定。

⑥ 将传送方向旋钮旋至进料方向，气压阀调至0.2～0.22。

⑦ 将待加工玻璃放于进料架托轮上，将其推入进料架，靠轮之间，由进料同步传送入上下夹送段中，两边粗精磨抛，顺序一次加工而成，已加工玻璃从出料架上取下。

2.7.3.2 注意事项

① 调整好玻璃的宽度、厚度。将磨头电机开启，务必待空转运行2min，运行正常，才能试磨。

② 试磨时注意观察整机运转情况，如发现异常情况应立即停机（按总停按钮），退出玻璃排除故障后方可开机。

③ 外观、尺寸等事项，首件确认合格后方能批量生产。

④ 调机粗精磨轮时只能0.1mm进砂轮，不能一次调整到位。

⑤ 如待磨的玻璃已进入上下夹送段中，发现有玻璃错位或爆裂现象，不能直接用手去拔（应停机将上传送带升起把玻璃取出或用铁锤把玻璃两边打碎避免撞机）。

⑥ 每班加工结束时，先关闭磨头电机后关传送，关冷却水电机，应及时清除冲洗掉传送带及其导轨进出料滚轮和其他部件上的碎玻璃，并清理水槽，水箱吸喷水嘴，以防玻璃粉长时间不清理沉淀堵塞冷却水路系统。用干布把机器外表擦干净。

⑦ 每星期油缸最少需添加一次润滑（定子油）并用手动压力泵给机械油管系统输油，必须让直线导轨及滚珠丝杆进行彻底的润滑，并从最小宽度调到最大宽度进行走合润滑，以防止长时间磨小玻璃导致导轨和丝杆出现记忆性损坏。

⑧ 传送皮带的润滑，请使用轻质机油用喷枪喷少许在同步带下面，少加勤加。

⑨ 电机的滑座每星期加润滑一次。

2.7.4 玻璃清洗机操作规程

2.7.4.1 清洗干燥机操作的工艺要求

① 开机前，先把洗液水箱加满水，并加入250mL清洗液，调定加热温度为60～65℃。

② 调整清洗机供气压力为600kPa，合上电源，同时将卸片段的辊道擦拭

干净。

③ 把清洗玻璃按厚度分组，8mm以下为一组，8～12mm为另一组，禁止不同厚度的玻璃同时清洗。

④ 玻璃放片距离要保持在100mm左右。

⑤ 离子水箱去离子水电导率应控制在150Ω/cm以下。

⑥ 根据玻璃清洗情况调整进片速度。

⑦ 装片时每次拿一片玻璃放在上片辊道上，卸片时必须佩戴干净的线手套，发现玻璃局部有水珠时用纱布擦拭。

⑧ 每班工作结束后把洗液和离子水箱放空，并用毛刷刷干净，离子水箱注满去离子水，为下一班做好准备工作。

⑨ 风机过滤器应每周擦洗一次，以保证吹风空气干净。

2.7.4.2 操作步骤

① 佩戴好手套、耳塞等劳保用品。

② 根据玻璃的厚度调节铜节铜螺丝对弹簧的压力，在适当的位置上。

③ 打开电源开关。

④ 按下水泵按钮，打开吸水辊部分水开关，将吸水海绵充分湿透后把水开关关上。

⑤ 按下毛刷按钮，并开启风机。

⑥ 按下传输按钮，然后打开烤箱开关（温度设定在110～120℃）。

⑦ 把待清洗的玻璃放在进口处的传辊上，经过进料段，清洗段，吸水段，干燥段，到达出料段下片（下片时必须检查表面不能有刮花和潮湿的现象，叠整齐，用干净的纸隔开100片一栋放在卡板上）。

2.7.4.3 注意事项

① 加热断电后，让风机（此时风机不能断电）送风3～5min，使加热箱内加热丝冷却，才能够对输送胶棒起到保护作用。

② 如遇紧急事态，按下急停开关，以防意外发生。

2.7.4.4 机械维护与保养要点

① 每天检查有没有充足的水源，水要根据使用情况更换（一般一个工作日更换一次清水），输送棒要保持清洁。

② 海绵吸水辊发现有很多划伤孔，此时它的吸水能力下降，需要更换吸水辊（正常使用寿命为3～6个月），不用时应养护在水中，不要受压，避免变形。

③ 毛刷部分的蜗轮箱和输送链条每个星期加1次润滑油脂，各轴承位置每个星期加润滑油1次。

④ 无级变速器中润滑使用无级变速器油VB-1（出厂时随机装好），开机前须检查油位是否达到油镜中部（其他油品将使该机转动不稳，摩擦面易损，温度增高，首次换油为300h，以后每隔1000h换一次，油注入到油镜中部，切勿过量）。特别注意高速手轮只能在开机后转动，严禁停机调速。

3　玻璃的热弯与钢化

平板玻璃成型后，我们可以利用玻璃的性质，生产出符合要求的产品。利用玻璃无固定熔点的特性，可以把玻璃弯曲成我们所需要的形状；利用使骤冷表面与内部之间产生温度梯度，并在适宜操作的条件下，使表面到内部之间的应力达到预期的不均匀分布而制得钢化玻璃。热弯玻璃可以改变玻璃的使用用途，而钢化玻璃可以大大提高玻璃的抗弯强度、抗冲击强度及热稳定性，使玻璃的强度得到增强。本章我们主要叙述玻璃的热弯、物理钢化及化学钢化的工艺过程和工艺设备。

3.1　热弯

3.1.1　概述

平板玻璃是平面状的，而使用它的场所是多种多样的，这就需要我们改变玻璃的形状。我们知道，玻璃态物质由固体转变为液体的变化是在一定的温度区域（软化温度范围）内进行的，它没有固定的熔点。也就是说，玻璃的软化是随着温度的升高，从固态慢慢软化，最后变液态。利用这个性质，我们可以把玻璃加热到一定温度而制成我们需要的形状。

热弯玻璃在汽车玻璃领域也有很好的应用，各种车辆普遍采用热弯夹层玻璃用作前挡风玻璃，合理的夹层玻璃结构可以使驾驶员在车祸中得到最大的保护。

热弯玻璃是在热弯炉内让平板玻璃二次升温至接近软化温度时，在自身重力作用下变形或采用机械结构压弯变形，按预先制作好的模具形状成型而制成的。成型后的弯玻璃慢慢冷却，减少残余应力的存在，避免热炸裂。

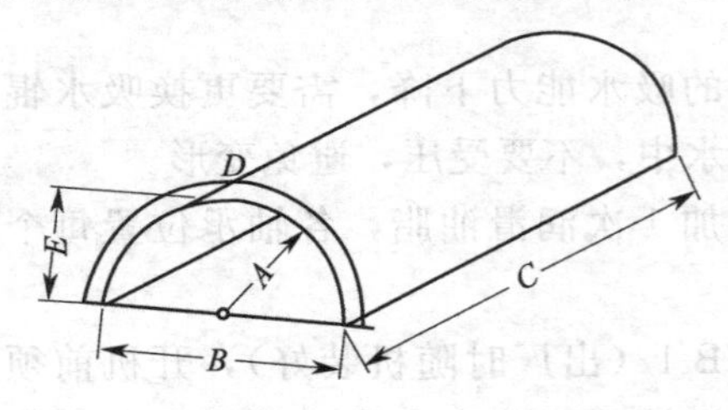

图 3-1　单弯

A—曲率半径；*B*—弦；*C*—高度；*D*—弧长；*E*—拱高

平板玻璃的弯曲工艺比较简单：把切割好尺寸大小的玻璃，放置在根据弯曲弧度设计的模具上，放入加热炉中，加热到软化温度，使玻璃软化，然后退火，即可制成热弯玻璃。

3.1.2　热弯的分类

按形状来进行划分为，单弯热弯玻璃、折弯热弯玻璃、多曲面弯热弯玻璃等。如图 3-1～图 3-3 所示。

3.1.3 热弯玻璃的温度控制

热弯玻璃的成型温度大约在玻璃的软化转变点之间，约在580℃左右。成型的温度与时间成反比，温度越高时间越短，温度越低时间越长。对于特殊的曲面玻璃是要经过局部加热或利用外力的作用才能成型。

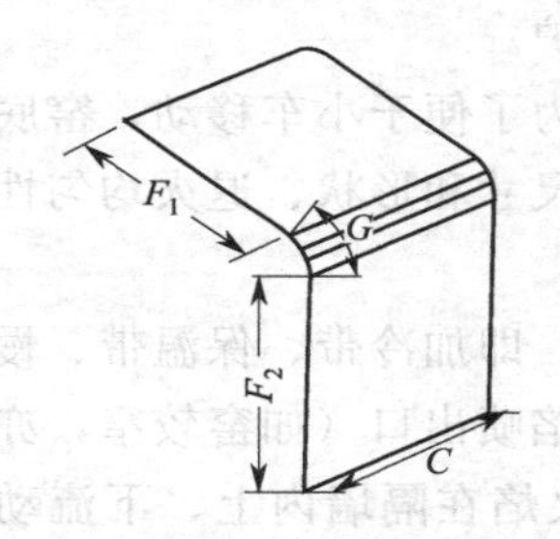

图 3-2 折弯

F_1，F_2—直边尺寸；G—高度；C—角度

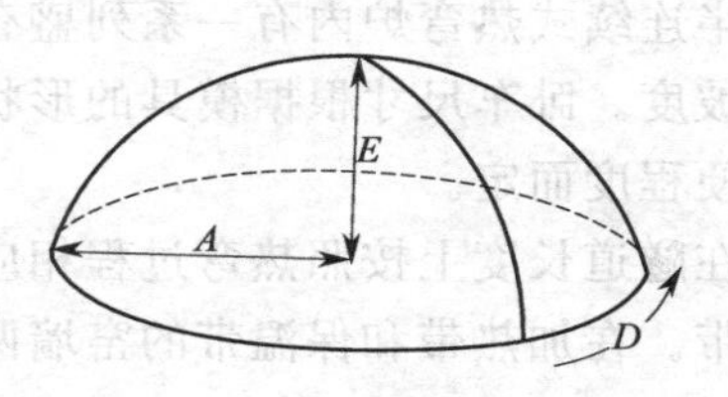

图 3-3 多曲面弯

A—半径；D—弧长；E—拱高

温控由低温、中温控制，高温成型，退火，冷却成型这几个部分完成。控制温度应严格按照所生产的产品进行控制升温，恒温以及降温，一般温度控制曲线如下(应按实际生产量做修改，仅供参考)：0℃升到300℃约用30min；300℃升到500℃约用25min；520℃升到580℃约用20min；保温时间约为10～20min；降温是由580℃降到520℃约用40min；520℃降到300℃约用30min；300℃降到常温约50min。严格控制好炉温才不会导致炸炉，或由于温度过高产生麻点或者弧度变形等缺陷，严重者形成报废。对于特殊产品还需另外补温才能够成型。

3.1.4 热弯玻璃的设备

可按制品的移动情况将玻璃热弯炉分为间歇式和半连续式两类。

3.1.4.1 间歇式热弯炉

间歇式热弯炉分明焰式和隔焰式两种。

明焰式热弯炉结构简单，它按火焰流动方向，可分为升焰和倒焰两种。

窑结构包括炉膛、火箱、吸火口、烟囱儿部分。炉膛接近正方体，前墙上有一吸火口，炉门是可拆卸的，取出弯好的制品时拆掉，装好制品后再砌上。一般烧煤，用平炉栅直火式火箱。倒焰窑中火焰倒流，烟气在窑底排出。窑结构包括炉膛、火箱、吸火口、烟道、烟囱儿部分。按照垂直气流法则，倒焰窑在垂直端面上的温度分布是均匀的，水平断面上的温度分布取决于吸火孔与烟道的布置。

明焰式热弯炉的操作周期一般为24h。装窑与烧火操作对退火质量影响极大，要根据窑内温度分布特性和制品退火要求来装窑，烧火操作控制了退火温度和各阶段退火时间，也影响着窑内的温度分布。另外，其外部保温要好。

隔焰式热弯炉，大都用电热丝作为发热元件，个别也有用硅碳棒的，故常称为电炉。装有温度控制仪表，窑内用铁环、铁盖，使温度分布均匀，窑体加强保温，窑盖开启处周围用干石棉粉封严。

间歇式热弯炉的缺点很多，如生产能力低、燃料消耗多、占地面积大、劳动条件差、操作不易机械化等。但由于它能灵活调节退火制度，并且投资小，是一些小规模企业的理想选择。

3.1.4.2 半连续式热弯炉

在半连续式热弯炉中用得最多的是隧道式热弯炉。

半连续式热弯炉内有一系列盛有制品的小车，为了便于小车移动，窑底具有一定的坡度。卧车尺寸根据模具的形状、热弯制品的尺寸和形状、退火均匀性以及操作方便程度而定。

在隧道长度上按照热弯过程相应地划分为四带，即加冷带、保温带、慢冷带和快冷带。在加热带和保温带的窑墙两边对称设置火焰喷出口（如窑较窄，亦可一边设置）。如间隔焰式，则在窑两侧有两道隔焰墙，火焰在隔墙内上、下流动。在窑前端或两斜角或两侧设置燃烧器（喷嘴或火箱）。火焰经窑底通道流向两侧垂直通道，再经喷出口入窑。各垂直通道均有闸板控制，有时在通道上还有冷风孔，以调节入窑气体的温度。用火箱时，为了点火顺利，有时在保温带末端或加热带起端的窑顶上设一小烟囱。

烟气流经整个慢冷带，使制品缓慢均匀冷却。在慢冷带长度上的不同距离处设置数排气道，烟气经侧窗排气口（或窑顶排气口）、支烟道向上流至窑顶总烟道汇合，由烟囱排出。各垂直排气道或窑顶排气管均有闸板控制排气量（即控制缓冷速度）。烟囱一般设在慢冷带末端的窑顶上。烟囱的作用主要是使部分烟气流经慢冷带，达到缓慢冷却的目的。满足此要求后，多余的烟气便由烟囱排出。慢冷带侧墙也可开设少量通风孔，吸入冷空气以调节窑内温度，但此通风孔必须严密。慢冷带末端与快冷带连接处设一铁板（贴石棉布）闸断窑截面，阻止烟气进入快冷带，使制品快速冷却，同时也阻止冷空气进入慢冷带。在慢冷带中间可悬挂一些石棉帘作为保温用。

在快冷带两侧窑墙及窑顶上开设若干通风孔，使冷空气进入加速冷却制品，但也须用闸门调节。出口处用石棉布挡住，以防冷空气吸入。

自慢冷带起，窑高逐步降低，窑顶改砌小横碹，这样能缓慢均匀地冷却制品。在慢冷带、快冷带墙上设有数个用以检查窑内情况的检查口。

隧道式热弯炉与间歇式热弯炉相比，具有以下优点：

① 可以连续生产，同一时间内有制品进窑和出窑。

② 窑内各处温度可按退火曲线要求恒定不变，并可采用仪表自动控制，保证退火质量。

③ 燃料消耗少，并可使用劣质煤。

④ 生产管理简单，制品在窑内 3～4h 就可出窑。

⑤ 构造简单，造价便宜，砌筑方便。

隧道式热弯炉也存在许多缺点：

① 制品所经受的温度变化是不连续的、跳跃式的。每隔一定时间后移一次，

进入一个新的温度区域，这样对退火不利。

② 截面上温度分布不均匀，由于烟气从窑顶排出，加上窑下部都是金属的车轮和钢轨，不允许过分受热，所以往往都是上部温度高，下部温度低。因而，在窑内精确地维持既定的退火曲线较为困难。

③ 热散失大。在窑顶孔洞较多，且某些孔洞（如炉门）需要经常启闭，故向外热散失较大，热消耗量一般为4000～8000kJ/kg制品。

④ 劳动强度大，窑内运行设备易损坏，须经常检修。

3.1.5 热弯模具的制作

制作热弯模具的材料主要是钢材，视不同的材质，所使用的工具有电焊机、切割机、弯管机等。弯管机是把钢管弯成需要的弧度，然后进行弯弧，弧度弯好后就可以进行焊接模具。模具成型的关键是弧度一定要在同一个弧面上，曲平面都要求平整，对角线相同，四角都在一个平面上。这样烧弯的玻璃才能够平整，不易变形。一般弯度热弯玻璃如果是4～6mm的玻璃，成型的弧度又允许有少量误差的话，是可以几块玻璃放在同一个模具进行烤弯的，在烤弯时先在模具上垫上一层玻纤布，再放玻璃，在每片玻璃之间撒一些滑石粉进行隔离，这样效果会好一些。

一般弧度模具的制作是正弯弧，即是两边高中间低的U形。这种模具烤玻璃无需外力以及局部加温就可以成型，控制温度约580℃左右，如时间控制合理，这样成型的热弯玻璃就不会有问题。

对于深弯热弯模具的制作与一般浅弯模具制作基本相同。只是有的深弯玻璃产品在烧制时需要外力或者还要在局部区域加温才能达到所需的要求效果，深弯产品一般每次每个模具只烧制一件，如果有必要烧制两件在同一个模具时，就应更加小心。如果温度还稍有偏差就容易造成玻璃的炸裂以及成型不好，特别是厚玻璃，要想得到理想的产品，要有相当好的生产经验才行。

深弯玻璃产品在烧制时一般是两边朝下弯，与浅弯玻璃的生产方向相反。特别相近180°角以上的深弯产品，就必须用反模烧制。

直角模具的制作非常简单，只要用方管或角铁按尺寸焊接成一个长方体的架子就可以了。但是在焊接时应特别注意模具的平整度以及平行度，在模具的两边（即玻璃弯落的两边）应安装有定位装置，以免玻璃成型时太过头，不是一个直角的产品，形成报废。

特殊形状的热弯产品的模具制作应特别注意弧位的平滑性，只有模具与模板完全相吻合，才能够生产出合格的产品。

特殊形状的热弯产品有很多，有的需要使用外力及温度局部加热才能够成型，有的就不需要使用外力。对于有些特别的热弯产品，还应该使用特别的热弯炉才能够生产，如子弹头、U形弧、台盘、洗脸盆等产品。

一些小型的热弯灯饰、钟表玻璃、水果盘等一般都使用不锈钢来制作模具。在烧制时还应该喷上隔离粉进行隔离，尽量减少由于温度过高形成的麻点。

3.1.6　特殊热弯玻璃的退火问题

许多人制作特殊热弯玻璃，如半圆、整圆、直角弯、Z弯、S弯等，都会遇到炸炉或产品成型后多日会自动炸裂的问题。这主要是由于应力没有消除完全，退火不够完善而产生的自爆现象。许多产品如果在炉内成型后就炸裂，则主要原因是温度降得太快，另外是玻璃本身存在一些问题。

要解决炸裂的问题，首先是炉温在玻璃成型后不能降得太快。同时也应考虑使用优质的浮法玻璃制作，这样可以减少玻璃自爆现象。如有必要可以对产品进行二次退火，以便彻底地消除玻璃的应力，确保产品的质量。

3.2　物理钢化玻璃

3.2.1　物理钢化的意义及性质

3.2.1.1　钢化玻璃的意义

玻璃是脆性材料，具有抗拉性能差、抗压性能好的特点。玻璃的理论强度很高，但在实际生产中，玻璃成型过程中是靠与金属辊道接触摩擦带动前进的，玻璃似软非软的情况下与金属辊上的小杂质摩擦使表面产生大量微裂纹和裂纹，这些微裂纹和裂纹在玻璃受到拉伸时，导致裂纹端产生应力集中，性能下降，玻璃的强度在40～60MPa以下，而无损伤的玻璃表面理论应力可达到10000MPa以上，两者相差100～200倍之多。所以，当玻璃使用在建筑物上，一旦遇到震、风，冲击玻璃受力变形，被拉伸的部分应力超过玻璃自身的抗张应力值时，马上破碎，破碎的形式为长形刀状，冲击点附近呈尖角状态容易伤及人身。因此，长期以来，科学家致力于研究减少裂纹的方法和探索玻璃增强的技术，目的是恢复玻璃的原有强度。

迄今为止，人们主要通过两种途径来提高玻璃的强度。第一种是消除和改善表面裂纹等缺陷，或保护玻璃表面使之不遭受进一步的破坏，方法有表面化学腐蚀法、表面火焰抛光法、表面涂层法等；第二种是在玻璃表面造成压应力层，使它增加一个预应力来提高玻璃总的抗拉伸应力，方法有物理钢化法、化学增强法及表面结晶法等。其中，只有物理钢化法使玻璃具有安全性能。

物理钢化法之所以能使玻璃具有安全性能，是因为玻璃经过物理钢化之后，即玻璃在加热炉内加热到软化点附近，然后在冷却设备中用空气等冷却介质迅速冷却，在其表面形成压应力，内部形成张应力，提高了玻璃表面的抗拉伸性能。玻璃的强度提高了3～5倍。钢化玻璃经过热处理之后内部的内能急剧提高，表面压应力由内部的张应力平衡，当冲击能量超过内能时，玻璃在表面开始破裂并延伸至内部，在内能的作用下，玻璃被撕裂成小碎块，碎块的大小和数量与内能的高低有关，破裂后的小碎块对人的伤害很小。玻璃钢化后在急热或急冷情况下发生冷热变形，表面的压应力抵消了玻璃变形产生的拉伸应力，使得玻璃的耐热性能得到提高，耐热冲击可达到 280～320℃。所以，物理钢化玻璃是一种安全增强玻璃，具有良好安全性和可靠性。

3.2.1.2 钢化玻璃的发展史

钢化玻璃在数百年前已被发现，但当时并不知道其原理。17 世纪时，英国的鲁伯特王子把熔融的玻璃液滴进水内造成玻璃珠。这种泪滴形的玻璃非常坚硬，就算以槌敲打也不会破碎。但是只要把玻璃滴尾部弄破，它便会突然爆碎成粉末。

钢化玻璃工艺早期尝试是在 1870 年，法国巴士底的弗朗西斯德拉 Francoin Bathelmy AlfredRoyer 于 1874 年获得第一项专利，钢化方法是将玻璃加热到接近软化温度后，立即投入一个温度相当低的液体槽中，使表面应力提高。这种方法即是早期的液体钢化方法。德国的鲁道夫 Frederick Siemens 于 1875 年获得一项专利，主张采用施加压力的方法进行钢化——接触钢化法。

钢化工艺在工业上得到应用最早可能是在 1892 年，是由 Jena 玻璃厂的 Schott 博士实现的。20 世纪 30 年代中期，欧洲采用平钢化安全玻璃。法国首先将这种产品投放市场，商品名为 Scurit。不久后，汽车制造者又希望后窗安装弯钢化玻璃，从而促成 30 年代后期垂直压弯钢化技术的发展，垂直钢化法逐渐成为汽车玻璃生产的主要方法。

第二次世界大战后的 20 世纪 40 年代，美国轿车的设计受飞机的设计影响很大。设计者希望轿车是球面形的，并有弯钢化玻璃做的顶盖。当时发展起来的水平自重弯钢化法则可生产圆形大型玻璃。对球面弯钢化而言，这一技术也有其局限性。很快上述两种方法就被一种新发展起来的快速自重弯钢化法所取代，这种工艺可为轻型、能耗低的轿车提供几毫米的钢化玻璃。1946 年美国第一次用快速自重弯钢化成型方法制造了汽车 Futuramic Old Mobibe，其他汽车厂商很快仿效这种做法。到 50 年代后期，自重钢化系统的生产能力已达到顶点，玻璃可以绕轿车弯 180°，甚至弯曲到轿车的顶部。

20 世纪 80 年代开始随着玻璃新品种的增加，钢化玻璃制造工业进行了新产品的开发和研究，比如建筑节能窗的低辐射玻璃钢化、汽车玻璃的大型及特异型玻璃钢化等。

3.2.1.3 钢化玻璃的分类

物理钢化玻璃从设备的分类来说，目前分水平钢化、垂直钢化、气垫钢化；从冷却介质来分有风钢化、微粒钢化、水雾钢化等；从钢化程度分为全钢化、半钢化和区域钢化；从产品形状来分有平钢化和弯钢化。最常使用的是风钢化技术。钢化技术的分类如图 3-4 所示。

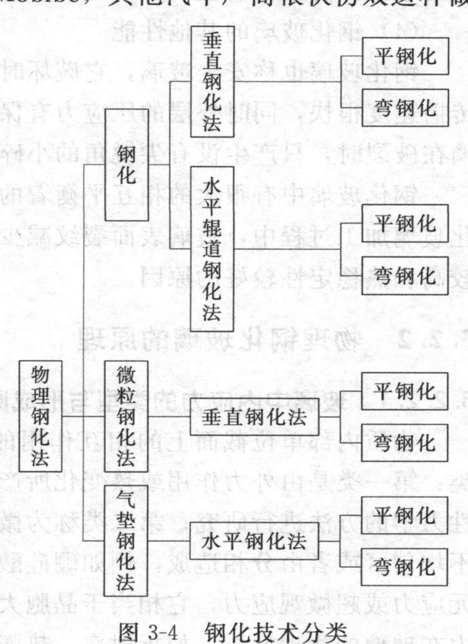

图 3-4 钢化技术分类

3.2.1.4 物理钢化玻璃的性能

物理钢化玻璃同一般玻璃比较，其抗弯强度、抗冲击强度以及热稳定性等，都有很大的提高。

(1) 钢化玻璃的抗弯强度

钢化玻璃抗弯强度要比一般玻璃大4～5倍。如6mm×600mm×400mm钢化玻璃板，可以支持三个人的质量200kg而不破坏。厚度5～6mm的钢化玻璃，抗弯强度达1.67×10^2MPa。

钢化玻璃的应力分布，在其厚度方向上呈抛物线形。表面层为压应力，内层为张应力。当其受到弯曲载荷时，由于力的合成的结果，最大应力值不在玻璃表面，而是移向玻璃的内层，这样可以经受更大的弯曲载荷。

钢化玻璃的挠度比一般玻璃大3～4倍，如6mm×1200mm×350mm钢化玻璃板，最大弯曲达100mm。

(2) 钢化玻璃的抗冲击强度

钢化玻璃的抗冲击强度比经过良好退火的普通透明玻璃高了3～10倍。如6mm厚的钢化玻璃抗冲击强度为8.13kg·m，而普通平板玻璃的抗冲击强度为2.35kg·m。

(3) 钢化玻璃的热稳定性

钢化玻璃的抗张强度提高，弹性模量下降，此外，密度也较退火玻璃为低，从热稳定性系数K计算公式可知，钢化玻璃可经受温度突变的范围达250～320℃，而一般同厚度玻璃只能经受70～100℃。如6mm×510mm×310mm的钢化玻璃铺在雪地上，浇上1kg 327.5℃的铅水而不会破裂。

(4) 钢化玻璃的其他性能

钢化玻璃也称安全玻璃，它破坏时首先在内层，由张应力作用引起破坏的裂纹传播速度很快，同时外层的压应力有保持破碎的内层不易剥落的作用，因此钢化玻璃在破裂时，只产生没有尖锐角的小碎片。

钢化玻璃中有很大的相互平衡着的应力分布，所以一般不能再进行切割。在钢化玻璃加工过程中，玻璃表面裂纹减少，表面状况得到改善，这也是钢化玻璃强度较高和热稳定性较好的原因。

3.2.2 物理钢化玻璃的原理

3.2.2.1 玻璃中内应力的类型与形成原因

物质内部单位截面上的相互作用的力称为内应力。玻璃中的内应力可分为三类：第一类是由外力作用或热变化所产生，称为宏观应力，它可以用材料力学和弹性力学的方法进行研究；第二类称为微观应力，这类内应力是由玻璃中存在的微观不均匀区或者由分相造成，例如硼硅酸盐玻璃中就存在这种内应力；第三类称为单元应力或超微观应力，它相当于晶胞大小的体积范围内所造成的应力。后两种内应力在玻璃的物理性质，如折射率、热膨胀系数、密度等方面有反映。这些由结构特性所引起的内应力，对玻璃的力学强度而言，并不很大。本节主要是讨论玻璃由热变化引起的宏观应力即玻璃的热应力。玻璃的热应力又可分为暂时应力和永久应力（或称残余应力）。

（1）暂时应力

当玻璃处于弹性变形范围内进行加热和冷却时，由于玻璃不是传热的良导体，在它的内层产生一定的温度差，从而产生一定的热应力。这种应力随着温度梯度的存在而存在，随着温度梯度的消失而消失，故称为暂时应力。

如图 3-5 所示，一块无应力的玻璃从常温加热到 T_g 温度以下时，玻璃内外层就产生温差，外层的温度高于内层，外层受热膨胀就大于内部，这样，外层是在内层的阻碍（压缩作用）下膨胀，而内层是在外层膨胀（拉伸作用）下膨胀［见图 3-5(b)、(c)］。所以在加热时，玻璃的表面产生压应力，内层受到张应力。而且规定张应力为正，压应力为负。

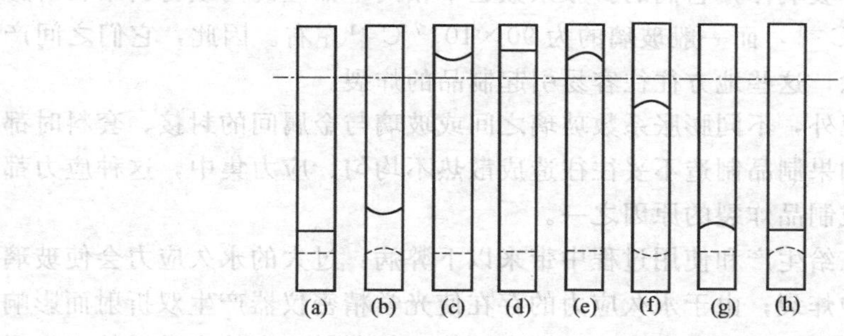

图 3-5　玻璃加热、退火、冷却过程温度及应力分布曲线

(a) 原始状态；(b) 加热；(c) 加热；(d) 保持；

(e) 退火；(f) 冷却；(g) 冷却；(h) 室温

温度分布曲线；应力分布曲线

如果外层加热到一定温度后，把整块玻璃继续进行均热时，玻璃外层已不再膨胀，内层却继续膨胀，这样外层受到张应力，而内层受到压应力。它们的大小和加热过程中所产生的应力大小相等，方向相反，所以当内外温度均衡后，玻璃中的应力也就消失［见图 3-5(d)］。

同理，一块无应力的热玻璃在冷却过程开始时所生成的应力分布和加热过程的刚好相反，即外层为张应力，内层为压应力［见图 3-5(e)、(f)、(g)、(h)］。所以，温度均衡后玻璃中的暂时应力随之消失。但当暂时应力超过玻璃极限强度时，玻璃同样会产生破裂，尤其是在冷却过程中，应使降温速率小于加热过程的升温速率。

（2）永久应力

当玻璃的温度均衡后，在玻璃中仍然存在的应力称为永久应力。如图 3-5 所示，当玻璃从高温（$\geq T_g$）下冷却时，玻璃内外层产生了温差。由于在转变温度区域（$\eta < 10^{11}$ Pa·s）内，分子的热运动能量较大，玻璃内部结构基团间可以产生

位移变形等，使以往由温差而产生的内应力消失，我们把这个过程称为应力松弛。这时玻璃内外层虽然存在着温差，却不产生应力。但是，在 T_g 温度下以一定冷却速率冷却时，玻璃从黏滞塑性体逐渐地转化为弹性体，由温差产生的内应力 P 仅部分被 x 松弛。当温度冷却到应变点以下，玻璃内所产生的内应力相应为 $P-x$；当进一步冷却使玻璃内外温差消除时，此时应力的变化值为 P，也就是说，温度均衡后，留在玻璃中内应力的大小为 $(P-x)-P=-x$。这种内应力称为永久应力或残余应力。

玻璃内永久应力产生的直接原因是退火温度区域内应力松弛的结果。应力松弛的程度取决于在这个区域内的冷却速率、温度梯度、黏度及制品厚度。

除了热应力所造成的永久应力外，在玻璃中因化学不均匀也能产生永久应力，如在玻璃制造过程中由于熔制均化不够，使玻璃中产生条纹和结石等缺陷，这些缺陷的化学组成不同于玻璃体，它们的膨胀系数也不相同，如硅砖内或材料结石的膨胀系数为 $60\times10^{-7}℃^{-1}$，而一般玻璃的为 $90\times10^{-7}℃^{-1}$ 左右。因此，它们之间产生的应力就无法消除，这些地方往往容易引起制品的炸裂。

除上述几种情况外，不同膨胀系数玻璃之间或玻璃与金属间的封接、套料时都会产生永久应力。如果制品制造不妥往往造成散热不均匀、应力集中，这种应力都很难消除，也是造成制品炸裂的原因之一。

永久应力的存在给生产和使用过程中带来以下弊病：过大的永久应力会使玻璃在加工或使用过程中炸裂；由于永久应力的存在使光学精密仪器产生双折射而影响仪器的工作精度；有永久应力的存在，长期高温使用仪器时，会使光学零件产生形变而影响成像质量。各种不同工业玻璃制品都有其允许的永久应力值，见表 3-1。

表 3-1　各类玻璃中永久应力的允许值

玻璃种类	永久应力允许值，光程差 Δ/(nm/cm)	玻璃种类	永久应力允许值，光程差 Δ/(nm/cm)
Ⅰ、Ⅱ级光学玻璃	2～6	空心玻璃	60
Ⅲ、Ⅳ级光学玻璃	10～20	玻璃管	120
垂直引上平板玻璃	20～95	钢化玻璃	1350～2400
压延玻璃	20～60	航空玻璃	25
瓶罐玻璃	50～400		

玻璃中的内应力可用光折射的光程差来表示。在玻璃板上有两个相互垂直的不同的内应力（张应力，以 O_x 和 O_y 表示），且 $O_y>O_x$，则光线沿 x、y 轴的传播速度也不同，$v_y>v_x$，这样就产生了光程差 Δ，即双折射现象。光程差与试样的厚度 d 和玻璃中光线传播速度差 v_y-v_x 成比例，而 v_y-v_x 与内应力差 $\sigma_y-\sigma_x$ 成正比。光程差的计算见式(3-1)。一些工业玻璃的应力光学常数列于表 3-2。

可用偏光仪或超声波来测定不同传播速度以计算内应力的大小，或者用激光干涉法测量。

$$\Delta = Bd(\sigma_y - \sigma_x) \tag{3-1}$$

$$(\sigma_y - \sigma_x) = \Delta/(Bd)$$

式中 Δ——光程差，nm/cm；

B——应力光学常数；

d——玻璃的厚度。

表 3-2 各类玻璃的应力光学常数 B

玻璃种类	B	玻璃种类	B
石英玻璃	3.4	轻钡冕	2.8
96% 高硅氧玻璃	3.6	重钡冕	2.14
低膨胀硅酸盐玻璃	3.8	钡冕	3.10
低膨胀硼酸盐玻璃	4.7	轻冕	3.50
铅玻璃	2.6	中冕	3.12
平板玻璃	2.8	重冕	2.67
钙硅玻璃	2.4～2.6	特重冕	1.19

3.2.2.2 玻璃物理钢化的原理

(1) 物理钢化原理

当玻璃输送到电加热炉或气体加热炉内进行加热时，玻璃加热膨胀示意情况见图 3-6。随着温度升高玻璃结构发生变化，黏度下降，网络内部连接键伸长，由图 3-6 的 D 状态转变成 C 状态。当加热温度接近软化点附近，玻璃由固化态转变成液化态时，玻璃的黏度急剧下降，很多键断开（见图 3-6 的 B 状态或 A 状态），此时玻璃极易变形。之后如果玻璃没有发生变形，被缓慢冷却下来，断了的键可以重新连接起来，玻璃的黏度逐渐提高，网络重新有序地排列。玻璃接近室温时，伸长的键随着温度降低恢复到原来键长。上述过程仅可以消除玻璃的内应力，无法提高玻璃的强度。

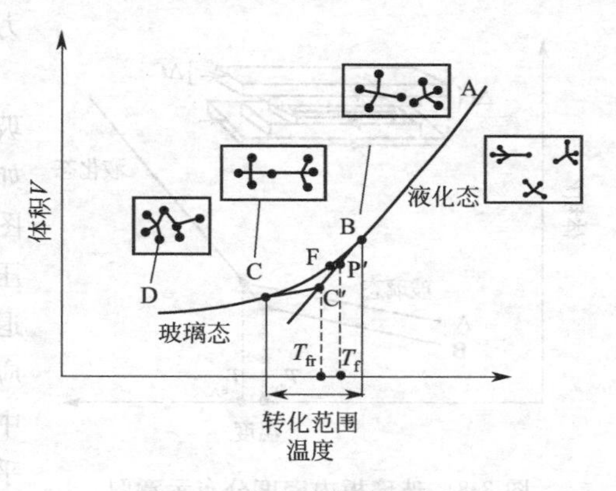

图 3-6 玻璃热膨胀示意图

玻璃钢化是在玻璃表面有意造成外表面压应力，内部形成张应力（见图 3-7）。钢化玻璃工艺过程是将玻璃加热到软化点附近（其黏度值高于 $10^{6.65}$ Pa · s），然后用冷却介质快速将玻璃表面热量带走，使得玻璃表面快速由液化态转变成固化态。在此过程中，玻璃有一部分被断开的键来不及重新连接，就已经变成固化态，这部分玻璃冷却后的体积大于加热前的体积；玻璃的内部是通过与外层玻璃的分子运动热传导进行冷却的，越往里玻璃的冷却速率越慢。所以玻璃冷却时由于内部冷却较慢，断开的键可以重新连接，伸长的键可以恢复原来键长，当玻璃被全部冷却后，玻璃内部的体积与原来相同。这样玻璃表面体积大于内部体积，玻璃表面对内部就有一个向外拉伸的趋势，单位面积上外部对内部就产生一个张应力（见图 3-7）；相反，玻璃内部对表面就有一个向里压缩的趋势，单位面积上内部对表面就形成一个压应力，这就是玻璃钢化原理。如前所述，永久应力的产生是由应力松弛和温度变形被冻结下来的结果。玻璃加热温度越高，应力松弛的速度也越快，钢化后产生的应力也越大；而且玻璃各部分的冷却速率不同，使玻璃表面的结构具有较小的密度，而内层具有较大的密度。这种结构因素引起各部分的膨胀系数不同，也引起内应力的产生。图 3-8 为玻璃板内密度的分布情况。

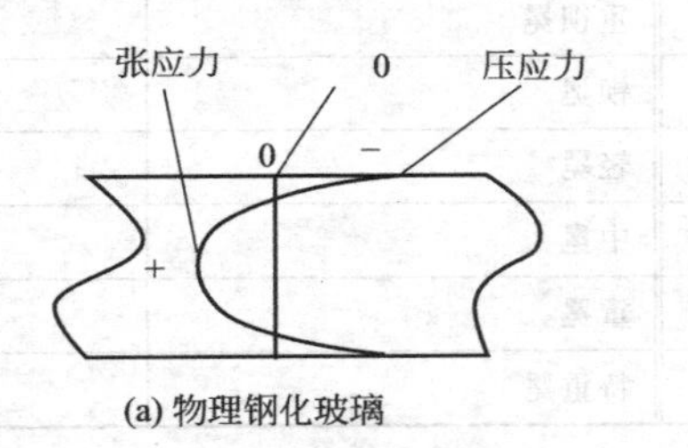

(a) 物理钢化玻璃

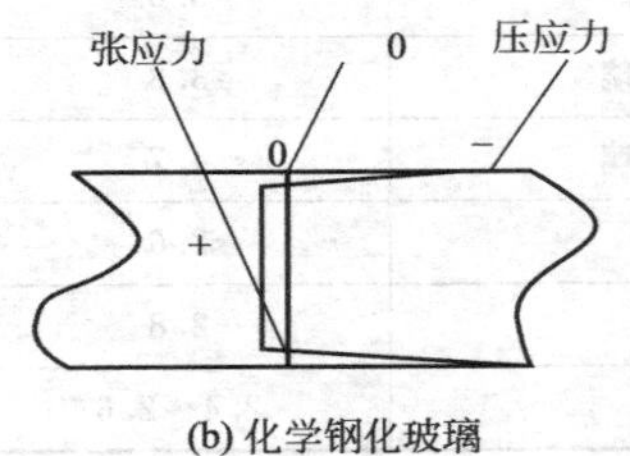

(b) 化学钢化玻璃

图 3-7　钢化玻璃应力分布示意图

通过这样的热处理，玻璃内部具有均匀分布的内应力，提高了玻璃的强度和热稳定性。当退火玻璃板受载荷弯曲时，玻璃的上表层受到张应力，下表层受到压应力，如图 3-9(b) 所示。

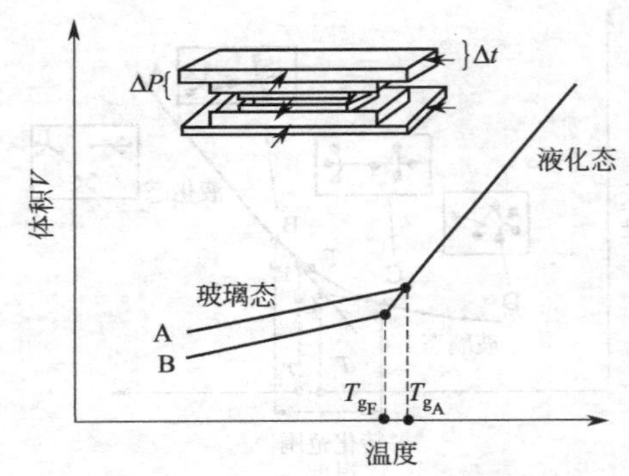

图 3-8　玻璃板内密度分布示意图

玻璃的抗张强度较低，超过抗张强度玻璃就破碎，所以退火玻璃的强度不高。如果负载加到钢化玻璃上，其应力分布如图 3-9(c) 所示，钢化玻璃表面（上层）的压应力比退火玻璃大，而所受的张应力比退火玻璃小。同时在钢化玻璃中最大的张应力不像退火玻璃存在于表面上而移到板中心。由于玻璃耐压强度要比抗张强度几乎大 10 倍，所以钢化玻璃在相同的负载下并不破裂。此外在钢化过程中玻璃表面微裂纹受到强烈的压缩，同样也使钢化玻璃的机械强度提高。同理，当钢化玻璃骤然经受急冷时，在其外层产生的张应力被玻璃外层原存在方向的压应力所抵挡，使其热稳定性大大提高。通常，钢化玻璃强度比退火玻璃高 4～6 倍，达 350MPa 左右，而热稳定性可提高到 280～320℃左右。

钢化玻璃的张应力存在于玻璃内部，当玻璃破裂时，在外层的保护下（虽然保护力并不强），能使玻璃保持在一起或布满裂缝的集合体。而且钢化玻璃内部存在的是均匀的内应力。根据测定，当内部张应力为 30～32MPa 时，可以产生 6cm^2 的断裂面，相当于把玻璃粉碎到 10mm 左右的颗粒。这也就解释了钢化玻璃在炸裂

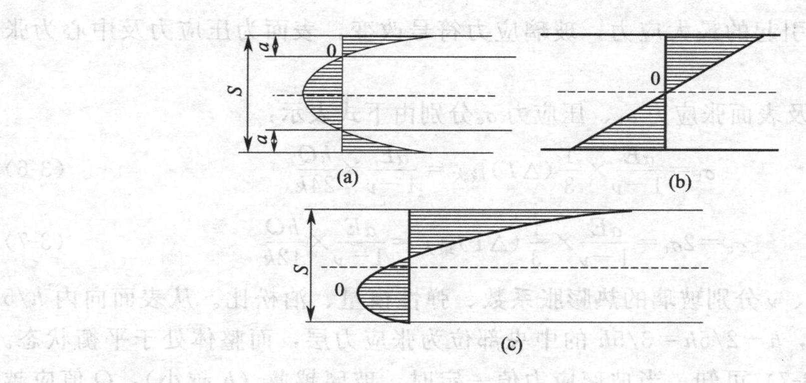

图 3-9　应力示意图

(a) 钢化玻璃；(b) 荷载下退火玻璃；(c) 荷载下钢化玻璃

时分裂成小颗粒的原因。

(2) 钢化玻璃强度与钢化程度的关系

钢化玻璃开始均匀急冷的温度称为淬火温度或钢化温度 T_2，一般取 $T_2 = T_g +$ 80℃左右（$\eta \approx 10^{9.5}$ Pa·s）。工厂中钢化 6mm 的平板玻璃时，淬火温度为 610～650℃，加热时间在 200～300s 范围内，或者以每毫米厚需 36～50s 加热时间予以计算。

玻璃钢化应力是冷却介质将玻璃表面及内部热量带走后，玻璃表面和内部的应力发生变化而形成的。在计算玻璃钢化应力时，假设玻璃板的温度为 T、厚度为 h，在单位时间、单位面积上玻璃均匀放出热量 Q，那么玻璃厚度中心到厚度 x 点，经过 t 时间冷却后玻璃的温度 $T(x,t)$ 可由热传导方程式给出：

$$\frac{\partial^2 T}{\partial^2 t} = \frac{C\rho}{K} \times \frac{\partial T}{\partial t} \tag{3-2}$$

式中　K——玻璃的热导率；

C——玻璃的比热容；

ρ——玻璃的密度。

玻璃某点的温差 $\Delta T = T - T_s$，T、T_s 分别表示玻璃某点的温度、玻璃某个时刻的温度。

用边界条件解上式，那么 T 的一般解为：

$$\Delta T = \frac{hQ}{8K}\left(1 - \frac{8}{\pi^2}\sum_{n=\text{add}}^{\infty}\frac{1}{n}\mathrm{e}^{-\frac{n^2}{\pi}t}\right) \approx \frac{hQ}{8K}\left(1 - \frac{8}{\pi^2}\mathrm{e}^{-\frac{t}{\pi}}\right) \tag{3-3}$$

时间常数：

$$\tau = \frac{C\rho h^2}{4\pi^2 K} \tag{3-4}$$

$$(\Delta T)_{最大} = (T - T_s)_{最大} = hQ/8K \tag{3-5}$$

由于温差 $T - T_s$ 引起的玻璃表面张应力及内部压应力，在应变点以上的温度区短时间内松弛并消失。在这种情况下，若设玻璃的应力松弛时间为 τ_c，则 $\tau_c \leqslant \tau$。如果冷却时玻璃的平均温度降低到应变点以下，那么应力松弛时间急剧增大，而变

化为 $\tau_c > \tau$。ΔT 引起的最大应力，玻璃应力符号改变，表面为压应力及中心为张应力。

厚度中心线及表面张应力 σ_t、压应力 σ_c 分别由下式表示：

$$\sigma_t = \frac{\alpha E}{1-\nu} \times \frac{1}{3} (\Delta T)_{最大} = \frac{\alpha E}{1-\nu} \times \frac{hQ}{24k} \tag{3-6}$$

$$\sigma_c = 2\sigma_t = \frac{\alpha E}{1-\nu} \times \frac{1}{3} (\Delta T)_{最大} = \frac{\alpha E}{1-\nu} \times \frac{hQ}{12k} \tag{3-7}$$

式中，α、E、ν 分别玻璃的热膨胀系数、弹性模量、泊松比。从表面向内 $h/5$ 深度为压应力层，$h-2/5h=3/5h$ 的中央部位为张应力层，而整体处于平衡状态。由式(3-6)、式(3-7) 可知，当玻璃应力值一定时，玻璃越薄（h 越小），Q 值应越大，即采用冷却能大的装置；反之，若设 Q 为定值，则玻璃越厚，越容易钢化。

巴尔杰涅夫指出钢化玻璃的强度 $\sigma_{钢}$ 与钢化程度 Δ 有下列关系：

$$\sigma_{钢} = \sigma_0 + \frac{\chi\Delta}{B} \tag{3-8}$$

式中 σ_0——退火玻璃的表面强度，kgf/cm^2；

B——应力光学常数，$2.5 \times 10^{-7}\ cm^2/kgf$；

χ——表示玻璃表面与中间层应力的比例系数；

Δ——钢化程度，$\mu m/cm$。

即钢化玻璃的强度 $\sigma_{钢}$ 随着钢化程度 Δ 和 χ 的增大而增强。研究结果表明，钢化玻璃的强度主要取决于其表面的压应力（称为机械因素）大小，但是近年来认为，除了这一因素外，由于高温急冷引起的玻璃表面的变化也是影响物理钢化的重要因素之一。

3.2.2.3 钢化玻璃应力释放速度的理论

钢化玻璃应力释放速度的理论对于预测玻璃在不同温度下暴露不同时间后的应力状况是有意义的。匹茨堡平板玻璃公司玻璃研究实验室的 Lcoyd Black 于 1948 年进行了一系列试验，对钢化玻璃在高温下暴露不同时间后的应力释放速度做了测定。Black 是用福特城池窑熔制（305mm×305mm×6.35mm）的玻璃板做试样。玻璃板被钢化，在整个面积上应变都尽可能均匀并且钢化值达到大约 3200Mu/in，我们一般把这一点定为全钢化。

钢化玻璃板在 218～521℃的温度范围内间断加热 3h、23h 和 119h，从炉内取走；冷却后，通过四个拐角测量出应变。玻璃板被再次放入炉内，保持下一个时间间隔，重复上述过程。每个试样都加热和冷却三次。如果一个试样加热 3h，另一个加热 23h，最后一个加热 119h，而中间不做观测，那么，毫无疑问会得到不同的结果。另一个困难是在较高温度下衰变进行很迅速，玻璃还没能加热到给定温度，大部分双折射就消失了。然而，这种操作方法简单易行，比在理想条件下操作具有更大的使用价值。

经验式(3-9) 所示的与 Black 的观测完全一致：

$$\lg F=\lg F_{\theta}-\frac{K}{A}\lg(Bt-1) \tag{3-9}$$

式中 F——在时间 t（单位为 h）的应力，MPa；

F_{θ}——初始钢化应力，49MPa 中部张应力，所以 F_{θ}近似等于 0.7；

$\frac{K}{A}$——随温度变化的量；

B——随温度变化的量。

该式在两个典型温度下的值为：

在 895℉（480℃）下，$\lg F=0.7-0.58\lg(13t+1)$；

在 616℉（324℃）下，$\lg F=0.7-0.43\lg(1.5t+1)$。

Littleton 和 Lillie 对公式的物理基础进行了研究，他们强调了玻璃“热历史”的巨大重要性。研究发现，相同类型和相同尺寸的玻璃棒或玻璃纤维，快速冷却时的暂时黏度为缓慢冷却时的 1%。实际上，这意味着高温状态会在玻璃中“凝固”，凝固的程度与冷却速率有关。也就是说，与达到平衡状态所用的时间有关。当加热这种玻璃时，要消除这种凝固状态的效应可能需要数小时、数天甚至数年时间（取决于温度）。Littleton 发现，当钙玻璃纤维从高温快速冷却到室温，然后快速加热到 460℃时，初始黏度为 $\lg N_{o}=14$。在 460℃恒温下保持 3000min 后，黏度增加到 $\lg N_{t}=15.5$，很长时间后才接近平衡值 $\lg N_{e}=16$。

这时，最后黏度比初始黏度高 100 倍。Lillie 采用同一种玻璃的纤维，将它们加热到大约 800℃，然后置入 440 ℃的骤冷槽中骤冷。他发现，在 453℃下，黏度从 $\lg N_{o}=15.1$ 增加到 $\lg N_{t}=16.5$。这一过程需要 1000min，在 1000min 结束时，黏度仍然增加很快，因此，平衡值可以达到 $\lg N_{e}=17$ 或者更高。

Tool 提出：“假定”温度 θ 的概念。假设一块玻璃处于实际温度 T，但是从比 T 高得多的某一温度快速冷却到 T，这一冷却速率非常之快，不允许玻璃在冷却过程的每个中间温度下达到平衡状态。这样，玻璃就表现出具有某种高温的特点，这就称为假定温度。Tool 指出，如果是从原高于退火范围的温度上迅速冷却，那么，当达到大气温度时 θ 就很高；相反，如果冷却很缓慢、θ 可能比（通常的）退火温度低 70～90℃。因此，我们就获得最小和最大黏度曲线。

Lillie 利用这些概念进行了一系列试验，最后证明，式(3-10) 正确而完全地表示了应力消除的现象。

$$\frac{\mathrm{d}F}{\mathrm{d}t}=-MF\theta \tag{3-10}$$

通过试验发现，常数 M 实际上与温度和热历史无关，它表示的是特定玻璃的某些位置模量。当然，热历史效应使用流动性 φ 与时间关系的变化值表示。Adams 和 Williamson 早先提出的关系尽管在理论上是错误的，但在大多数情况下在经验上还是正确的，因为在任何一个退火过程中，应力消除与黏度（或流动性）之间存在一定的相互关系。但是，在异常情况下，如在玻璃已被退火或高度钢化的情况下，采用它们的公式则必须特别小心。

Black 的“全钢化”要求骤冷速度很快，一是高温状态在玻璃中“凝固”。要更正确地确定初始黏度曲线，研究人员需要试验结果，因为对钢化试样的黏度没有直接的测定方法。例如，假设应力是在通常的应变点（517℃）消除，研究人员可以把 493℃确定为钢化玻璃的近似当量温度。

3.2.3 钢化玻璃炉的设计

3.2.3.1 钢化玻璃生产技术概述

钢化玻璃生产流程见图 3-10。在玻璃钢化生产流程图中，实线框内的部分为玻璃预处理，包括玻璃自动切割机、（自动）磨边机、（自动）洗涤干燥剂等；虚线框内的部分为玻璃钢化过程，涉及了装载台、加热炉、成型系统、冷却设备、卸载台、控制系统、气动系统、风冷输送系统等设备。

玻璃钢化技术与玻璃钢化过程中使用的设备、冷却介质、玻璃运行的形式、控制方法等有着密切的关系。钢化技术分类，首先是根据冷却介质进行了分类，分为风冷钢化技术、微粒钢化技术、水雾钢化技术及液体钢化技术。气垫钢化技术为风冷钢化技术的一个分支单独列出。

钢化玻璃技术可以根据冷却设备设计的不同分为薄型钢化技术、区域钢化技术、全钢化技术和半钢化技术。钢化成型设备设计，又可以分超薄弯钢化技术、全钢化技术、区域钢化技术等。

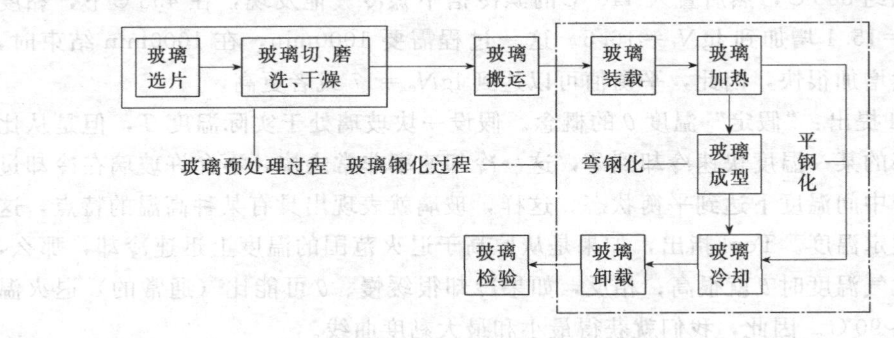

图 3-10 钢化玻璃生产流程图

综上所述，钢化玻璃的最终结果与加工设备的设计、使用的介质、加工工艺有很大的关系。因此，钢化玻璃要满足用户的要求，首先要进行钢化玻璃生产技术的设计，不仅需要满足强度要求，同时也要满足碎片要求、自爆率低等要求；其次要选择好加工设备及加工工艺。

3.2.3.2 钢化玻璃类型设计

前文已经介绍了玻璃钢化的原理，玻璃表面应力的形成与玻璃最终的加热温度、冷却介质的冷却能、玻璃厚度之间有直接关系。因此，钢化玻璃类型设计必须考虑冷却风栅、加热设备和加热工艺等。

(1) 冷却风栅设计

玻璃的淬冷（即冷却或急冷）是钢化工艺的一个主要环节，对玻璃淬冷的基本要求是快速而均匀的冷却，使玻璃外层最终呈压应力状态，而内层呈张应力状态。玻璃钢化过程的冷却装置称为风栅。风栅应根据钢化玻璃的厚度、钢化玻璃的类型和介质冷却能力的大小进行选择和设计。俄罗斯工业玻璃技术研究院对风钢化玻璃进行了较为深入的研究，尤其是从风栅的喷嘴分布、吹风量、风压、冷却能及计算等方面研究了对玻璃表面造成的应力的影响。

① 风栅设计

风栅设计主要是喷嘴的排布、喷嘴的间距、喷嘴单位流量等的设计。在设计新的钢化玻璃风栅和冷却系统时，选择最合理的使用条件很重要。因为，优选钢化玻璃风栅设计可以保证按规定的冷却能使用最低的单位空气流量（吹到整个风栅面积上的全部流量），钢化效果则为最佳。图 3-11 是风栅设计示意图。

以下介绍风栅设计，构成风栅的基本单元是箱体、栅面、喷嘴等。风栅设计主要是喷嘴排布设计。对圆喷嘴风栅，空气的单位流量 q 可用下式确定：

$$q=2830M\frac{D^2}{X^2}\omega_e \tag{3-11}$$

式中 M——空气的流出率；

D——喷嘴的直径；

X——喷嘴的间距；

ω_e——空气的流出速度。

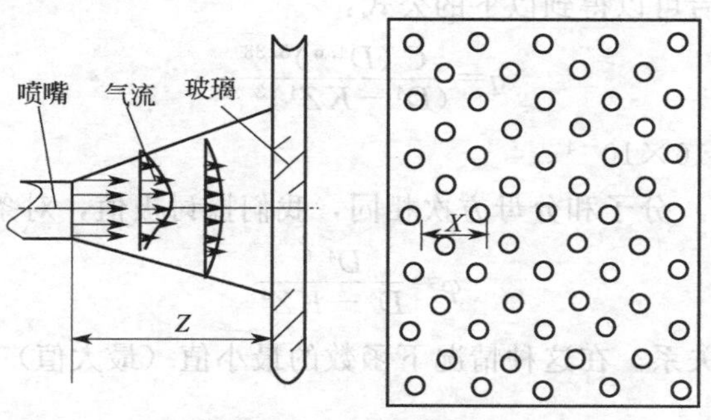

图 3-11 风栅设计示意图

在给定给热系数 α 的情况下，喷嘴的间距可用加尔顿变换方程计算出来：

$$X=0.0354\omega_a^{1.665}(K/\alpha)^{2.67}(\rho/M_B)^{1.665} \tag{3-12}$$

式中，ω_a 为到被冷却玻璃表面的相互作用的气体速度；K、ρ、M_B分别为空气的热导率，密度和动力黏度。

假设：

$$A=2830M;B=0.0354(K/\alpha)^{2.67}(\rho/M_B)^{1.665}$$

可得出：

$$Q=\frac{A}{B^2}D^2\frac{\omega_e}{\omega_a^{0.33}} \tag{3-13}$$

由公式(3-13)可看出，在其他参数为常数的条件下，单位流量可通过喷嘴的直径 D 和 $\omega_e/\omega_a^{0.33}$ 的关系来确定。

首先空气的流出速度 ω_e 和到被冷却玻璃表面的相互作用气流的速度 ω_a 决定被冷却玻璃表面所处的位置。

假如 $Z/D \geqslant 8$，那么 $\omega_a = 6.63\omega_e \dfrac{D}{Z}$ (3-14)

假如 $Z/D < 8$，那么 $\omega_a = \omega_e\left(1-0.416\times10^{-4}\dfrac{Z^4}{D^4}\right)$ (3-15)

式中，Z 为喷嘴出口到被冷却玻璃表面的距离。

把公式(3-14)代入公式(3-13)，在 α、ω_e 和 Z 为常数时，曲线 $q=-f(D)$ 没有极值，即在 $Z/D \geqslant 8$ 的范围内，冷却气流量没有最小值。

再分析另一个区段，把公式(3-15)代入公式(3-13)可得出：

$$q=\frac{A}{B^2}D^2\times\frac{\omega_e}{\omega_a^{3.33}\left(1-0.416\times10^{-4}\dfrac{Z^4}{D^4}\right)^{3.33}}$$

或者采用 $\omega_e = C$（常数）并且表示

$$C=A/(B^2\omega_e^{3.33})$$

可以得到 $q=\dfrac{CD^2}{\omega_a^{3.33}\left(1-0.416\times10^{-4}\dfrac{Z^4}{D^4}\right)^{3.33}}$

在几次换算以后可以得到以下的公式：

$$q=\frac{C\,(D^{4.6})^{3.33}}{(D^4-KZ^4)^{3.33}} \tag{3-16}$$

式中，$K=0.416\times10^{-4}$。

因为公式(3-16)分子和分母方次相同，我们探讨极值，对条件函数 φ：

$$\varphi=\frac{D^{4.6}}{D^4-KZ^4}$$

参数 q 有直接关系。在这种情况下函数的最小值（最大值）必须与 q 的最小值（最大值）相符合。

为了分析 φ 的极值，我们首先取 φ 对 D 的一阶导数并且使它等于零：

$$\frac{\partial\varphi}{\partial D}=\frac{4.6D^{3.6}(D^4-XZ^4)-D^{4.6}D^3}{(D^4-KZ^4)^2}$$

现在得出结论，可见函数 φ 的极值与 q 相符。

$$D=1.66Z^4\sqrt{K} \tag{3-17}$$

假如 $K=0.416\times10^{-4}$，那么 $D=0.133Z$ 或者 $Z=7.5D$。对二阶导数的另外的研究表明，函数 φ 的最小值是符合这个结论的。

因此，当 $Z/D=7.5$ 时，风栅的功率保证最经济。以纯粹的数学观点得出的值 Z/D 与曲线拐点是相符的，即 $\omega_a/\omega_e=f(Z/D)$，在这条曲线上曲率半径可改变自己的符号。

② 风量计算

风栅设计除了进行喷嘴排布设计、空气单位流速、喷嘴与玻璃间距的设计外，还要考虑风栅整体风量的计算。如果风量设计不足，风栅设计再好，也会导致空气单位流速降低，冷却能力不足，钢化效果降低。

风量与喷嘴空气单位流量的关系：

$$H=NS\omega_{e} \tag{3-18}$$

式中 H——风量，m^3/s；

N——喷嘴的个数；

S——喷嘴小孔的截面积，m^2；

ω_e——喷嘴风速，m/s。

空气压力与喷嘴流速之间的关系如下：

$$P=\xi\frac{\rho}{2g}\omega_{e}^{2} \tag{3-19}$$

式中 ξ——喷嘴出口压力损失系数为 1.5；

ρ——空气密度，kg/m^3；

g——重力加速度，$9.8m/s^2$。

冷却空气的温度同样对钢化程度有影响，冬天的冷却强度要比夏天大，当空气温度变化 30～40℃时，要提高或降低空气压力 15%～20% 左右。

③ 风钢化玻璃应力分布

俄罗斯工业玻璃技术研究院的研究中说明，风栅设计不合理，压力过大会导致光学质量降低，引起应力斑和反射光斑点出现，同时降低了玻璃的机械稳定性。事实证明，通过改变钢化风栅结构数据来减少这种不均匀效果很小。唯一有效方法是通过风栅和玻璃的相对运动减少玻璃上应力斑的出现。

钢化玻璃光学性能变坏的主要原因是由于成分不纯而导致了链式应力的产生。链式应力的程度和给热系数 α 的不均匀性有直接关系，该给热系数是由给定的风栅结构数据决定的。这样，在风栅相对冷却玻璃静止的情况下，钢化玻璃残余应力的不均匀性完全决定于给热系数 α 的变化特性，并且可以预先判定它的变化特性。

试验得到：

$\alpha_{最大值}=6.3310^5 J/(m^2\cdot K)$，$\alpha_{最小值}=2.64\times10^5 J/(m^2\cdot K)$，$\alpha_{平均}=4.43\times10^5 J/(m^2\cdot K)$

给热系数的不均匀性 ε_α 用以下公式表示：

$$\varepsilon_{\alpha}=(\alpha_{最大值}-\alpha_{最小值})/\alpha_{平均} \tag{3-20}$$

链式应力分布的不均匀性 ε_σ 用以下公式表示：

$$\varepsilon_{\sigma}=(\sigma_{最大值}-\sigma_{最小值})/\sigma_{平均} \tag{3-21}$$

式中，$\alpha_{平均}$ 为钢化试样相应的平均应力值。

根据以前发表的数据，对圆管喷嘴风栅来说，ε_α 值主要和喷嘴的间距 X 及到被冷却玻璃表面的距离 Z 有关系，大幅度改变喷嘴的直径和雷诺数恰恰与这种关系成反比例。所以在风栅静止的情况下，形成链式应力的状况通过 ε_α 变化来确定。此外，钢化玻璃还存在用工业原材料使结构产生不均匀附加应力。概括以上所述，可写成以下公式：

$$\varepsilon_\sigma^H=(k\varepsilon_\alpha+\varepsilon_c) \tag{3-22}$$

式中 ε_σ^H——风栅静止的情况下应力不平均值；

k——换算系数；

ε_c——考虑到不纯材料的结构系数。

在玻璃和风栅相对运动速度无限大的情况下，钢化均匀性应通过结构成分来测定（$\varepsilon_\sigma^\infty=\varepsilon_c$）。在这种情况下，不均匀性系数用指数函数表示最适当：

$$\varepsilon_\sigma=\varepsilon_\sigma^H\exp(-Av^n)+\varepsilon_c \tag{3-23}$$

或者

$$\varepsilon_\sigma=k\varepsilon_\alpha\exp(-Av^n)+\varepsilon_c \tag{3-24}$$

式中 A——应当确定的系数；

v——玻璃和风栅相对运动速度；

n——某一未知指数。

这样，如果弄清了系数 k、A 和指数 n 的物理含义，那么钢化均匀性问题就有可能得到解决。采用公式(3-21) 中相应的给热系数保证钢化度与应力成比例的关系。于是用 Г. М. 巴尔捷涅夫公式得出：

$$\sigma=C[\alpha d/(6\lambda+\alpha d)] \tag{3-25}$$

式中 C——由玻璃成分确定的比例系数；

d——玻璃厚度；

α——给热系数；

λ——玻璃的热导率。

把相应的指数代入式(3-25) 并对式(3-20) 和式(3-22) 的关系进行必要的变换，可得出：

$$k=\frac{6\lambda(6\lambda+\alpha_{cp}d)}{(6\lambda+\alpha_{max}d)(6\lambda+\alpha_{min}d)} \tag{3-26}$$

从所得到的公式分析说明，在给定的值 λ、α_{cp}、α_{max} 和 α_{min} 情况下，系数 k 的绝对值从∞(当 $d=0$ 时) 变到 0（当 $d\to\infty$时)，即当玻璃的厚度减小时，钢化的不均匀性增加。这一事实说明了不同厚度的玻璃钢化的实际情况。

k 值叫做玻璃的厚度系数，图 3-12 是玻璃厚度系数绝对值的变化曲线。可以看出，当厚度 $d=5\sim6$mm 的玻璃钢化时，$k\approx0.2$。

系数 A 可以计算出相对位移速度对钢化斑点“侵蚀”强度的影响程度。图 3-13 是在钢化风栅内玻璃静止的冷却模型。图中说明了玻璃板下面一半厚度的冷却状况。

图 3-13 中给热系数有最大值点，与此相反，在给定的瞬时内温度有最小值。假如玻璃板和风栅是静止的，那么位于喷嘴轴线上的点首先达到玻璃化温度，在一定的时间 $\Delta\tau$ 以后，α_{min} 最小值点才开始达到玻璃化温度。在某些假定的情况下，这个值可以计算出来。那么假如忽略了轴线上热的重新分布，玻璃表面任何一点的

温度可用以下公式表示：

$$\frac{T}{T_0}=\sum_{i=0}^{\infty}\frac{2\sin\delta_i\cos\delta_i}{\delta_i+\sin\delta_i\cos\delta_i}\times\exp\left(-\delta_i^2\frac{4\alpha\tau}{d}\right) \tag{3-27}$$

式中 δ_i——超越方程式根；

α——给热系数；

τ——加热时间；

d——玻璃导温系数。

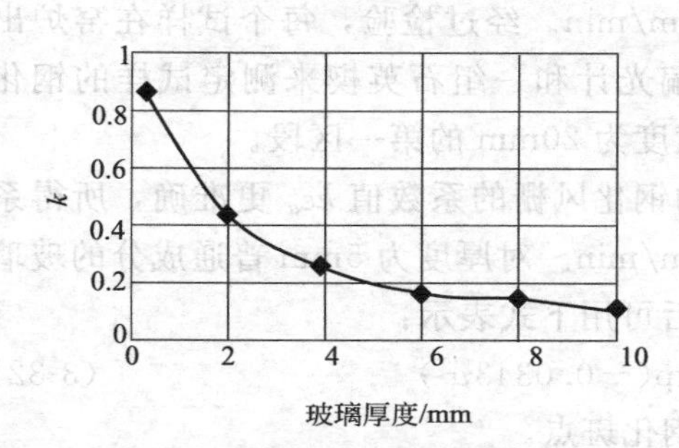

图 3-12 玻璃厚度系数绝对值 k 的变化

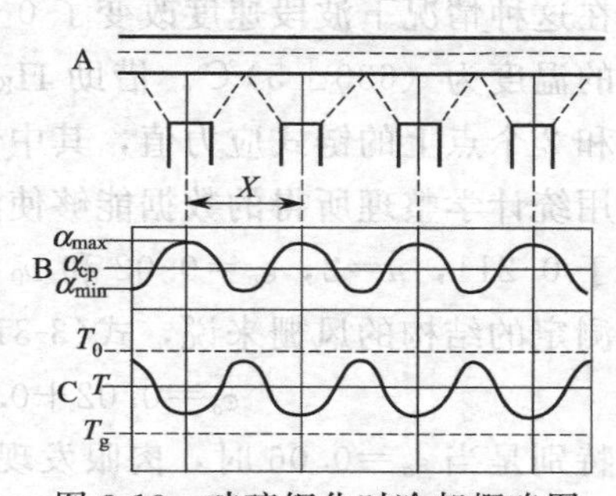

图 3-13 玻璃钢化时冷却概略图

A—玻璃和喷嘴相互排列示意图；

B—给热系数变化质量曲线图；

C—玻璃表面温度的瞬时分布；

T_0—初始温度；T_g—玻璃熔化温度

以级数的第一项为限，导入变换级数可以得出，给定达到玻璃熔化温度的时间，用下式计算：

$$\tau_g=\frac{\left[\ln B-\ln\left(\frac{T_g}{T_0}\right)\right]d^2}{4\alpha\delta^2} \tag{3-28}$$

式中，$B=2\sin\delta\cos\delta/(d+\sin\delta\cos\delta)$，$B$ 为毕澳数。

给点 1 取符合于最小值的指数，给点 2 取符合于最大值的指数，我们就能得到：

$$\Delta\tau=\frac{d^2}{4c}\left[\frac{\ln B-\ln\left(\frac{T_g}{T_0}\right)}{\delta_1}-\frac{\ln B_2-\ln\left(\frac{T_g}{T_0}\right)}{\delta_2}\right] \tag{3-29}$$

为了确定系数 A，我们假定：当速度 $v_a=X/(2\Delta\tau)$（X 为喷嘴间距）时，不均匀的系数 ε_σ 必定减小到 1/3。的确，当“波”存在时，改变给热系数和在 $\Delta\tau$ 时间内，当波沿着玻璃板位移喷嘴间距的一半时，将发生大约两次 ε_σ 振幅的减小，并与喷嘴静止状态比较，钢化均匀性得到改进。

把这些数据代入公式(3-24) 得出：

$$0.5=\exp(-Av_0^N) \tag{3-30}$$

由上式得 $A=0.693(1/v_0^N)$。

式(3-24) 的基本关系用下式表示：

$$\varepsilon_\sigma = k\varepsilon_\alpha \exp\left[-0.693\left(\frac{v}{v_0}\right)^n\right] + \varepsilon_c \tag{3-31}$$

这样，根据已知的风栅数据和钢化玻璃的性能就可以得出 K、ε_σ和 v_0，然后相互运动的任何一个速度决定以后就可以测定最后结果，用系数 ε_σ 表示出来的钢化不均匀性。玻璃钢化的不均匀性系数和玻璃运动速度的关系见图 3-14。

为了实际验证这种理论，在 ПН-900 型水平钢化设备上进行了试验。厚度 5mm，规格 500mm × 100mm 的工业玻璃制品试样以不同的速度通过风栅进行钢化。在这种情况下波段速度改变了 0～8.15m/min。经过检验，每个试样在窑炉出口处的温度为（630±5）℃。借助 $П_{KC}$-56 偏光计和一组石英楔来测定试样的钢化程度和 2 个点上的链式应力值，其中包括宽度为 20mm 的第一区段。

用统计学整理所得的数据能够使测定的钢化风栅的系数值 $k\varepsilon_\alpha$ 更准确，所得系数等于 0.211，$n=2$，$\varepsilon_c=0.02$ 和 $v_0=4.5$m/min。对厚度为 5mm 普通成分的玻璃和所测定的结构的风栅来说，式(3-31) 最后可用下式表示：

$$\varepsilon_\sigma = 0.02 + 0.211\exp(-0.0343v^2) \tag{3-32}$$

特别是当 $\varepsilon_\sigma=0.06$ 时，肉眼发现不了钢化斑点。

以上揭示了钢化风栅结构、玻璃性能、玻璃和风栅相互移动速度及防止钢化不均匀性的相互关系，这些数据能够在设计新的钢化流水线时实现。

④ 颗粒度的控制

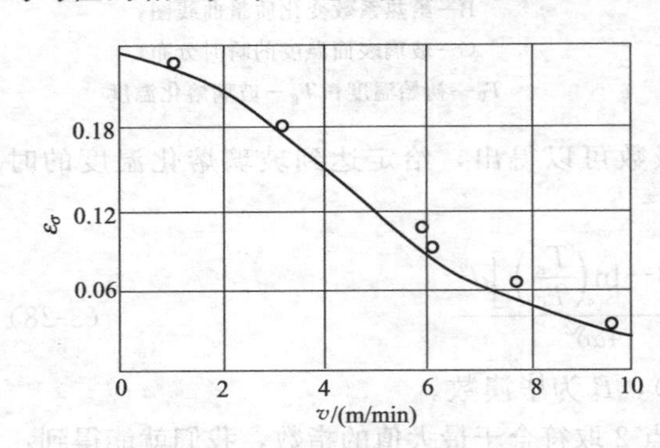

图 3-14 玻璃钢化的不均匀性系数和玻璃运动速度的关系

—— 根据计算；○ 根据经验数据

风栅设计不仅影响到玻璃的应力形成，同时还影响玻璃自爆或破碎时碎片的大小。研究表明，钢化后玻璃破碎的碎片在 40～350 片/50mm×50mm 内最合适。因为在规定的面积内小于 40 片，玻璃呈现尖锐的颗粒，容易引起伤亡，若大于 350 片，玻璃又太碎，一旦进入人眼，会对人眼造成伤害。因此，钢化时颗粒的控制不容忽视。

经典的巴尔捷涅夫钢化理论在新的条件下如超薄玻璃钢化，高强度冷却已不适用。根据玻璃物理常数的非线性计算温度变化时的钢化应力，俄罗斯工业玻璃技术研究院创立了电子计算机方法、算法和程序。使用此算法可以获得与实验数据良好比拟的结果，一方面，可以预测钢化过程中玻璃破碎的可能性；另一方面，可以预测制品的强度水平。当钢化生产线改为生产另一厚度的制品时，要求严格校正诸如钢化温度和给热系数 α 决定的冷却强度之类的主要参数。该研究院提出并解决了钢化参数各区范围的确定问题，这些钢化参数能保证制品具有给定的强度并消除冷却过程中的玻璃废品（破碎、爆裂）出现。

运输工具用钢化玻璃的现行标准规定，要实现安全规定，即达到规定的破坏特性：标准面积内的碎片数为最低限度。为保证这些要求，引入了“有保证的给热系数”α_r，这一概念。在统计处理不同作者发表的数据和本身研究的基础上，确定了钢化制品碎片密度 N 与表面压应力 σ_c 的相互关系：

$$N = \exp(0.06076\sigma_c - 3.598) \tag{3-33}$$

同样：

$$\sigma_c = 32.76 + 0.0555 d\alpha_r \tag{3-34}$$

共解此关系得：

$$d\alpha_r = 482.036 + 299.401 \ln N \tag{3-35}$$

因而，确定 α_r 问题变为选取能满足 ГОСТ5227 要求的最小值 N。当 $N=60$ 时，乘积 $d\alpha_r = 1708\text{mm}[\text{W}/(\text{m}^2 \cdot \text{K})]$，相应的有保障的给热系数与玻璃厚度的关系见表 3-3。

表 3-3　给热系数与玻璃厚度的关系

d/mm	$\alpha_r/[\text{W}/(\text{m}^2\cdot\text{K})]$	d/mm	$\alpha_r/[\text{W}/(\text{m}^2\cdot\text{K})]$
6	285	4	427
5	342	3	569

要保证钢化玻璃颗粒度，有了给热系数，再进行冷却风栅的设计。给热系数 $\alpha(\alpha_r)$ 与喷嘴直径 D、间距 X 和距冷却玻璃表面的距离 Z 有如下关系：

$$\alpha = 0.286 \frac{k}{X} Re^{0.625} \tag{3-36}$$

式中　k——空气热导率；

X——喷嘴距离；

Re——雷诺数。

$$Re = \omega_\alpha \left(\frac{\rho}{\mu}\right) \tag{3-37}$$

式中，ρ 和 μ 分别为空气的速度和动力黏度；ω_α 为气流的“冲击”速度（空气到达玻璃表面的速度）。

前面风栅设计中提到，当玻璃和喷嘴之间的间距 Z 与喷嘴直径之比 $Z/D \geqslant 8$ 时，$\omega_\alpha = 6.63\omega_e \dfrac{D}{Z}$；当玻璃和喷嘴之间的距离 Z 与喷嘴直径之比 $Z/D < 8$ 时，$\omega_\alpha = \left(1 - 0.416 \times 10^{-4} \dfrac{D^4}{Z^4}\right)\omega_e$。

试验结果，风栅设计中锥形大的喷嘴（$L/D = 10 \sim 25$）有最好的空气动力性能和冷却能力，颗粒度也能保证。

⑤ 钢化风栅的空气压力

玻璃在加热炉内加热的时间和温度、运动速度，以及钢化风栅的空气压力，都是钢化基本工艺参数。

在窑炉的给定温度（$T_{\text{II}} = 780℃$）下，不同运动速度的各种厚度玻璃试样沿着辊道开始移动。加热的最短时间用秒表测为 90s。最长时间是根据产品开始永久变形确定的。用高温温度表在炉口玻璃表面上测量温度。

经测量分析，加热温度（在研究的温度变化区间内）对钢化程度的影响不大。在给定的压力下虽然炉口玻璃温度变化很大（615～680℃），玻璃钢化数值的均方差绝大多数都是 0.1 级数/cm（0.1 级数/cm 相当于石英键分裂的最小固定值）。根据数学计算结果，得出钢化程度 Δ 与风栅压力的关系，如图 3-15 所示。

从图 3-15 看出，如果 4mm 玻璃钢化程度达到 100%，则 d=5mm 玻璃的 Δ 值平均达到 115%，而 d=6mm 达到 120%。

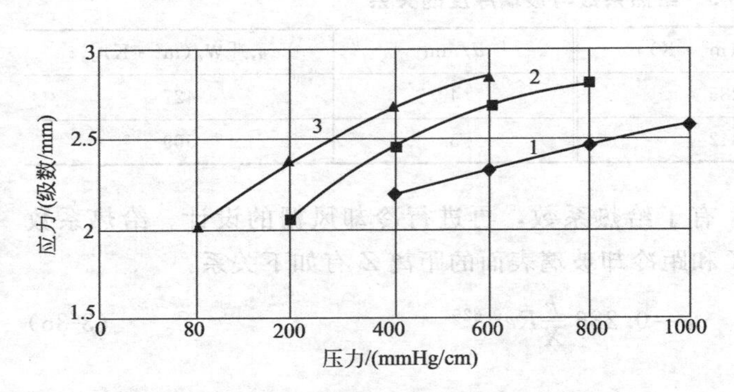

图 3-15 钢化风栅中压力与钢化程度的关系（1mmHg=133.322Pa）

1—d=4mm；2—d=5mm；3—d=6mm

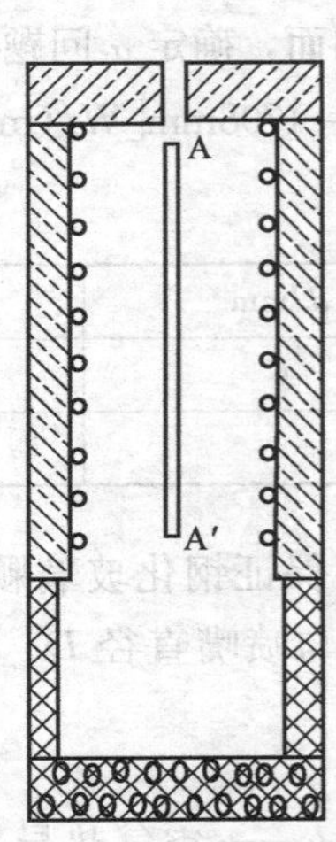

图 3-16 立式电加热炉侧面图

(2) 加热炉设计

① 加热炉设计原理

钢化玻璃用加热炉，在设计中应考虑使用要求，设计原则如下。

加热炉应为微正压炉，即炉门开启后，热量有逸出的类型，以阻止炉外冷空气流入炉内，为此要求加热炉设计总需热量应比实际总热量高，就电加热炉而言功率损失选择为 20%～30%。加热炉的设计温度为 850℃，使用温度为 750℃。以立式电加热炉为例（图 3-16），在中心加热面 A—A′面上各点温度偏差不得大于 5℃。加热炉对玻璃的加热是以热辐射形式完成的，如果能做到被加热玻璃与加热材料之间发射、吸收匹配，将会取得有效的节能效果。

② 钢化电炉的工艺设计过程

因为各种空气钢化玻璃生产线主要使用电作为加热源。本节以垂直吊挂法，某厂立式电热炉为例介绍其热工设计过程。

a. 工艺参数

(a) 炉内腔尺寸：高 H(m)，长 L(m)，两炉墙相对距离 D(m)。

（b）玻璃加热时间及温度：温度 T(℃)，时间 t(min 或 s)。

（c）玻璃制品的最大尺寸：长 l(mm)，宽 b(mm)，厚度 d(mm)。

（d）日生产能力：每小时 n 片，以一工作日 20h 计，$20n$ 片/日。

（e）电热丝选用镍铬镍铝电热丝。

b. 热工计算时的选用数据

（a）每块玻璃生产周期为 3min，每小时生产 20 块。

（b）炉膛内砌体用材料：炉膛内常用耐温、保温材料及厚度列于表 3-4。

（c）炉外膛尺寸：　高 $H_{外}=H+$炉顶厚度（$S_{顶}$）

长 $L_{外}=L+2\times$炉端墙厚度（$S_{端}$）

宽 $D_{外}=D+2\times$炉侧墙厚度（$S_{侧}$）

（d）钢化玻璃一般为钠钙玻璃，其物理参数如下（1cal=4.1840J）：

比热容 $C_{玻}=0.274\text{kcal/(kg}\cdot℃)$，密度 $\rho_{玻}=2500\text{kg/m}^3$

表 3-4　炉膛内常用耐温、保温材料及厚度

部位＼砖种	耐火砖	硅酸铝保温毡	轻质耐火砖	石棉板	应留间隙
炉顶（H 顶）	150mm	100mm			20mm
炉底	多使用地坑一般 100m 深，计算时可考虑损耗总热量的 10%				
炉侧墙	115mm	100mm	115mm	15mm	25mm
炉门		60mm			10mm
炉端墙	115mm	100mm		15mm	25mm

（e）玻璃加热温度：初始温度 $T_O=20℃$，终点温度 T_G 一般为 750℃。

c. 热平衡计算　玻璃由 20℃加热至 750℃。

d. 热吸入　电热丝给热：

$$N=(Q_{总}/860)K \tag{3-38}$$

式中　N——电炉总功率，W；

$Q_{总}$——电炉及玻璃加热总计热损耗，kcal；

860——电热常数；

K——考虑电源电压的安全系数，对连续炉 $K=1.2\sim1.3$，间歇炉 $K=1.4\sim1.5$。

e. 热支出

（a）加热玻璃所耗热量 $Q_{玻}$：

$$Q_{玻}=CnV\rho(T_G-T_O) \tag{3-39}$$

式中玻璃比热容（随温度）不同而变化 $c=0.1792+0.632\times10^{-4}T_G$。

（b）经炉墙砌体导出的热损失 $Q_{墙}$。因为连续操作，故不考虑炉墙砌体的散热。

$$Q_{墙}=T_{墙内}-T_{墙外}/(\sum S/\lambda)+0.06F_{墙表} \tag{3-40}$$

式中　$Q_{墙}$——炉墙导热损失；

$T_{墙内}$——炉墙内表温度，℃；

$T_{墙外}$——炉墙外表温度，℃；

S——砌体厚度，m；

λ——砌体热导率（对于多层砌体"λ"应增大20%），kcal/(m·h·℃)；

0.06——墙到空气的热阻；

$F_{墙表}$——砌体表面积。

(c) 炉底损失$Q_{底}$。炉底为厚红砖砌筑，热损失很少可忽略不计。当炉底为地坑时，此项热损失$Q_{底}$为炉体总热量的10%。

(d) 电阻接头热损失$Q_{电}$。经验认为此项热损失$Q_{电}$为$Q_{砌}$的100%。

(e) 开启炉门时的热损失$Q_{门}$

$$Q_{门}=VC_1T_{空} \tag{3-41}$$

式中　$T_{空}$——逸出气体温度；

C_1——$T_{空}$温度下的气体比热容，kcal/(kg·K)；

V——电炉内气体逸出体积，m^3；

$$V=2/3\mu H_{门}B_{门}$$

$H_{门}$——炉门高度，m；

$B_{门}$——炉门宽度，m；

μ——流量系数（炉门可看作薄墙）取0.62。

(f) 玻璃运输车的热损失$Q_{车}$

$$Q_{车}=GC_{车}T_{车} \tag{3-42}$$

式中　G——玻璃运输车质量，kg；

$C_{车}$——玻璃运输车在炉温下的比热容，kcal/(kg·℃)；

$T_{车}$——玻璃运输车被加热温度，℃。

(g) 其他未计入热损失$Q_{其}$。一般为总热损失的10%，则总热损失$Q_{总}$为上述各项热损失之和，代入式(3-38)即可求出加热炉所需总功率，即装机容量。

(3) 加热炉的节能

目前流行的各种空气钢化工艺所用的加热炉电耗量均相当大，国内设计的加热炉，钢化每平方米平板玻璃用电8～12kW·h，国外较先进的加热炉每平方米用电量也要4～6kW·h。在生产线上，鼓风淬冷用电量最大，其次就是加热炉用电量大。一个内膛2600mm×1600mm×500mm的加热炉设计功率就达250kW。找出加热炉节能的途径，是这一行业期待已久的。

玻璃在加热炉内是通过辐射加热方式达到软化点的，无疑玻璃在接受加热时对加热炉中电阻丝发射出的各波段的辐射峰，进行了选择性吸收，一般钠钙玻璃在2.7nm处有一强吸收峰，若电阻丝能在2～7nm处有一较强发射峰，则玻璃加热时会尽可能多地被吸收，这样玻璃加热时间将大大缩短，然而实际情况并非如此。若能有一种物质与玻璃做到辐射匹配，即此物质的加热发射峰正好是玻璃的热吸收峰，如图 3-17 所示，节能效果将非常显著。

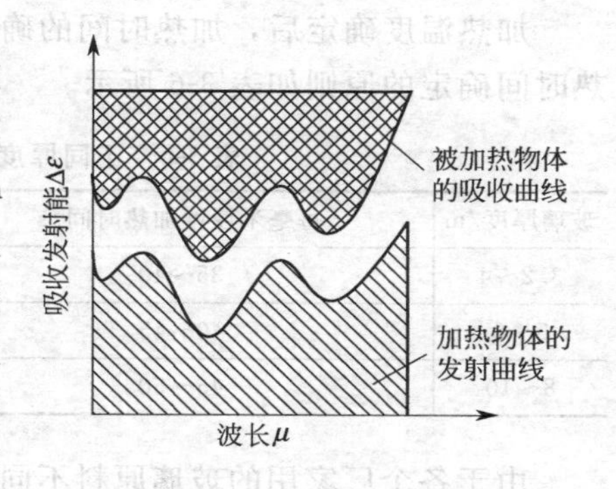

图 3-17 发射吸收匹配视图

经过多年研究，中国建筑材料科学研究院研制出一种新型辐射材料——氧化物中加入堇青石。该材料被加热后发出的红外峰在 2.5nm 处有一较大峰值，若在钢化加热炉炉膛中电阻丝前放置红外辐射板材，使电阻丝以较小的能量首先加热特殊材质制成的红外辐射板，使之与被加热玻璃的吸收峰基本匹配，从 $\Delta\varepsilon$-μ 曲线（图 3-17）看出能量转换率在 85%以上，实践证明节能效果可达 15%以上。美国 CASSO-Solar 公司研制的一种辐射材料，可在 30s 内将玻璃加热到软化点。可见，若能做到发射吸收匹配，节能前景是很好的。

3.2.4 玻璃物理钢化的生产工艺

钢化玻璃的质量能否符合标准，除了玻璃原料的原因以外，工艺参数的设定是否合理是决定性因素。只有把它们的作用和相互之间的关系彻底了解，才能生产出优质的钢化玻璃。

所有的参数都是围绕着“均匀加热、迅速冷却”而设计的，但它们不是孤立的，是一个有机的整体，必须综合考虑，才能得到一个完美的工艺。

为了能尽快地掌握和理解，我们把工艺参数以及为了保证工艺的实现而必须达到的机械、电气方面的设计，分为三个方面来进行叙述。

3.2.4.1 加热

加热均匀是钢化玻璃一个至关重要的因素，和加热有关的参数是上部温度、下部温度、加热功率、加热时间、温度调整、平衡装置、强制对流（热循环风）装置。

（1）上、下部温度的设定

由于玻璃厚度的不同，加热温度的设定也不相同。其原则是玻璃越薄温度越高，玻璃越厚温度越低。其具体数据如表 3-5 所示。

表 3-5 不同厚度玻璃的加热温度

厚度/mm	上部温度/℃	下部温度/℃
3.2～4	720～730	715～725
5～6	710～720	705～715
8～10	705～710	700～705
12	690～695	685～690
15～19	660～665	655～660

加热温度确定后，加热时间的确定就非常关键，这是两个密切相关的参数，加热时间确定的原则如表 3-6 所示。

表 3-6　不同厚度玻璃每毫米厚度的加热时间

玻璃厚度/m	每毫米厚度加热时间/s	玻璃厚度/m	每毫米厚度加热时间/s
3.2～4	35～40	12	50～55
5～6	40～45	15～19	55～65
8～10	45～50		

由于各个厂家用的玻璃原料不同、软化点不同、颜色不同，其厚度的误差也各不相同，设定的温度和功率又各不相同，加热时间会有所变化，需要在实践中总结。但有一条经验可以供参考：当玻璃出炉后，在急冷时间段里破碎，那就说明加热时间不够；如果玻璃表面出现波筋和麻点那就说明加热时间过长。在实际生产的过程中，要根据具体情况做出相应的调整。

(2) 加热功率的运用

加热功率指的是钢化炉加热的能力，一般都设为 100%，这是在设计的时候就已经确定了的，由于上、下部加热方法不同，上部主要是靠辐射，而下部则是靠传导和辐射来进行加热，当玻璃进炉后的初始阶段，玻璃的下表面由于先受热而卷曲，随着上部温度逐渐辐射到玻璃的上表面，玻璃也就会逐渐展平。如果在这几十秒内，玻璃卷曲得太厉害的话，出炉后玻璃的下表面的中间会有一条白色的痕迹或者光畸变。为了解决这个问题，除了要把下部温度设定得比上部低以外，还要把下部的功率降低，让陶瓷辊的表面温度降低，使玻璃在这个阶段卷曲得少一点。

(3) 热平衡装置

它是一个利用压缩空气，在炉内形成对流的装置，并可以根据需要手动调节压力，起到加快辐射，均衡温度的作用。

3.2.4.2　冷却

与冷却相关的参数有急冷风压、急冷时间、冷却风压、冷却时间、滞后吹风时间、风机等待频率、风机提前时间、出炉速度以及其他。与冷却有关的机械方面的保证有上下风栅吹风距离、风管导流板的高低、进风口的流量调节螺栓。

(1) 急冷风压

急冷风压是指玻璃钢化时需要的风压，其原则是玻璃越薄风压越大，玻璃越厚风压越小。NORTH GLASS 钢化炉的风压大小是通过电脑设置，改变进风口的开启度，其数值是百分比。有风机变频器的单位是通过电脑改变风机的频率达到需要的风压，其数值也是百分比。各种厚度的玻璃急冷时所需要的理论风压如表 3-7 所示。

表 3-7　各种厚度的玻璃急冷时所需要的理论风压

玻璃厚度/mm	3	4	5	6	8	10	12	15	19
理论风压/Pa	16000	8000	4000	2000	1000	500	300	200	200

由于各国和各地的海拔高度和空气密度不同，环境温度不同以及风路的走向不同，实际需要的风压与表 3-13 的数值有所不同，须调整，以满足颗粒度的要求。

（2）急冷时间

急冷时间是指玻璃钢化时所需要的时间，各种厚度的玻璃急冷时间如表 3-8 所示。

表 3-8　各种厚度的玻璃急冷时间

玻璃厚度/mm	3	4	5	6	8	10	12	15	19
时间/s	3～8	10～30	40～50	50～60	80～100	100～120	150～180	250～300	300～350

（3）冷却风压和冷却时间

冷却风压和冷却时间是指玻璃急冷后，冷却时需要的风压和时间，它的作用是使玻璃冷却到需要的温度。其设定的原则是薄玻璃冷却风压要小于急冷风压，厚玻璃冷却风压要大于急冷风压。不同厚度的玻璃理论风压、时间如表 3-9、表 3-10 所示。

由于只是为了让玻璃冷却，冷却风压和冷却时间的设置，要求并不严格，但要注意如果玻璃的自爆比较多的话，就应该把急冷风压降低。如果风压已经较低但自爆还是比较多，除了原料中的硫化镍含量过高外，还要检查急冷时间是否过短。目前的钢化炉一般都有专门的冷却段，冷却时间和冷却风压可以不用设定。

表 3-9　不同厚度的玻璃理论风压

玻璃厚度/mm	3	4	5	6	8	10	12	15	19
理论风压/Pa	1000	1000	1000	1000	1500	1500	2000	2000	2000

表 3-10　不同厚度的玻璃冷却时间

玻璃厚度/mm	3	4	5	6	8	10	12	15	19
时间/s	20	30	50	60	80	120	180	250	300

（4）滞后吹风时间

它是为了做弯玻璃而单独设定的一个参数，玻璃出炉后不能马上吹风，必须等到玻璃成型后才能吹风，它与玻璃的形状和颗粒有很大的关系，滞后时间长，玻璃软态时在风栅里的往复时间长，弧度会好，但玻璃的破损会多，颗粒会差，这就需要将这两个参数有机地结合，找到最佳点。

（5）风机等待频率和风机提前时间

这两个参数是为有风机变频器的单位单独设置的，玻璃在炉内加热的时候并不需要风机作高速运转，可以将频率设低，等到玻璃出炉前再把速度提到需要的程度，其设置的原则是：玻璃薄等待频率要高一些，玻璃厚等待频率应该低一些，一般等待频率比工作频率低 10～15Hz 较好。风机提前时间也就是从等待频率提升到工作频率所需要的时间，10Hz 约 15～20s。如果等待频率设定得低，那么风机提前时间就要长一些，如果等待频率设得高，风机提前时间可以短一些，设置得当可以节约电耗。

（6）上下风栅距离

上下风栅距离和玻璃的颗粒度以及平整度有极大的关系，在风压不变的情况下，风栅距离越近，颗粒越好，一般平玻璃有弯曲的情况基本上是靠调节风栅的距离来解决的。见表 3-11。

表 3-11　不同厚度的玻璃风栅距离　　单位：mm

玻璃厚度	3	4	5	6	8	10	12	15	19
风栅距离	12	15	20	25	30	40	50	60	70

3.2.4.3　影响玻璃钢化的工艺因素

玻璃经淬火后所产生的应力大小，与淬火温度、冷却速率、玻璃的化学组成以及厚度有直接关系。

（1）淬火温度及冷却速率

玻璃开始急冷（淬火）时的温度称为淬火温度。淬火过程中应力松弛的程度，取决于产生的热弹性应力的大小及玻璃的温度，前者由冷却强度及玻璃厚度决定，当玻璃厚度一定时，玻璃中永久应力的数值随温度及冷却速率提高而提高。淬火温度提高到某一数据时，应力松弛度几乎不再增加，永久应力即趋近一极限值。淬火产生的永久应力值（淬火程度）和淬火温度之间的关系，称为淬火曲线。

对于风冷淬冷，冷却速率是由风压、风温、喷嘴与玻璃间距以及热气垫的形成等因素来决定的。淬火程度随风压的提高及风温的降低而增加。冷却速率与通过冷却风速成正比例关系，当冷却风压一定时，喷嘴与玻璃间距愈小，则风速愈大，因而，淬火程度愈高。

（2）玻璃的化学组成

应力同玻璃的热膨胀系数 α、弹性模量 E、泊松比 μ 以及温差 ΔT 有关（应力与 α、E、ΔT 成正比，而与 μ 成反比），它们是由玻璃组成决定的。不同的玻璃组成，淬火程度相差可达 2 倍。

（3）玻璃厚度

在相同的条件下，玻璃愈厚，淬火程度愈高。平板玻璃淬火一般用 2.5mm 以上的玻璃，以保证产生较大的永久应力。如厚度小于 2.5mm，则要极高的冷却速率（采用树脂、低熔点金属、熔盐）才能得到较好的淬火程度。

3.2.5　特殊钢化玻璃技术

3.2.5.1　超薄玻璃钢化技术

所谓薄玻璃，主要指厚度小于 3mm 的平板玻璃或其他形状的玻璃。钢化薄玻璃的应用市场广阔，以前因加工困难，成本高，主要用于电子工业制版玻璃。目前，随着技术进步，成本得以逐步降低，在建筑、汽车、电器照明等领域也得到越来越广泛的应用。冷却介质和玻璃表面之间的热交换强度对钢化玻璃过程有着决定性的影响。

薄玻璃的钢化方法主要有化学钢化和物理钢化。化学钢化的优点是强度高、热稳定性好，产品不受厚度和几何形状的限制，变形很小，无自爆现象，钢化后可再次进行切割加工；缺点是生产周期长、成本高、碎片与普通玻璃相仿、安全性差。物理钢化方法中的液体介质钢化法、微粒钢化法和气体介质钢化法即风冷钢化都可以钢化薄玻璃。

液体介质钢化法一般是将薄玻璃加热到650℃左右后，放入充满液体的急冷槽内进行钢化。冷却介质可以采用硝酸钾、亚硝酸钾、硝酸钠、亚硝酸钠等的混合盐水、矿物油或者在矿物油中加入甲苯或四氯化碳等添加剂，也可以使用一些特制的淬冷油及聚硅氧烷油等。在液冷钢化时应注意的两个问题：一是产生过高的压应力层；二是避免玻璃炸裂。除了采用浸入冷却液体，也可以采用液体喷雾法，但一般多用浸入法。英国的 Triplex 公司，最早用液体介质法钢化出了厚 0.75～1.5mm 的玻璃，结束了物理钢化不能钢化薄玻璃的历史。

对于3mm以下的薄玻璃而言，目前进口的风冷钢化设备只有少数可生产厚度在3mm以下的钢化玻璃，国产设备所钢化的玻璃最小厚度一般在4mm左右。国际上曾见俄罗斯有过试验 1.8mm 风冷钢化玻璃的报道。要钢化薄玻璃，需要非常高的给热系数。另外，由于薄玻璃对加热均匀性要求较高，风冷淬火时薄玻璃极易炸裂。要解决这些问题，可以从以下几个方面考虑。

(1) 冷却设备设计

冷却介质和玻璃表面之间的热交换率对玻璃钢化过程起着决定性作用。汽车玻璃和建筑玻璃应用中，对 3～4mm 厚或更薄玻璃进行风钢化设计时，我们必须考虑给热系数、气流速度、喷嘴间距。因为给热系数与钢化应力有很大关系。

用空气作为冷却介质时，给热系数 α 的平均值可以从式(3-36) 中计算出

$$\alpha=0.286\frac{k}{X}Re^{0.625} \tag{3-36}$$

其中

$$Re=\omega_{\alpha}\left(\frac{\rho}{\mu}\right) \tag{3-37}$$

当 $Z/D\geqslant 8$ 时，速度 ω_{α} 与从喷嘴喷射出空气的原始速度 ω_{e} 有关，由公式(3-14) 计算：

$$\omega_{\alpha}=6.63\omega_{e}\left(\frac{D}{Z}\right) \tag{3-14}$$

当 $Z/D<8$，用式(3-37) 计算雷诺数时，冲击速度应该用式(3-15) 计算。对结构不同的风栅按照原来的公式计算给热系数 α，可得出完全可靠的结果。

式(3-36)、式(3-37)、式(3-14)、式(3-15) 表明：给热系数的强度是由空气射流和被冷却面间相互作用的速度 ω_{α} 决定的。冲击速度 ω_{α} 取决于喷口的空气气流度 ω_{e}、直径 D 和距离 Z。

增大 ω_e 的值同提高风栅的空气压力 P 有着必要的联系。提高多少要看设备在工作时引起噪声的增长情况而定。预先确定了 P 值的情况下，ω_α 值的增大可以从选择合理的风栅喷嘴结构得到。喷嘴长度和它的直径比为 10∶25 的锥形喷嘴更合理。其他相同，改用锥形喷嘴可以提高风栅的冷却性能，同一般样式的喷嘴（薄壁孔）相比提高达 20%。

此外，增大 α 值，可以使喷嘴接近冷却玻璃的表面（缩小 Z/D 之比）。如果 Z/D 之比在 6～12 的范围内，喷嘴接近度的影响就更明显了。在这种情况下，给热系数提高到 66%；如使喷嘴再进一步地靠近玻璃，效果就不大了。

用式(3-36) 和式(3-37) 和对它们进行一些换算得出：

$$\alpha=0.286\frac{k}{X^{0.375}}\left(\omega_\alpha\frac{\rho}{\mu}\right)^{0.625} \tag{3-43}$$

从式(3-43) 中得出，采用任何方法对周围介质都会有一些影响（k、ρ 和 μ），因此为了提高 α 值可以采用小喷嘴调节距离 X 的方法。在适当的空气压力下（$P=4$kPa）为了钢化厚度为 4mm 的玻璃，喷嘴距离 $X=35$mm 和 Z/D 之比为 6 的风栅更好。如果设计时选用喷嘴的直径为 8mm，给热系数 α 是 4.43×10^5J/(m^2·K)，达到钢化程度 $\Delta=2.4$～2.6nm/cm 和在规定标准面积上（25cm^2）的碎片数量不少于 100 是足够的。

(2) 风量的调节

薄形玻璃钢化不能不提到风量的调节。玻璃越薄，所需的冷却能则越高，要求空气喷吹到玻璃表面的速度越快，这样才能快速降低玻璃表面及内部的热量，形成一定的温度差，在玻璃表面形成一定的表面应力。上述空气是风机提供，因而风机的风量及风压的选择对超薄玻璃钢化的生产至关重要。计算和实验结果表明，对于 3～15mm 的玻璃来说，玻璃厚度每降低 1mm，要求的喷嘴流速增加 1.33 倍，风机风量增加 1.33 的平方倍数；当玻璃的厚度降低一半，流速增加 2 倍，风量增加 4 倍。

要钢化薄玻璃，需要非常高的给热系数，喷嘴把适当的空气吹到玻璃的表面可获得很高的热传递系数，这种方法得到广泛的应用。热传递系数取决于空气喷嘴的出口速度，喷嘴外形的设计对于获得尽可能最大对流给热系数是至关重要的。为了证明这点，计算推导从热传递理论开始。

① 热传递理论

对于喷嘴系统，由对流给热的详细理论推导出了下列公式：

$$Nu=Re^m K^\rho \tag{3-44}$$

式中 Nu——对流给热的相似术语，努赛特数，$Nu=\alpha l\lambda$；

α——给热系数；

l——喷嘴系统的特性长度，即喷嘴的直径；

λ——气体传热系数（此处为空气）；

Re——雷诺数，$Re=vl/(\eta/\rho)$；

v——特性速度，这里指喷嘴出口速度；

η——动态黏度；

ρ——气体的密度，喷嘴喷出的射流流动状态特征；

m——指数约为0.7，与充分发展的与淬冷喷嘴的空气流有关。

K是几何参数，例如与喷嘴有关的面积，如喷嘴的出口面积A_N和总面积$A_总$有关，代入相似准数Re，以及用相关的尺寸表示几何参数，导出下列公式：

$$\frac{\alpha l}{\lambda}=\left(\frac{vl\rho}{\eta}\right)^{0.7}\left(\frac{A_N}{A_总}\right)^{\rho} \quad (3\text{-}45)$$

解出这个方程，求出给热系数α

$$\alpha\approx\left(\frac{\rho}{\eta}\right)^{0.7}v^{0.7}l^{0.7}\left(\frac{A_N}{A_总}\right)^{\rho} \quad (3\text{-}46)$$

很明显几何参数影响对流给热系数。使用空气作冷却介质，λ、ρ和η的变化不大，给热系数只能通过改变喷嘴出口速度v和特性长度l而变化。这和改变喷嘴外部尺寸，改变喷嘴的出口面积是一样的。

② 喷嘴出口速度的提高

从方程$\frac{\alpha_1}{\alpha_2}=1.5=\left(\frac{v_2}{v_1}\right)^{0.7}$可得到

$$v_2=1.78v_1 \quad (3\text{-}47)$$

提高喷嘴出口的速度，需要适当地增加空气流动功率，空气流动功率是由风机供给的。流动功率定义为，流动功率$P_流=V$(体积流量)p_N(喷嘴压力)。体积流量V与喷嘴的出口速度v_N成正比，喷嘴压力p_N与v_N^2成正比，因此，流动功率$P_流$与v_N^3成正比，用较高的速度使给热系数增加到1.5倍，这就需要流动功率增大一个系数。

$$\frac{P_1}{P_2}=1.78^2=5.64 \quad (3\text{-}48)$$

上面的这个例子很明显，通过提高喷嘴出口的速度提高热交换，不是很有效的，并且会浪费大量的能量。

③ 改变喷嘴设计

根据公式(3-46) 可得到

$$\frac{\alpha_1}{\alpha_2}=1.5=\left(\frac{l_1}{l_2}\right)^{0.3} \quad (3\text{-}49)$$

其结果

$$\frac{l_1}{l_2}=0.26$$

上述结果表明，喷嘴和玻璃之间的距离被减小到最初值的1/4。例如最初喷嘴和玻璃之间的距离为60mm，必须减小到15mm，用减小距离的方法提高给热系是非常有效的，它不用增加流动功率和风机能耗。

④ 改变喷嘴面积

同喷嘴面积成比例的系数p在0.35～0.5，在下列计算中假定$p=0.4$，因而从下面的等式中：

$$\frac{\alpha_1}{\alpha_2}=1.5=\left[\frac{(A_N/A_{总})_2}{(A_N/A_{总})}\right]^{0.4}=\left(\frac{v_{N_2}}{v_{N_1}}\right)^{0.4} \tag{3-50}$$

当喷嘴的出口速度不变时，喷嘴出口的体积随喷嘴有效面积同样增长，风机必须在同样的喷嘴压力下提供2.76倍的体积，因为体积和风机功率是线性关系，这比只按相同方法提高给热系数有效。

从上述介绍可以看到，薄玻璃钢化选择风机的功率远大于厚玻璃。薄玻璃使用的风机对于厚玻璃钢化无论是结构设计还是功率都是不合理的。

3.2.5.2 厚玻璃的钢化方法

厚玻璃一般是指10～19mm厚的玻璃。

① 玻璃进炉前，把温度降到需要加热温度的低限值，因为钢化厚玻璃需要低温长时间，以避免玻璃因温度增加过快而破裂。

② 进炉速度与加热往复速度，减慢一些，以确保变频器不因电流过大而过载，减少往复次数达到降低爆炉概率的目的。

③ 由薄玻璃转换为厚玻璃时，不要让厚玻璃立即进炉，要把加热开关关掉2～4min，把温度降下来，再打开加热开关，以免玻璃进炉后高温加热而影响品质。

④ 厚玻璃吹风时尽量选择轴式风机，不要用高功率风机，避免玻璃因风压的高低而影响玻璃的品质。

⑤ 玻璃边缘、洞孔及缺口处等，应采用钻石磨边以达良好磨边效果（厚玻璃必须比薄玻璃有更好的磨边品质）。

⑥ 温度设定：12mm玻璃675～685℃；15mm玻璃665～675℃；19mm玻璃655～665℃。

⑦ 加热时间设定：12mm玻璃的加热容量为1mm 38～43s；15mm、19mm玻璃的加热容量为1mm 43～50s。

⑧ 有洞孔或缺口的玻璃，加热时间必须比一般玻璃增加2.5%；若有洞孔及缺口则加热时间必须增加5%。

3.2.5.3 区域钢化技术

区域钢化玻璃是指玻璃通过不同区域的不同加热或冷却，使得玻璃获得不同钢化效果，即某些区域为全钢化，某些区域为半钢化，见图3-18。这种玻璃的好处是一旦玻璃破碎，两种钢化区域的碎片不同。利用这一钢化原理制作的汽车前风挡玻璃在破碎时，由于区域钢化部分的碎片较大，可以保持驾驶员有一定的视野，但是又不对驾驶员造成伤害。

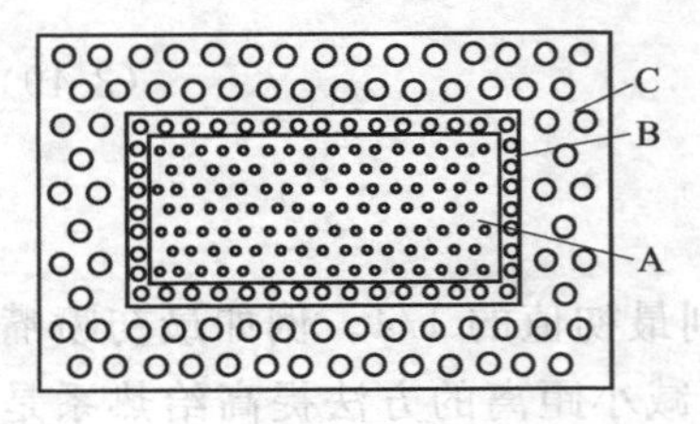

图3-18 区域钢化玻璃风栅示意图

A—半钢化区；B—过渡区；

C—全钢化区

区域钢化玻璃生产技术也涉及了玻璃的加热、冷却、传动速度等，一般从以下几个方面考虑。

(1) 风栅设计

风栅设计时，首先钢化玻璃表面应力应满足式(3-7)，即

$$\sigma_c=\frac{\alpha E}{1-v}\times\frac{1}{3}(\Delta T)_{最大}=\frac{\alpha E}{1-v}\times\frac{hQ}{12k}$$

其中：

$$\alpha=0.286\frac{K}{X}Re^{0.625}$$

$$Q=\alpha\Delta T \tag{3-51}$$

式中 E——玻璃弹性模量；

h——玻璃厚度；

Q——玻璃热吸收量；

v——玻璃泊松比；

K——玻璃几何参数；

k——空气热导率；

α——空气的给热系数；

ΔT——玻璃的冷却温度。

从上述公式看表面应力与玻璃厚度、温度、风栅冷却能有关系。与玻璃有关的是玻璃的厚度，即在相同的冷却条件下，厚度越厚，表面应力则越大，反之则越小；冷却能与空气的热传导系数、流速等因素有关，还与玻璃初始冷却的温度有关。所以，在设计区域钢化玻璃冷却风栅时要从这几个方面考虑。

全钢化风栅设计是玻璃整体板面所接受的冷却介质相同。而区域钢化风栅设计的第一种方法是：玻璃加热是同一个环境，冷却是在不同的冷却环境下进行。如全钢化部分的风速在60～80m/s时，区域钢化部分的冷却风速度仅为30～40m/s。根据上述公式，最终玻璃表面应力全钢化部分为90～120MPa，而区域钢化部分为40～60MPa。第二种方法是：玻璃加热环境相同，在两种区域的风栅喷嘴排布不同时，相同的空气流速下冷却，因喷嘴间距不同，钢化的效果也不同。第三种方法是：加热环境相同，风栅喷嘴排布也相同，但是喷嘴与玻璃的冷却距离不同，造成空气对玻璃冲击速度不同，冷却能变化，冷却效果不同。

(2) 玻璃的不均匀加热

玻璃表面应力的形成与玻璃冷却的温度有关。因此，将玻璃的加热区各段温度有意设置不同，造成玻璃加热后各区域温度不同，即便在相同的冷却空气流速下钢化的结果也不同。

另外一种方式是遮挡加热。在玻璃表面涂抹一层导热性能差一些的材料，在相同的加热环境下，玻璃加热的温度不同，钢化后玻璃的表面应力有差别。

3.2.5.4 微粒钢化技术

微粒钢化玻璃就是用固体微粒作为冷却介质通过微粒与玻璃的接触将加热至软化点附近的玻璃快速冷却，使得玻璃表面形成压应力，中间形成张应力的一种新的生产技术（见图3-19）。固体微粒在一种被称为流化床的设备内上下托浮运动。一般固体微粒的运动是垂直向上的（见图3-20），当周围气流发生变化时，微粒会随

气流向侧边运动。微粒也随浮力的大小上下浮动，浮力大时颗粒上升，浮力小时颗粒下降。因为上述种种微粒运动的情况，所以微粒对玻璃的冷却是瞬间的和随机的接触。即微粒随大部分气流上升，侧面接触玻璃，冷的微粒与热的玻璃进行热传递，玻璃接触微粒的部分被局部冷却，此部分再向内传播，内部的热量通过热交换向外传递，并加热了周围气体，热气体推动微粒离开玻璃表面，新的冷的微粒补充上来继续冷却玻璃，如此往复，使得玻璃最终冷却到一定温度。

由于固体微粒的冷却能高于空气，所以可以进行薄玻璃钢化。一般风钢化玻璃的冷却能为 $2.5\times10^5\sim20.1\times10^5$ kJ/(m^2·h)，风钢化玻璃最薄制品为 3mm；液体钢化的冷却能最大可达 46.1×10^5 kJ/(m^2·h)，英国三合玻璃公司用此法可生产 2.3mm 的玻璃制品；而固体微粒钢化的冷却能可达 62.8×10^5 kJ/(m^2·h)，可以生产 2mm 的钢化玻璃。微粒的运动实际很慢，一般气流速度<1.2m/s。因为微粒运动慢，又与玻璃接触的时间短而且为相对滑动，微粒是群体接触无序、随机的接触，几乎没有可能对玻璃造成局部冲击。所以，不能使玻璃产生光畸变。微粒钢化玻璃的这一特点使得玻璃的应用领域得到发展，可做光学透镜、飞机玻璃等要求光学质量高的场所。

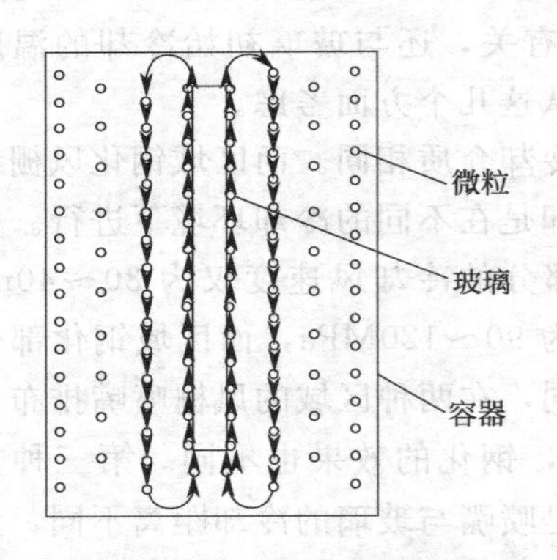

图 3-19 微粒钢化玻璃原理示意图

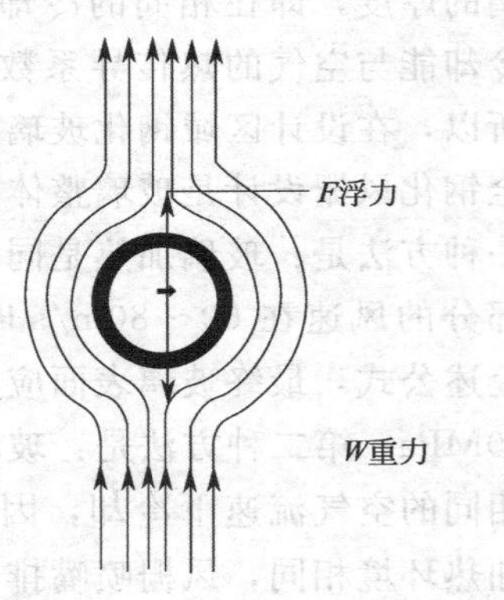

图 3-20 微粒运动示意图

微粒钢化工艺流程见图 3-21，玻璃在远红外加热炉中加热到软化温度后，在流化床中用固体微粒淬冷，玻璃得到增强。加热过程与风钢化相同，关键在冷却过程。微粒钢化选用一种固体微粒做冷却介质，玻璃冷却的快慢与每个颗粒带走的热量多少有关。一般采用 α-Al_2O_3 和 γ-Al_2O_3 粒子，颗粒尺寸小于 50～200μm。流化床设计是保证玻璃在其中冷却效果的关键之一。所以，流化床气流流动的均匀性对于床层状态的稳定很关键。设计流化床时，应考虑颗粒的分布和颗粒的密度。

原料选择 → 原片切裁与磨边 → 加热 620℃ 左右 → 淬冷流化床

图 3-21 微粒钢化工艺流程

20 世纪 70 年代中期至 80 年代初期，英国皮尔金顿、日本旭硝子、比利时、德国等都陆续将此技术应用于生产。如英国 1977 年提出较为系统的使用流化床进行微粒钢化的方法：在流化床上使用 γ-Al_2O_3 粒子，颗粒度小于 200μm，密度为 9g/cm^3，流化床内气流速度为 0.11～1.67cm/s，流化床内的温度为 30～150℃，用此法制成的玻璃制品厚度为 2.1～12mm。1983 年，英国皮尔金顿公司进一步提出，微粒子在流化床中以 α-Al_2O_3 和 γ-Al_2O_3 混合使用最好，并对流化床的内部结构做了详细探讨，这种玻璃已被用于飞机风挡与汽车风挡。中国建筑材料科学研究院在 20 世纪 80～90 年代研究了薄型微粒钢化玻璃制造技术，玻璃的厚度可以降至 3.0mm，光学质量高于汽车前风挡玻璃的要求。

3.2.5.5 气垫钢化技术

利用气垫作为冷却介质和床面进行玻璃钢化是物理钢化技术的另外一个研究方向。气垫钢化玻璃原理是利用高热值气体配以一定比例空气燃烧产生的高温气体，经过特制的喷嘴喷射到被加热的玻璃表面，对玻璃进行加热，气体同时像一层垫床托浮玻璃在床上通过边部传动摩擦轮行走。玻璃加热到软化温度附近，通过传动装置快速进入冷却设备，该冷却设备也是一种带喷嘴的气垫装置，使玻璃在其上通过传动装置运行和快速冷却玻璃。气垫钢化的特点是可以进行超薄玻璃钢化。

气垫钢化玻璃的生产线一般可分为四部分：①预热；②气垫床加热；③急冷；④输送。玻璃呈水平，由辊道输送，以 6m/min 左右输送速度进入预热区。预热区内上下设有辐射加热器将玻璃加热到 510℃左右。在预热区玻璃的输送速度为 9m/min 左右。然后进入气垫床加热区，该区内下部设有喷嘴，气流（天然气和空气比为 1∶36）经喷嘴向上喷出形成 650℃高温的气垫床。每一平方米的气垫床设有 1300 只喷嘴。气垫床将玻璃托起离喷嘴约 0.25mm，但整个气垫床横面与水平面呈 5°左右倾斜，以便于玻璃与摩擦轮相接触，带动玻璃在气垫床上前进，同时又阻挡玻璃向下滑落。该区上设有辐射加热器，使玻璃加热到 705℃。气垫喷嘴开始布置成平面，以后逐渐变成曲面，曲率半径为 1524mm（或根据要求），玻璃由加热而弯曲，然后进行急冷而钢化。采用这种方式，设备精密度要求高，控制较复杂。

气垫钢化玻璃冷却风栅的设计与一般风冷钢化风栅设计不同。其冷却装置是由 1000 多个喷嘴组成的冷却床面。气体通过特制的喷嘴流向加热后的热玻璃表面对玻璃托浮和冷却。喷嘴结构与一般的风钢化冷却风栅不同，每个喷嘴都是一个小元件，气流不是直接吹向玻璃表面，而是从元件内的四个气孔侧向流出，经过环向气流混合后吹向玻璃表面，以保证气流均匀地吹到玻璃表面和托浮玻璃。每个元件离玻璃表面很近，大约为 0.25mm 左右。冷却装置的给热系数计算不能按照一般风钢化的公式进行计算，经过试验得到下式：

$$\alpha=0.122\frac{R}{X^{0.2}(\delta H)^{0.4}}\left(\frac{G\rho}{D_0\mu}\right) \tag{3-52}$$

式中 G——空气流量；

H——元件的深度；

X——喷嘴的距离；

δ——喷嘴到玻璃表面的距离。

气垫钢化的冷却能达到 20.1×10^5 kJ/(m² · h)，可以钢化 3mm 玻璃。

3.2.5.6 低辐射玻璃钢化技术

在钢化炉内，传统上辐射热来自于安装在钢化炉顶部的电加热元件。然而，当对特殊镀膜玻璃进行钢化时，这种工艺方法就不适用了，因为镀膜玻璃的两面对热辐射的吸收和反射不同，即玻璃的非镀膜表面热辐射率较高，可有效地吸收热量，而镀膜那面具有较低的热辐射率，而且热辐射被反射，除了辐射传导外，在玻璃上下表面总存在着自然对流，热交换不一致，结果导致玻璃板面温度分布极不均匀，未镀膜的玻璃表面温升过快，造成玻璃板发生弯曲，引起白雾、光斑、膜层脱落、光畸变、波浪等典型缺陷。

为了避免产生温度分布不均匀，解决镀膜玻璃加热过程中的弯曲问题，可以使玻璃的镀膜表面与辊道接触，由于玻璃的接触加热高于辐射加热，而非镀膜面的加热主要是辐射加热，所以这样可以使两加热面加热速率大体相同，改善玻璃加热过程中的弯曲现象。但是这种方法使得膜面易损伤，所以不宜采用。

另一种办法采取强制对流的加热方式。采取强制对流方式钢化低辐射玻璃的热传递情况如图 3-22 所示。强制对流是通过小型喷枪产生的，为了达到强制对流的目的，在喷枪内注入空气。在玻璃加热时，热量借助于空气的流动转移到玻璃表面，然后再经过传导对玻璃的内部进行加热。这样就弥补了镀膜玻璃两面辐射加热不同的缺陷，玻璃可以基本上平整地出炉。这种可产生均匀热交换系数的喷枪相对位置的设计是一个复杂的问题。如果我们确定了强制对流喷枪的相对位置，热交换还要受到玻璃板尺寸大小影响。除了上述提到的热交换方式外，另一种交换方式是来自旋转辊子的热传导，这种方式本身又取决于制造辊子材料的性质及辊子的几何尺寸。

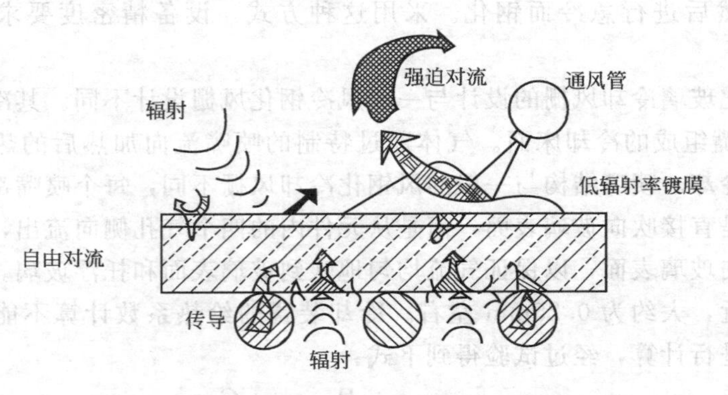

图 3-22　加热过程中的热传递示意图

低辐射率玻璃的钢化受到钢化炉的结构、加热控制、对流、玻璃板运动控制的影响。钢化炉的结构中，上部加热元件靠近玻璃板安装，用于产生强制对流的喷枪安装在顶部加热元件的下方（即在玻璃板上表面加热元件的下方）。下部加热元件安装在滚刀下方，和上部加热元件相对应，被划分成三部，下部加热元件的安装与上部一样也尽可能接近玻璃板。这表明为了得到均匀加热及优质钢化玻璃产品，钢化炉的结构和温度控制，两者均很关键。加热元件本身安装在一个巨型框架的中央，加热区域分布在玻璃板运动方向上，被分割成间距为100mm宽的几个狭窄区段，温度是通过在框架内插热电偶来测量的。高级控制系统提供能量分布曲线图。这些使操作人员能够将注意力集中在加热上面。因为玻璃板边部温度总是比中部升高得快，因而密切注意加热是十分重要的，这样也有助于对玻璃板中部加热元件设置一个给定值。

另一个重要因素是玻璃板在钢化炉内的运动速度。当玻璃板在钢化炉内加热时，玻璃板也吸收陶瓷辊道表面的热量，这就意味着必须给辊道留有一定时间，以便在新的玻璃板进入钢化炉以前，使辊道恢复到原来的温度。这在钢化低辐射玻璃过程中，尤为重要。

钢化 Low-E 镀膜玻璃的经验值见表 3-12。

表 3-12　钢化 4mm Low-E 玻璃的参数

项　　目	辐射炉	强对流炉	两室对流炉
加热时间(组)/s	200±10	125+6.25	100±5
炉顶温度/℃	675～695	680	350/695

3.2.5.7　有洞孔及缺口之玻璃

① 玻璃钻孔或缺口的位置及尺寸的相关规定，请参阅玻璃有洞孔或缺角时的尺寸规定。

② 如洞孔位置靠近玻璃边缘处的角落，而其距离短于玻璃有洞孔或缺角时的尺寸规定的建议时，则角落处的玻璃容易在加热时破裂而形成不良品，并且破裂的玻璃会掉落炉内，若掉落的数量过多时，容易造成炉内温度的均匀性变差，严重时更会造成下部电热线发生短路现象。此时若在玻璃最狭窄处切以缺口则可减低玻璃在加热时破裂的危险。

③ 强化有洞孔的玻璃时，加热时间必须比相同材质的平板玻璃增加2.5%～3%；强化有洞孔及缺口的玻璃时，加热时间则须增加5%～6%；不过这只是个概略数字，因为决定加热时间增加幅度的最主要因素是洞孔及缺口的加工品质。

3.2.5.8　有尖锐角的玻璃

玻璃有尖角并且角度小于30°时，其加热时间大约需要增加2.5%；而且生产时若玻璃摆放的方式是尖锐角朝前，那么强化后玻璃容易产生尖锐角上弯或下弯的现象，此时只要改变玻璃的摆放方式将尖锐角朝后，即可消除这一现象。

3.2.5.9　压花玻璃

① 压花玻璃原板可分可强化及不可强化两种，生产前需先确认压花玻璃的品质。

② 生产时，尽量将玻璃不平滑面朝上摆放，以避免罗拉表面受到损伤，不过若生产情况不允许将不平滑面朝上摆放时，应该特别注意罗拉表面的情况，并适时地增加罗拉表面的清洁、保养频率。

③ 加热时间必须依压花玻璃最厚点而定。

④ 当压花玻璃材质不是同一类型时，加热时间须增加2.5%～5%。

⑤ 强化风压依玻璃最厚点而定，由于压花玻璃的厚度并不一致，所以通常无法得到均匀的破碎颗粒分布。如需增加破碎颗粒时，则需要再增加强化风压的大小。

⑥ 压花玻璃由于表面的平整度较差（凹凸不平），所以生产后容易在玻璃上产生白点或是不规则的白色线条。

3.2.5.10　雕刻、喷砂玻璃

① 雕刻、喷砂玻璃的厚度差以不超过玻璃厚度的10%为原则，加热时间以玻璃最厚点而定。

② 雕刻、喷砂玻璃的厚度不一，故加热时间须比同材质的一般玻璃增加2.5%～7%。

③ 强化厚玻璃时须特别注意雕刻或喷砂厚度与增加加热时间的调整比率。

④ 强化风压依玻璃最厚点而定，如需增加破碎颗粒则需要再增加强化风压的大小，不过当雕刻、喷砂玻璃的厚度相差过大时，此时必须适当地降低强化风压，以提升强化的成功率。

⑤ 雕刻、喷砂玻璃生产时，尽量将玻璃不平滑面朝上摆放，以避免罗拉表面受到损伤。

3.2.5.11　吸热玻璃

吸热玻璃对热的吸收率比一般玻璃对热的吸收率高，所以吸热玻璃温度的上升将比一般玻璃快，因此生产吸热玻璃时可以将温度降低3～7℃或是将加热时间减少3%～5%。

3.2.5.12　有色玻璃

有色玻璃由于含有较多的金属成分，所以温度的上升将比一般玻璃快，不过不同成分的有色玻璃，分别具有不同的热吸收率，因此加热时间将因玻璃种类的不同而减少3%～7%不等。

3.2.5.13　普通镀膜玻璃

① 将镀膜面朝上摆放，以保护膜面。

② 温度设定可以降低3～7℃，加热时间与同厚度的一般玻璃相同或是增加3%～5%。

③ 温度设定与加热时间的调整，上部电热温度设定可视需要提高5～20℃。切勿使玻璃的温度过高，以避免镀膜面遭受破坏。

另外，镀膜玻璃的参数调整主要取决于镀膜面的热反射率，热反射率愈高的玻璃受热愈困难，相对的生产难度也愈高，所以生产热反射率高的玻璃需要使用较高的上部电热温度。

3.2.5.14 彩绘玻璃（印刷玻璃）

① 使用浮式平板玻璃时，彩绘（印刷面）最好不要在锡面，如此彩绘玻璃（印刷玻璃）在强化加工后，才会得到较佳的色彩表现。

② 必须等待涂料干燥后才可以进行强化加工，并且加工时涂料面必须朝上不可反置。

③ 涂料若采用自然干燥，最少需要一天（24h）；若采用干燥炉（90～120℃）干燥，则须视油墨厚度及干燥情形而定。若彩绘面（印刷面）的油墨未干而进行强化加工，容易使油墨产生气泡、颗粒或是造成色彩灰暗没有光泽。

④ 上部电热温度设定可视需要提高 5～20℃（视涂料厚度及涂料烧成温度而定），强化厚玻璃时上部电热温度不可增加太多，炉内的辅助加热压力必须减少50%或予以关闭。

⑤ 若玻璃强化后向上弯曲，可调整强化区风排距离来改善。

⑥ 涂料的烧成温度是决定加热时间及炉温设定的最大因素，所以强化加工前需先确认涂料的特性，以作为参数设定的参考。

3.2.6 钢化玻璃生产线及其设备

根据钢化玻璃摆放的方式可以将钢化玻璃生产设备分为水平钢化玻璃生产设备和垂直钢化玻璃生产设备，这些都是风冷钢化法进行玻璃增强的设备。

3.2.6.1 垂直钢化玻璃生产线

玻璃沿上边部被垂直吊起，然后进行加热、成型、淬冷等工艺过程以生产钢化玻璃，此种生产线有两种布置方式。在生产小片玻璃时，可以使用特殊的承载模具代替夹子。所有的生产线都可以用集成控制系统加以控制。集成控制系统包括操作计算机以及进行工艺参数的输入和控制所必需的软件。

(1) 水平布置垂直钢化玻璃生产线及设备

生产设备包括加热炉、模压机、风栅。这些设备布置在同一水平面上，其布置如图 3-23(a) 以及图 3-24 所示。此种生产线可以生产平钢化玻璃，也可以生产弯钢化玻璃。

① 加热炉

加热炉有两种设备，即：电热式加热炉和燃气式加热炉两种。

a. 电热式加热炉

电热式加热炉要求设计能力达到生产使用要求，根据生产产量可以是一个加热室或将数个加热室连成一体，加热室的数量可以多至 5 个。加热炉构造的概况，以电热式单室炉为例叙述如下。

垂直法水平布置钢化玻璃生产线的加热炉：玻璃用挂玻璃小车吊挂着从加热炉的一端进入，从另一端送出，它是两侧及顶部三面开门的狭缝式炉子。狭缝尽量小，一般不超过 40mm。

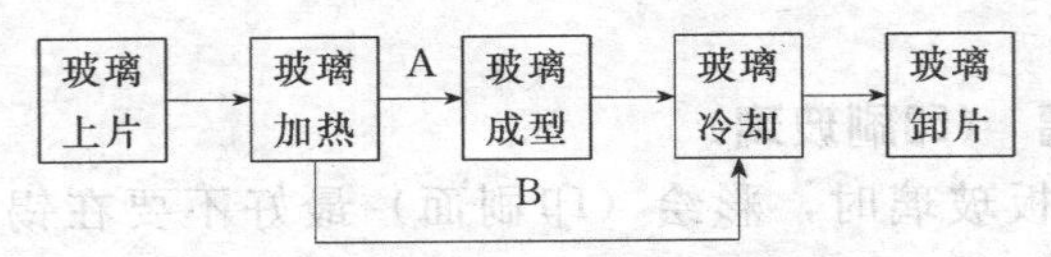

(a) 垂直法水平布置风钢化玻璃

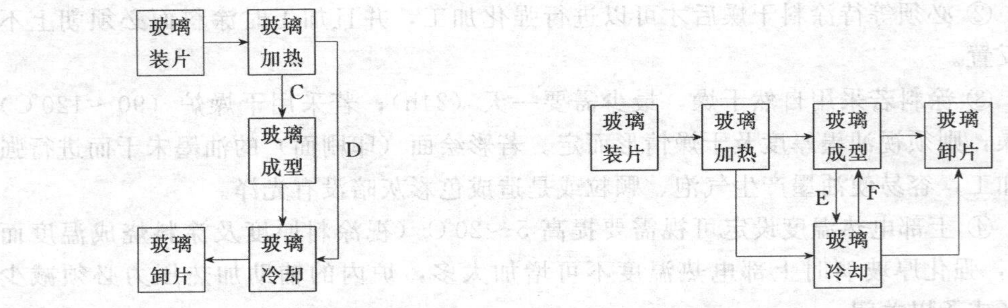

(b) 垂直法垂直布置风钢化玻璃　　　　(c) 垂直法垂直布置微粒钢化玻璃

图 3-23　垂直钢化玻璃生产工艺图

A—弯钢化玻璃；B—平钢化玻璃；C—弯钢化玻璃；D—平钢化玻璃；E—弯钢化玻璃；F—平钢化玻璃

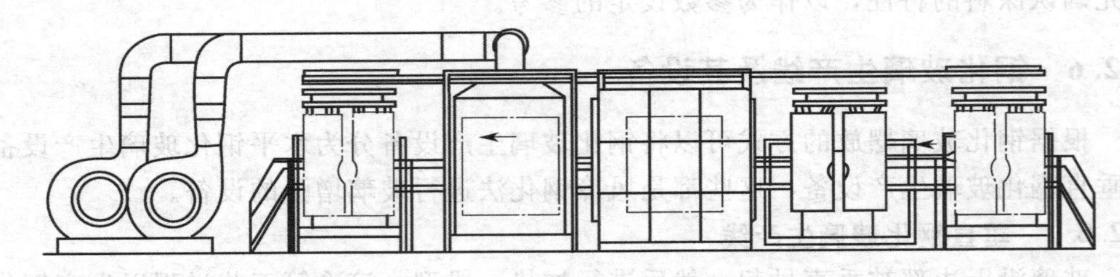

图 3-24　垂直吊钢化玻璃生产

电加热炉由炉体、加热元件、炉门、碎玻璃槽、辊道及控制设备等构成（内侧结构见图 3-25）。炉体最里层是用黏土耐火砖砌成的炉壁，此砖靠炉膛的一侧是齿形，电热元件放在砖的齿形槽内，炉膛的宽度为 500～650mm。中间层是硅酸铝纤维毡或耐高温矿棉毡，外层是钢板外壳，钢板外是型钢立柱。

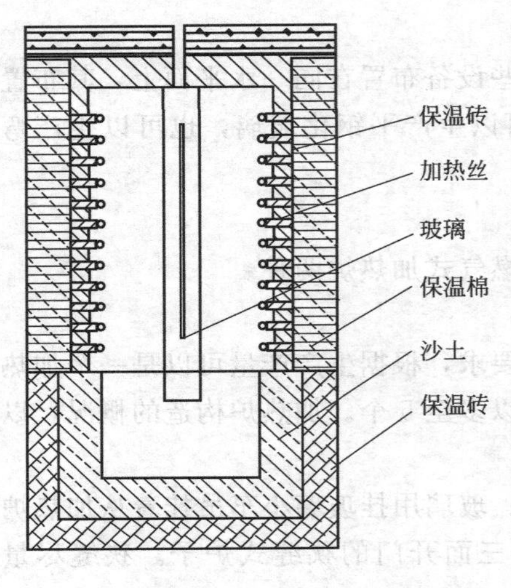

图 3-25　电加热炉示意图

炉体有固定式、活动式两种。固定式炉体，其外边的型钢骨架是钢立柱，柱的下部埋于地面下，炉体不能打开，也不能移动。活动式炉体的半边装在一个小车上，加热炉检修时用牵引机将其拉开，最大拉开距离为 600mm，以便进行维修操作，另一边与固定式炉体相同。炉膛的具体宽度，固定式为 650mm，活动式为 500mm。

加热元件使用镍铬丝或铁铬丝，镍铬电热

丝绕成螺旋管，丝径为2.5～3mm，螺旋管直径为24mm，螺距根据各加热区所需加热元件的面积由设计确定。分24个加热区，各区电热丝的两端与电源接线板连接。两侧炉门及顶门采用平移式炉门，用汽缸或油缸带动执行其平行开启与闭合。

活动式加热炉由于将活动炉体移开及复位的操作麻烦，炉体不易密封，热损失较多等原因，采用者逐渐减少，目前垂直钢化电加热炉多采用固定式炉体。采用此种炉体时，炉膛底部设有一地坑，坑内可以设一组固定式辊道，其上放盛碎玻璃的钢板槽。生产时，玻璃炸裂的碎片掉入槽中，在炉门外车间地面下有一带盖的地坑，它与炉膛的地坑相连，炉门下的坑通道平时用保温砖堵塞，其外用石棉泥抹严，检修加热炉时拆掉保温砖，就可将盛碎玻璃的钢板槽拉出，人可进入炉膛内进行检修。

目前已发展到采用电子计算机程序控制加热炉的温度、炉门启闭、挂玻璃小车运输等。

加热炉的技术参数如表3-13所示。

表3-13 加热炉的技术参数

序号	项目	参数	序号	项目	参数
1	加工玻璃的最大尺寸	2200mm×1800mm	4	工作温度	650～680℃
2	玻璃的厚度	3～12mm	5	加热区分区	24区
3	额定加热功率	250kW	6	电源电压	380/220V

b. 燃气式加热炉

燃气式加热炉所采用的可燃气体用得最多的是天然气及丁烷。此种加热炉的概况如下。

炉体由炉壁、保温层、钢外壳、型钢立柱组成。炉壁由黏土质耐火砖砌筑，其中按设计排列喷嘴砖，炉膛宽度为900mm，炉壁是炉体的最里层，中间是保温层——硅酸铝纤维毡或耐火高温矿棉毡；外层是钢板外壳，其外用型钢立柱做骨架。炉顶排气缝宽30mm。

采用无焰喷嘴，每个喷嘴的管路上有单独的阀门用于调节供气量，天然气与空气预先混合用管道接至各个喷嘴。总管设有总的气体压力调节阀，根据炉温要求，每个无焰喷嘴的压力调节好后由总调节阀自动调节全路的供气压力，以保证总压的稳定，从而使炉温稳定。

炉体只设侧面炉门，炉顶无门，燃烧废气自炉顶逸出，由排气罩、排气管排至车间外，炉门为平移式，用汽缸带动其开启与闭合。

燃气式加热炉技术参数范围如表3-14所示。

可燃气体是钢化玻璃生产的另外一种热源，与电热比较，一般情况下是一廉价的热源。可燃气体能满足稳定、均匀、快速地将玻璃加热至淬冷所需温度的工艺要求，但燃烧时不可避免地产生噪声及废气对环境造成影响。此种形式的加热炉有

1～6 室，两室间有分隔墙，根据设计生产能力确定室数。

表 3-14　燃气式加热炉技术参数

序号	项目	技术性能	序号	项目	技术性能
1	加工玻璃的尺寸/mm	1800×1050～1800×3000	4	丁烷总管压力/kPa	7.80
2	玻璃的厚度/mm	3～12	5	喷嘴压力/kPa	1.5～2.0
3	工作温度/℃	250			

② 成型设备模压机

a. 设备特征模压机是弯钢化玻璃生产设备之一，其特点是阴模、阳模对压，模面用较软的材料或粘贴软的、热导率小的材料，防止玻璃表面擦伤及减少玻璃的热量传至压模引起玻璃温度降低过快。

b. 设备构造概况　模压机由模具、挤压装置、道轨、调节装置、底座、液压系统及控制系统组成。

模具有实心模具和空心模具两种。实心模具用于一步法钢化工艺，空心模具可以用于一步法和二步法钢化工艺。实心模具用于一步法时，冷却设备［板孔式风栅见图 3-27(e)］和模压机在一起，见图 3-26。

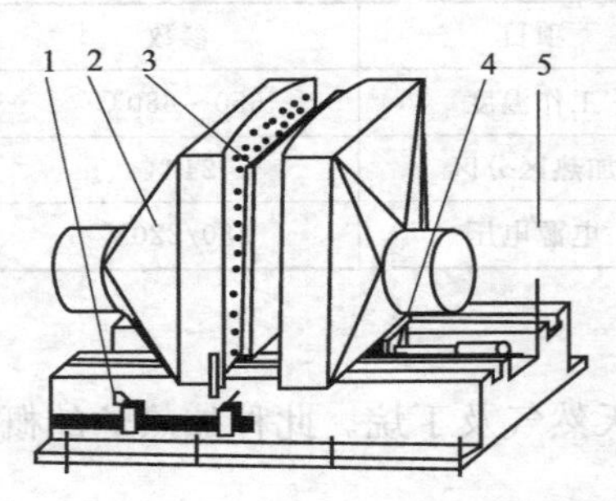

图 3-26　一步法模压机、冷却风栅一体示意图

1—行程开关；2—风栅；3—模具；4—油缸；5—机座

模压机装置装在一步法和二步法中的机架轨道上，由液压驱动装置自动控制玻璃模压装置在玻璃成型前后移动和控制玻璃模压的时间。一步法中风栅和模压机合二为一，减少了玻璃成型后的运输时间，可以提高玻璃的钢化度。压模的时间一般控制在 1.5～2s，模压的距离根据玻璃形状可以自动调节。

模具的结构形式有箱式、管式、板式等。箱式模具是用钢板焊成具有凸形、凹形曲面的箱体（见图 3-26 中的风栅和模具），曲面的形状及曲率与弯钢化玻璃成品的形状及曲率相匹配，模面的曲率需考虑玻璃压弯后在输送、淬冷过程中回弹的补偿量。其表面贴敷几层玻璃布或超细棉纸等软性材料。用作模压风栅时，箱体与冷却风管用软管连接，模面钻有吹风孔。管式模具是用钢管焊成架子，用阳模完全按钢化玻璃成品的外形及曲率制成，成型主要靠阳模四周的弯钢管将热玻璃压在阴模上。这种模具可以用于一步法或二步法钢化玻璃生产线上。风栅可以与模具在同一个模压机上，但是风栅必须采用带风嘴或风口的风栅一同使用。板式的阳模用铝板弯成。

③ 风栅

a. 设备特征

冷却风栅根据箱体分有整体式、分布式；根据喷嘴形式分为喷嘴式、狭缝式、

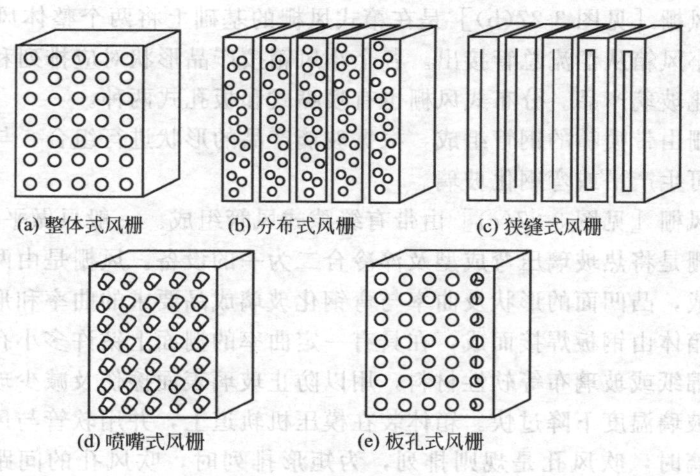

图 3-27　风栅设计图

板孔式风栅等（见图 3-27）。风栅按照安装的形式还分为外形固定式或可调节式。玻璃加热至软化温度附近后，被送到风栅中，由两边带喷嘴的箱形、条形或管形的风栅相对上下均匀或有规律地进行圆周运动。风栅中排列许多小喷嘴与对面的喷嘴对应，冷却风从这些小喷嘴对着玻璃吹风淬冷或冷却。

b. 设备构造概况

箱式风栅由风箱、喷嘴、圆运动或摆动机构、传动系统、机架等组成。

风箱为钢板焊接而成的箱体，用软管与冷却风管连接，一对风箱在车架或吊架上相对而立，相对的风箱面上排列许多喷嘴或小孔，可调式喷嘴需要在二步法的风箱或一步法模具上焊有短管，橡胶喷嘴插在此短管上，喷嘴长度一般为 83～103mm，两个相对风箱上的喷嘴距离为 90～120mm，孔径为 4～5mm。喷嘴的排列有矩形或梅花形，前者间距 40mm×40mm 或 30mm×30mm，后者间距 44mm×26mm 或 25mm×12.5mm。一步法板孔式风栅的喷嘴直接在风箱上钻孔，孔位与相对的风箱对应。一般情况下，一种玻璃配一套一步法板孔式风栅，可调节式风栅可以多个品种使用一个风栅。

一步法圆运动机构是车架下装四个滑动轴承座，内装偏心盘，盘的主动轴由电机减速机驱动，当其旋转时，偏心盘带动车架及风箱作圆运动，喷嘴对着玻璃面按着圆形的轨迹吹风，圆的直径为 40～100mm，我国多采用 40mm。喷嘴使用耐热橡胶制成。

如使风栅作往复摆动，则将车架及轮子放在轨道上，车架上装一个万向接头，它与连杆连接，另一端与偏心盘连接，电机减速机驱动偏心盘旋转时，连杆驱动风栅作往复摆动。

机架由型钢制成，其下部常装有缓冲器弹簧，用以吸收震动。在二步法中用于生产弯钢化玻璃的箱式风栅在机架上有张合装置，由汽缸控制，当玻璃进出时，风栅张开，张开的角度大约为 60°。

分布式风栅［见图 3-27(b)］是在箱式风栅的基础上将两个整体风箱分成若干个小风箱，小风箱从汇流总管接出。各个小风箱按产品形状对应排列和调节，可生产平或弯钢化玻璃产品。分布式风栅也有喷嘴式和板孔式两种。

管式风栅由带喷嘴的钢管组成，根据玻璃产品的形状进行组合，与产品的形状对应排列，可生产平或弯钢化玻璃。

狭缝式风栅［见图 3-27(c)］由带有缝隙式风管组成。一般只做平钢化玻璃。

模压风栅是将热玻璃压弯成型及淬冷合二为一的设备。风栅是由两个凸凹表面相对箱体组成，凸凹面的形状及曲率与弯钢化玻璃成品要求的曲率和形状相对应。

板孔式箱体由钢板焊接而成，在具有一定曲率的栅面上钻许多小孔，孔的周围贴敷几层石棉纸或玻璃布等软性材料，用以防止玻璃表面擦伤及减少玻璃的热量传至压模而使玻璃温度下降过快。箱体装在模压机轨道上，并用软管与风箱连接。生产全钢化玻璃时，吹风孔是规则排列，为矩形排列时，吹风孔的间距是 25mm×25mm 或 30mm×30mm，孔径为 4～5mm。板孔式风栅在一步法中使用，一般不作圆运动及往复式摆动，也有一些生产厂用圆周运动或往复摆动一步法风栅。

上述各种风栅用于生产全钢化玻璃时，喷嘴或吹风孔均匀分布、风压也应均匀分布。使用相同的风压冷却风均匀地吹到玻璃表面，在整个表面上的应力均匀分布，各点的应力基本相同。

上述各种风栅也可用来生产区域钢化玻璃，此时，要保证主视区与周边区钢化度不同，对风栅采取以下三种措施。

第一种是改变主视区喷嘴排列［见图 3-28(a)］，主视区喷嘴间距与周边区喷嘴的比例一般为 1∶2。第二种是改变主视区喷嘴孔径［见图 3-28(b)］。主视区喷嘴孔径与周边区喷嘴孔径的比例一般为 1∶(1.5～2.5)。在上述两种情况下，当喷嘴

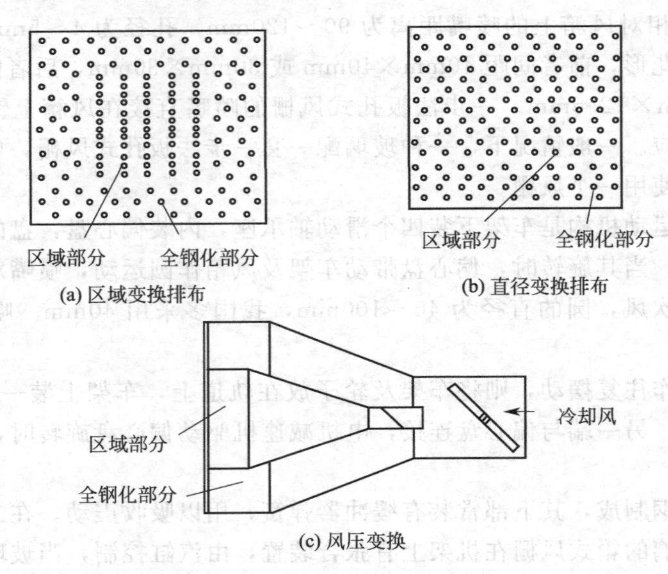

图 3-28 区域钢化风栅布置图

的排列为梅花形时，距离为44mm×26mm，主视区与周边区的孔径分别为3mm及5mm，在实际生产中，为了使玻璃表面的应力分布逐渐变化，两区之间设置过渡区，喷嘴的孔径为4mm。第三种方法是风栅内部分区供风，分别控制风压，在各自的管道上设置阀门，以控制主视区及周边区的不同冷却风压力，可保证两区的碎片要求。也称为区域钢化风栅。

c. 玻璃运输设备

水平布置垂直法钢化生产线的输送设备由挂玻璃小车、玻璃运输机、轨道三部分组成。生产弯钢化玻璃时有挂玻璃、加热、成型、淬冷、卸片五个工位。生产平钢化玻璃及用一步法生产弯钢化玻璃则有四个工位。玻璃片在挂玻璃工位用吊挂夹钳挂在挂玻璃小车上，此车的行走轮吊挂在轨道上，由玻璃运输机将挂玻璃小车自一个工位传递至下一个工位。玻璃运输机采用曲柄运输机或有变速驱动的可调速运输机。

曲柄运输机曲柄运动的起始点是上一工位的定位点，其运动的停止点是下一工位的定位点，即其工作一次，就完成将挂玻璃小车从工位传递至下一工位的操作。

曲柄端部在挂玻璃小车内的入钩及脱钩动作，均采用汽缸自动推动进行。汽缸推动曲柄旋转8°55′即完成脱入钩工作。曲柄的回转由电机带动，当它回转180°就完成将挂玻璃小车在两工位间传递的操作，然后曲柄复位，等待下次工作。以输送玻璃长度为1800mm的曲柄运输机为例，其技术特性见表3-15。当生产线有五个工位使用四台曲柄运输机，四个工位则使用三台。

表3-15 曲柄运输机的技术特性

序号	项目	技术参数	序号	项目	技术参数
1	曲柄回转角度	180°	6	蜗轮减速机型号	WHF10040Ⅱ
2	曲柄传递中心距离	3680mm	7	汽缸直径	50mm
3	曲柄单行程时间	4s	8	汽缸工作形成	20mm
4	电动机型号	T90S-6	9	压缩空气压力	0.4～0.6MPa
5	电动机功率	0.75kW	10	压缩空气用量	0.04m²/h(四台曲柄运输机用量)

(2) 垂直布置垂直法钢化玻璃生产线及设备

玻璃的加热、成型、淬冷等工艺过程的设备——加热炉、模压机、风栅布置在同一垂直面上的生产线，加热炉安装在最下层，模压机安装在加热炉上方的楼面上[工艺布置见图3-23(b)]。

此种生产线常用来生产弯钢化玻璃，当生产平钢化玻璃时，热玻璃从模压机的模压空位中通过，达到风栅，模压机不工作。生产区域钢化玻璃时，风栅采用区域钢化风栅。此种生产线又有三种布置方式。

① 加热炉

在车间地面的垂直布置钢化玻璃生产线，此种生产设备的加热炉装在车间地面上，模压机装在加热炉上方的钢制楼面上，风栅装在模压机上方的楼面上，三台设备的中心线在同一垂直面上。如加热炉为多室加热炉，模压机、风栅的中心线与加热炉末室的中心线在同一垂直面上。生产线的设备如下。

a. 电热式两室加热炉

炉体外壳由金属板焊接而成，其外为金属框架。炉身最外层为保温层，中间是三层耐火砖，内层为加热元件耐热支架。加热元件采用镍铬丝绕成螺旋形。炉门传动采用汽缸活塞操纵滑动门。加热炉的技术数据如表3-16所示。

表 3-16 加热炉的技术数据

<table>
<tr><th>序号</th><th>项目</th><th>技术数据</th><th>序号</th><th>项目</th><th>技术数据</th></tr>
<tr><td>1</td><td>炉膛尺寸</td><td>每室 2700mm×1575mm×500mm</td><td>4</td><td>加热功率</td><td>480kW</td></tr>
<tr><td>2</td><td>玻璃最大规格</td><td>2300mm×1250mm</td><td rowspan="2">5</td><td rowspan="2">加热区分区</td><td>第一段炉分 4 区</td></tr>
<tr><td>3</td><td>玻璃厚度</td><td>3～10mm</td><td>第二段炉分 9 区</td></tr>
</table>

b. 模压机

采用液压传动模压机，阳模和阴模都配有液压驱动液压缸，能够迅速完成玻璃成型的过程。

c. 风栅

用带有小喷嘴的管式风栅，其组合形状与弯钢化玻璃成品的曲率匹配。

d. 挂玻璃小车

小车的四组轮子吊挂在轨道上，玻璃吊挂在小车吊杆的夹钳上。

e. 输送设备

配有两种输送设备：水平输送设备由电动驱动装置驱动挂玻璃小车作水平运动；垂直输送设备采用两台链式输送机，一台设在加热炉、模压和风栅的区域内，为提升挂玻璃小车专用，另一台设在装卸玻璃及进入加热炉入口端，为运输玻璃或玻璃装卸及入炉专用。

f. 控制台

控制台的自动控制系统设置：加热炉自控系统采用PID控制，一个加热区设一控制回路，共13个回路；模压机自控系统设有气动和液压自动操纵系统，使汽缸和液压缸自动供油或气并迅速换向；风栅及送风自控系统有专门的仪器控制阀门开启与关闭风栅及风机传动电机的连续或间歇工作；输送设备自控系统装有能操纵挂玻璃小车运动的所有参数控制装置。挂玻璃小车的定位能精确控制到1mm。

② 加热炉

装在地下二层的垂直布置钢化玻璃生产线的布置图如图3-29所示。本生产线布置的特点是风栅装在车间地面上，加热炉装在地下室，模压机装在加热炉上方钢制平台上，风栅在模压机的上方。这三设备成垂直布置预处理后的玻璃在挂玻璃小车上吊挂，小车在轨道上由曲柄运输机输送到加热炉内加热。当玻璃加热到软化温

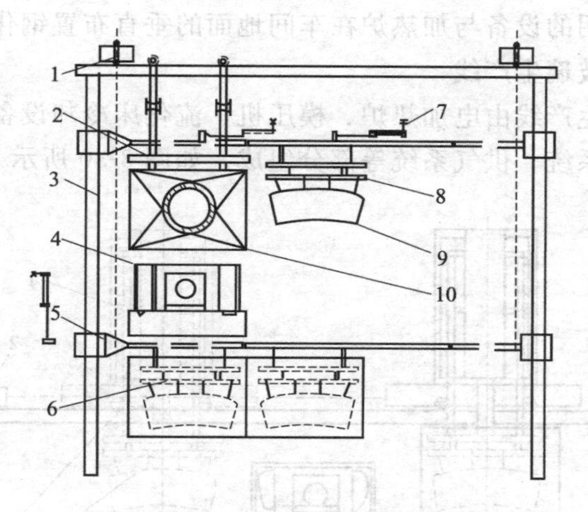

图 3-29　垂直法钢化风栅布置图

1—传动装置；2—轨道；3—机架；4—模压机；5—横梁；6—加热电路；7—输送装置；8—挂玻璃小车；9—玻璃；10—风栅

度附近，再由横梁提升装置从加热炉内提升到模压机内进行玻璃成型，玻璃成型后由横梁提升到风栅中迅速冷却。玻璃冷却后再由输送机送到卸片位置进行卸片检查和包装。采用的设备如下。

a. 燃气式三室加热炉

参数见表 3-17。

表 3-17　燃气加热炉的技术数据

序号	项目	技术数据	序号	项目	技术数据	
1	加热炉外形尺寸	长×高＝8400mm×2800mm	6	炉膛温度	1室	520℃
2	炉膛宽度	900mm			2室	670℃
3	燃气种类	丁烷			3室	750℃
4	喷嘴类型	无焰型	7	玻璃加热周期	约 2min	
5	测温点	每室每边 5 个点				

b. 模压机

同加热炉在车间地面的垂直布置钢化玻璃生产线。

c. 风栅

采用箱式风栅，有橡胶喷嘴，本生产线可生产区域弯钢化玻璃，风栅的弯曲面与成品要求的曲率相匹配。风栅内采取分隔式，周边区与主视区冷却风的风压不同，供风风管分别设有阀门单独控制。周边区的风压为 9.3～9.8kPa，主视区风压为 4kPa。喷嘴为矩形排列，间距为 40mm × 40mm，喷嘴内径为 2mm，风栅作上下往复运动，运动距离为 50mm，风栅可向下张开 60°。

③ 加热炉装于地下室一层的垂直钢化玻璃生产线

此种生产线采用的设备与加热炉在车间地面的垂直布置钢化玻璃生产线相同。

(3) 微粒钢化玻璃生产线

微粒钢化玻璃生产线由电加热炉、模压机、流化床冷却设备、挂玻璃小车、传动装置和自动控制系统、供气系统等部分组成。如图 3-30 所示。

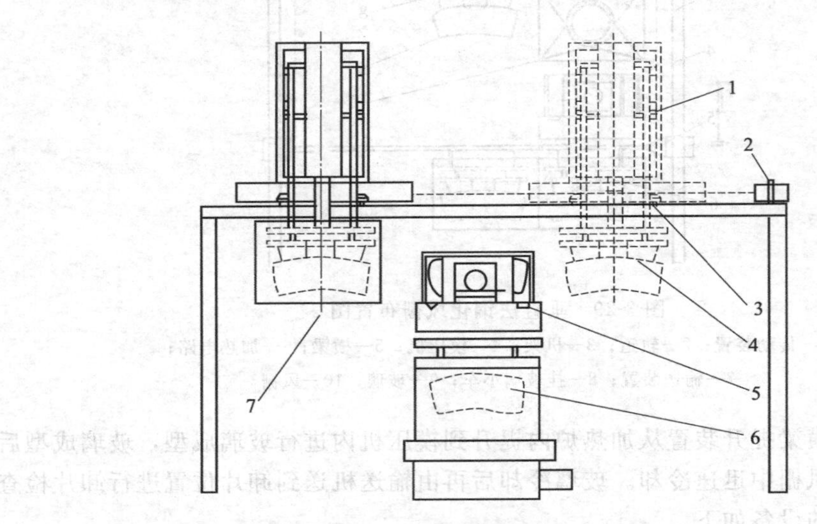

图 3-30 微粒钢化玻璃生产线

1—挂玻璃小车；2—传动装置；3—机架；4—玻璃；5—模压机；6—流化床冷却装置；7—加热炉

① 电加热炉

电加热炉与其他电加热炉系统布置相同，分为主加热区 9 区，辅助加热区 2 区，底区 1 区。加热区电炉丝功率根据玻璃的加热面积确定，总功率在 120～265kW。

② 模压机

模压机主要由模具、成型运行装置、机架、反馈控制系统等组成。模具与垂直法垂直布置的模具相同，可以是空心模具和实心模具。成型运行装置主要由丝杠、轨道、伺服电机、轴承等组成，成型位置的定位由行程开关、计数装置、伺服控制系统精确控制。成型位置的重复精度为± 0.1mm。

③ 流化床冷却设备

流化床冷却设备主要由供气箱、布气层、流化颗粒承载箱体、冷却循环系统等组成。供气箱由钢板焊成，能承受 7.0kgf/cm^2 (686.5 kPa) 以下的压力。布气层可以是多孔板或多层板，布气板的作用是气体经过布气板后均匀输出，颗粒通过布气后的气体托浮可以像水一样均匀流动。流化床颗粒承载箱体装入冷却玻璃的颗粒介质，并使颗粒在其内自由流动，玻璃进入流化床内通过床内的颗粒接触将玻璃的热量迅速带走使得玻璃快速冷却。冷却循环系统是使冷却介质保持一定的温度。

④ 挂玻璃小车

挂玻璃小车由吊架、垂直运行轨道、运动系统、运动机架等部分组成。挂玻璃小车与一般垂直钢化玻璃生产方式有所不同，小车既要完成水平方向移动，又要完成玻璃成型和冷却的垂直运动。水平移动的定位和垂直运动的定位要求精确。

垂直直线运动部分可以选用气动系统，包括汽缸、换向系统、滚轮、行程开关、轨道、机架等。也可以选用链条传动系统、行程开关、轨道、机架等实现垂直直线运动。还可以使用钢丝绳缠绕装置、行程开关、轨道、机架等实现垂直直线运动。

⑤ 传动装置

传动装置主要指玻璃水平运行过程的装置，可以由齿轮、齿条及配套的电机、减速机、位置开关等零部件实现长距离精确定位运行控制，也有用链条、电机、减速机、开关等组成，还可以使用钢丝绳、电机、减速机、开关等组成该系统。

⑥ 自动控制系统

运行控制系统必须配有伺服开环或闭环控制系统才能达到设备运行位置精确控制，温度控制系统与其他设备相同。

3.2.6.2 水平法钢化玻璃生产线

（1）水平辊道钢化玻璃生产线

水平钢化玻璃生产线是指玻璃在水平辊道上进行加热、成型、淬冷等一系列工艺过程，最终完成玻璃平面、单曲面、双曲面、折面、S形面等钢化的生产线。水平钢化玻璃生产工艺流程见图3-31。

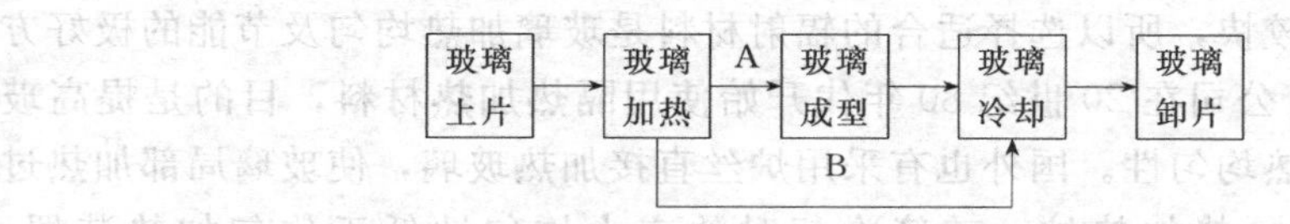

图3-31 水平钢化玻璃生产工艺流程

A—弯钢化玻璃；B—平钢化玻璃

水平钢化玻璃生产线有装载台、加热炉、弯曲设备、冷却设备、送风系统、卸载台、控制系统等设备。水平往复式钢化玻璃生产线指的是玻璃在加热和冷却部分是水平往复运动，这样可以节省设备投资和节省设备占有空间。水平连续式钢化玻璃生产设备指的是玻璃从装载台到卸载台连续一个方向运行的生产线。这样的生产线产量大、占地多、投资大。水平钢化玻璃生产设备包括以下部分。

① 装载/卸载台

装载台在钢化设备初端。该部分可以与预处理的洗涤干燥机相连。它的另一端与加热炉的入炉端相连。装载台主要由橡胶辊辊面、传动链轮、接玻璃台、自动旋转轮、电机及减速机、机架等构成。卸载台主要由石棉绳缠绕辊、传动链轮、接玻璃台、自动旋转轮、电机及减速机、机架等构成。装载台和卸载台分别安装了光电开关和计数器用于测量和控制玻璃行走距离。

装载/卸载台输送控制用可编程控制器通过光电开关和计数器计量玻璃的长度，并使这一长度为玻璃在加热区的加热运行时间、运行速度、输出时间做准备。当测量到玻璃初始点，加热炉炉门可以自动计算开启，当测量到玻璃末端时，待数秒后，炉门自动关闭。玻璃全部进入到炉内后，装片台自动停止运动。卸载台正好相反，当玻璃运行到辊道上光电开关时，设备自动停止运动。装载/卸载台设有手动控制便于装片和卸片的停止按钮。

② 加热炉

该段是玻璃钢化设备的关键设备。其主要由加热丝、吊挂/支撑装置、隔热加热系统、急速冷却系统、保温层、炉壳、炉内辊道、炉外传动系统等构成。

a. 加热丝的布置

加热丝的布置有直通式、块状分布式两种。在炉体内的安装有平面安装和圆顶式安装。炉丝在炉门前布置与炉内不同，主要是隔绝炉门开启时冷空气的进入，避免炉温降低。炉丝主要是镍铬丝，形状分为圆形和矩形两种。

b. 吊挂/支撑装置

吊挂装置在炉内上方主要用于吊挂上炉体加热元件。支撑装置在炉内下方主要用于支撑下炉体加热元件，同时保护炉丝在玻璃自爆后，不受到碎玻璃的伤害。吊挂/支撑的距离与玻璃加热辐射率有关。吊挂/支撑装置还可以对炉内进行隔绝，保持炉内清洁，加热材料不受损害等。

c. 隔热加热系统

按照玻璃加热原理，玻璃在低温阶段吸收红外辐射较低、能耗较大，高温阶段玻璃接受辐射加热较快，所以选择适合的辐射材料是玻璃加热均匀及节能的极好方法。国外 Tamglass 公司在 20 世纪 80 年代开始使用隔热加热材料，目的是提高玻璃的热吸收率和加热均匀性。国外也有采用炉丝直接加热玻璃，使玻璃局部加热过快，玻璃翘曲高于隔热加热炉。玻璃冷却时的应力均匀性低于均匀加热装置。Glasstech 公司为了减少这种现象，采用圆顶炉丝排布，希望炉丝对玻璃辐射的距离是相等的，减少钢化应力不均匀性问题。国内也有采用隔热加热装置，但是只使用隔热板，忽略了加热材料另一部分辐射对加热炉内炉顶的影响和玻璃加热面积的干扰等问题。

d. 急速冷却系统

急速冷却系统用于玻璃出现特殊情况，需要将加热炉迅速降温的情况。通过设在炉内的空气管和上进风口使冷空气快速进入炉内冷却。设置炉内空气管的另一个目的是调节玻璃在炉内的上下加热平衡。

e. 炉内辊道

炉内辊道是用熔融石英或陶瓷辊制成。玻璃在其上靠与辊子的摩擦力带动，在炉内进行往复运动。辊子的加工质量直接影响到玻璃的平整度和玻璃表面的洁净度。国外控制辊子的平整度小于 0.1mm，国内达到 0.15mm。直线度国外达到 0.1mm，国内达到 0.15mm。

f. 传动系统

加热炉辊子的传动系统主要有链条、链轮或摩擦轮、钢带或摩擦轮、胶带在直流或交流电机及减速机带动下转动，并带动玻璃往复运动。传动装置设有紧急直流快速运转系统，目的是在工厂突然停电时，将炉内的玻璃迅速送到炉外，避免玻璃摊落在炉内，保护炉内清洁。

传动系统包括炉体紧急处理提升装置。该部分可以是手动的，通过平衡装置及链条装置将上炉体推上。也可以是自动的，通过电机、减速机及设立在炉体四周的丝杠螺母自动提升上炉体。

③ 冷却设备

目前，水平钢化工艺采用多种喷气形式，有喷嘴式、喷孔式和狭缝式等。设计冷却装置时应考虑：确保工艺过程要求，对玻璃均匀吹风、均匀冷却有效地疏散热风，便于清除碎玻璃；降低噪声，改善生产环境。冷却装置质量优劣，可由最终的产品质量来检验。例如：钢化产品的平整度；相同成分、相同厚度玻璃的落球试验高度；碎片的大小及形状，其他方面的考虑有能耗和噪声等。而钢化产品的平整度、落球试验高度、碎片大小等，可由微机或人工输入程序来自调整，对玻璃钢化起到有效控制作用，能保证各种厚度玻璃的钢化质量。

水平钢化风栅分为上下若干个分风箱，有提升装置、导向装置、平衡系统、碎玻璃输送系统、供风系统和机架等。

a. 上部风栅

上部风栅由型钢支架、风栅提升装置、风栅、压缩空气管等组成。风栅由多支分风栅组成，每支分风栅由两片梯形钢板和一条条形板孔式喷嘴板组成，梯形钢板用薄钢板经模压成型与条形板孔式喷嘴组装成一梯形的扁管。其大端与分风箱风管连接，并配有风量调节蝶阀。条形板孔式喷嘴由耐热钢制成，装在扁管的下端，其上有两排喷嘴孔，孔径较大，孔内还套接有压缩空气喷嘴。各支分风栅是横向安装，与玻璃运动方向垂直。在两支分风栅之间装有导流板，空气、压缩空气自风栅喷出冷却玻璃后，废气经导流板排走，这样可排除废气的干扰，使吹风冷却更为有效。Tamglass 公司某型钢化炉的风栅就是采用压缩空气与冷却风共同冷却 4mm 薄玻璃。

b. 下部风栅

下部风栅由辊道输送机、风栅、碎玻璃运输机等组成。冷却装置内采用缠绕纤维绳的辊道是一项先进的技术，能确保玻璃的钢化质量。耐热钢管缠上纤维绳后，改变了玻璃与辊道的接触状态。当不缠纤维绳时，玻璃与辊道面的接触呈线状接触。当缠纤维绳后，玻璃与辊道的接触呈点接触，接触面积变小，有利于降低玻璃划伤的概率。另外，纤维绳螺旋间隔的空隙给玻璃的下部冷却增加了空气流动的空间，使得冷却气流均匀，增加了玻璃的冷却效果。如果不缠绕纤维绳，冷却空气就会被限制在相邻的输送辊道之间，特别是当冷却薄玻璃时，会产生明显的局部隆起现象，由此而引起玻璃不均匀冷却，导致玻璃表面应力分布不均匀并产生彩虹。

下部风栅的风栅，其构造、数量与上部风栅基本一样，但风栅的喷嘴装于分风栅扁管的上端，在各支风栅之间有一定间隙，生产期间玻璃偶尔破碎时，碎玻璃经此间隙落入下面的碎玻璃运输机。

Tamglass 公司新钢化炉的冷却装置设计有四个特点：配置有特殊结构的喷嘴、用冷风及压缩空气可同时冷却薄玻璃、用变频器调节风机的转速控制风流速及风压、设备结构简化。

c. 碎玻璃运输机

碎玻璃运输机是板式或履带式输送机，运输机装在下部风橱的下方，自冷却装置靠加热炉一端通至卸载台下方，在运输板的上方及靠近两边钢结构架处设有挡板，碎玻璃掉入输送板后，开启碎玻璃运输机即可将碎玻璃送至卸片台下方，直接掉入碎玻璃小车内或由人工清理出去。

d. 消音室

外壳由小型钢及钢板制成四壁及顶盖，构成一密封室，除两端有一狭缝供玻璃通过外，将冷却装置内各组件罩在其中；侧面设有门及观察窗，顶部装有许多减噪板，这些减噪板构成许多排气通道，废气从这些通道排出可降低噪声。消音室还限制风栅流出的气体产生的噪声向外传播，从而降低车间内噪声的强度和环境的污染。

e. 气幕

气幕设在加热炉与冷却装置之间，由风管组成。两个风管的对应面各钻一排小喷嘴，进风口接空气分配器，并有调节阀门，以控制其供风量，空气从密排的小喷嘴处喷出，形成一道气幕。风栅吹冷风冷却玻璃时，气幕以相同的风压吹风，形成的气幕封在冷却装置的进口端，从而避免风栅内的冷风进入加热炉内。气幕的一个作用是使玻璃通过气幕快速预冷却，钢化度有一定的提高，比没有气幕的钢化设备所生产的玻璃的钢化度高 10MPa 左右，加热时间可以减少大约 10s。

f. 提升装置

风栅提升装置由驱动装置、滑轮组及钢丝绳组成，用微机自动控制运行，可按钢化玻璃的厚度调节喷嘴至玻璃表面的高度。此高度指上部风栅尖端到辊道玻璃纤维绳或耐热软材料带最高点的距离，提升高度可在 300～600mm 之间调节。下部的风栅通过链轮、链条等联动机构与上部随动张开或合拢。

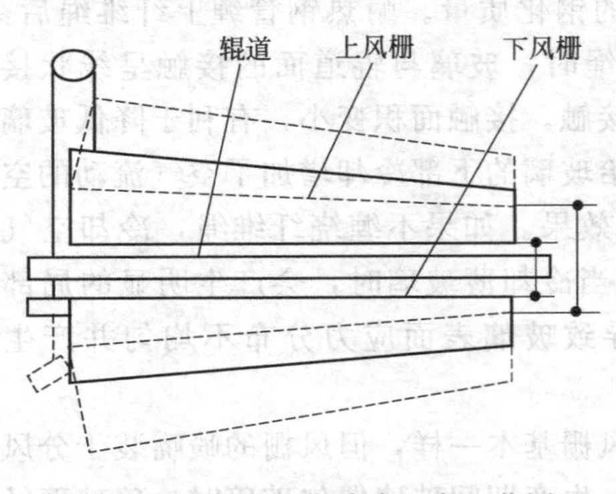

图 3-32　水平钢化玻璃生产工艺图

g. 平衡系统

在风栅提升装置设计时，考虑了风栅的自平衡功能，风栅调节自平衡系统如图 3-32 所示。利用上、下风栅质量大致相等，将上、下风栅通过链条连在一起，当推动一端时，在很小的动力作用下整个上下机构一起相对运动，这样既保证了设备调节的一致性，又使用了最少的能源。

h. 供风装置

供风系统与风栅的结构及冷却能的大

小是配套的，包括风机、分风箱、蝶阀、压力变送器、风口调节板、管道等部分。供风装置增加了混合风箱，目的是将风机送来的风在风箱内充分混合后再送至各分风栅内，确保风栅的输出风量在各点尽量均匀一致，玻璃的冷却均匀一致。

风机的风量可以用两种方式进行调节：其一是通过蝶阀或风口调节板的转动或移动进行进、出风量调节；其二是通过变频装置控制风机运转的转速调节风量。

（2）气垫钢化玻璃生产线及设备

气垫法钢化生产线由装载台、气垫钢化电加热炉、供气系统、排气系统、冷却床、输送系统、控制系统等主要部分组成。可以生产平钢化玻璃，汽车后窗、侧窗、小三角窗、火车前窗、大曲率弧形弯钢化玻璃等。

① 装载台

装载台基本与其他水平辊道钢化生产线的装载台相同，不同的是玻璃输送辊道需要与炉内的加热、炉外的冷却输送装置相一致，辊道面倾斜一定角度。辊面底端设置挡轮，防止玻璃脱落。采用钢辊或缠有石棉绳的辊道。

② 气垫钢化电加热炉

气垫加热炉由机架、输送轮及传动装置、气垫床及上部加热装置组成。气垫床装置在加热炉第二段和冷却设备上。加热炉内的前段是电加热的形式，输送靠金属辊外加耐高温的玻璃布包裹，后段才是气垫加热床面。目的是增加玻璃高温时的吸热速率，同时减少玻璃在金属辊、陶瓷辊或熔融石英辊上异物的划伤，还可以保证玻璃的高温平整度。各床面保持在同一个面上，否则玻璃在运行当中会被高低不平的床面挡住不能运行。

气垫床与水平面成一定倾角，高温气体自气垫床喷出，托起玻璃，玻璃离开气垫床面一定高度被边部摩擦轮带动往复运动或前进到其他工位。平气垫床可由喷嘴组成，也可由陶瓷床面组成。弯气垫床用陶瓷面制成。气垫加热床由喷嘴组成时，喷嘴按照列阵排列组成一个床面。床面支撑在机架上，机架的高度可以调节，通过调节机架的高度改变床面的倾角。床面上的喷嘴集中分布在一个风箱上，由统一气源进行燃气供应，并保证气垫床的压力均匀一致。做弯玻璃时，使用的陶瓷床面是在床面上加工合适的小孔，陶瓷床面与风箱连在一起，由同一个气源进行燃气供应，并保证气垫床的压力均匀一致。

③ 供气系统

供气系统采用高热值气体燃料，如天然气、裂化石油气、液化气，为主要热源，有整套混合比燃烧及压力调节装置，高温气体用管道输送到气垫床及上部加热器中，从密布的小型喷嘴喷出。供气系统包括鼓风系统，压缩空气供应系统，气体混合系统、流量控制系统等。气垫床下床面供应的加热气体压力高于上部才能托起玻璃，所以上下压力要分别调节。玻璃托起的高度及压力，由玻璃的厚度来决定。

④ 排气系统

气垫加热产生的废气经过管道排出加热炉外，管道上设有阀门可以自动调节。

⑤ 冷却床

该部分是气垫钢化玻璃的关键设备之一，由淬冷段和冷却段组成，小设备可以将两段合成一段，分时间进行调节。冷却床面与加热床面结构基本相同。玻璃在淬冷段的冷却风压大、风量高，而在冷却段使用低压、小风量。冷却的喷嘴排列除以阵列式排布外，应注意排列与玻璃的运行方向成一定的角度，这样玻璃的冷却均匀性最好。冷却时热气流应能及时排出，所以，在冷却混合箱中设置了排气孔。冷却喷嘴也应安装在同一个箱体上，由统一的供气系统提供冷却气源。喷嘴的高度、孔径、排布的位置、间距要严格控制，否则会出现玻璃运行卡阻、冷却不均匀等问题。

⑥ 输送系统

玻璃输送机除装载台、卸载台和加热炉前段使用辊面摩擦带动玻璃运行外，其余部分则采用圆形钢板（圆盘）在玻璃侧边摩擦带动玻璃运行，圆盘安装在一个个立轴上端，下端由蜗轮蜗杆通过电机、减速机、离合器等装置的传动变换运行方向和速度，也有用其他形式的传动如链条等。

⑦ 控制系统

气垫钢化的控制系统需要对燃气量、温度、压力、输送速度进行全程控制，使玻璃在整个钢化过程协调一致。压力、流量部分需要测量供气系统的燃值、床面的温度来确定空气混合比例和压力计流量等；冷却床面测量玻璃的托浮高度、玻璃的表面应力，调整床面的冷却气体压力和流量。在加热炉内测量点温差控制在± 5℃以内。玻璃输送速度控制应使后段高于或等于前一段。

气垫钢化设备的主要技术参数见表 3-18。

表 3-18　气垫钢化设备的主要技术参数

序号	项目	参数	
		弯钢化玻璃	
1	玻璃规格	790mm×1770mm	
2	玻璃厚度	3～6mm，最薄 2.3mm	
3	玻璃产品外形	单面弯曲	
		带热线，釉面或无釉面一边为直边	
4	玻璃输送速度	4600mm/min	
5	弯玻璃曲率半径	约 1000mm	
6	产品曲线部分吻合度	≤1.5mm	
7	产品质量	符合美国 ANSI. Z26.1 规定	
8	最大碎片质量	4.25g/片	
9	生产能力	汽车侧窗	350～1000 块/h
		平均	500～700 块/h
10	玻璃输送间隔距离	最小 200mm	
11	平均成品率	90%～98%	

续表

序号	项目		参　数
平钢化玻璃			
1	玻璃规格	最大规格	1520mm×2440mm
		最小长度	630mm
2	玻璃厚度	3～8mm,最薄 2.3mm	
3	玻璃产品外形	有一边为直边	
4	玻璃输送速度	4600mm/min	
5	生产能力	3mm	235m²/h
		5mm	290m²/h
		6mm	250m²/h
6	平均成品率	90%～95%	

3.2.6.3 钢化设备新发展

(1) 垂直钢化玻璃生产设备

垂直钢化玻璃生产设备至今保留有它不可替代的功能。第一，区域钢化玻璃的生产以不同区域的钢化度为特点进行玻璃钢化，在水平钢化设备中也可以实现，但是却因对位和玻璃的自重等问题，使得玻璃钢化区域难以控制，重复性难以保证；同时由于水平钢化设备复杂，在设备的调整方面不如垂直钢化玻璃设备容易进行设备更换和调整等。第二，玻璃是有急弯和直角的玻璃。虽然水平钢化设备已经实现了L形、S形、U形玻璃的加工，但是也因玻璃的成型一部分是来自于玻璃自重，玻璃一旦停止运动，在软化温度附近的玻璃会因自重发生较大变化，所以要保证玻璃的形状一致性，玻璃必须自始至终运动，因而涉及的设备较多，操作不方便，不像垂直钢化玻璃生产设备那样只需要一个成型设备和一个冷却设备，设备调整可以通过水平撤出调整或人进入设备内调整。

玻璃的应力形成，与玻璃的最终温度和介质的冷却能有关。冷却介质的冷却能是空气介质最低，其次是液体，最好的是固体。因为空气介质采集较为经济，所以使用较为普遍。液体作为冷却介质也有研究，但是，引起的屏蔽作用没有突破，所以停留在研究阶段。固体的冷却升温问题没有得到解决，所以，国内也是在试验阶段被搁置。但是从最好的冷却方式来看，只要突破这些技术瓶颈，液体钢化、固体钢化还是可行的。

20 世纪 90 年代，中国建筑材料科学研究院对介于液体与气体介质之间的水雾钢化进行了研究。300mm×300mm×5mm 的玻璃碎片及冲击性能达到 GB 9656—2003 的要求，在大面积玻璃的研究中遇到了水雾的清除问题而被搁置。从玻璃摆放的方式来看，玻璃垂直冷却比水平冷却减少了水雾的堆积而不影响后续的冷却，因此，垂直钢化方式更适合水雾钢化玻璃生产技术的研究。20 世纪 80～90 年代，中国建筑材料科学研究院对介于固体和气体介质之间的微粒钢化进行了研究，可以钢化 3.0mm 玻璃，比起空气钢化玻璃光学性能高，均匀性高。两项研究均是垂直钢化法的发展趋势。固体接触钢化也是垂直钢化法的另一个发展趋势，有待继续研究。

（2）水平钢化玻璃生产设备

当前国际上水平钢化玻璃生产技术最有代表性的是芬兰的 Tamglass 公司、美国的 Glasstech 公司和意大利的 Ianua 公司。Tamglass 是世界上最早采用该技术的公司之一，其应用范围也从 Low-E 玻璃的平钢化过程发展到 Low-E 玻璃的弯钢化全过程。

水平钢化设备的改进层出不穷。我们可以从加热、成型和冷却设备分别进行介绍。

① 加热设备

加热设备是几个关键设备改进较少也是较为重要的设备之一。近年来随着低辐射玻璃的使用，加热设备开始改变。

欧美地区对 Low-E 玻璃的使用要求大大地促进了钢化技术的发展。20 世纪 80 年代 Tamglass 根据欧美的钢化玻璃特点已经将低辐射玻璃钢化列入研究范围之中。起初的钢化加热设备设置了热平衡系统和热传导辅助系统，主要是针对彩色玻璃的双面加热不平衡的问题进行加热炉的内部调整。这个设计基本满足低辐射率较高的玻璃钢化。欧洲研究成功了辐射率低于 0.04 的镀膜玻璃，给钢化设备提出了更高的要求，主要是在加热方面，由于低辐射玻璃对 2.5μm 的辐射波接收较少，加热的不平衡很严重，玻璃在钢化初始炸裂的现象较为严重。Tamglass 在 20 世纪 90 年代增加了一个室用于玻璃高温热对流加热，增加玻璃高温平衡状态。这一部分借鉴了该公司热弯成型设备的玻璃加热原理，并成功使用到钢化低辐射玻璃设备上。Tamglass 公司钢化设备的主要技术特征是两级加热系统，钢化的关键在于初期，先将玻璃板放入第一级全对流炉内，炉内温度保持在 350～450℃，该温度对辐射传热的影响较小，高速流动的气体通过对流使玻璃板预热。然后将玻璃板送入第二级辐射对流炉内进一步加热，炉内温度在 680～710℃。这类钢化炉适合钢化大型玻璃，由于设备安装固有的因素，大型玻璃在加热过程中，对流换热通常使得玻璃边部比中央获得更多热量，通过分别控制电热元件，使辐射集中在中央部位，从而可得到均匀的温度分布。

Tamglass 公司的 HTFProE™ 和 ProConvection™ 两种钢化炉已经可以成功地对离线和在线的各种 Low-E 玻璃进行钢化处理。表 3-19 是这两种钢化炉钢化 Low-E 产品的型号。

意大利燕华（Ianua）公司的辐射——对流混合加热式水平钢化炉于 1996 年投产，其特点是在单级加热炉内使用辐射-对流混合加热系统，即为了补偿电辐射加热的不均匀性，在全辐射炉内配置一套密封的对流加热装置。电热元件被安装在矩形管道内，通过管壁向玻璃辐射热量，管壁一面开有小孔，气体流经电热元件温度上升后，喷向玻璃表面。这种混合加热方式可使玻璃上下表面得到均匀加热。

表 3-19 HTFProE™和 ProConvection™钢化炉及钢化 Low-E 产品型号

公司	产品/商标	膜层	21℃辐射率
AFG	Comfort E2	Pyrolytic	0.20
AFG	Comfort Ti	Soft-Coated	0.03～0.04
GLAVERBEL	PLANIBEL G	Pyroytic	0.15
GLAVERBEL	PLANIBEL TOP NT	Soft-Coated	0.04
Guardian	Performance Plus HT	Soft-Coated	0.12
Guardian	Performance PlusⅡHT	Soft-Coated	0.04
Guardian	Luxguard1.1T	Soft-Coated	0.04
LOF	Energy Advantage Low-E	Pyroytic	0.10～0.15
Pilkington	K-Glass	Pyroytic	0.15
Pilkington	OPTITHERM TSN	Soft-Coated	0.04
PPG	SOLARBAN60T	Soft-Coated	0.04
St. Gobain	EKOLOGIK	Pyroytic	0.15
St. Gobain	PlanithermⅡ	Soft-Coated	0.08
St. Gobain	Planitherm FuturN Ⅱ	Soft-Coated	

美国 Glasstech 公司继承了该公司传统的设计风格，利用原有加热技术，直接使用燃气（天然气）进行玻璃加热阶段的加热，热气自身的热值使玻璃的热浪费降低。由于采用全对流方式，故特别适合钢化 Low-E 玻璃。天然气在炉外燃烧后，与部分炉内气体混合，直接喷向玻璃表面。该技术能在较低温度（670～690℃）下就使玻璃加热均匀，它提高了加热速率，因此减少了玻璃在传动辊上停留的时间，尤其是能缩短从玻璃软化温度到淬火温度所需要的时间，这样，就减少了玻璃变形的机会，改善了玻璃的质量。对于镀膜层来说，在高温下停留时间的减少，也就减少了膜层之间相互扩散的可能性。最近，该公司又设计出一种新工艺，在钢化镀膜玻璃时，玻璃上表面采用对流加热，玻璃下表面则采用在传动辊下安装电热元件的辐射方式加热。

加热炉目前也有采用气垫加热方式，借鉴了气垫钢化玻璃后段加热方式。气垫加热方式实际上也是燃气加热方式，利用加热燃气做成加热床，玻璃浮在其上，边运行边加热。

② 成型装置

玻璃成型占用了玻璃冷却的时间，使玻璃的钢化度有所降低。

为了解决这一问题，Tamglass 公司采用炉内加热成型的方式提高弯玻璃钢化度。这种方式对设备的加热传动材料、传动方式、玻璃的承载方式要求非常高。控制不合适的话，会造成玻璃表面的划伤或表面辊印，导致玻璃光学性能下降。

③ 冷却设备

a. 风栅喷嘴设计

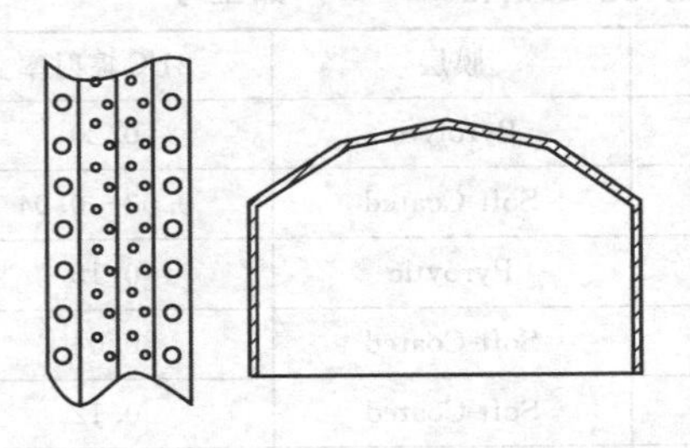

图 3-33　孔直径变换排列的风栅

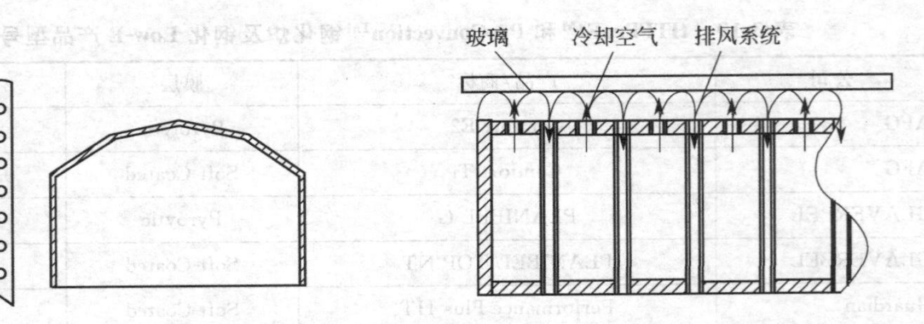

图 3-34　回流导向结构风栅示意图

在前面已经详细介绍了风栅喷嘴的形式。喷嘴的形式又分为固定式、可调节式、可更换式等。根据材料又分为钢材、铝材、橡胶嘴等。风嘴的排布前面讲到梅花形和矩形两种。新的风栅设计在这两种排列的基础上采用孔的直径变换排列（见图 3-33）；还有一种放射状排列形式，主要解决薄玻璃中间散热不充分的问题；第三种是借助气垫钢化风栅排气的构思，在大型风栅设计中采用导流结构，使冷空气在冷却玻璃后能及时离开热玻璃表面，已经变热的风能够通过回流导向结构迅速排出（见图 3-34），这样避免热空气对后续冷空气的干扰作用。

b. 风栅运动形式

风栅在垂直钢化设备内有两种运动形式：圆周运动和垂直或水平直线运动。玻璃在冷却设备中静止不动，风栅运动。传统的水平钢化设备恰好相反，玻璃作直线往复运动或直线运动，设备静止不动。新的风栅增加了设备水平直线运动与玻璃运动方向垂直。增加玻璃钢化初期冷却均匀性，应力分布好于传统的结构，但是应与垂直钢化的圆周运动效果一致。还可以在风栅中增加摆动栅叶，使风栅出风量顺着栅叶流动、变化，效果与风栅摆动相同。

c. 与成型配套的设计

传统的风栅可以做平钢化玻璃和浅弯钢化玻璃。新型的钢化风栅使大型圆弧热弯与冷却设备一体化，主要结构形式是风栅根据玻璃形状在成型过程中自动调节，玻璃的母线形状与运动方向一致或垂直。另一种新的设备是玻璃连续成型钢化设备，主要应用于汽车侧窗玻璃生产，玻璃在运行过程中逐渐成型和冷却，也可以使玻璃先成型好再带模框连续冷却。

3.2.7　钢化玻璃常见缺陷及解决措施

3.2.7.1　钢化玻璃的自爆

钢化玻璃自爆问题一直困扰着广大玻璃钢化厂及玻璃用户。自爆可发生在工厂库房中及出厂后若干年之内。不时见到有关玻璃台板、淋浴房、工矿灯具玻璃、烤炉门玻璃、玻璃幕墙等钢化玻璃制品自爆的报道。如再不解决自爆问题，不但影响钢化玻璃的推广，甚至可能使钢化玻璃产品失去公众的信任。前几年风行一时的用钢化玻璃制成的煤气灶台面，就是由于频繁的自爆报道而全军覆没，整个行业几乎全面退出市场。

广义自爆一般定义为钢化玻璃在无直接外力作用下发生自动炸裂的现象。实际上，钢化加工过程中的自动爆裂与储存、运输、使用过程中的自爆是两个完全不同的概念，二者不可混淆。前者一般由玻璃中的结石、气泡等夹杂物及人为造成的缺口、刮伤、爆边等工艺缺陷引起。后者则主要由玻璃中硫化镍（NiS）相变引起的体积膨胀所导致。只有后者才会引起严重的质量问题及社会关注，所以一般提到的自爆均指后一种情况。

目前还不能确切地知道玻璃中是如何混入镍的，最大可能的来源是设备上使用的各种含镍合金部件及窑炉上使用的各种耐热合金。对于烧油的熔窑，曾报道在小炉中发现富镍的凝结物，而硫毫无疑问来源于配合料中及燃料中的含硫成分。当温度超过1000℃时，硫化镍以液滴形式存在于熔融玻璃中，这些小液滴的固化温度为797℃。1g硫化镍就能生成约1000个直径为0.15mm的小结石。

（1）自爆机理及影响因素

① 硫化镍（NiS）

NiS是一种晶体，存在两种晶相：高温相α-NiS和低温相β-NiS，相变温度为379℃。玻璃在钢化炉内加热时，因加热温度远高于相变温度，NiS全部转变为α相。然而在随后的淬冷过程中，α-NiS来不及转变为β-NiS，从而被冻结在钢化玻璃中。在室温环境下，α-NiS是不稳定的，有逐渐转变为β-NiS的趋势。这种转变伴随着约2%～4%的体积膨胀，使玻璃承受巨大的相变张应力，从而导致自爆。典型的NiS引起的自爆碎片见图3-35。从图3-35可以看出，自爆玻璃碎片呈放射状分布，放射中心有两块形似蝴蝶翅膀的玻璃块，俗称“蝴蝶斑”。NiS结石位于两块“蝴蝶斑”的界面上。图3-36是从自爆后玻璃碎片中提取的NiS结石的扫描电镜照片，其表面起伏不平、非常粗糙。粗糙的表面是硫化镍结石的一个主要特征。

图3-35 典型的NiS引起的自爆碎片形态图

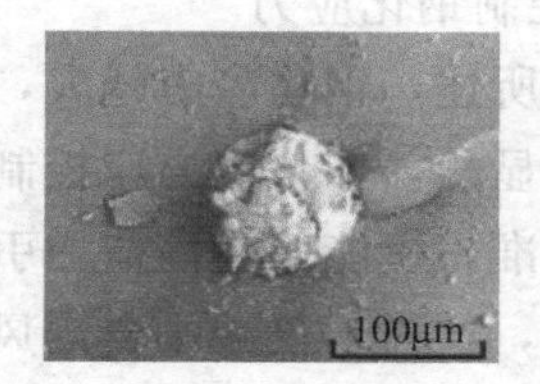

图3-36 NiS结石扫描电镜照片

② 硫化镍临界直径

应用断裂力学的研究方法，Swain推导出下述公式(3-53)，可计算引起自爆的NiS的临界直径D_c：

$$D_c=(\pi K_{1c}^2)/3.55\sigma_0^{1.5}P_0^{0.5} \tag{3-53}$$

临界直径D_c值取决于NiS周围的玻璃应力值σ_0，式中应力强度因子$K_{1c}=0.76m^{0.5}$MPa，度量相变及热膨胀的因子$P_0=615$MPa。

③ 钢化程度

钢化程度实质上可归结于玻璃内应力的大小。Jacob 给出了玻璃表面压应力值与 50mm×50mm 范围内碎片颗粒数之间的对应关系。图 3-37 玻璃表面应力与碎片数的关系，板芯张应力在数值上等于表面压应力值的一半。美国 ASTMC1048 标准规定：钢化玻璃的表面应力范围为大于 69MPa、热增强玻璃为 24～52MPa。我国幕墙玻璃标准则规定应力范围为：钢化玻璃 95MPa 以上、半钢化 24～69MPa。

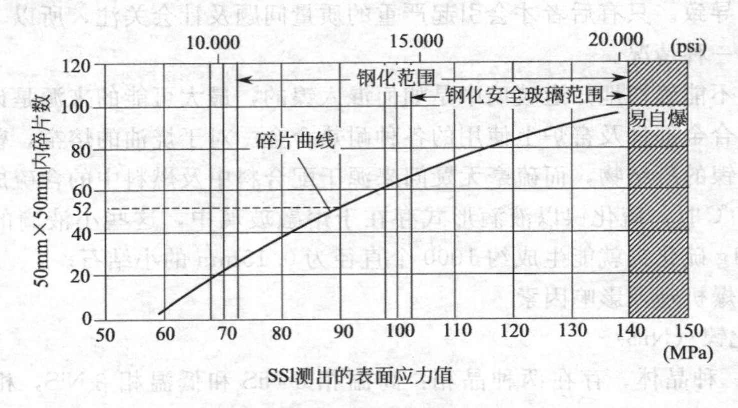

图 3-37　玻璃表面应力与碎片数的关系

④ 钢化均匀度

钢化均匀度是指同一块玻璃不同区域的应力一致性。可测定由同一块玻璃平面各部分的加热温度及冷却强度不一致产生的平面应力（area stress），这种应力叠加在厚度应力上，使一些区域的实际板芯张应力上升，引起临界直径 D_c 值下降，最终导致自爆率增加。

（2）解决自爆的对策

① 控制钢化应力

如上所述，钢化应力越大，硫化镍结石的临界半径就越小，能引起自爆的结石就越多。显然，钢化应力应控制在适当的范围内，这样既可保证钢化碎片颗粒度满足有关标准，也能避免高应力引起的不必要自爆风险。平面应力（钢化均匀度）应越小越好，这样不仅减小自爆风险，而且能提高钢化玻璃的平整度。

已发展出无损测定钢化玻璃表面压应力的方法和仪器。目前测定表面应力的方法主要有两种：差量表面折射仪法（differential surface refractometry，DSR）和临界角表面偏光仪法（grazing angle surface polarimetry，GASP）。

DSR 应力仪的原理是测定因应力引起的玻璃折射率的变化。当一定入射角的光到达玻璃表面时，由于应力双折射的作用，光束会分成两股以不同的临界角反射，借助测微目镜测出二光束之间的距离，即可计算出应力值。

GASP 应力仪将激光束导入玻璃表面，在表面附近的薄层中以平行玻璃表面的方向运行一小段距离，应力双折射导致激光束发生干涉，测定干涉条纹的倾角就可计算出应力值。

两种方法各有优缺点：DSR 应力仪售价较低、可测定化学钢化玻璃，但操作要求较高、不易掌握、测量精度相对较低。GASP 应力仪工作可靠、精度高、易校验，不足之处是价格较贵。

钢化均匀度（平面应力）测定较简单，利用平面透射偏振光就能定性分析。但要定量分析，须使用定量应力分析方法，一般常用 Senarmont 检偏器旋转法测定应力消光补偿角，根据角度可方便地计算出应力值。

② 均质处理（HST）

均质处理是公认的彻底解决自爆问题的有效方法。将钢化玻璃再次加热到290℃左右并保温一定时间，使硫化镍在玻璃出厂前完成晶相转变，让今后可能自爆的玻璃在工厂内提前破碎。这种钢化后再次热处理的方法，国外称为“heat soak test”，简称 HST。我国通常将其译成“均质处理”，也俗称“引爆处理”。

从原理上看，均质处理似乎很简单，许多厂家对此并不重视，认为可随便选择外购甚至自制均质炉。实际并非如此，玻璃中的硫化镍夹杂物往往是非化学计量的化合物，含有比例不等的其他元素，其相变速率高度依赖于温度制度。研究结果表明，280℃时的相变速率是 250℃时的 100 倍，因此必须确保炉内的各块玻璃经历同样的温度制度。否则一方面有些玻璃温度太高，会引起硫化镍逆向相变；另一方面温度低的玻璃因保温时间不够，使得硫化镍相变不完全。两种情况均会导致无效的均质处理。同时，均质炉内的温度制度均匀也是保障均质处理有效的重要环节。现在，国内最好的进口炉也存在 30℃以上的温差，多台国产炉内的温差甚至超过55℃。这或许解释了经均质处理的玻璃仍然出现许多自爆的原因。

a. 均质炉

均质炉必须采用强制对流加热的方式加热玻璃。对流加热靠热空气加热玻璃，加热元件布置在风道中，空气在风道中被加热，然后进入炉内。这种加热方式可避免元件直接辐射加热玻璃，引起玻璃局部过热。

对流加热的效果依赖于热空气在炉内的循环路线，因此均质炉内的气体流股必须经过精心设计，总的原则是尽可能地使炉内气流通畅、温度均匀。即使发生玻璃破碎，碎片也不能堵塞气流通路。

只有全部玻璃的温度达到至少 280℃并保温至少 2h，均质处理才能达到满意的效果。然而在日常生产中，控制炉温只能依据炉内的空气温度。因此必须对每台炉子进行标定试验，找出玻璃温度与炉内空气温度之间的关系。炉内的测温点必须足够多，以满足处理工艺的需要。

b. 玻璃堆置方式

均质炉内的玻璃片之间是热空气的对流通道，因此玻璃的堆置方式对于均质处理的质量是极其重要的。首先玻璃的堆置方向应顺应气流方向，不可阻碍空气流股。其次，玻璃片与片之间的空隙须足够大，分隔物不能堵塞空气通道，玻璃片之间至少须有 20mm 的间隙，片之间不能直接接触。对于大片玻璃，玻璃很容易因相互紧贴引起温差过大而破碎。

c. 均质温度制度

均质处理的温度制度也是决定均质质量的一个决定性因素。1990 年版的德国标准 DIN 18516 笼统规定了均质炉内的平均炉温为 (290±10)℃，保温时间长达 8h。实践证明按此标准进行均质处理的玻璃自爆率还是较高，结果并不理想。因此，根据 1994 年以来的大量研究成果，2000 年的欧洲新标准讨论稿将规定改为：均质炉内玻璃的温度在 (290±10)℃下保温 2h。多年累积的数据分析表明，严格按新标准均质处理过的玻璃，发生后续自爆的概率在 0.01 以下。此概率的意义是：每 1 万平方米玻璃，在 1 年之内发生 1 例自爆的概率小于 1%。由此才可自信地称钢化玻璃为“安全玻璃”。

③ 浮法玻璃生产工艺

玻璃中的硫化镍夹杂物是导致钢化玻璃自爆的本质原因，人们自然地想到是否有可能在浮法玻璃生产过程中减少或消除此杂质。从技术角度看，目前世界上最先进的玻璃缺陷自动检测仪也只能检测大于 0.2mm 的点缺陷，试图在浮法生产线上将有缺陷的玻璃全部挑出来几乎是不可能的。

有报道在浮法原料中添加硫酸锌或硝酸锌能有效地减少硫化镍结石的数量。硫酸锌或硝酸锌都是强氧化剂，能将玻璃中的硫化物氧化成硫酸盐，后者能被玻璃液吸收，从而减少或消除硫化镍结石。

3.2.7.2 碎片状态不合格

碎片状态不合格主要由以下 5 方面原因造成。

(1) 加热不均匀

始终保持生产设备的完好状态，是生产出合格产品的前提保证，钢化玻璃生产线的加热不均主要是由于加热系统故障造成的，因为玻璃在加热炉中靠电炉丝加热，而电炉丝长时间使用会因氧化变细，可能造成接触不良或熔断，导致钢化炉炉体内局部加热功能丧失，从而使玻璃板面的温度不均匀，温度控制系统故障。每台钢化炉由多个温度控制区和与之相对应的温控器组成，如果温控器发生故障，会使炉体内局部温度失去控制，造成玻璃加热的不均匀。电炉丝和温控器都属于易损件，在生产过程中应定期检修。为此，在生产中要及时掌握钢化炉的状态，及时更换氧化变细的电炉丝。

(2) 冷却不均匀

冷却风栅局部堵塞或风栅有设计制造缺陷，造成吹风不均匀，导致玻璃板面冷却不均。

(3) 加热和冷却的工艺制度设定不合理

加热温度、时间和冷却风压及吹风时间应随玻璃厚度、颜色以及环境温度的变化而适当调整。

(4) 急于提高产量

装炉率高，使炉温下降过快，加热系统补热能力不足，造成玻璃板面温度低。

(5) 原片玻璃质量不好

原片玻璃有气泡、结石等缺陷，会造成玻璃在钢化后缺陷附近应力不均，导致局部碎片偏大或自爆。

3.2.7.3 抗冲击性不合格

抗冲击性不合格主要由以下四方面原因造成。

① 加热和冷却工艺制度不合理。设定的加热温度偏低，加热时间短或者冷却风压、风量不够，吹风时间短，使玻璃的钢化程度低，达不到应有的应力值，玻璃的强度低。

② 玻璃表面有划伤，特别是玻璃在钢化后表面被划伤，使玻璃的表面应力释放，强度降低。

③ 玻璃在钢化前，边部处理质量不好，玻璃的边部存在微裂纹，使玻璃在受到冲击后应力首先从边部释放而破碎。

④ 在加热或冷却过程中，玻璃上下表面温度不同或冷却强度不一致，使上下表面形成的应力不一致，导致强度减低或玻璃板面弯曲。霰弹袋冲击性能不合格主要是玻璃钢化程度不足造成的。

3.2.7.4 其他种类钢化玻璃常见缺陷及解决办法

钢化玻璃中玻璃常见缺陷及解决办法如表 3-20 所示。

表 3-20 钢化玻璃中玻璃常见缺陷及解决办法

缺陷名称	产生原因分析	解决办法	备 注
玻璃表面呈波浪形	钢化炉内温度过高，加热时间过长造成的	降低钢化炉温度和减少加热时间	1. 钢化在生产时尽量避免空炉，造成炉内空加热而引起的温度过高 2. 有些玻璃的原片上的缺失，本身就带有波筋，也会造成玻璃形成波浪形
	石英辊道弯曲变形或辊径、辊高超标	更换或调整辊道高度	
	陶瓷辊加热往复或传输速度过慢	适当调整陶瓷辊的加热往复速度和传输速度	
玻璃表面有过热点	玻璃表面的过热点呈密集性橙皮状，这是由于玻璃出炉后表面温度过高或是加热时间过长导致	降低加热炉内的温度，做厚玻璃时要使炉内温度降下来，方可进炉。在不影响玻璃品质的情况下尽量减少加热时间	如以上均解决不了的话，就要考虑停产清炉了
	如果玻璃上的过热呈现出星点状，那是由于新炉子在生产阶段正常的情况或是陶瓷辊上有积物或者原板玻璃上本身就不干净	用废的原板进行滚炉把脏的东西在废板上带走，检查进炉玻璃上是否带有脏东西，降低玻璃在炉内的来回摆动速度	
玻璃划伤	玻璃来回搬运的次数过多，使玻璃来回摩擦碰撞	简化工艺，玻璃片与片之间加木条或纸条使玻璃之间有空隙	玻璃划伤就是玻璃上表面或下表面与尖锐的东西或碎玻璃屑产生的一种摩擦，而造成玻璃上有一道或好多道重的或轻微的划痕
	玻璃重叠拿放	使其玻璃单片拿放，使玻璃之间的压力减小从而减少摩擦	
	玻璃的传送辊道不干净	清理辊道，如玻璃是从风栅内出来而造成划伤的话，那就是玻璃在风栅内破碎了而未及时进行清理，使玻璃在辊道上进行来回摆动摩擦，造成划伤	
	辊道不同步	玻璃进炉之后，一定要观察陶瓷辊道的转速是否一致，如不一致的话，玻璃同不转的陶瓷辊一起摩擦，就使玻璃产生一片大的轻微的划痕。所以要调整好辊道的同步	

续表

缺陷名称	产生原因分析	解决办法	备　注
玻璃向上弯曲	玻璃出炉时玻璃顶部的温度高于玻璃底部的温度	增加钢化炉底部的温度	如果底部加热温度是正确的话，可以用调节空气平衡压力/调节风量平衡/降低风栅高度的办法来调节玻璃的向上弯曲
	冷却炉底部硬化压力高于顶部的硬化压力	增加冷却炉顶部硬化压力	
	上风栅距玻璃表面太高	降低上风栅的距离，以增加上风栅的吹风压力	
玻璃向下弯曲	当玻璃离开钢化炉时，玻璃顶部表面的温度低于底部表面的温度	减少钢化炉底部的温度	玻璃向下弯曲即是玻璃横放在水平面上玻璃中间部分呈凸形
	由于冷却炉内顶部表面的硬化力高于底部面冷却力量之硬化力	增加冷却风栅底部的硬化压力	
	上风栅太低，顶部吹风压力过大	调高上风栅，减少顶部对玻璃的吹风压力	
玻璃在加热炉内破损	使用了退火不好的玻璃或使用了有气泡有杂物大的玻璃	使用高质量的玻璃，原片玻璃一定要好	严格地讲，是严禁将玻璃进行二次钢化的
	使用了有微裂纹或磨边不好的玻璃	使用无微裂纹或磨边较好的玻璃	
	玻璃钻孔边部未处理好或玻璃钻孔直径小于玻璃的厚度	处理好钻孔的边缘和加大玻璃钻孔的直径	
	钢化过的玻璃进行二次钢化	钢化过的玻璃已经形成颗粒，再次进行钢化时，就相当于进行玻璃引爆一样，如玻璃有缺陷，很容易在钢化炉内破碎	
冷却炉内玻璃的破损	原板玻璃不良，玻璃上有丝状裂痕	检查玻璃原片	冷却炉内玻璃的破损通常是由于玻璃无法承受冷却炉的冷却而造成的
	玻璃的洞口和切角处未进行适当处理	钻孔开槽玻璃适当地打磨好	
	加热时间过短或是炉内加热不均匀	增加加热时间	
	急冷风压过大，尤其是钢化厚玻璃时，较高的风压容易造成玻璃表面和中心间的较高的温度梯度而导致玻璃的破裂	钢化厚玻璃时尽量用轴式风机，进行缓慢冷却，避免风压过大造成的张力过大而破损	
	风栅的风栅孔不通畅，吹风过程中，玻璃有一区域未有适当的冷却，而周围急速冷却，造成玻璃上有不同的张力而破裂	检查风栅孔是否有异物堵塞，进行清理	
	玻璃在风栅内碰撞，造成破碎	加大摆放距离，减少摆动时间	
玻璃中间部分两边弯曲	玻璃的中间温度低于玻璃两边的温度	增加玻璃的中间温度、更改玻璃的加热图、更改玻璃的放片位置	两边弯曲是玻璃中间部分来回摆动，晃一下玻璃呈凸形，再晃一下玻璃就呈凹形
玻璃中央有一道白雾带	主要原因是由于辊轴散发至玻璃底部的热量比加热管散发至顶部来得快，使玻璃在加热炉内首先发生边缘向上弯曲，使玻璃的中心部分压到加热炉的陶瓷辊，压力过大造成的	降低底部的温度，增加顶部的温度，连续进炉，开启 SO_2 气体	玻璃上有白雾即是玻璃中间部分有一道擦不掉的痕迹

续表

缺陷名称	产生原因分析	解决办法	备注
钢化玻璃表面出现裂纹	这是由于玻璃从加热炉到达风栅时温度太低使玻璃炸裂	增加钢化炉内的温度	
	玻璃的原材料本身就有缺陷，玻璃边部有裂口	检查原片玻璃磨边是否磨好	
钢化彩虹	浮法玻璃成型时，着锡面渗入SnO，钢化时被氧化成SnO_2体积膨胀，玻璃表面受压出现微细皱褶，使光线产生干涉色	选择优质原片，加热温度掌握下限，用细抛光粉进行抛光	
风斑	玻璃出炉后，风栅的摆动键被停止了，使玻璃的风嘴对着玻璃一个部位一直吹风	风栅的摆动要一直进行，玻璃在风栅内破碎时要及时进行清理	
	风栅离玻璃的高度太低	在不影响玻璃的颗粒度及其他质量要求时，我们适当提高风栅的高度	
辊痕与麻点	辊子上有黏附物	轻微时通SO_2，严重时停炉清辊	
	玻璃加热时间过长	缩短加热时间	

3.2.8 钢化炉参数设定的参考准则

3.2.8.1 温度设定

工作温度的设定原则是以设定上部电热温度为主，设定下部电热温度为辅。通常借由改变上部电热的温度设定可以决定整体的炉内温度高低，而改变下部电热的温度设定可以控制炉内温度高低，进而控制玻璃下表面的加热多寡。

表 3-21 是各种厚度玻璃的温度及功率的参考设定。

表 3-21 各种厚度玻璃的温度及功率的参考设定

玻璃厚度/mm	3	4	5	6	8	10	12	15	19
上部电热温度①/℃	705～715 (710)	700～710 (705)	690～700 (695)	690～700 (695)	685～695 (690)	685～695 (690)	680～690 (685)	665～675 (670)	655～665 (660)
上部功率	93%	93%	93%	93%	87%	87%	87%	87%	87%
下部电热温度②/℃	705～725 (715)	705～725 (715)	710～730 (720)	710～730 (720)	710～730 (720)	710～730 (720)	705～725 (715)	700～720 (710)	690～710 (700)
下部功率	80%	80%	80%	80%	80%	80%	80%	80%	80%

① 括号内的温度是建议的设定值，不过不同的机器会有些许的差异，操作者可视生产的情形，依此建议值做±5℃的修正。

② 括号内的温度是建议的设定值，不过不同的机器会有些许的差异，操作者可视生产的情形，依此建议值做±10℃的修正。

通常当玻璃排片的数量或面积愈多时，下部电热温度会愈高，以提供玻璃下表面的加热需要，不过当炉内下部的温度过高时，生产的玻璃可能会因为下表面的温度过高而发生波纹的问题；如果生产的玻璃没有波纹的问题或是生产者的玻璃可以接受些许的波纹时，建议操作者可将下部电热温度设定为建议值+10℃，若生产的玻璃对波纹的问题有较高的要求时，操作者可将下部电热温度设定为建议值-10℃。

操作时请勿将下部电热设定得太低，虽然这样可以有效地解决玻璃的波纹问题，不过也可能造成玻璃下表面的温度过低，致使玻璃在强化后无法形成对称的强化应力，如此将会大幅地提高玻璃自爆的概率。

3.2.8.2 功率设定

改变功率的设定可以改变温度上升的速度。通常使用较高的功率设定可以得到较快的升温速度，玻璃也因此获得较高的温度，当排片的玻璃数量或面积愈多时，愈需要较大的功率设定值以提供玻璃足够的加热需要；当排片的玻璃数量或面积不多时，只需要以较小的功率设定值便足以提供玻璃足够的加热需要。不过在一般的情况下，功率的设定只要采用表 3-27 中功率设定中所建议的设定值即可。

3.2.8.3 辅助电热的设定

根据所制造的水平式玻璃强化炉依机型之不同，辅助电热分别有 4 区及 8 区两种。

辅助电热 4 区的机型，4 区辅助电热的名称分别是：

上部入口辅助电热、上部出口辅助电热、下部入口辅助电热及下部出口辅助电热 4 区。其控制与显示的位置如下所示：

入口上：设定上部入口辅助电热温度。

出口上：设定上部出口辅助电热温度。

入口下：设定下部入口辅助电热温度。

出口下：设定下部出口辅助电热温度。

上部电热功率：设定上部电热功率。

下部电热功率：设定下部电热功率。

左侧：设定炉内上部或下部的左侧温度差（上部、下部电热程序关闭时有效）。

右侧：设定炉内上部或下部的右侧温度差（上部、下部电热程序关闭时有效）。

电热温度差值的设定方式：当电热程序设定为关闭时，电热温度差值由左侧、右侧的设定值决定；当电热程序设定为程序组 1～15 时，电热温度差值由程序组的内容决定。

辅助电热 8 区的机型，8 区辅助电热的名称分别是：

上部入口第一辅助电热、上部入口第二辅助电热、上部出口第一辅助电热、上部出口第二辅助电热、下部入口第一辅助电热、下部入口第二辅助电热、下部出口第一辅助电热及下部出口第二辅助电热 8 区。

辅助电热的主要作用在控制炉内入口侧和出口侧的温度，让炉内整体的温度能够更加均匀；通常炉内入口侧的温度会比出口侧的温度低些，所以在设定时可以将入口侧的辅助电热温度设得比出口侧的辅助电热温度高些，至于辅助电热温度究竟该设定多少才适当，提出几点原则性和建议：

① 观察炉内上部的温度变化，通常上部入口显示温度、上部出口显示温度与上部中间显示温度，会因排片的方式及排片的面积多寡而有所不同，不过一般而言上部入口、出口显示温度应该保持在上部中间显示温度的＋30℃至－10℃的范围内。

② 观察炉内下部的温度变化，会因排片的方式及排片的面积多寡而有所不同，不过一般而言下部入口、出口显示温度应该保持在下部中间显示温度的＋20℃至－20℃的范围内。

③ 当生产的玻璃在强化区发生破裂，并且主要的破损概率是发生在排片的后端时，应该适度地提升出口的显示温度亦即提升出口的辅助电热温度设定。

④ 当生产的玻璃在强化区发生破裂，并且主要的破损概率是发生在排片的后端时，应该适度地提升入口的显示温度亦即提升入口的辅助电热温度设定。

3.2.8.4 加热时间设定

一般而言，生产 3～12mm 玻璃时 1mm 厚度玻璃的加热时间大约 38～43s（标准是 40s），生产 15～19mm 玻璃时 1mm 厚度玻璃的加热时间大约 43～50s（标准是 45s）；至于其他有关加热时间的设定准则要根据特殊玻璃的强化要求加以确定。

3.2.8.5 徐冷时间设定

徐冷时间的设定以不超过加热时间减 30s 为原则，冬天和夏天因为环境温度的变化，徐冷时间可以做适度的调整，以控制玻璃徐冷出炉的温度，通常只要将玻璃徐冷出炉的温度控制在 40℃（冬天）或 50℃（夏天）以下时，在生产中可以适度地降低徐冷时间的设定，以达到下列之功效：

① 增加玻璃下片的时间。

② 降低噪声。

③ 节省能源的消耗达到环保的目的。

3.2.8.6 进炉间隔时间设定

在全自动操作模式下，当烧成区内的玻璃移往强化区后，入口工作台上的玻璃需间隔一段时间后才能进炉，这段设定的时间称进炉间隔时间；当操作者对机器的操作不熟悉、或是生产的玻璃需要较长的排片或下片的时间，或是因为其他原因时，操作者可以借由改变进炉间隔时间的长短来控制机器操作的速度。进炉间隔时间的最小设定是 5s，下列是我们对各种厚度玻璃进炉间隔时间的建议值，如表 3-22 所示。

表 3-22 各种厚度玻璃进炉间隔时间

玻璃厚度/mm	3	4	5	6	8	10	12	15	19
进炉间隔时间/s	5～10	5～10	5～15	5～15	10～20	10～20	10～20	20～30	30～40

3.2.8.7 辅助加热时间及喷气压力设定

玻璃从入口工作台移往烧成区后，在加热的初期由于玻璃的下表面从罗拉处得到大量的传导热，使得玻璃下表面的升温速率远大于上表面的升温速率，致使玻璃下表面的膨胀长度远大于上表面的膨胀长度而产生向上弯曲的现象。

玻璃产生向上弯曲的现象后，玻璃的重量只由弯曲后形成的少数接触面所承载，如无法在较短的时间内让玻璃恢复平坦，则玻璃在弯曲后所形成的接触面上容易产生白线或是形成光学瑕疵等问题。

为了避免玻璃产生上述的问题，可以运用气流强制加热原理，让玻璃的上表面于加热的初期可以获得较多的热，借此作用让玻璃能在较短的时间内就恢复平坦。

此气流强制加热装置只适用于加热初期，对于加热的末期此装置几乎不起作用。使用时操作者须先设定一作用时间即辅助加热时间，然后再调整使用的压力即可。通常同一厚度的玻璃可以使用相同的辅助加热时间，操作者只需依玻璃的大小及前置加工情形调整使用的压力大小。使用压力的调整原则如下：

① 较薄的玻璃可以使用较大的压力，较厚的玻璃必须使用较小的压力。

② 生产相同厚度玻璃时，较小的玻璃可以使用较大的压力，较大的玻璃必须使用较小的压力。

③ 生产的玻璃有切角或钻孔时，使用压力为无切角或钻孔玻璃的2/3～1/2；生产的玻璃同时有切角及钻孔时，使用压力为无切角及钻孔玻璃的1/2～1/3。

表3-23是对各种厚度玻璃的辅助加热时间及喷气压力设定所做的建议值。

表3-23　各种厚度玻璃的辅助加热时间及喷气压力设定所做的建议值

玻璃厚度/mm	3	4	5	6	8	10	12	15	19
辅助加热时间/s	60	80	90	110	140	180	210	260	320
喷气压力设定(大片玻璃～小片玻璃)/kg	1.0～2.0	0.8～1.8	0.6～1.6	0.5～1.4	0.4～1.2	0.3～1.0	0.2～0.8	0～0.5	0～0.5

3.2.8.8　出炉速率设定

出炉速率是玻璃由烧成区移往强化区的速率，一般只要使用预设的建议值即可。表3-24是对各种厚度玻璃的出炉速率所做的建议值。

表3-24　各种厚度玻璃的出炉速率的建议值

玻璃厚度/mm	3	4	5	6	8	10	12	15	19
出炉速率/(m/s)	70～80	80	70	60	60	50	50	40	40

3.2.8.9　上、下风排距离设定

上、下风排的距离设定，于操作时可采用固定下风排距离，只调整上风排距离的方式来控制玻璃的增直度；操作者可以适度地增加强化风压或是降低风排的高度以得到较佳的强化效果，于强化厚玻璃时，若强化后形成的应力痕迹太明显，只要将上、下风排的设定高度往上提升5～10mm即可，当操作者将风排的设定高度往上提升后需适度地调升强化风压，以免对玻璃的品质产生大的影响。

表 3-25 是对各种厚度玻璃的上、下风排距离设定所做的建议值。

表 3-25 各种厚度玻璃的上、下风排距离设定的建议值 单位：mm

玻璃厚度	3	4	5	6	8	10	12	15	19
上风排距离①	17～21	24～28	31～35	37～42	42～47	45～51	48～54	55～62	59～66
下风排距离	18	24	30	35	38	40	40	45	45

① 实际距离根据玻璃的平直度做调整。

3.2.8.10 风门比例设定

风门比例的设定范围是 0～10%，操作者可借由此参数的设定而得到所需的强化风压，不过当机械安置的场所冬季与夏季环境温度有差异时，操作者于夏季应使用较高的风压，而冬季应使用较低的风压，一般而言当环境温度产生 20℃±15℃的变化时，风压应该增加或减小大约 4%～6%，如此才能使玻璃的强化效果不会因为季节的改变而发生大变动。表 3-26 是对各种厚度玻璃所需要的强化风压所做的建议值。

表 3-26 各种厚度玻璃所需要的强化风压的建议值

玻璃厚度/mm	3	4	5	6	8	10	12	15	19
强化风压/mmAq	该机器设计的最大风压	480～520	240～260	120～140	50～55	20～24	10～12	3～5	2～4

3.2.8.11 风排强制归零

当机器使用一段时间后，因为机械上的误差或是其他电气上的问题（电压不稳或瞬间停电等），风排的实际高度或许与机器操作画面上显示的高度不同，此时操作者应该执行风排强制归零动作，以确保风排的实际高度与显示的高度不致有大的误差。执行风排强制归零动作时必须进入强制手动操作画面中按压风排强制归零键，当画面出现 YES 与 NO 的再确认键时，只要再按压 YES 键即可执行风排强制归零动作，通常操作者每星期至少要执行风排强制归零动作 1～2 次。

3.2.9 钢化炉操作及保养维护

3.2.9.1 钢化炉安全操作维护规程

① 钢化炉升温前，必须检查电炉丝、主传动以及相关部件，确认无误后方可升温，升温过程中必须有人值班看护。

② 钢化炉工作参数必须有专业控制工按工艺要求调整，严禁他人乱调。

③ 要进炉加工的玻璃尺寸应符合钢化炉的加工能力，严禁超大或超小，以免损坏设备。

④ 调整弧度时，必须专人指挥、专人操作计算机，以避免误操作，造成人员伤害。

⑤ 提升上风栅时，一定要倍加小心，以免拉断链条，损物伤人。上风栅升起

后，需进入上风栅下工作时，必须将专用铁销插入安全插孔后方可进入，以保证安全。

⑥ 需要调整链条、链轮、齿轮等部件或清除上面杂物时，一定要先停车再工作，严禁在以上部件转动情况下，用手操作，以避免事故发生。

⑦ 由于突然停电，计算机死机或主传动链条断裂等原因，造成主传动停转后，一定要先用手动把炉体内玻璃转出来，并使陶瓷辊子保持转动，以避免损坏陶瓷辊子。

⑧ 运行当中，要经常检查配电柜、主传动、成型段、上片端、下片端各部件运行情况，以便及时发现隐患。

⑨ 钢化炉处于生产保温状态时必须有专人值班，每半小时检查一次，检查项目有：温度显示页面显示的温度是否正常；主传动是否正常，打开炉门观察炉膛内颜色是否正常，控制柜是否有异常的声音和气味。

⑩ 将炉体升起擦陶瓷辊道时，必须插好安全销子并做好相应安全措施后方可进入炉膛内工作。

⑪ 发现异常情况及时处理，必要进度通知专业人员检修。

3.2.9.2 钢化炉常用紧急故障处理方法

钢化炉在生产过程中，玻璃要不停地往复运动，但会出现以下故障。

(1) 炸炉

在生产过程中，尤其是较厚玻璃，会出现玻璃在炉膛内炸裂，一旦出现炸裂，须立即停止主传动，用手动将玻璃摇出炉，再升起炉体，检查有无破碎玻璃。

(2) 主传动异常

电炉在生产过程中如出现主传动异常，一般都是编码器或链条异常，这时同样用上述方法将玻璃摇出炉体。

(3) 停电

钢化炉在生产过程中，如遇到停电时，按如下方法处理：

① 迅速将玻璃摇出炉体。

② 如果玻璃凹陷在陶瓷辊道上（粘辊）时，用模板轻轻挑动，不要用力敲打。

③ 如果玻璃挑不出来，须立即降温，等温度降下来再用刀片刮除，或做其他处理。

(4) 死机

在生产过程中，也会出现一些死机情况，一般有两种情况：

① 一种死机是玻璃刚进炉，主传动停止转动，说明玻璃超长。

② 加热时间不计时，处理方法：立即将玻璃摇出炉体，断电，重新启动计算机。

(5) 加热系统异常

一般会在加热控制板失灵时出现，造成温度上升，这时需要断电，打开锥阀，并手摇主传动保持陶瓷辊转动，通知维护人员对设备进行全面检查。

(6) 炉门打不开，加热玻璃出不来

因空压机问题导致后炉门打不开等故障，为此应迅速：

① 爬上炉顶，用人力打开后炉门，使玻璃迅速排出，防止粘炉。

② 时间紧迫时，可打开冷却锥阀同时升炉体，停主传动，手动摇出炉内玻璃，确认炉内无玻璃后降炉体。

3.2.9.3 钢化炉陶瓷辊维护与保养

① 上片台必须每班清洁一次，防止灰尘进入钢化炉内，造成陶瓷辊被污染(产生小麻点)。

② 对于大批量、不间断的生产（24h 不停炉），为了使陶瓷辊表面保持润滑，减少玻璃对陶瓷辊的摩擦，需要经常向炉内加入 SO_2（硫升华）。对于使用次数及数量，建议每 10 天加一次，每次约 20g，量不要过大，以防损害陶瓷辊和加热元件。

③ 当发现玻璃“炸炉”时，必须及时降温清洁陶瓷辊，如果陶瓷辊并未清理干净，残余的玻璃渣对陶瓷辊的损伤极大。

④ 加热温度的选择与使用要恰当，加热温度不宜过高，更不要为了提高成品率而采取高温长时间加热，陶瓷辊玻璃表面会由此形成密集性麻点，玻璃表面的白色小点就是从陶瓷辊表面粘取的。

⑤ 一旦发现玻璃表面有麻点（风栅辊道不干净、炉温过高、时间过长的原因除外)，须及时清洁陶瓷辊。

⑥ 陶瓷辊表面有突起物时，可以使用 400 目以上的水砂纸打磨，打磨后用四氯化碳清洗，以免打磨掉的粉末附着于陶瓷辊表面。用以蘸取四氯化碳的白布以纯棉及不掉毛的柔软材质为佳，擦拭陶瓷辊时必须小心、仔细，切忌使用拖布野蛮操作。

⑦ 如果使用蒸馏水或纯净水清洁陶瓷辊，须注意：陶瓷辊表面的水分不会很快挥发掉，严禁陶瓷辊表面带水时急速升温，应避免由此对陶瓷辊带来的不良影响。

3.2.10 钢化玻璃的应用

钢化玻璃从开始的发明到现在广泛使用，已经从开始的安全保护玻璃演变成建筑的围护材料、结构材料，家具的主要装饰材料等。

3.2.10.1 航空领域

航空领域是最早使用钢化玻璃的领域之一。飞机玻璃一般为复合结构，即与有机玻璃组成有机、无机复合夹层玻璃；与无机玻璃组成全无机复合夹层玻璃；或在玻璃表面镀膜制成电加温防冰除雾玻璃、隐身玻璃等。钢化玻璃的抗冲击性能很高，复合玻璃可以抵御 550km/h 速度鸟的冲击。

3.2.10.2 建筑领域

现代建筑为了适应舒适的工作生活环境，对于玻璃的要求越来越高，已从单纯的采光要求转向安全、节能、美观、隔声和大型化等多功能的要求。钢化玻璃以其安全性能，在现代建筑中得到广泛的应用。为了确保人身安全，许多国家对建筑物用玻璃的安全性提出了一定的要求。例如：美国、英国、德国、法国、日本、澳大利亚等国制定了有关的法规，要求公共建筑物的玻璃窗、玻璃门、玻璃屏障、玻璃隔断、卫生间玻璃、楼梯护板玻璃等，必须使用安全玻璃。钢化玻璃抗冲击强度高，热稳定性好，因此在建筑物玻璃构件及温室、顶棚玻璃中广泛使用。

在冰雹地区的玻璃屋顶、玻璃天井、倾斜装配窗等构件采用钢化玻璃，在下冰雹时，可承受较大冰雹的冲击而不破碎，即使破碎，碎粒也不会造成对人体的伤害。近十年来，农业温室用钢化玻璃在不断扩大，全国许多地方用钢化玻璃温室代替塑料薄膜，用作育苗及蔬菜的生产基地，获得较好的经济效益，以东北某市为例，该市每年要求供应钢化玻璃10万～15万平方米，用来做蔬菜基地的温室。全国目前用玻璃做温室的用量很大，用普通平板玻璃，在气温骤然变化及冰雹、风雪袭击时，破损率较高，每年破损约1/3。而使用钢化玻璃，五年以后才有少量破损。用钢化玻璃做温室，一次性投资虽然高一些，但服务年限长，总的看来是经济的。钢化玻璃在建筑物的窗、门、建筑构件及许多方面已经得到广泛的应用。国外建筑用安全玻璃数量已经超过汽车的用量。建筑上使用钢化玻璃有利于实现幕墙和窗户大型化，并为建筑物造型美观创造条件。国外建筑业已经成为钢化玻璃的第一大用户，用量不断增长。随着我国改革开放，国内的建筑业蓬勃发展，许多高中档建筑物也已经使用钢化玻璃，随着国民经济进一步发展，随着建筑安全玻璃法规的实施，钢化玻璃在国内建筑业的应用会越来越广泛。

幕墙玻璃使用的是钢化夹层玻璃或中空双钢化夹层玻璃，主要解决了建筑物邻近机场、高速公路、火车站等噪声较高地区噪声的威胁。同时，夹层钢化玻璃可以抵御因玻璃面积逐渐提高抗风荷载能力。此外，夹层中空玻璃还是现代建筑节能的围护材料之一。通过中空夹层玻璃可以节省能源30%左右，降低噪声10dB。

钢化玻璃在建筑楼梯上用作无支撑护板，既起到支撑的作用，又有护栏的作用，这种形式国外设计中已经使用。钢化玻璃还作为承重材料使用在过街天桥的整体结构上，利用钢化玻璃的抗弯强度大的优点也有将玻璃设计成塔形支撑柱、造型底座等。

3.2.10.3 汽车工业

汽车的发展带动钢化玻璃的发展和使用。汽车玻璃已经由原来的厚片钢化，发展到薄型钢化和镀膜、异形钢化等。

新颖的轿车要求玻璃美观、安全。近年来发展的S形、L形、U形钢化玻璃解决了欧、美、日等国对高中档豪华客车、轿车外形流线型或棱角分明以及一体化的设计要求。隐框钢化玻璃设计减少了汽车运动阻力，镀膜钢化玻璃的使用增加了私人的空间和车内的凉爽、舒适度。低辐射钢化玻璃减少夏季太阳能进入车内，降低空调的使用。

轻型化是轿车的发展趋势，它要求所用的玻璃在安全的前提下薄型化，新型汽车的前风挡玻璃是用薄钢化玻璃层合制成的，后风挡玻璃用热线印刷玻璃（钢化玻璃），侧风挡及窗用单弯薄钢化玻璃。中外合资生产的奥迪、桑塔纳、标致、捷达汽车全部或部分使用上述钢化玻璃。根据安全、防爆的要求，国外已经使用了侧窗薄型钢化夹层玻璃。农用汽车的前风挡玻璃、侧风挡玻璃均采用钢化玻璃或区域钢化玻璃等。

3.2.10.4 火车、船舶运输方面

火车、船舶等交通运输工具的窗、门均采用钢化、中空钢化或钢化夹层玻璃等。火车的前风挡玻璃一般使用电加温钢化夹层玻璃，侧风挡使用中空钢化玻璃。高速列车玻璃侧窗则采用弧形中空镀膜钢化夹层玻璃。目的与车体外形衔接，降低高速列车噪声向车内传播，降低太阳辐射热对车内舒适度的影响，起到节能的作用。城市铁路列车玻璃与城际列车玻璃类似，新增加车厢内的隔挡玻璃均为钢化玻璃。轮船的前风挡玻璃一般使用钢化玻璃，侧风挡使用钢化玻璃。高速行驶的船舶、舰船包括远洋捕鱼船、交通船、缉私艇、水文观测船等必须使用钢化夹层玻璃，目的是承受海上的风浪的袭击而不破碎。

3.2.10.5 家用电器、日用家具、卫生洁具等方面

家用电器在钢化玻璃应用领域已经占有举足轻重的位置。钢化玻璃的适用范围基本遍布家电行业。小到电子显示器、体重计，大到微波炉的门、烤箱门、冰箱门、抽油烟机的护罩、彩色电视保护屏等。冰箱门还有用中空钢化玻璃或低辐射钢化玻璃制成的，目的是减少外界热空气对箱体的辐射，节省冰箱制冷的能耗。

浴室中的门、围护、面盆、浴缸在国内外均有用钢化玻璃制备的。写字台的台面、茶几、餐桌的台面、玻璃屏风都是钢化玻璃。家用煤气灶具台面、切板、锅盖也是钢化玻璃制品。

3.2.10.6 电子行业

电子行业使用钢化玻璃较晚，但是用量不容忽视。因为，电子行业的安全问题涉及的人数较多。目前用到钢化玻璃的有计算机显示器保护屏、投影仪保护屏、工业电视监视器、计算机触摸屏、手机显示屏、游艺机显示屏、投影仪内部耐热保护屏。

3.2.10.7 化工领域

利用钢化玻璃耐 200℃温差的特点，做有机材料成型板制备的膜板、配料容器。利用钢化玻璃的抗弯强度高、耐热的优点做高压容器的观察窗。

3.2.10.8 其他领域

利用钢化玻璃耐磨、耐热性能做建筑物的射灯、地灯保护玻璃；医疗器械的无影灯保护玻璃；印刷机械的耐热玻璃屏；博物馆展示柜、展厅、橱窗、商业柜台等公共场所使用钢化玻璃，避免玻璃受冲击时破碎伤害人群。

3.3 化学钢化工艺及设备

3.3.1 玻璃化学钢化的机理

利用玻璃表面离子的迁移和扩散特性，使玻璃的表面层区域（一般在数百微米

以内的厚度）的成分发生变化，这一变化导致玻璃表面的微裂纹消失或者在玻璃表面形成压应力层，从而使玻璃的强度得到提高，这一技术被称为玻璃的化学钢化。通过化学钢化获得的具有高强度的玻璃产品即为化学钢化玻璃（或化学强化玻璃）。

3.3.2 化学钢化玻璃的性能

玻璃的物理钢化应力分布呈抛物线形状，而化学钢化由于表层应力层薄，应力分布见图 3-38。化学钢化玻璃的性能如下：

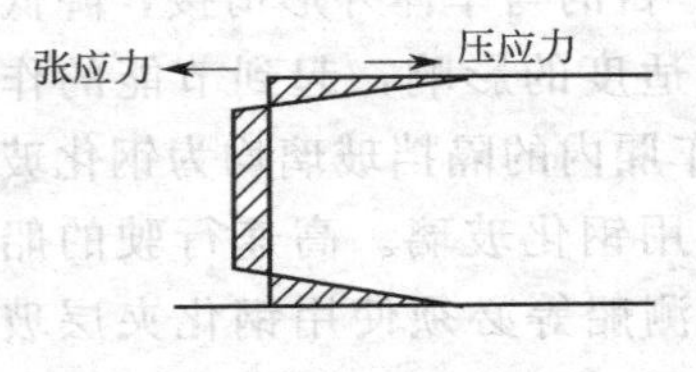

图 3-38 化学钢化玻璃应力分布

① 表面压应力层厚度一般为 10～200μm，压应力为 300～500MPa，比物理钢化压应力 100MPa 高 3～5 倍。

② 抗弯强度为 200～350MPa，3mm 化学钢化玻璃的抗冲击强度为 3.5～4.0 米（227g 钢球），约为物理钢化的 3 倍。

③ 热稳定性为 150℃，使用温度可达 200℃。

④ 因处理温度比物理钢化法低，所以玻璃不会产生波形、弯曲等缺陷，表面平整度和处理前一样。

⑤ 化学钢化在必要情况下，可以再切割（但切割后强度会降低）。

⑥ 由于中心层张应力低，化学钢化玻璃破裂时，不会变成细粒状，其破裂后的形态和物理钢化的热增强玻璃相似。

3.3.3 化学钢化玻璃的分类

随着化学钢化理论研究的深入，化学钢化技术的种类在不断增加。就目前已发表的文献和实际应用技术进行归类，可分为：表面脱碱、高膨胀玻璃表面涂覆低膨胀玻璃、碱金属离子交换三大类。碱金属离子交换又可分为高温型离子交换和低温型离子交换。这里重点对生产应用较多的碱金属离子交换加以论述。

3.3.4 离子交换化学钢化

玻璃是非晶态固体物质，一般硅酸盐玻璃是由 Si—O 键形成的网络和进入网络中的碱金属、碱土金属等离子构成。此网络是由含氧离子的多面体（三面体或四面体）构成的，其中心被 Si^{4+}、Al^{3+} 或 P^{5+} 所占据。其中碱金属离子较活泼，很易从玻璃内部析出。离子交换法就是基于碱金属离子自然扩散和相互扩散，以改变玻璃表面层的成分，从而形成表面压应力层。

将玻璃浸入熔融的盐液内，玻璃与盐液便发生离子交换，玻璃表面附近的某些碱金属离子通过扩散而进入熔盐内，它们的空位由熔盐的碱金属离子占据，结果改变了玻璃表面层的化学成分，降低了它的热膨胀系数，从而形成 10～200μm 的表面压应力层。由于玻璃存在这种表面压应力层，当外力作用于此表面时，首先必须抵消这部分压应力，这样就提高了玻璃的机械强度；由于降低了玻璃的热膨胀系数，从而提高了其热稳定性，这些就是化学钢化玻璃得以提高机械强度和热稳定性的原因。

离子交换的方法主要有两种方法：高温型离子交换和低温型离子交换。

3.3.4.1 高温型离子交换

在玻璃的软化点与转变点之间的温度区域内，通过玻璃与熔盐间的离子交换，在玻璃表面形成膨胀系数比玻璃基体小的薄层。当冷却时，因表面层与基体收缩不一致而玻璃表面形成压应力层。应力的大小可以通过式(3-54)计算。

$$\sigma_s = E(1-\nu)^{-1}(\alpha_1-\alpha_2)\Delta T \tag{3-54}$$

式中 σ_s——表面应力；

E——玻璃弹性模量；

ν——泊松比；

α_1，α_2——内外层玻璃的膨胀系数；

ΔT——温度差。

此法是以半径小的碱金属离子置换玻璃中半径大的碱金属离子。具体的方法是将Na_2O-Al_2O_3-SiO_2系玻璃置于含锂离子的高温熔盐中，使玻璃表面的Na^+与比它们半径小的Li^+交换，然后冷却至室温。由于含Li^+的表层与含Na^+或Li^+的内层膨胀系数不同，表面产生残余压应力而强化。同时，玻璃中若含有Al_2O_3、TiO_2等成分时，通过离子交换，在表面层形成线膨胀系数很小的β-锂霞石（$Li_2O \cdot Al_2O_3 \cdot 2SiO_2$）或β-锂辉石（$Li_2O \cdot Al_2O_3 \cdot 4SiO_2$）结晶表层，由于表层与玻璃基体膨胀系数不同，基体冷却收缩，表面层阻止其收缩，表面层受到压应力，从而使玻璃强度可高达700MPa。此法的实例为，将SiO_2 57%～66%、Al_2O_3 13.5%～23%、Na_2O 11%～38%、Li_2O 1%～10%（质量分数）玻璃在600～750℃下浸在Li^+、Na^+、Ag^+的熔盐中，玻璃中的Na^+被Ag^+或Li^+置换，产生双层交换层：外侧是β-锂霞石，内侧是偏硅酸锂结晶化玻璃层，能极大地增高强度。

除了特殊的产品，一般产品不用高温法生产，因为处理过程温度高，能耗大，另外所需材料是碱金属中最贵的。

3.3.4.2 低温型离子交换

在不高于玻璃转变点的温度区域内，将玻璃浸入含有比玻璃中碱金属离子半径大的金属离子熔盐中，玻璃与熔盐间发生离子交换，大离子置换小离子（如K^+置换玻璃中的Na^+），交换离子间的体积差，在玻璃表面层造成"挤塞"效应，形成表面压应力层，使玻璃强度得到提高。虽然比高温型交换速度慢，但由于低温型离子交换制造成本较低，加工过程中玻璃不变形而具有实用价值。

具体的方法是将Na_2O-Al_2O_3-SiO_2系玻璃放入熔融硝酸钾（KNO_3）槽内，在玻璃表层硝酸钾盐中的K^+置换玻璃中的Na^+，由于离子交换是在低于应变点的温度中进行，玻璃没有出现黏滞流动，因为K^+、Na^+的半径大小不同（K^+半径为0.133nm，Na^+半径为0.099nm)，离子半径大的K^+占据离子半径小的Na^+腾出的空位，因而产生表层"挤塞"现象，导致表面层产生较大的压应力，从而强化了玻璃。

化学钢化玻璃表面层的压应力大小可以通过式(3-55)计算。

$$\sigma_s=\frac{1}{3}\times E/(1-\nu)\times\frac{\Delta V}{V} \tag{3-55}$$

式中 σ_s——表面应力；

E——玻璃弹性模量；

ν——泊松比；

V——离子交换前玻璃的体积；

ΔV——离子交换产生的体积差。

依照理论计算，工业用 Na_2O-CaO-SiO_2 玻璃，一般含有约15%（摩尔分数）的 Na_2O，密度约为 2.5g/cm³，这样计算出 1cm³ 玻璃中含有约 7×10^{21} 个 Na^+。若这些 Na^+ 全部被 K^+ 置换，将会产生约4.5%的体积变化量，从而计算出玻璃表面因离子交换所产生的压应力约为 900MPa，但这个计算值在生产实际中很难达到。Burggreaf 曾证明了离子交换得到的玻璃较用常规熔融步骤获得的同样成分的玻璃密度大得多，而体积变化小于预期值，因而，观测到的应力也低于计算值。另外，离子在交换过程中也存在应力弛豫现象。除此之外，具备商业价值的离子交换渗入层的厚度一般在 20～30μm，如果有深度穿过渗入层的微裂纹存在，那么离子交换产生的压应力和与之平衡的张应力将同时作用于微裂纹，而且，微裂纹的尖端恰好处于张应力压力区，同样影响到强度的提高。

(1) 低温型离子交换机理

认识玻璃表面离子交换机理需从离子交换的微观结构、交换动力学、热力学三方面展开。

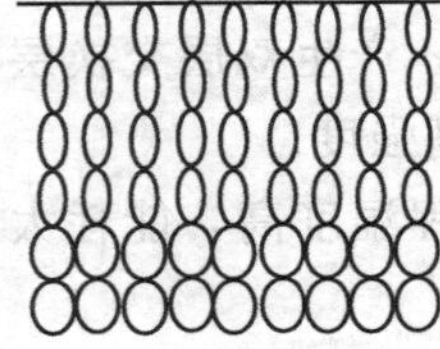

图 3-39 玻璃亚表面结构模型

① 离子交换的微观结构

玻璃表面结构，以 Weyl 的“亚表面”假说最能反映玻璃的表面特性。Weyl 认为，玻璃的“亚表面”非常薄，且完全没有对称性，即其中的全部离子都处于不完全配位、具有缺陷结构的状态，其厚度约相当于胶体离子的大小。如图 3-39 所示为玻璃亚表面结构模型。图 3-39 中圆圈代表普通的对称性原子，越靠近表面，熵的变化越大，圆就渐渐变形而成为对称性的椭圆。在亚表面层里，由于原子的大小不同，存在着无数的原子间隙，因而：

a. 玻璃表面易与 O_2、SO_2、H_2O 及 HCl 等反应；

b. 表面强度低，易产生表面微裂纹；

c. 表面易进行离子交换；

d. 表面的玻璃态 SiO_2 可以被水解，使 Si—O 断裂；

e. 表面容易析晶；

f. 表面层产生流变作用，使高温下产生的应变不致残留到低温状态。

Weyl的假说，指明了玻璃表面以下的结构，而玻璃表面自玻璃成型开始，便与大气或一定的气体环境相接触，由于新鲜玻璃表面的不饱和 Si 键的存在，玻璃表面吸附了气体中的水汽，从而形成三种类型的羟基团。两种结构结合在一起，便是完整的玻璃表面。

② 离子交换的动力学

离子的扩散现象由裴克·能斯特、爱因斯坦等做了详尽的研究，并提出了 Fick 扩散第一定律、第二定律和能斯特爱因斯坦方程。

Fick 第一定律的表达式为：

$$J=-D\frac{\partial C}{\partial X} \tag{3-56}$$

式中 D——某一离子在玻璃中的扩散系数；

J——单位时间内离子通过单位面积的物质的量；

$\frac{\partial C}{\partial X}$——沿扩散方向上离子浓度的变化。

该定律表明，通过垂直于扩散方向某平面的扩散物质通量，与浓度成正比。它所描述的是稳定扩散，扩散物质不随时间而变化。

Fick 第二定律的表达式为：

$$\frac{\partial C}{\partial t}=\frac{\partial}{\partial X}\left(D\frac{\partial C}{\partial X}\right) \tag{3-57}$$

该式是对不稳定扩散的描述，即扩散物质的浓度随时间而变化，扩散物质的通量随位置而变化。

根据 Fick 第二定律，并结合玻璃的单位表面向内扩散的边界条件，可得出两个重要的经验公式，见式(3-58) 和式(3-59)：

$$D=D_0\mathrm{e}^{-\frac{Q}{RT}} \tag{3-58}$$

式中 D_0——常数；

Q——离子扩散激活能；

T——离子扩散温度。

$$X\approx\sqrt{DT} \tag{3-59}$$

式中，X 为近似的扩散距离。

式(3-58) 表明，决定离子扩散系数的主要因素是激活能 Q 和温度 T，其中激活能是受到扩散物质、扩散介质以及杂质温度等的影响。式(3-59) 则表明了某离子扩散入玻璃的深度与离子交换时间的平方根成正比。

③ 离子交换的热力学

从热力学看，离子交换是离子在固液相间处于定值的分布。

其热力学平衡常数为：

$$K=\frac{a(\text{盐})b(\text{盐})}{a(\text{玻璃})b(\text{玻璃})} \tag{3-60}$$

式中，a，b为A^+和B^+的活度。

根据化学反应热力学的观点，降低反应生成物Na^+的浓度，将有利于反应向K^+进入玻璃体方向进行。玻璃的化学强化过程，从根本上是受控于离子的扩散，但要使化学强化技术在实际中得到应用，就必须通过技术措施，改善扩散的进度。这可以从三方面入手：一是选择恰当的有利于离子交换的玻璃成分；二是通过改变玻璃表面结构，有利于离子交换；三是通过改变离子交换过程中的熔盐反应产物，促使离子交换向设想的方向进行。

(2) 低温离子交换法的工艺流程

低温预热→高温预热→离子交换→高温冷却→低温冷却→清洗干燥→检验→包装入库

(3) 生产工艺配方和参数

① 熔盐材料

主要材料：KNO_3（化学纯级）85%～98%（质量比）。

辅助添加剂：Al_2O_3粉、硅酸钾、硅藻土、其他2%～15%（质量比）。

② 盐浴池熔盐温度

一般的温度设定为380～500℃。

③ 交换时间

根据产品增强需要和处理温度而定，一般不会因为玻璃厚度增加而延长交换时间。

④ 设计炉温

低温预热炉　200～300℃

高温预热炉　350～400℃

离子交换炉　410～500℃

高温冷却炉　350～450℃

中温冷却炉　200～300℃

低温冷却炉　150～200℃

⑤ 盐浴池材料选择

熔盐的组成决定了其具有较强的腐蚀性。为了保持熔盐的活性长久和生产的安全，盐浴池材料的高温耐蚀性要好。一般，多数熔盐都可以盛在不锈钢或高硅氧类玻璃盐浴池内。含氯离子的熔盐由于对不锈钢存在侵蚀作用，最好盛在高硅氧类玻璃盐浴池内。在实际生产中，为了防止意外事故发生，上述盐浴池必须放在一个更大的、周围充填细沙的耐热金属池内（温度可以控制在±1℃）。

⑥ 离子交换的工艺因素

a. 玻璃成分对离子交换的影响

玻璃的化学钢化是根据离子扩张机理，使玻璃表面形成压应力的一种处理工艺。压应力值与交换离子的体积变化有关。

从离子交换的使用观点来看，能够在较短的时间内获得满足强度要求的离子交换厚度是最重要的，一般选用交换速度快，应力松弛小的玻璃组成，曾有许多学者进行过研究，研究得最多的为硅酸盐玻璃，其主要成分系统及各成分在离子交换中的作用如下：

(a) SiO_2-RO-R_2O

(b) SiO_2-Al_2O_3-R_2O

(c) SiO_2-Al_2O_3-RO（MgO、CaO、SrO、ZnO、BaO、PbO）-R_2O

(d) SiO_2-Al_2O_3-B_2O_3-RO-R_2O

(e) SiO_2-Al_2O_3-RO-R_2O（ZrO_2、TiO_2、CeO_2）-R_2O

在（b）～(e) 系统的成分中，SiO_2含量在50%以下时，玻璃的化学稳定性差，含量在65%以上时，生产玻璃时原料难于熔化。SiO_2含量以在60%～65%为适合。在硅酸盐玻璃中增加Al_2O_3、ZrO_2、P_2O_5、ZnO等氧化物的含量，有利于化学钢化增强效果。

Al_2O_3在离子交换中起加速作用，其原因在于Al_2O_3取代SiO_2，体积增大，结构网络空隙扩大，有利于碱离子扩散；另一方面，体积增大，也有利于吸收大体积的K^+，促进离子交换，Al_2O_3的合适用量为1%～17%。含量小于1%时，玻璃的化学稳定性差，含量大于17%时，生产玻璃时原料难熔。

若增加RO减少SiO_2，对离子交换有不良影响。这是由于R^{2+}与非桥氧相互作用较与桥氧离子作用更为强烈；用少量RO取代SiO_2，将导致扩散速率降低，直径愈小的R^{2+}对氧的极化愈强烈，其结合也较牢固，使R^+—O—R^{2+}中的R^+—O键反而变弱，所以碱离子在含小半径R^{2+}的玻璃中，其扩散系数比在含大直径R^+玻璃中有所增加。用R^+取代SiO_2还会堵塞碱离子通道。所以玻璃中含小离子的二价金属氧化物对碱离子的扩散影响较小，ZnO、MgO比CaO、SrO、BaO、PbO为好。ZnO加入以后，玻璃增强效果好，而且可改善作业性能，并可防止玻璃失透。

B_2O_3与Al_2O_3并用，强化层厚度增加，强度提高。硼硅酸盐玻璃进行离子交换后，强化层厚20～40μm，抗弯强度达500～600MPa，比处理前高10～20倍。

ZrO_2与Al_2O_3并用，强化效果比较好。但ZrO_2含量大于10%以上时熔化困难，成型温度高，一般宜在10%以下。含TiO_2成分的玻璃离子交换后，强度显著增加，如含TiO_2 25.2%的玻璃，离子交换后抗弯强度可达710MPa。

碱金属氧化物含量对离子交换有很大的影响。Na_2O含量在10%以下时，交换效果不好。Na_2O含量增加，交换层厚度相应增加，但Na_2O含量达到15%以上时，化学稳定性下降。Na_2O与Li_2O并用，离子交换的效果较好，但Li_2O在2%以下时，增强的效果差。

在含有Na_2O和K_2O的玻璃中，存在两种大小离子互相匹配的位置，许多学者研究发现，在离子交换过程中，玻璃基体中碱离子的扩散，是经过离子之间的跃迁而完成的。在上述玻璃中，钾离子（熔融盐液中的钾离子和玻璃中的钾离子）有以下四种方式：

(a) 从钾离子位置到邻近的钠离子的空位。

(b) 从钾离子位置到邻近的钾离子的空位。

(c) 从钠离子位置到邻近的钠离子的空位。

(d) 从钠离子位置到邻近的钾离子的空位。

从以上四种形式可以分析出，在（a）种情况下所产生的压应力是由于“挤塞”现象所产生的。这是因为钾离子比钠离子半径大。（b）种情况下离子之间的跳跃不产生应力。（c）种情况也没有应力发生。（d）种情况，有一个从“挤塞”状态的应力释放过程，与（a）种情况恰好相反。因为钠离子在玻璃中迁移率较钾离子高很多。因此，在离子交换过程中，熔融盐液中的钾离子跳跃进入玻璃中钠离子的空位，然后以（a）种情况跳跃到邻近钠离子的空位。这种离子交换的数量越多，进入表面层的深度越深。所得成品的表面压应力值越大，压应力层的厚度也越大。

钾离子由熔融盐液介质中扩散到玻璃内部钠离子位置需要消耗能量，即 K^+ 挤入到 Na^+ 位置所需要的能量，也可以说是扩大 Na^+ 空穴半径来适应 K^+ 半径所需要的能量。此种能量，是由熔融盐液被加热后获得的热能转换而成。假定玻璃中 Na^+ 位置和 K^+ 位置间的静电作用是相等的，那在含有 Na^+ 和 K^+ 的玻璃中，K^+ 经多次扩散后活化能逐渐减小，最后，K^+ 在进入至玻璃表面层一定深度后停留在 Na^+ 的位置上，不再跳跃，这也就是离子交换过程的结束。

通过合适的工艺条件，几乎对含碱（Na_2O、Li_2O）玻璃，都可用 K^+ 交换，取得一定增强效果。其中以 Na_2O-CaO-SiO_2 及 Na_2O-Al_2O_3-SiO_2 玻璃为基体的化学钢化玻璃使用最为广泛。

b. 熔盐成分对玻璃强度的影响

先前举例的熔盐材料起置换作用的是 KNO_3，其他的为辅助添加剂。长期处于高温状态下的 KNO_3，会发生少量的分解，其浓度降低会造成成品的抗冲击强度降低。

KNO_3 熔盐的纯度高时，二价离子的含量少，当 KNO_3 的纯度不高时，杂质中就会带入 Ca^{2+}、Sr^{2+}、Mg^{2+} 等离子，妨碍 K^+ 与 Na^+ 的置换，以致增强效果降低。

Na_2O 是 KNO_3 熔盐的杂质，经过长时间大批量的玻璃进行离子交换之后，再取熔盐进行化学分析，会得到如下结果：熔盐中的 K_2O 含量比原料 KNO_3 中 K_2O 的含量减少，而熔盐中的 Na_2O 含量比原料 KNO_3 中 Na_2O 的含量增加，这是由于 Na^+ 在熔盐中富集的结果，这种 Na^+ 富集会影响离子置换的进行，使玻璃增强效果不好，而且有使玻璃表面产生浑浊，形如发霉的缺点。当 Na^+ 含量在 0.5%时，玻璃的增强开始受到影响。要使产品获得稳定的强度，就必须经常补充熔盐或及时对熔盐进行净化处理，保持熔盐的新鲜状态。

在熔盐中增加少量的氧化铝、氢氧化钾、氧化铈等辅料，可以提高玻璃的化学钢化效果。

c. 处理温度

化学钢化实际上是一个离子扩散过程，扩散系数主要取决于温度和活化能，离子交换速率随温度上升而呈指数关系增大。

Na_2O-CaO-SiO_2玻璃在KNO_3熔盐中进行离子交换时，要求满足105～126kJ/mol的条件。处理温度比较低时，达不到上述条件，交换过程中扩散不可能进行完全，也就不可能获得足够大的表面压缩应力，强度显然不会太高。反之，当温度过高时，因玻璃结构的松弛，可使K^+和Na^+的重排或迁移而导致强度降低。只有当离子交换的应力积累与玻璃网络离子的热调节达到平衡时，强度的增加才能出现最大值。

d. 处理时间

单位表面积玻璃吸收的物质（或离子）总量与时间的平方根成直线关系。因此，在一定的时间内，要使反应总量增加一倍，处理时间就得增加四倍。Na_2O-CaO-SiO_2玻璃在熔融的KNO_3熔盐中处理，温度和时间的关系可表示为：积分应力的积累率与离子交换速率减去玻璃松弛所引起的应力损失值成正比。

只要样品的范围保持无限大，在大的松弛时间内，积分应力与处理时间的平方根成直线关系。但与松弛时间有关的处理时间变得较长时，应力可以从此直线关系下降。可见，在一定温度下处理的离子交换玻璃的强度，并不是随着时间的增加可以无限地加大。从离子交换层的厚度来看，它也并不是随着时间的增长而越来越厚，而是当离子交换层达到一定厚度后随时间的增长，离子交换层的厚度反而有减薄的趋势。

e. 加速离子交换的方法

工业上实用的加速离子交换的方法很多，主要有两段处理法和电化学法。

(a) 两段处理法，即在不同组成的K^+熔融盐液中做两次处理，获得相同增强效果，处理时间却大为减少。

(b) 电化学法，这是一种采用附加电压，在电场中进行离子交换，以加快离子扩散速率的方法。在熔盐槽的一端装上阳极，在另一端装上阴极，把Na_2O-CaO-SiO_2玻璃浸入熔盐中，玻璃浸入后在电场中形成一块融板把熔盐分为阳极和阴极两部分。电场基本垂直于玻璃表面，这样就加速了熔盐中阳极一边的K^+向玻璃表面扩散，同时也促进了同一电场中阴极的一边同等数量的Na^+迁移出玻璃，但是这种方法仅能处理玻璃的一面。交替地变换阳极及阴极，才能交替地处理玻璃的两面，使玻璃两面交替地进行离子交换。

(4) 主要生产设备

化学钢化法的主要生产设备为化学钢化炉。它由控制室、预热炉、熔盐槽、退火炉、冷却室、提升输送设备及玻璃吊架等组成。

将切磨、洗涤、干燥后的玻璃整齐地放置在玻璃吊架上，通过提升装置，将玻璃提升至预热炉中，经过一段时间的加热，再通过输送装置输送至熔盐槽内进行离子交换，最后在冷却室中退火冷却，重新返回地面进行装箱。

① 控制室

一般配备中央计算机系统，由控制台、控制柜、现场的检测元件和操作按钮等构成。显示器安装在操作台上，为用户提供工艺状况模拟。温度控制系统由计算机通过热电偶采样、智能运算输出到调功板，再由调功板触发固态继电器控制加热元件的功率大小来对熔盐完成加热、控制温度。根据工艺要求控制离子交换时间。

② 熔盐槽

用耐热不锈钢制成，其规格根据加工玻璃的尺寸规格而定，加热方式有电阻加热、气体燃烧加热等，前者调节方便、热效率高、不产生污染，通常采用此种加热方式。对熔盐进行加热时，在熔盐槽四周壁上安装热电偶，以便计算机控制熔盐温度。

③ 预热炉、退火炉、冷却室

预热炉、退火炉、冷却室，均为非标准热工设备，根据加工玻璃的规格及玻璃排列的最大尺寸设计。可采用独立式结构，也可采用组合式结构，左右两台预热炉可轮流工作，这样一来，就节省预热炉、退火炉和冷却时间，提高了生产的效率。另外，预热用的加热元件、耐高温风机和退火、冷却用的冷风机全都安装在同一个炉腔中，节省了制造设备的成本。

④ 提升输送设备及玻璃吊架

玻璃吊架为非标准设备，需根据生产规模及产品规格进行设计制造。提升输送设备选用定型的油压起重运输设备。

3.3.4.3 物理钢化与离子交换钢化的比较

表 3-27 比较了物理钢化法与离子交换法的特点。要得到有实用价值的足够深的压应力层，离子交换法需要较长的时间，故比物理钢化法成本高很多。但是，对于下列情况，则必须使用离子交换法：①要求强度高；②薄壁或形状复杂的玻璃；③使用物理钢化时不易固定的小片；④尺寸要求高等。

表 3-27 物理钢化法与离子交换法钢化的比较

项　目	物理钢化法	化学钢化法
压应力值	低(10～15MPa)	高(30～80MPa)
压应力层深	深(板厚的 1/6 左右)	浅(一般是 10～300μm)
张应力值	高(约为压应力的 1/2)	低
处理时间	短(5～10min)	长(30min～一周)
处理后变形	稍有	几乎没有
玻璃厚度及形状	受限制	没有限制

3.3.4.4 化学钢化玻璃的应用

在玻璃表面形成预压应力层，阻止表面裂纹受力扩展，达到提高玻璃弯曲强度的目的。它弥补了物理钢化技术的不足，是增强异形薄玻璃及保证产品光学质量的唯一实用玻璃增强技术。

化学钢化玻璃主要在航空航天技术以及军事领域中应用。随着成本的下降，将在船舶、汽车、高速列车等交通工具的风挡玻璃；复印机、显示器、屏蔽玻璃、微波炉、冰箱面板、太阳电池、太阳能热水器等家用电器和办公用品玻璃；轿车、警车、运钞车、防暴警察头盔面罩等领域中获得广泛应用。

4 玻璃的镀膜

4.1 镀膜玻璃概述

常见透明玻璃的透光率，根据玻璃厚度及成分不同，在80%至85%之间，太阳辐射能的反射率约为13%，透过率约为7%。在实际生活中，人们感到透过窗户射入室内及交通运输设备内的阳光太刺眼，辐射入室内的热量太多，造成空调设备的能量消耗大；但在寒冷地区，建筑物内的热能通过窗户散失的又太多，采暖热能的40%～60%从窗户散失。如何减弱透射入室内及交通运输设备内的阳光强度，使射入的光线柔和而又舒适；如何降低太阳辐射能的透射率以降低能耗；如何减少室内热能从窗户散失，以降低采暖能耗等，都成为玻璃在使用过程中遇到的问题。为解决这些问题，人们采用在玻璃表面上镀上一层薄膜的方法，赋予玻璃新的性能，如提高太阳能及辐射能的反射率，提高远红外辐射能的反射率等。后来人们通过各种薄膜生产方法，以获得各种各样性能的薄膜。

薄膜材料是相对于本体材料而言的，是人们采用特殊的方法，在本体材料的表面沉积或制备的一层性质与本体材料完全不同的物质层。

薄膜技术作为材料制备的有效手段，可以将各种不同的材料灵活地复合在一起，构成具有优异特性的复合材料体系，发挥每种材料各自的优势，避免单一材料的局限性。

薄膜材料作为材料科学的一个快速发展的分支，在科学技术及国民经济的各个领域发挥着越来越大的作用。表4-1按材料性质列出了薄膜材料的一些典型作用。

表4-1 薄膜材料的性质及作用

材料性质	薄膜作用	材料性质	薄膜作用
光学性质	反射涂层和减反射涂层	磁性材料	磁记录介质
	干涉滤光镜	化学性质	扩散阻挡层
	装饰性涂层		防氧化或防腐蚀涂层
	光记录介质		气体或液体传感器
电学性质	绝缘薄膜	力学性能	耐磨涂层
	导电薄膜		显微机械
	半导体器件	热学性质	防热涂层
	压电器件		光学器件涂层

4.1.1 镀膜玻璃定义及分类

4.1.1.1 镀膜玻璃定义

镀膜玻璃是在玻璃表面涂覆一层或多层金属、金属化合物或其他物质，或者把金属离子迁移到玻璃表面层的产品。玻璃镀膜改变了玻璃对光线、电磁波等的反射率、折射率、吸收率及其他表面性质，赋予了玻璃表面特殊性能。

4.1.1.2 镀膜玻璃分类

玻璃镀膜生产技术日臻成熟，产品品种和功能不断增加，应用范围日益扩大。对于镀膜玻璃，按生产工艺环境、生产方法的不同，划分为在线镀膜和离线镀膜；按生产方法的不同，可以分为化学镀膜、凝胶浸镀、CVD（化学气相沉积）和PVD（物理蒸气沉积）等；按镀膜玻璃功能分为阳光控制镀膜玻璃、Low-E玻璃、导电膜玻璃、自洁净玻璃、电磁屏蔽玻璃、吸热镀膜玻璃以及减反射膜玻璃等。

4.1.2 镀膜玻璃的发展历史

4.1.2.1 国外镀膜玻璃的发展历史

化学镀膜最早用于在光学元件表面制备保护膜。在1817年，Fraunhofer在德国用浓硫酸或硝酸侵蚀玻璃，偶然第一次获得减反射膜，但该技术当时并没有得到广泛的应用。而目前大家公认的开始年代是1835年德国化学家利比格手工涂镀玻璃银镜的发明。在此之后，20世纪相继发明了各种物理的、化学的或物理-化学的镀膜方法。

1935年美国的Strong和德国的Smakúla，几乎同时发明在真空下将氟化钙蒸发和凝结到玻璃表面上的方法，制成单层减反射涂层。1942年美国的Lyon用沉积到预先加热的玻璃上的方法，制备出第一个稳定的和耐磨的单层减反射涂层，第二次世界大战后，这种材料和沉积技术变成了标准工艺。

1938年美国研制多层减反射涂层，不久在欧洲也取得了成功。但是，对多层系统达到技术上完美的解决，是1949年首先由Auwärter获得的这种被称为“Transmax”的优质减反射双层涂层，此产品一出现立即供不应求。1965年宽带三层减反射系统研制成功，那时借助于现代电子计算机，已能较容易而快速地设计出膜系统。

高反射涂层的工业研制早于减反射涂层，利用高反射金属膜可以使玻璃的反射率显著提高。1835年以前，已用化学湿选法沉积出银镜膜。1912年Pohl和Pringsheim首先尝试了在真空条件下，用各种金属的蒸发和凝结来沉积镜面膜，他们用陶瓷坩埚作为蒸发源。1928年Ritsch也蒸发出银镜。1933年Strong找到了一种既简单又富有成效的蒸发铝的技术，他用铝加在螺旋形成的钨丝蒸发器上，这种技术目前仍经常使用。用铝蒸发技术制镜在各方面都优于银，在可见光范围，铝的反射率差不多与银相同，但在紫外区却比银高得多，铝与玻璃的黏附强于银，而且当暴露在大气中时不失去光泽。其他性能如可见光区域反射率和透射率均匀，使铝膜有更广泛的应用。例如，第一盏镀铝灯是美国通用电气公司的 Wringt 在 1937 年制成的。在此期间，Auwärter 在 W. C. Heraeus GmbH 公司制成第一个蒸发的抗腐蚀硬铑镜，这种镜在医学上有重要应用。几年之后，于 1941 年 Walkenhorst 指出，对可见光，铝膜的反射率随沉积率的增加而增加。后来发现，要达到紫外高反射率，必须快速沉积。

在同一时期，1955 年至 1961 年 Hass 等人发明了氧化硅保护铝表面镜。除了天文应用的镜面之外，防机械损伤保护涂层在其他镜面制造上十分重要。最后，对于近紫外范围应用，主要的是须防止纯铝膜暴露于空气中发生氧化而引起的性能衰退，应在其上覆以 MgF_2 或 LiF 保护层。

1939 年德国的 Schott 和 Genossen、Geffcken 等人沉积出第一个薄膜金属介质窄带 Fabry-Perot 型干涉滤光片，对后来薄膜干涉系统的发展有重要作用。实际上，要制造对环境稳定的复杂薄膜干涉系统，如多层减反射涂层、各种干涉镜组件、分束镜及某些高、低通边沿滤光片等，需要坚硬而耐腐蚀的涂层材料。1952 年 Auwärter 用化学气相沉积工艺，很容易地制出了这些膜。

一般来说，由于各种原因，如要求玻璃等材料有独特的光学和电学性质，或要求材料保存，或要求满足某些工程设计（比如建筑节能）需要等，对其镀膜是所希望或必须的。所以为了改进建筑物的节能性能，玻璃镀膜越来越受到人们的关注。

4.1.2.2 我国镀膜玻璃发展过程

我国镀膜玻璃发展起步比较晚。1985 年秦皇岛玻璃研究院等单位开始研究单硅甲烷分解的气相镀膜技术，1991 年完成工业性实验并开始推广应用，目前用该法生产硅质镀膜玻璃生产线大约有 20 多条。

1987 年中国建材研究院开始研究固体粉末喷涂法，并于 1993 年在秦皇岛浮法玻璃工业性实验基地的生产线上进行工业化实验。但由于产品质量问题，并未形成批量生产。

在 1988 年 11 月，中国耀华玻璃集团公司从美国引进的真空磁控溅射镀膜玻璃生产线建成投产，镀膜玻璃年生产能力为 40 万平方米。在此之前，我国镀膜玻璃技术和产品的生产及应用仅限于制镜或光学领域使用。

1997 年长春新世纪纳米技术研究所，运用“胶体化学原理”从液体里生产纳米粒子，并采用溶胶-凝胶法成膜工艺在平板玻璃上双面成膜。2001 年 9 月，吉林省科技厅对该所的研制及中试实验进行了科技成果鉴定会。同时，由武汉理工大学与湖北宜昌的三峡新型建材股份有限公司历经 9 年联合研究开发，采用溶胶-凝胶工艺技术生产光催化自洁净玻璃，于 2002 年 7 月在湖北宜昌的三峡新型建材股份有限公司形成批量生产，年生产能力 20 万平方米。

1997 年中国耀华玻璃集团公司开始意向研究复合材料的气相镀膜技术，经过功能膜材的配方研究、技术合作和产业化实验等阶段后，于 2003 年 11 月开始批量生产在线 Low-E 玻璃。

目前，我国拥有各类镀膜玻璃生产线 570 多条，全国生产能力 14000 万平方米。能够生产阳光控制镀膜玻璃、Low-E 玻璃、导电膜玻璃、自洁净玻璃、电磁屏蔽玻璃、吸热镀膜玻璃以及减反射膜玻璃等多种产品。

4.2 化学气相沉积法

化学气相沉积（CVD）工艺，已成为镀膜玻璃生产的主要方法。在这种方法中，蒸气相成分用化学反应方法形成固体薄膜，作为一种固相反应产物凝结在玻璃表面上，反应接近或就在玻璃表面发生（复相反应），而且不应在气相下发生，以免粉末沉积。实际上，以一种或多种蒸气产生固体反应生成物的任何可控反应，原则上都可以用于制备薄膜。

化学气相沉积（CVD）法按生产环境可分为在线 CVD 法和离线 CVD 法。

4.2.1 离线 CVD 法

4.2.1.1 离线 CVD 法的成膜原理

离线 CVD 法又称为高温热解法，其基本原理涉及反应化学、热力学、动力学、转移机理、膜生长现象和反应器工程等多个学科。采用 CVD 法能否在玻璃表面镀膜，取决于形成化合物的化学反应自由能 ΔG_r。如式(4-1) 所示。

$$\Delta G_r = \sum \Delta G_{f生成物} - \sum \Delta G_{f反应物} \tag{4-1}$$

化学反应自由能 ΔG_r 与平衡常数 K_p 有关，而 K_p 本身与反应系统中的所有分压力有关：

$$-\Delta G_r = 2.3RT\lg K_p \tag{4-2}$$

$$K_p = \prod_{i=1}^{n} p_{i生成物} / \prod_{i=1}^{n} p_{i反应物} \tag{4-3}$$

为了计算多组分系统的热力学平衡，采用最优方法和非线性方程方法。在实际中还应考虑到诸如原材料对表面的扩散、这些材料在表面的吸附、表面的化学反应、副产物的解吸和扩散、衬底温度等因素，这些因素决定了整个过程的速率，较低衬底温度通常是控制表面工艺速率的主要因素。按照阿伦尼乌斯（Arrhenius）方程，速率随温度按指数规律变化，见式(4-4)：

$$r = Ae^{-\Delta E/(RT)} \tag{4-4}$$

式中 A——频率因子；

ΔE——激活能（对表面工艺一般为 25～100kcal/mol）。

在较高温度，反应物和副产物的扩散成为决定速率的因素，它们的温度关系在 $T^{1.5}$ 到 $T^{2.0}$ 之间变化。

实践证明，采用 CVD 法进行膜沉积须有较高的温度，温度对膜的结构产生重大影响。高温时形成的沉积层一般是多晶的，要生长单晶膜须有更高的温度，也就是说，在相对低的温度如 600℃以下时，沉积的物质趋向于多晶态。由于膜的形成贯穿反应器的整个较高温度区域，常规的 CVD 也常伴随一种均匀气相反应，这种均匀的气相反应生成物可引入生长的膜结构中，降低膜的质量。因此可以通过辉光放电或辐射的方式刺激衬底，以引发化学反应所需的激活能以及良好的膜附着和膜生长所需的能量。

4.2.1.2 离线 CVD 法的工艺流程

离线 CVD 反应装置的工艺流程如图 4-1 所示。某些物质制成的气体（图 4-1 中为水蒸气和四氯化钛），按一定的配比与载气气体（一般为氮气）预先混合，将混合气体送入镀膜反应室壁之下，此气体在限定的温度下于接近玻璃表面处产生化学反应，反应产物凝结在玻璃表面而形成固定薄膜，反应副产物从排气系统排出。

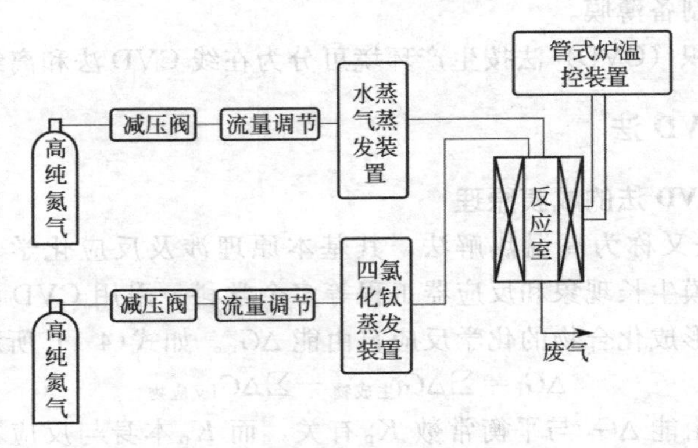

图 4-1 离线 CVD 反应装置的工艺流程

离线 CVD 法的反应室一般采用立式机构，由管式炉和石英管组成，管式炉用电阻丝加热，由程序精密温度控制器控制温度，并配有冷却水进行冷却。反应气体和水蒸气的喷嘴一般为石英喷嘴。反应室结构如图 4-2 所示。

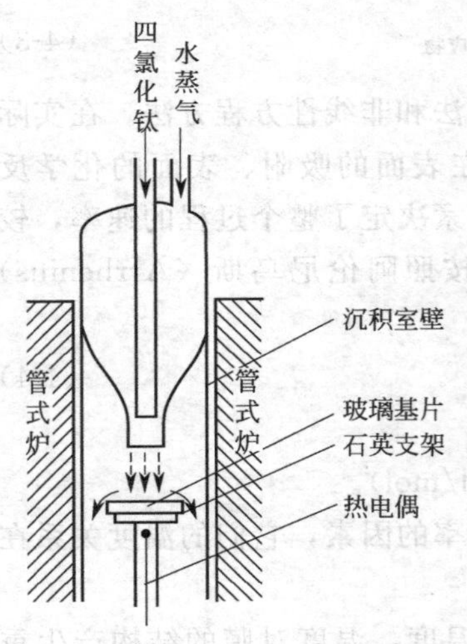

图 4-2 反应室结构示意图

4.2.1.3 离线 CVD 法的发展

大约在 20 世纪 30 年代，当耐熔化合物如金属碳化物、氮化物、硅化物、硼化物、氧化物以及它们的混合相被广泛应用时，CVD 就开始对薄膜技术发生重要影响。目前，CVD 已能成功地制备金属膜、合金膜、元素半导体膜和化合物半导体膜、耐熔和硬质材料膜、透明导电膜及其他特殊膜。但是，离线 CVD 在大面积玻璃镀膜方面的研究及应用仍需加强。

4.2.2 在线 CVD 法

所谓在线 CVD 法，就是在浮法玻璃生产条件下，连续沉积化学化合物膜的 CVD 工艺生产方法。所沉积的衬底是以 8～15m/min 的速率移动的浮法玻璃，它的温度约为 600℃，也就是说，在膜沉积之前，沉积的衬底是玻璃，它即将离开锡槽但尚未进入退火窑，且未被处理或净化。国外最早采用这种方法连续沉积锡氧化物（SnO_2）膜，而我国最早采用这种方法生产不定形硅膜镀膜玻璃。目前，我国已基本掌握了在线 CVD 工艺技术，能够稳定地生产不定形硅质膜镀膜玻璃、复合膜的低辐射镀膜玻璃和自洁净玻璃。

在线镀膜玻璃生产线示意图见图 4-3。

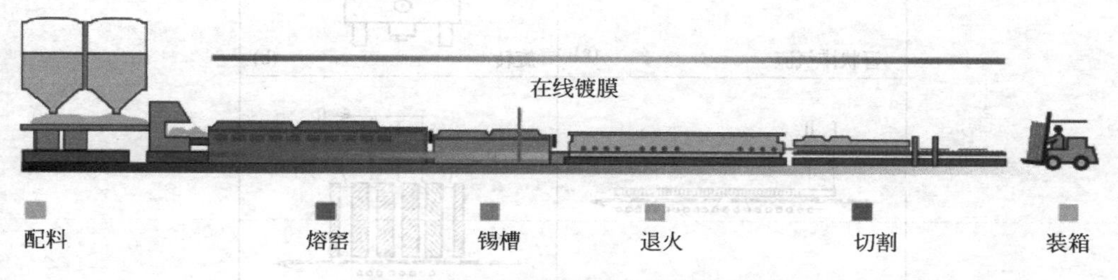

图 4-3　在线镀膜玻璃生产线示意图

4.2.2.1　成膜原理

在线 CVD 法是目前世界上比较先进的生产镀膜玻璃方法。一般在浮法玻璃生产线锡槽长度方向上选择符合生产工艺要求的温度区，插入一个镀膜反应器，由某些物质制成的气体，按一定的配比与载气预先混合，将混合气体送入镀膜反应器壁之下，此气体在该温度下于接近玻璃表面处产生化学反应，反应物沉积在玻璃表面而形成固体薄膜；镀膜反应器用耐高温材料制成，并用冷却水进行冷却，保证其在该温度下长期使用；反应副产物从排气系统排出并处理。沉积反应的活化是通过热的玻璃基片实现的，沉积反应在微正压状态下进行。

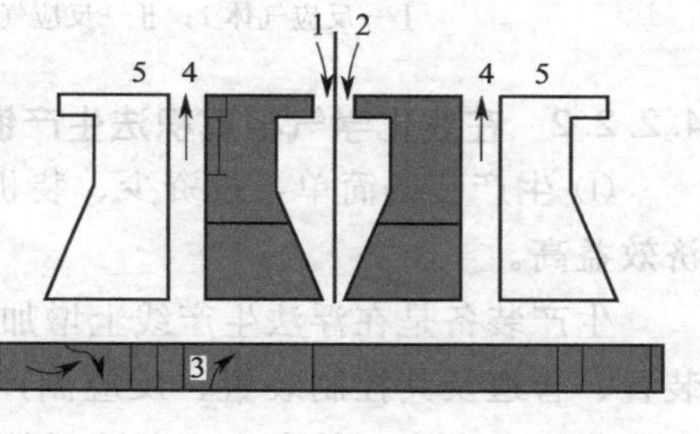

图 4-4　反应器沉积装置断面示意图

1—反应气进口；2—载气进口；3—玻璃表面；4—残余气体排除；5—相同的喷口

反应器沉积装置如图 4-4 所示。

由图 4-4 可以看出，反应蒸气在分立的恒温可控管中，用载气体（一般为氮气）送到由多个同样狭长的喷嘴形成的沉积装置，在喷口的第一个小室膨胀，然后加速运动到 0.5mm 宽的狭缝处。反应蒸气以层流离开喷口，而且仅通过扩散混合。玻璃表面与狭缝喷口之间的最佳距离与气体总流速有关，当流速为每米长喷口 $1m^3/h$ 时，最佳距离为 3mm。

CVD 工艺反应器系统的基本功能有：它必须能控制反应物和稀释气体通过反应区域，必须给衬底（玻璃表面）供热以保持确定的温度，必须安全地排出气体的副产物。为了用大气压 CVD 方法涂镀玻璃，一般采用低温反应器，按气流特性和操作原理，反应器可分为四种基本类型：水平管流动型、垂直旋转间歇型、利用预混气流的连续沉积型和使用分开气流的连续沉积型。四种基本类型反应器如图 4-5 所示。

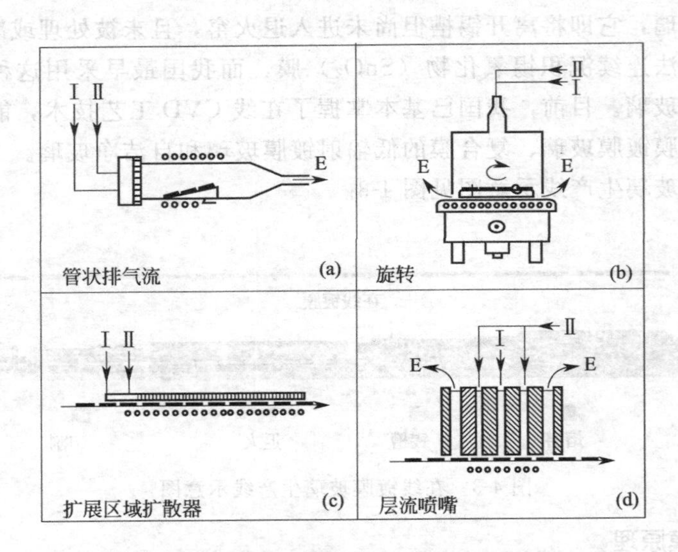

图 4-5　制备薄膜的 CVD 反应器基本类型

(a) 水平管流动反应器；(b) 垂直旋转浴型反应器；(c) 通过一开缝扩散板的扩展面积给预混气流的连续反应器；(d) 利用由层流喷口指向衬底的分开反应气流的连续反应器

Ⅰ—反应气体 1；Ⅱ—反应气体 2；E—排出气体；...... —电阻加热器

4.2.2.2　在线化学气相沉积法生产镀膜玻璃的特点

① 生产装备简单，投资少、装机功率小、运营费用低、能耗低、产量大、经济效益高。

生产装备是在浮法生产线上增加镀膜反应器及其调节设备、气体物质配制混合装置、管道及其控制装置、反应副产物及未反应物的排出系统等。所用设备数量少，装机功率小，投资少；所消耗的材料不昂贵、能耗低、运行费用低。而产量却可以像浮法生产线的规模那样大（如果市场需要时），其综合效益高。

② 一线二用，调节生产灵活。

在浮法玻璃生产线上采用化学气相沉积法生产镀膜玻璃，可以根据市场需要，灵活调节其产品品种，既可生产浮法玻璃，也可生产镀膜玻璃。

③ 产品可以进行深加工。用化学气相沉积法生产镀膜玻璃可进行钢化、热弯处理，其膜层及颜色均不发生变化。

④ 产品理化性能好。用化学气相沉积法生产的镀膜玻璃其膜层牢固度、耐磨性、耐酸、耐碱及耐盐性好。

4.2.2.3　影响化学气相沉积法生产镀膜玻璃质量的因素

① 气体混合配比。无论生产不定形硅膜还是复合膜，气体配比准确尤为重要。气体配比不仅影响膜层的牢固度，而且影响膜层的功能。

② 混合气体浓度。气体物质浓度与物质原子向基片表面迁移并结合进入玻璃表层的数量有关。气体物质浓度小，气体物质原子迁移至基片表面的概率就小，在

其他条件相同时，膜层就薄；反之膜层就厚。混合气体浓度要配置合理。

③ 安装镀膜反应器处的玻璃温度。温度低，膜层薄；温度过高，沉积速率过慢，膜层稀疏，甚至出现针孔或气泡，温度合适时膜层质量最好。其原因是高温时沉积速率对温度不敏感，而在温度适当时，沉积速率大增；低温时，沉积速率又下降。

④ 玻璃的拉引速度。玻璃拉引速度波动，会造成膜层厚度的波动，使膜层薄厚不均。为此，玻璃的拉引速度要控制平稳。

⑤ 反应副产物及未反应物要及时排出，但排出速度要合理。排出速度过大，影响气体物质在玻璃基片表面不能形成稳定的层流，造成膜层厚度不均，甚至不能成膜；当排出速度过小或没有及时排除，反应副产物及未反应物将分解生成颗粒状物质沉积在膜面上，造成瑕疵。

目前化学沉积法工业生产的产品，只开发利用在浮法玻璃上覆盖一层牢固的 My 物质膜层，在理论上及技术上，在浮法玻璃上预先覆盖一层具有某种功能的膜层，然后再覆盖一层 My 物质膜层，这是完全可能的，这样，化学沉积法就可生产出品种多样、性能独特、功能各异的新颖产品，前景广阔。

4.3 溶胶-凝胶法

溶胶-凝胶法也称为凝胶浸镀法，用凝胶浸镀法从溶液中制备氧化物薄膜，也是一种较老的方法。1846 年法国化学家 J. J. Ebelmen 用 $SiCl_4$ 与乙醇混合后，发现在湿空气中发生水解并形成了凝胶。20 世纪 30 年代 W. Geffcken 证实用金属醇盐的水解和凝胶化可以制备氧化物薄膜。1975 年 B. E. Yoldas 和 M. Yamane 制得多孔透明氧化铝薄膜。20 世纪 80 年代以来，在玻璃上制得复合氧化物薄膜。

4.3.1 成膜原理

溶胶-凝胶法的化学过程首先是将原料分散在溶剂中，然后经过水解反应生成活性单体，活性单体进行聚合，开始成为溶胶，进而生成具有一定空间结构的凝胶，经过干燥和热处理制备出纳米粒子和所需要材料。其中胶体（colloid）是一种分散相粒径很小的分散体系，分散相粒子的重力可以忽略，粒子之间的相互作用主要是短程作用力。溶胶（sol）是具有液体特征的胶体体系，分散的粒子是固体或者大分子，分散的粒子大小在 1～1000nm。凝胶（gel）是具有固体特征的胶体体系，被分散的物质形成连续的网状骨架，骨架空隙中充有液体或气体，凝胶中分散相的含量很低，一般在 1%～3%。

简单地说，溶胶-凝胶法就是用含高化学活性组分的化合物作为前驱体，在液相下将这些原料均匀混合，然后将干净的玻璃基片浸镀在此种混合溶液中，浸渍一段时间后通过某种手段使黏附于玻璃基片的溶液进行水解、缩合化学反应，黏附于玻璃基片的溶液逐渐形成稳定的透明溶胶体系，溶胶经陈化胶粒间缓慢聚合，形成三维空间结构的凝胶网络，凝胶网络间充满了失去流动性的溶剂，形成凝胶。凝胶经过干燥、烧结固化制备出分子乃至纳米亚结构的材料，最后这种材料在玻璃基片表面固结成氧化物膜。制备过程如图 4-6 所示。

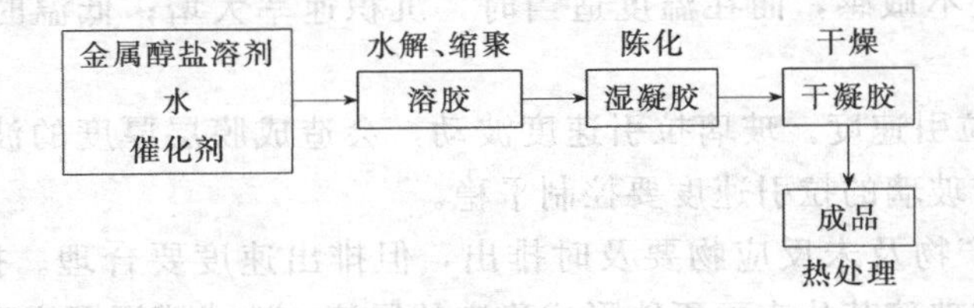

图 4-6 凝胶浸镀法镀膜制备过程

实践证明，金属酸酯类和乙醇化物特别适宜用于水解，这些金属酸酯类和乙醇化物是用相应的反应溶剂处理金属化合物所得到的，具备产生良好光学和力学性质的氧化物薄膜，如表 4-2 所示。

表 4-2 用凝胶浸镀法制备的非吸收和吸收金属氧化物薄膜的特性

原材料	膜材料	投射中颜色	结构	附 注
Al-仲丁基化物	Al_2O_3	无色	非晶的	与其他氧化物形成混合物
$Al(NO_3)_3 \cdot 9H_2O$	Al_2O_3	无色	晶态的	与其他氧化物形成混合物
$Y(NO_3)_3$	Y_2O_3	无色	—	—
$La(NO_3)_3$	La_2O_3	无色	—	—
$Ce(NO_3)_3 \cdot 6H_2O$	CeO_2	无色	晶态的	与其他氧化物形成混合物
$Nd(NO_3)_3$	Nd_2O_3	无色	—	由 500～600nm 间 Nd 的吸收带使透射率减小
$In(NO_3)_3$	In_2O_3	无色	晶态的	半导体
$Ti(OR)_4$	TiO_2	无色	晶态的	与其他氧化物形成混合物
$Si(OR)_4$	SiO_2	无色	非晶的	与其他氧化物形成混合物
$TiCl_4$	TiO_2	无色	晶态的	与其他氧化物形成混合物
$ZrOCl_2$	ZrO_2	无色	晶态的	
$HfOCl_2 \cdot 8H_2O$	HfO_2	无色	晶态的	层中有微量 Cl
$ThCl_4$	ThO_2	无色	晶态的	—
$Th(NO_3)_4$	ThO_2	—	—	—
$SnCl_4$	SnO_2	无色	晶态的	半导体
$Pb(OOCCH_3)_2$	PbO	无色	非晶态	500℃时扩散到玻璃中
$TaCl_5$	Ta_2O_3	无色	—	—
$SbCl_5$	Sb_2O_3	无色	—	—
$Cu(NO_3)_2 \cdot 3H_2O$	CuO	棕色		
$VOCl_2$	VO_x	淡绿色-黄色		光学性质与制备条件有很大关系
$Cr(NO_3)_3 \cdot 9H_2O$	CrO_x	黄色		

续表

原材料	膜材料	投射中颜色	结构	附　注
CrOCl		橘色		
$Fe(NO_3)_3 \cdot 9H_2O$	Fe_2O_3	黄色-红色	晶态的	
$Co(NO_3)_2 \cdot 6H_2O$	CoO_x	棕色	—	
$Ni(NO_3)_2 \cdot 6H_2O$	NiO_x	灰色	—	
$RuCi_3 H_2O$	RuO_x	灰色	—	半导体
$RhCl_3$	RhO_x	灰色-棕色	—	
$UO_2(OOCCH_3)_2$	UO_x	黄色	—	

其最基本的反应是：

水解反应：
$$M(OR)_n + xH_2O \longrightarrow M(OH)_x(OR)_{n-x} + xROH \tag{4-5}$$

聚合反应：
$$—M—OH + HO—M— \longrightarrow —M—O—M— + H_2O \tag{4-6}$$
$$—M—OR + HO—M— \longrightarrow —M—O—M— + ROH \tag{4-7}$$

式中，R 为烷基。

下面以镀 Al_2O_3 膜为例，说明整个化学反应过程：

$$Al(OR)_3 + H_2O \longrightarrow Al(OR)_2OH + ROH\uparrow$$
$$Al(OR)_2OH + H_2O \longrightarrow Al(OR)(OH)_2 + ROH\uparrow$$
$$Al(OR)(OH)_2 + H_2O \longrightarrow Al(OH)_3 + ROH\uparrow$$
$$2Al(OH)_3(\text{加热}) \longrightarrow Al_2O_3 + 3H_2O\uparrow$$

铝醇盐加水后逐步水解，释放出 ROH，从膜内向膜外扩散，加热使之缩聚，排出水分，最后生成 Al_2O_3。各步骤是缓慢连续进行的，而且是交错重叠，经过生成凝胶的阶段，才能得到完全透明的氧化铝膜，在各水解阶段，就已发生一定程度的缩聚。烘膜时，温度升高，可加速完成缩聚过程。

浸镀法除了可以生产氧化物膜之外，还可以生产其他类型的膜层。

浸镀过程中，薄膜内部同时产生两种力，一种是平行于玻璃基片表面的内聚力，另一种是垂直于玻璃基片表面的黏附力。随着膜厚的增加，内聚力有大于黏附力的趋势，于是薄膜产生很大的张力，这对膜的质量是不利的，所以要适当选择成膜的水解条件，以增大表面的黏附力。

浸镀溶液水解生成的化合物与玻璃表面发生相互作用，使薄膜与玻璃形成化学键结合。例如，某种元素的烃氧基化合物溶液充分水解生成的硅酸盐或钛酸盐，是共价键结合，所以黏合性能良好。

4.3.2 浸镀溶液

生产实践中主要用来配制浸镀溶液的材料是元素周期表中Ⅲ～Ⅵ族元素，如 Al、In、Sn、Tr、Zr、Ta、Cr、Sb 等氧化物或几种氧化物的混合液。为了从液体膜中生产出具有所需要的光学性质的均匀介质涂层，所用的溶液必须具有特殊的物理和化学性质。为获得这些固有特性，浸镀溶液需满足下述要求：

① 原始化合物必须具有充分的可溶性，形成的溶液在溶剂蒸发期间，只能有局部结晶的趋向。即它们已溶入一种胶状或聚合状态，或者达到与溶剂反应的状态，或者在溶剂蒸发之后它们作为一种类凝胶非晶残留保留下来。

② 为了得到良好的浸湿衬底，与溶液形成的接触角要充分的小，在一些情况下需给溶液添加润湿剂；不够洁净的衬底，吸湿度减小；当溶液具有低度聚合作用时，可能产生深度大于 10μm 的刮痕和表面粗糙度，也可造成涂层上的不匀度。

③ 溶液必须具有适当的耐用性，工艺条件必须保持恒定。对具有胶状或聚合特性的溶液来说，耐用性较差，可利用稳定剂增强。

④ 为了获得具有重复性的固体或均匀的氧化物膜，必须仔细进行干燥和加热。在这种工艺中，膜结构的凝固不应该出现裂纹或雾状，以增加与衬底高度结合的强度。

⑤ 浸镀溶液还须具有一定的黏度。黏度不宜过大。黏度过大，得不到厚薄均匀的膜。黏度应在 $(1.5\sim2)\times10^{-3}$Pa·s。

工业上常用的浸镀溶液主要是某些烃氧基化合物（或称正酸乙酯）。正确选择溶剂十分重要，与玻璃表面不润湿、介电常数小及挥发温度高的溶剂不能采用。溶剂不润湿，使膜层黏合不牢，介电常数小。烃氧基有机物实际上不分解，挥发温度高，不能满足双层或多层膜镀制中很快固化的要求。生产实践中溶剂一般使用乙醇或丙酮。

溶质（成膜物质）、溶剂及催化剂的配比也很重要，一方面应保证相应的酸或氢氧化物溶液部分或完全水解成胶体；另一方面要使玻璃基片表面层迅速水解成透明膜。此外，最佳配比还能够确保膜层能牢固地粘在玻璃表面。

镀膜溶液有一个成熟过程，即溶质与溶剂完全相互作用甚至部分水解，然后才能使用。如加少量的 HCl 有助于促进生成中间化合物等成熟作用，起胶溶剂作用，使溶液长时间稳定，也容易符合浸镀一般在 pH＝5～6 下进行的要求。而加入过量的水则有可能析出凝胶，致使溶液失透。

根据水解反应式可以计算出正常水解时镀膜溶液所需要的加水（蒸馏水）量，例如：

$$Si(OC_2H_5)_4 + 4H_2O \longrightarrow H_4SiO_4 + 4C_2H_5OH$$

$$H_4SiO_4 \longrightarrow SiO_2 + 2H_2O\uparrow$$

因 $Si(OC_2H_5)_4$ 的摩尔质量为 208g/mol，4 个 H_2O 摩尔质量共 72g/mol，所以需水量：

$$X = 72/208 = 0.346\ (g)$$

镀膜溶液的需水量还要考虑环境湿度。上列数据适合于相对湿度 50％～65％，如果高于 65％，实际需水量应减小 0.5％；低于 50％，则增加 0.5％，水分过多，膜层厚度不均匀；水分过少，则成膜缓慢，且与玻璃黏合不牢。

水解反应是复杂的，有时水量多一些也能得到良好效果。例如，镀三层增透膜，在配制混合液时，硅酸乙酯的浓度无论多少都采用98%的乙醇溶液；盐酸加入量每100mL为0.3mL，对第三层所用乙醇溶液浓度为99%，盐酸加入量为0.5mL，同样与浓度无关。这是三层增透膜溶液配制的最佳比例。

根据实际经验，盐酸的加入量随 $Si(OC_2H_5)_4$ 的浓度而定，当浓度为3%～5%时，每100mL为加 HCl 0.05mL；浓度为6%～8%时，加 HCl 0.1mL；浓度为9%～19%时，加 HCl 0.15mL；浓度为20%～30%时加 HCl 0.2mL。

在配制钛酸乙酯的乙醇溶液时，按实验数据，盐酸的加入量也随其浓度不同而异，对浓度为3%～9%的 $Ti(OC_2H_5)_4$，每100mL加 HCl 0.15～0.2mL；浓度为10%～14%时，加 HCl 0.3～0.4mL。但在实际工作中往往根据化学反应情况而定，即当 $Ti(OC_2H_5)_4$ 溶于乙醇后呈现乳白状时，即用滴管慢慢加入盐酸少许，直至乳白状消失、溶液澄清为止。

制备多元氧化物浸镀液的范例如下：以配制 $4SiO_2 \cdot Al_2O_3 \cdot 6K_2O \cdot 0.4Na_2O$ 膜的浸镀液为例。先在30mL乙醇中溶解2.06g硼酸备用，另在60mL乙醇中溶解硅酸乙酯。后一溶液中，加入2.169g甲醇钾和甲醇钠（后者以3.6mL 30%甲醇溶液加入）。这一阶段常发生沉淀，但缓慢搅拌又可溶解。然后直接加入12.32g零丁基铝和备用的硼酸乙醇溶液。继续搅拌约1h，直至得到清澈的溶液为止。溶液制备后封存待用。如欲改变溶液成分，可调节甲醇钾和甲醇钠的比例。

上述所举的都是范例，配制生产用浸镀液时，需根据所镀膜层的要求及药品标定纯度的情况做相应的调整。

4.3.3 凝胶浸镀法的制膜方法

凝胶浸镀法的制备膜的生产方法有垂直升降法和旋转法两种。

4.3.3.1 垂直升降法

垂直升降法又分为提升工艺和下降工艺两种。提升工艺就是被镀物体（玻璃）从浸镀溶液中提拉出来，达到涂镀目的。而下降工艺则是被镀物体（玻璃）保持静止而使浸镀溶液液面下降，达到涂镀目的。目前，大都使用提升工艺，因为对大面积玻璃来说更容易操作。凝胶浸镀提升工艺膜制备示意图如图4-7所示。

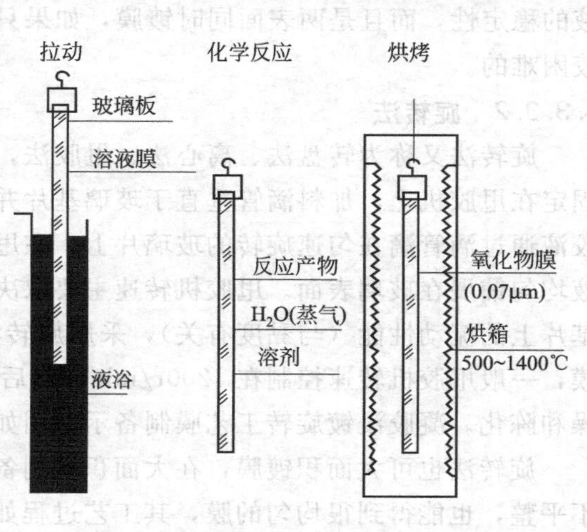

图4-7 凝胶浸镀提升工艺膜制备示意图

凝胶浸镀提升工艺制备氧化膜的流程如图4-8所示。

将玻璃基片装在浸镀架上，将配制好的浸镀溶液放入浸镀槽，然后利用提升输送装置将浸镀架运至浸镀槽上方，慢慢放下，使待浸镀玻璃连同浸镀架沉入浸镀溶液中浸泡，待玻璃及片表面黏附一层溶液后，再徐徐将浸镀架从浸镀溶液中提起，提升的最佳速度为10～20cm/min。浸镀架从浸镀槽提起后通过输送轨道输送，输送过程受控以使黏附在玻璃基片上的溶液在空气中水解，脱水后形成一层薄膜，然后再送入加热炉，进行加热、烘干，升温速度为7～10℃/min，加热至400～500℃保温0.5 h。此时，玻璃基片上黏附的经水解的溶液发生缩聚，最后固结成氧化物。自然冷却至室温后，将浸镀架拉出，卸片、检验、包装入库。

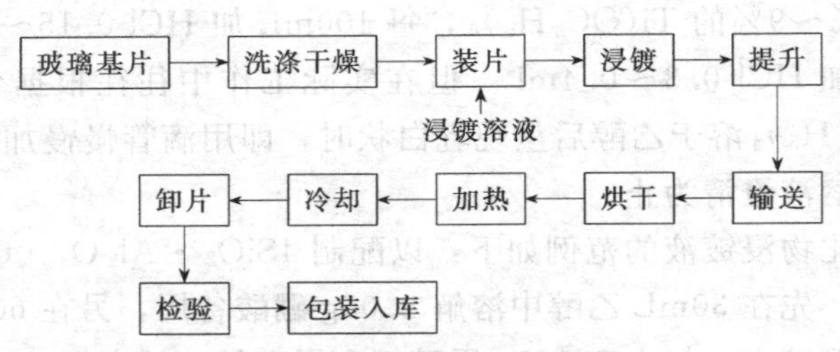

图 4-8　凝胶浸镀提升工艺制备氧化膜的流程

膜厚与提拉速度、溶胶液黏度、表面张力等因素有关，关系式见式(4-8)：

$$\delta=0.944\left(\frac{\eta v}{\sigma}\right)^{\frac{1}{6}}\left(\frac{\eta v}{\rho g}\right)^{\frac{1}{2}} \tag{4-8}$$

式中　δ——薄膜厚度；

η——溶胶液黏度；

v——提拉速度；

σ——表面张力；

g——重力加速度。

垂直升降工艺的主要缺点是大面积平板玻璃不易操作，在空气中难以保证溶胶液的稳定性，而且是两表面同时镀膜，如果只需一个表面镀膜，用垂直升降法是比较困难的。

4.3.3.2　旋转法

旋转法又称为转盘法、离心法、甩胶法，可在甩胶机上进行镀膜，将玻璃基片固定在甩胶机上，加料滴管垂直于玻璃基片并固定在玻璃基片上方，将准备好的溶胶液通过滴管滴在匀速旋转的玻璃片上，在甩胶机旋转产生的离心力作用下，溶胶液均匀铺展在玻璃表面。甩胶机转速主要取决于玻璃基片尺寸，也要考虑溶胶液在基片上的流动性能（与黏度有关），采用旋转法在小面积玻璃基片上镀凝胶氧化物膜，一般甩胶机转速控制在1200r/min，然后将镀膜的玻璃基片送入干燥室进行干燥和陈化。凝胶浸镀旋转工艺膜制备示意图如图4-9所示。

旋转法也可大面积镀膜，在大面积上制备凝胶氧化物膜时，即使基片表面稍有不平整，也能得到很均匀的膜，其工艺过程如图4-9所示。镀膜后送入干燥箱进行干燥和陈化，在60℃下干燥15min，即成凝胶膜。待镀膜的玻璃冷却即可进行镀第

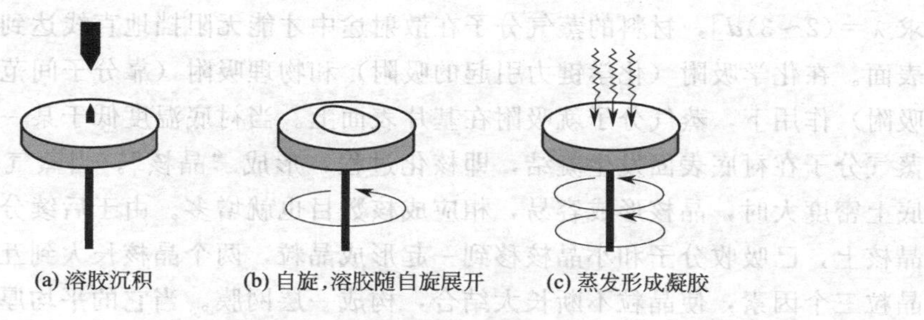

图 4-9　凝胶浸镀旋转工艺膜制备示意图

二层膜，需要多层膜时以此类推。

4.3.4　凝胶浸镀法的优缺点

4.3.4.1　浸镀法的优点

① 镀膜设备简单，造价低廉，不需要昂贵的真空系统，建设投资少。

② 玻璃基片两面同时浸镀，达到强化镀膜效果或减少所需层数的目的。

③ 镀膜溶液水解过程所产生的薄膜与玻璃表面以及各层之间是化学键结合，膜层附着强，本身牢固性好，产品可以不加保护直接用于窗户外侧。

④ 容易实现镀多层膜以获得所需的膜层。

⑤ 对玻璃的内壁（如玻璃管的内壁）镀膜十分容易，此种制品若用真空法镀膜则是很麻烦的。

⑥ 烘膜温度低，只需 380～500℃，此温度在普通玻璃转变温度以下，玻璃不会变形。

4.3.4.2　浸镀法的缺点

凝胶浸镀法随着时间和生产的进行，很难保持其浓度长期稳定不变。虽然其产品性能可维持在一定范围内，但其范围一般较宽。尺寸很小或棱角多的制品不宜用浸镀法镀膜。

4.4　真空蒸镀法

4.4.1　真空蒸镀法原理

真空蒸镀法是利用真空状态下分子运动特性的一种工业镀膜方法。任何物质在一定温度下，总有一些分子从凝聚态（固态或液态）变成为气态离开物质表面，但固体在常温常压下，这种蒸发量是极微小的。如果将固体材料置于真空中加热至此材料蒸发温度时，在气化热作用下，材料的分子或原子具有足够的热震动能量，去克服固体表面原子间的吸引力，并以一定速度逸出变成气态分子或原子向四周迅速蒸发散射。当真空度高，分子自由程 λ 远大于蒸发器到被镀物的距离 d 时［一般要

求 $\bar{\lambda}=(2\sim3)d$]，材料的蒸气分子在散射途中才能无阻挡地直线达到衬底和真空室表面。在化学吸附（化学键力引起的吸附）和物理吸附（靠分子间范德华力产生的吸附）作用下，蒸气分子就吸附在基片表面上。当衬底温度低于某一临界温度，则蒸气分子在衬底表面发生凝结，即核化过程，形成“晶核”。当蒸气分子入射到衬底上密度大时，晶核形成容易，相应成核数目也就增多。由于后续分子直接入射到晶核上，已吸收分子和小晶核移到一起形成晶粒，两个晶核长大到互相接触合并成晶粒三个因素，使晶粒不断长大结合，构成一层网膜。当它的平均厚度增加到一定厚度后，在衬底紧密结合而沉积成一层连续性薄膜。

在平衡状态下，若物质摩尔蒸发热 ΔH 与温度无关，则饱和蒸气压 P_S 和热力学温度 T 有如下关系：

$$P_S = K e^{-\frac{\Delta H}{RT}} \tag{4-9}$$

式中 R——气体普适常数；

K——积分常数。

在真空环境下，若衬底表面静压力为 P，则单位时间内从单位凝聚相表面蒸发出的质量，即蒸发率为：

$$\Gamma = 5.833\times10^{-2}\alpha\sqrt{\frac{M}{T}}(P_S - P) \tag{4-10}$$

式中 α——蒸发系数；

M——摩尔质量；

T——凝聚相物质的温度。

若真空度很高（$P\approx0$）时蒸发的分子全部被凝结而无返回蒸发源，并且蒸发出向外飞行的分子也没有因相互碰撞而返回，此时蒸发率为：

$$\Gamma = 5.833\times10^{-2}\alpha\sqrt{\frac{M}{T}}P_S = 5.833\times10^{-2}\alpha\sqrt{\frac{M}{T}}K e^{-\frac{\Delta H}{RT}} \tag{4-11}$$

根据数学知识从式(4-11) 可知，提高蒸发率 Γ 主要决定于指数，因而温度 T 的升高将使蒸发率迅速增加。

在室温 $T=290\text{K}$，气体分子直径 $\sigma=3.5\times10^{-8}\,\text{cm}$ 时，由气体分子动力学可知气体分子平均自由程表示为：

$$\bar{\lambda} = \frac{1}{\sqrt{2}\pi\sigma^2 N} = \frac{kT}{\sqrt{2}\pi\sigma^2 P} \approx \frac{5\times10^{-3}}{P} \tag{4-12}$$

式中 k——波尔兹曼常数；

N——气体分子密度。

气体压力 P 单位为 Pa 时，$\bar{\lambda}$ 的单位为 m。根据式(4-12) 可列出表 4-3。

表 4-3 气体分子平均自由程与气体压力的关系

气体压力/Pa	1000	100	10	1	1×10^{-1}	1×10^{-2}	1×10^{-3}
气体分子平均自由程/m	5×10^{-6}	5×10^{-5}	5×10^{-4}	5×10^{-3}	5×10^{-2}	5×10^{-1}	5

从表中看出，当真空度高于 1×10^{-2}Pa 时，$\bar{\lambda}$ 大于 50cm；在蒸发源到衬底 d 为 15～20cm 情况下，满足 $\bar{\lambda}=(2\sim3)d$。因此，必须将真空镀膜室抽至 1×10^{-2}Pa 以上真空度，方可得到牢固纯净的薄膜。

4.4.2 真空蒸镀法的种类

为了使蒸发材料气化，在真空蒸发过程中，大多数蒸发材料都必须在 1100～1750℃温度下进行蒸发，因此，必须采用各种加热方法将蒸发材料加热，通常把真空设备中对蒸发材料进行加热的零件称为蒸发源。蒸发镀膜的蒸发源有多种形式，如电阻加热源、电子束加热源、高频感应加热源等，大面积玻璃基片蒸发镀膜常用电阻加热源。

4.4.2.1 电阻蒸发源蒸镀法

采用钼、钽、钨等高熔点金属，做成适当形状的蒸发源，其上装入待蒸发材料，让气流通过，对蒸发材料进行直接加热蒸发，或者把待蒸发材料放入氧化铝，氧化铍等坩埚中进行间接加热蒸发，这就是电阻加热蒸发法。

（1）电阻加热源

电阻加热源是用高阻抗材料构成，当电流通过加热源时产生大量的热能，用此热量来加热蒸发材料。加热源是加热体和支撑蒸发材料的支承物，形状有单股丝状螺旋形、多股丝状螺旋形、“凹”形舟、方形舟、圆锥形单股丝等，它们是直接加热蒸发源。间接加热蒸发源由坩埚和加热体组成，将粉状蒸发材料放入坩埚中，加热体装在坩埚外面，用加热体加热坩埚而间接加热粉状蒸发材料。为了加速加热粉状蒸发材料及提高加热效率，将加热体分成两部分，一部分装在坩埚外面，另一部分插入粉状蒸发材料中，共同加热粉状蒸发材料，此种类型则是综合型加热蒸发源。电阻蒸发源形状示意图如图 4-10 所示。

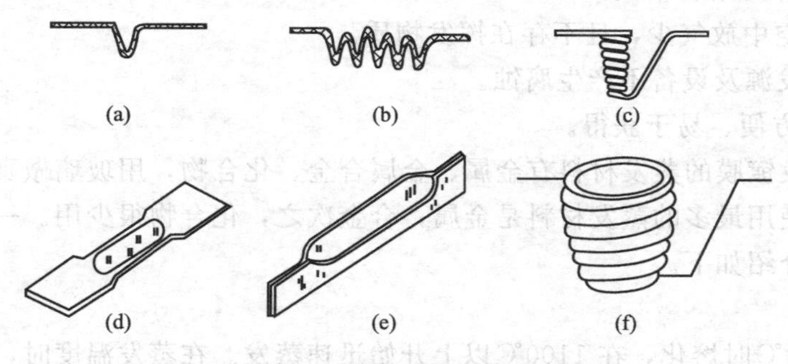

图 4-10 蒸发源形状示意图

对蒸发源材料有如下几点要求：

① 为了防止蒸发源材料和蒸发材料（膜材）一起蒸发，在蒸发材料的蒸发真空度及加热温度下，蒸发源加热体的材料必须有足够低的蒸气压。

② 蒸发源材料的熔点必须高于蒸发材料的熔点，以保证在蒸发材料迅速蒸发时，蒸发源材料能保持一定强度，不产生变形。

③ 蒸发源材料应具有稳定的化学性能，在蒸发材料蒸发过程中不与其产生化学反应，以免影响膜的质量。

④ 必须能装载要蒸发的蒸发材料，例如应用丝状蒸发源时，蒸发材料熔化过程一定要能够附着在电阻加热源的加热体上。

电阻加热蒸发一般用于熔点不太高材料的蒸发镀膜，尤其适用于对镀膜质量要求不太高的大批量的生产中，迄今为止，在镀铝制镜的生产中仍然大量使用着电阻加热蒸发的工艺。常用蒸发源的几种形状及典型的应用实例如表 4-4 所示。

表 4-4 常用蒸发源的几种形状及典型的应用实例

蒸发源形状	材料	典型的应用实例
单股丝状螺旋形	钨	直接蒸发源某种材料镀制热发射玻璃，工作温度高，能熔化难熔的合金。缺点是侵蚀钨丝，影响蒸发源使用寿命
多股丝状螺旋形	钨、钼	直接蒸发铝丝是常见的形状，常用于镀铝镜；蒸发均匀，能将铝丝全部蒸发，克服了单股丝状螺旋形蒸发源的缺点
“凹”形舟	石墨	连续蒸发铝材
方形舟	氮化硼	连续蒸发铝材
圆锥形单股丝	钨、钼	蒸发颗粒状金属蒸发材料
坩埚加上丝状螺旋形发热体	钨、钼	蒸发颗粒状金属蒸发材料

（2）蒸发材料

真空蒸发镀膜受真空蒸发条件的限制，对蒸发材料有以下要求：

a. 采用丝状蒸发源时，要与蒸发源材料湿润。

b. 蒸发温度必须低于蒸发源所能承受的最高温度，杂质含量低。

c. 具有良好的化学稳定性和真空热稳定性。

d. 与基片的结合牢固。

e. 在真空中放气少，且不存在挥发物质。

f. 对蒸发源及设备不产生腐蚀。

g. 使用方便、易于获得。

真空蒸发镀膜的蒸发材料有金属、金属合金、化合物，用玻璃做真空蒸发镀膜的基片时，使用最多的蒸发材料是金属，合金次之，化合物很少用。一些常用的金属蒸发材料介绍如下。

① 铝

铝在 660℃时熔化，在 1100℃以上开始迅速蒸发。在蒸发温度时，铝为一种高度流动的液体，它与难熔材料极易润湿并在其表面上流动，同时可渗入到难熔材料的微孔中。铝在高温时与陶瓷材料能产生化学反应，还能与难熔金属形成低熔点合金。

若用坩埚做蒸发源，当加热至高温时，不是铝与坩埚材料起化学反应，就是坩埚材料被蒸发，熔化的铝在真空中的化学活泼性比在较高压力下更剧烈。因此对蒸发铝的蒸发源，必须进行认真的选择。目前多采用钨丝或钽丝的电阻加热式蒸发源，而不用电子束加热。因为铝在气化温度下表面张力很小，不能使熔滴分散开。蒸发大量的铝时，可采用连续式输送铝线材。

② 铬

铬在1900℃时熔化，但在1397℃下，其蒸气压即可达到1Pa。因此，不用熔化即可蒸发，由于铬的附着力强，所以这种材料可作为附着力较差的蒸发金属材料的“附着剂”。铬对玻璃基片、陶瓷基片的附着力比其他金属蒸发材料都好，当在镀铬玻璃的铬膜-玻璃界面上做破坏性试验时，由于铬膜附着力强，因此被破坏的往往是基片。由于铬的形状多为片状或颗粒状，故可用蒸发舟（“凹”形舟或方形舟）或圆锥形单股丝进行蒸发，由于铬的蒸发温度较高，其蒸发源材料多选用钨。也可先将铬电镀在钨螺旋丝上，此法可提高热接触面，扩大蒸发面积，但应注意钨丝在电镀之前应彻底进行去气。

常用蒸发材料、用途及蒸发源如表4-5所示。

表4-5 蒸发材料、用途及蒸发源

蒸发材料名称	用途	配用蒸发源
铝(丝状或片状)	镀银色	多股丝状螺旋形
铜及铜合金(片状或粒状)	镀金色、铜色	多股丝状螺旋形或圆锥形单股丝
钛化合物(粉状)	保护膜	舟形
硅化物	保护膜	舟形
反射膜合金(丝状)	褐色反射膜	多股丝状螺旋形

电阻加热方式的缺点是加热所能达到的最高温度有限，加热器的寿命较短。近年来，为了提高加热器的寿命，国内外已采用寿命较长的氮化硼合成的导电陶瓷材料作为加热器。它是由耐腐蚀、耐热性能优良的氮化物、硼化物等材料，通过热压、涂覆而制成的一种具有导电性的陶瓷材料，此种蒸发源性能稳定，使用寿命长。据日本专利报道，可采用20%～30%的氮化硼和能与其相熔的耐火材料所组成的材料来制作坩埚，并在表面涂上一层含62%～82%的锆，其余为锆硅合金材料。

4.4.2.2 电子束蒸发源蒸镀法

将蒸发材料放入水冷钢坩埚中，直接利用电子束加热，使蒸发材料气化蒸发后凝结在基板表面成膜，是真空蒸发镀膜技术中的一种重要的加热方法和发展方向。电子束蒸发克服了一般电阻加热蒸发的许多缺点，特别适合制作熔点薄膜材料和高纯薄膜材料。

依靠电子束轰击蒸发的真空蒸镀技术，根据电子束蒸发源的形式不同，又可分为环形枪、直枪、e型枪和空心阴极电子枪等几种。

环形枪是由环形的阴极来发射电子束，经聚焦和偏转后打在坩埚内使金属材料蒸发。它的结构较简单，但是功率和效率都不高，基本上只是一种实验室用的设备，目前在生产型的装置中已经不再使用。

直枪是一种轴对称的直线加速枪，电子从灯丝阴极发射，聚成细束，经阳极加速后打在坩埚中使镀膜材料熔化和蒸发。直枪的功率从几百瓦至几百千瓦的都有，有的可用于真空蒸发，有的可用于真空冶炼。直枪的缺点是蒸镀的材料会污染枪体结构，给运行的稳定性带来困难，同时发射灯丝上逸出的钠离子等也会引起膜层的污染，最近由西德公司研究，在电子束的出口处设置偏转磁场，并在灯丝部位制成一套独立的抽气系统而做成直枪的改进形式，不但彻底改变了灯丝对膜的污染，而且还有利于提高枪的寿命。

e型电子枪，即270°偏转的电子枪克服了直枪的缺点，是目前用得较多的电子束蒸发源之一。e型电子枪可以产生很多的功率密度，能熔化高熔点的金属，产生的蒸发粒子能量高，使膜层和基底结合牢固，成膜的质量较好。缺点是电子枪要求较高的真空度，并需要使用负高压，真空室内要求有查压板，这些造成了设备结构复杂，安全性差，不易维护，造价也较高。

空心阴极电子枪是利用低电压，大电流的空心阴极放电产生的等离子电子束作为加热源。空心阴极电子枪用空心的钽管作为阴极，坩埚作为阳极，钽管附近装有辅助阳极。利用空心阴极电子枪蒸镀时，产生的蒸发离子能量高，离化率也高，因此，成膜质量好。空心阴极电子枪对真空室的真空度要求比e型电子枪低，而且是使用低电压工作，相对来说，设备较简单和安全，造价也低。目前，在我国e型电子枪和空心阴极电子枪都已成功地应用于蒸镀及离子镀的设备中。枪的功率可达十几万千瓦，已经为机械、电子等工业镀出了各种薄膜。

电子束蒸发源的优点为：①电子束轰击热源的束流密度高，能获得远比电阻加热源更大的能量密度，可以将高达3000℃以上的材料蒸发，并且能有较高的蒸发速率；②由于被蒸发的材料是置于水冷坩埚内，因而可避免容器材料的蒸发，以及容器材料与蒸镀材料之间的反应，这对提高镀膜的纯度极为重要；③热量可直接加到蒸镀材料的表面，因而热效率高，热传导和热辐射的损失少。

4.4.2.3 高频感应蒸发源蒸镀法

高频感应蒸发源是将装有蒸发材料的石墨或陶瓷坩埚放在水冷的高频螺旋线圈中央，使蒸发材料在高频带内磁场的感应下产生强大的涡流损失和磁滞损失（对铁磁体），致使蒸发材料升温，直至气化蒸发。膜材的体积越小，感应的频率就越高。在钢带上连续真空镀铝的大型设备中，高频感应加热蒸镀工艺已经取得令人满意的结果。

高频感应蒸发源的优点：①蒸发速率大，可比电阻蒸发源大10倍左右；②蒸发源的温度均匀稳定，不易产生飞溅现象；③蒸发材料是金属时，蒸发材料可产生热量；④蒸发源一次装料，无需送料机构，温度控制比较容易，操作比较简单。

它的缺点是：①必须采用抗热震性好，高温化学性能稳定的氮化硼坩埚；②蒸发装置必须屏蔽，并需要较复杂和昂贵的高频发生器；③线圈附近的压力是有定值的，超过这个定值，高频场就会使残余气体电离，使功耗增大。

4.4.2.4 激光束蒸发源蒸镀法

采用激光束蒸发源的蒸镀技术是一种理想的薄膜制备方法。这是由于激光器可能安装在真空室之外，这样不但简化了真空室内部的空间布置，减少了加热源的放气，而且还可以完全避免蒸发器对被镀材料的污染，达到了膜层纯洁的目的。此外，激光加热可以达到极高的温度，利用激光束加热能够对某些合金或化合物进行“闪光蒸发”。这对于保证膜的成分，防止膜的分馏或分解也是极其有用的。但是，由于制作大功率连续式激光器的成本较高，所以它的应用范围有一定的限制，目前尚不能在工业中广泛应用。

4.4.3 真空蒸镀法的工艺及设备

4.4.3.1 真空蒸镀法的工艺流程

真空蒸镀法的工艺流程如下：

玻璃基片→人工检验→切裁→洗涤干燥→装片（蒸发源＋膜材）→镀膜（抽真空）→出片→检验→包装入库

用真空蒸镀法生产镀膜玻璃目前是间歇式生产。

玻璃基片运入车间后，经目测检验，外观质量符合要求者，将其放到洗涤干燥机上；若玻璃规格与真空玻璃镀膜机所要求的规格不符，则需按镀膜机所要求的规格切裁后再放到洗涤干燥机上。玻璃在洗涤干燥机上，经配有洗涤剂的洗涤水的冲洗和尼龙刷的刷洗，再用自来水、去离子水冲洗，并用软质刮水板刮去玻璃表面上的水，再用经过滤的干燥空气用风刀将玻璃表面上的水分吹干。将玻璃片卸下，放在中转架上待用。

4.4.3.2 真空蒸镀法主要设备

真空蒸镀设备（镀膜机）有多种形式，但基本构成是相同的，图 4-11 是真空蒸镀设备的示意图。整个系统由密封良好的镀膜室 2 和真空设备（真空机组）6 组成，两者通过密封管道相连，通过真空设备抽真空，使镀膜室保持较高的真空度。玻璃在镀膜时一般要求 10.2Pa 真空度，高真空时要求 10.4～10.6Pa。在镀膜室下部安装有蒸发源 3，上部安装玻璃基片或玻璃制品，膜层材料蒸发后，即沉积在玻

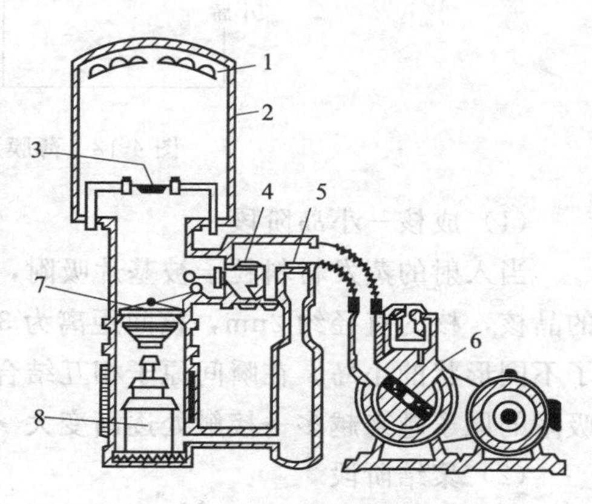

图 4-11 真空蒸镀设备示意图

璃基片或玻璃制品上，4、5、7为真空阀门，1为内 衬板，8为扩散泵。

采用真空蒸发镀膜法可以在玻璃上镀单层膜，如铝、银、铜等。尽管铝价格便宜，而化学还原法和热喷涂法均不能镀铝膜，用真空蒸镀法和阴极溅射法才能镀铝膜，国内常用的铝反射镜膜厚100～200nm。铜膜呈茶色，可代替茶色玻璃镀铝膜装饰镜。真空蒸镀法还可镀多层膜，如Cr/Ni/Fe三层膜系的遮阳膜，呈灰色，总透光率在50%左右。真空沉积镀膜的特点是生产率低，价格较贵，膜层与玻璃附着力和膜层均匀性较差，若要求膜的均匀性高，就需要增加气化源数量，镀膜时还要经常更换气化源，设备投资比较高，而膜层材料的种类和产品品种又不及真空溅射法多，因此蒸发镀膜的发展速度不及溅射镀膜。

4.4.4 薄膜形成过程

真空环境中，蒸发材料在蒸发源的作用下，以原子或分子状态向任意方向直线运动，当遇到温度较低的表面时，便被吸附，由于粒子的不断增加，逐渐形成了膜层。从开始蒸发到基片表面成膜，可分为四个阶段，形成过程示意图如图4-12所示。

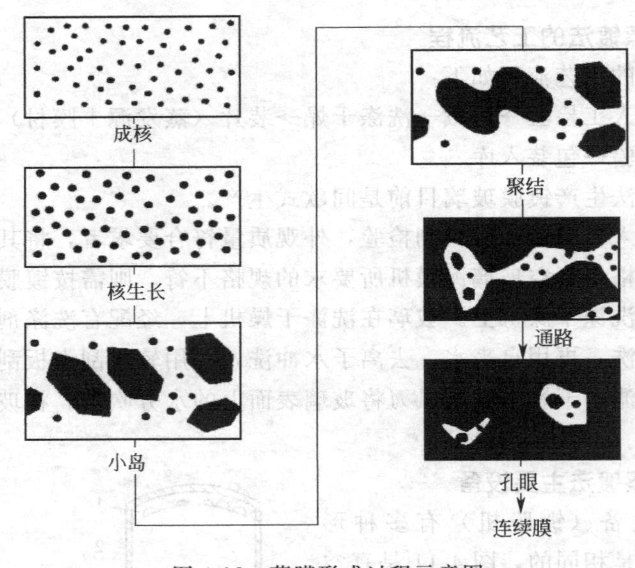

图4-12 薄膜形成过程示意图

(1) 成核—小岛阶段

当入射的蒸发材料粒子被基片吸附，在基片上形成膜层的最初阶段时出现大量的晶核，核的直径约2nm，核间距离为30nm左右。被吸附的原子越来越多，形成了不同形状的小岛。在瞬间原子相互结合的过程如下：两个各自独立存在的原子→吸附的原子越来越多→接触处逐渐变大→原子连成小岛。

(2) 聚结阶段

由于蒸发材料蒸气不断地产生，使原来的小岛各自为中心进行扩大连接而形成大岛。先吸附在基片表面的原子已凝结成小岛，而后到的蒸气原子，不断填充在岛与岛之间的空隙而聚结成大岛。

（3）大岛与大岛的边沿不规则地相连，形成网状薄膜、沟道、通路、孔眼阶段

蒸发材料的蒸气的数量逐渐增多，大岛与大岛之间形成蜂窝状结构，空隙之间开始连通，但连通处尚不够致密。

（4）成膜阶段

在沟道阶段的基础上，随着蒸发材料蒸气原子不断地吸附，在沟道周围不断地填充，逐渐形成膜层，此薄膜在微观上厚度并不是均匀一致的，而是凹凸不平的。

薄膜的形成过程如图 4-13 所示。

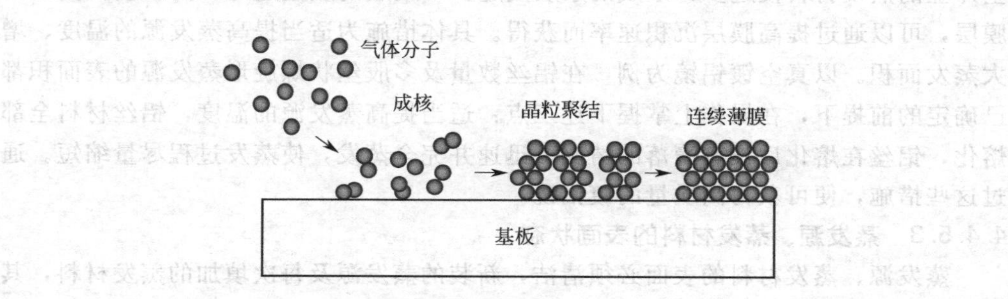

图 4-13　薄膜形成过程

4.4.5　镀膜条件对膜层的影响

4.4.5.1　真空室压力对膜层的影响

蒸发镀膜时，真空室内残余气体分子中，蒸气分子的平均自由程大于蒸发源与基片的距离时，就会获得充分的镀膜条件。因此，把真空室抽成高真空，减少残余气体的分子数、增大残余气体分子的平均自由程，使得蒸气分子与残余气体分子的碰撞机会减少，这是非常必要的。

当真空度提高时，蒸气分子从蒸发源到基片的过程中，与残余分子碰撞的概率下降。因此，真空镀铝时在 6×10^{-2} Pa 以上能形成良好的膜层。当真空度低时，会出现下述两种情况：

① 基片表面吸附着许多残余气体分子，当蒸发材料的蒸气分子到达基片之后，在基片表面残余气体分子与蒸发材料的蒸气分子将产生化合作用，所形成的化合物影响膜的质量。

② 蒸发材料的蒸气分子到达基片表面的过程中与残余气体分子发生碰撞的概率增加，使得蒸发材料蒸气分子消耗大量的动能，以致达不到基片表面，即使到达基片表面，其吸附性能也会大大降低。因此膜层松散无力，严重时出现粉末状的附着，一擦即脱落。在实际生产中观察到，真空室的真空度低于 10^{-1} Pa 时，铝膜呈灰色，其附着力降低，当真空度更低时，铝膜呈黑色，附着力很低。

采用真空蒸镀法在不对真空室及基片进行烘烤去气的情况下进行镀膜，真空度在 $10^{-2} \sim 10^{-5}$Pa 时，就可获得质量较好的膜层，如果要求真空度超过 10^{-6}Pa，在镀膜之前必须对真空室及基片进行严格的烘烤，才能实现如此高的真空，而这种烘烤去气过程，如对基片没有特殊的保护措施，会造成对基片的污染，反而会使膜的质量下降的概率增加。

4.4.5.2　膜层沉积速率的选择

蒸发材料的蒸气分子在飞往基片表面的过程中，与真空室内的残余气体分子会发生碰撞，还可能与基片表面吸附的气体分子发生碰撞。膜层沉积的时间越长，上述碰撞的次数越多；提高蒸发速率，则可降低碰撞概率，因而单位时间内，吸附在基片上的蒸发材料便越多，形成的杂质则越少，膜层的质量越好。为了制得高纯的膜层，可以通过提高膜层沉积速率而获得。具体措施为适当提高蒸发源的温度、增大蒸发面积。以真空镀铝镜为例，在铝丝数量及多股丝状螺旋形蒸发源的表面积都已确定的前提下，在操作上掌握下述三点：适当提高蒸发源的温度，铝丝材料全部熔化，铝丝在熔化后没有滴落的情况下迅速并完全蒸发，使蒸发过程尽量缩短。通过这些措施，便可获得高质量的镀铝镜。

4.4.5.3　蒸发源、蒸发材料的表面状态

蒸发源、蒸发材料的表面必须清洁，新装的蒸发源及每次填加的蒸发材料，其表面必须清洗干净，除净油污及氧化皮，要求镀膜质量高的工件，在蒸发材料开始熔化时用挡板挡住工件，由于此时蒸发材料的蒸气分子能量低、杂质多，因此不能让此部分蒸气分子沉积到工件表面上，待过一段时间后，将挡板移去，这样就可以制得高质量的膜层。

蒸发源如果存在脏物，通电发热时则产生大量的杂质气体分子，影响膜层的质量及降低沉积速率；蒸发材料如有污物，当它被加热时也会产生大量的杂质气体分子；如果污物是氧化层，由于它不易气化，也会影响蒸发，这两种原因都会导致膜层沉积速率的降低。

4.4.6　提高膜的附着强度的措施

膜层的附着强度是膜层附着在基片表面上的牢固程度。

膜应力是影响膜层附着强度的一个重要因素。膜应力分为热应力和内应力，内应力又分沉积内应力和附加内应力。

由于金属蒸气分子是在高温下和基片结合在一起的，若蒸发材料与基片的热膨胀系数不同，必然导致热应力的产生。沉积内应力是在成膜过程中，由于气相原子在冷凝过程中放出大量的热，以及在基片上沉积时晶粒聚结和收缩而产生的。附加内应力是膜制成后暴露于大气或将大气引入真空室，使膜产生氧化作用而产生的。

膜的热应力、沉积内应力和附加内应力都会在膜层与基片界面间产生一个剪应力，当剪应力大于膜层与基片界面间的附着力时，膜层便发生开裂、翘曲或脱落。

因此，合理匹配膜材与基片可降低膜的热应力，正确制定膜的沉积工艺，能尽量减少内应力或者使应力之间相互补偿，这是提高膜附着强度的关键措施。

此外需避免潮湿气体、油污、尘埃对膜附着强度的影响。在潮湿或有油污的情况下，基片表面会吸附水分子层或油分子层。这样，蒸发的金属蒸气分子很难与基片直接产生物理吸附，更难产生化学吸附，而只能附着在已被基片吸附的水分子层或油分子层之上，因而减弱了膜层与基片界面间的附着强度。依附在基片上的尘埃，阻碍了蒸发的金属蒸气分子与基片的吸附，尘埃所在之处，便形成没有膜层的砂眼（或者叫做针孔），依附在基片上的尘埃越多，砂眼越严重。

提高膜附着强度有以下措施。

4.4.6.1 提高基片温度

提高基片温度，对排除基片表面的残余气体分子是有利的。同时，高温会促进物理吸附向化学吸附转化，增加基片与沉积材料之间的附着力。例如镀铝镜，在真空室附近另设烘烤室，先将玻璃烘烤后放入真空室。烘烤温度可在 50℃以上。制备金属氧化物薄膜时，烘烤温度在 150℃左右较好。

基片或工件的烘烤温度不能与蒸发源的工作温度相同，否则蒸发材料的蒸气分子到达基片或工件后，会再次蒸发而造成不易成膜及晶粒粗大的不良效果。

4.4.6.2 选择合适的工作压力

正确选择真空室的工作压力。例如在镀铝膜的真空室中，残余气体的压力以 10^{-2}Pa 为宜。

4.4.6.3 采用较小的蒸发角度

因为基片或工件的表面总有极少数的微颗粒黏附着，当蒸发材料的蒸气分子斜射过来时，由于颗粒阻挡，颗粒的背后便形成一个扩大了的砂眼。蒸发源与基片的角度一般不超过 60℃，否则镜面漫反射严重，附着力下降，膜层不均匀。

4.4.6.4 选择适当的膜厚

膜层与基片界面因应力而产生的剪切力与膜厚成正比，因此，如果膜太厚，剪切力可能大于附着力而导致膜的脱落。一般膜厚以 40～100nm 为宜。

4.4.6.5 对基片有一定的要求

蒸发镀膜用的基片需符合下述要求：表面具有较高的平整度，光学变形小；较好的化学稳定性，不与膜材发生反应；具有一定的热稳定性及抗热冲击性能，以承受工艺过程中的烘烤加热；应具有一定的机械强度；热膨胀系数应与薄膜膨胀系数接近，防止薄膜产生应力而剥落。

4.4.6.6 基片镀膜前需认真处理

基片进入镀膜室前必须清除表面灰尘、油污、水分及各种化合物，尤其是清除带斑点的氧化层，使基片表面清洁；基片材料不同，处理方法也不同。玻璃基片在生产、运输、储存过程中往往受到不同程度的污染，甚至受到化学物质的侵蚀。为提高镜面膜层质量，必须对玻璃膜层认真清洗、干燥和储存。

生产时尽量避免中途停机及多次充入空气，以免带有杂质的气流冲向基片表面，造成膜层附着力下降。

4.4.6.7 成膜前用电子或离子对基片轰击、加热

清洁处理过的基片，成膜前放在等离子区用电子或离子进行轰击、加热，使吸附在基片上的水、油分子及污物进一步被除掉，同时使基片温度适当提高，以降低内应力，提高膜的附着力。对玻璃镜而言，只要将玻璃在50～100℃进行烘烤，便可满足要求。

4.4.7 真空蒸镀法生产中常见的质量问题及解决办法

采用真空蒸镀法生产铝镜，常见的产品质量问题、产生原因及解决的办法叙述如下：

4.4.7.1 膜层附着力小

影响镀铝镜片膜层附着力小的原因有：真空度低、玻璃表面不干净、蒸发源钨丝氧化及蒸发材料铝丝受污染、扩散泵返油等。

真空度低，实质上就是镀膜室里的残余气体多，相应的水蒸气、油蒸气含量也多。这些气体在蒸镀过程中被吸附在玻璃表面上。蒸镀时，残余气体分子与蒸发的铝蒸气分子碰撞的概率大，铝蒸气分子损失的能量大，沉积在玻璃基片表面时，吸附力减小，影响膜层的牢固度，真空度很低时，沉积的铝层变黑，牢固度很差，甚至手擦即可脱落。真空度低造成膜层附着力小的解决办法是检查设备，提高真空度，至少要将真空度提高到10^{-2} Pa。

玻璃表面不干净，如没有洗净、有油污，玻璃清洗后存放时周围环境的湿度大、储存及镀膜时空气中含有油蒸气，在这些情况下，玻璃表面都会吸附一层水分子或油分子等杂质。蒸镀时，铝蒸气分子很难与玻璃基片直接吸附，因而大大减弱了膜基界面的附着强度。解决办法是要对玻璃基片进行严格的清洗，清除油污，适当提高洗涤水或干燥的温度，洗涤后的玻璃储存时间不要过长，储存室的空气湿度不要过大，真空泵的排气不要排在车间内，以免油气污染玻璃，防止扩散泵返油等。

如果用作蒸发材料的铝丝纯度低，蒸发时铝丝中的杂质对玻璃表面会造成污染。降低膜层的牢固度。镀膜室的真空度低时，灼热的钨丝与残余气体中的氧发生氧化的概率增加；在蒸发之后立即充入空气时，其中的氧及水蒸气和钨丝反应，会生成挥发性钨氧比物WO_3，钨丝通电产生高温，当它遇到残余水蒸气及氧气时会加大损耗；挥发的WO_3和钨蒸气膜层都是污染物，它们都将降低膜层的牢固度。

解决办法：除了要保持工作真空度不低于10^{-2} Pa外，铝丝含铝量要求≥99.9%，如铝丝已氧化或已受污染，需用烧碱液泡洗，再用自来水冲洗，干燥后方可使用。生产时，蒸发完后停20～30s，待钨丝由红转暗色后方可充气。

当扩散泵返油时，油气倒流入真空室，会在玻璃表面落上一层油雾，污染玻璃表面。

4.4.7.2 镜片有针孔

原因是工作环境尘埃多，玻璃表面黏附颗粒状杂物，清洗不彻底，或清洗后存放时再次黏附粒状杂物，这些粒状物在镀膜时挡住铝蒸气分子，使该处玻璃镀不上铝膜，当粒状物掉落时，镜片上便出现没有镜膜的透亮的针孔。

解决办法；严格清洗玻璃，车间内尽量减少造成粉尘飞扬的条件，清洗后的玻璃应尽快投入生产，长期存放的玻璃使用前要重新清洗，短期存放也需加罩封严。

4.4.7.3 膜层不均匀

原因是个别蒸发源不工作或漏放铝丝，蒸发源位置不合理，蒸发材料与蒸发源接触不良、个别蒸发材料（铝丝）脱落等。

解决办法：检查蒸发源，更换已损坏的蒸发源，调整蒸发源的位置，将其放到合理的位置，装足蒸发材料，并将其正确地放到蒸发源上。

4.4.7.4 镜片溅铝

真空镀铝制镜生产中，有时出现镜片上有铝滴，这就是镜片溅铝，产生溅铝的原因是螺旋形蒸发源钨丝螺距过大，钨丝升温太快。用钨丝做加热源，它与蒸发材料铝熔液有较好的润湿性，如果钨丝升温太快，部分铝丝迅速熔化，而另一部分仍未熔化好，致使铝材与钨丝润湿不充分，从而使没有熔化蒸发的铝材从钨丝蒸发源中脱离下来，落在玻璃上。同时升温太快，也会造成铝丝中的气体迅速释放出来，产生气泡或发生飞溅，结果将小的铝熔滴粘在玻璃表面。丝状螺旋形蒸发源钨丝螺距过大时，螺距间的铝熔化后，钨丝粘不住就往下脱落，也造成铝熔滴粘在玻璃片上。采用控制蒸发升温速率，适当增加铝丝的预热和蒸发时间，蒸发源钨丝的螺距控制在 3～4mm 以内，就可有效地解决溅铝。

4.4.7.5 绕射

生产过程中，镜片正面的四周有时会出现铝膜，这是绕射造成的。镀膜室长期在低真空度下工作，壁室及工件架将造成严重污染，这些污染物极易吸附水蒸气、油气及脏物。镀膜时，由于镀膜室的压力低，室壁及工件架污染物所吸附的水蒸气、油气也就释放出来。蒸发材料铝蒸气分子在迁移沉积到玻璃表面的途中，与残余气体分子及污染物所释放的气体分子相碰撞，致使一部分铝蒸气分子产生漫射而落到镜片正面的边缘，这就是绕射。这些铝蒸气分子由于多次与其他气体分子碰撞，消耗了很多能量，当它沉积到玻璃表面时，只具有很少的能量，与玻璃表面产生的吸附力很小，有时呈灰色甚至黑色，也叫黑边。

解决的办法有：

① 提高蒸发前的初始真空度，即在蒸发工序之前，把镀膜室的真空度提高到极限值，这样才能把室壁及工件架污染物所吸附的水蒸气等污染气体排除掉，然后从充气阀冲入干净干燥的空气，令镀膜室的真空度降至工作真空度，即先将镀膜室真空度提高到 10^{-3} Pa，维持片刻，再将真空度降至 10^{-2} Pa，进行蒸发操作。

② 定期清洗镀膜室内壁及工件架，清洗后必须将镀膜室抽气至极限真空度、

空镀（不放基片）数次后才能正常镀膜，空镀次数以镀膜室及工件架不产生污染为准。

③ 减少玻璃基片至室壁的距离，中间两块玻璃最好靠在一起。

④ 镜片出现绕射或黑边时，待保护漆干燥后用布蘸上干净水或7%的氢氧化钠溶液将其擦去。

4.4.7.6 彩虹（雾状返油）

在镀镜生产中，有时镀铝后的镜片在阳光下观察有彩虹，彩虹严重影响镜片的使用。产生的原因是：扩散泵或前级泵抽速低，挡油器发生故障，挡油效果不好；扩散泵冷却水管脱焊，泵体冷却不好，从而导致扩散泵油蒸气在泵体不能正常冷凝而上飘，扩散泵冷却水压力低或断水，高真空阀内壁附着的扩散泵油太多。

上述原因导致大量油蒸气集聚到高真空阀盖底，当打开高真空阀时，油蒸气飘到镀膜室落到玻璃表面，蒸发镀铝时铝膜盖在油膜上，制成的镜片在阳光下看就像水面有油膜一样。如果返油的颗粒大，落在玻璃上，镀铝后镜面就成为黑色魔点。由于铝膜附在油分子上，严重地影响膜的牢固度。

解决办法：

① 调整扩散泵和前级泵的抽速。

② 焊好泵体外的冷却水管。

③ 增大泵体冷却水带走的热量，进水温度控制在≤30℃。如果冷却水量少而出水温度超过45℃时，可在充气时关掉扩散泵，重新抽气时再打开扩散泵。中间停2～3min，必要时还可以用风扇增强泵体散热。

④ 擦净高真空阀内的油（不能用汽油擦）。

⑤ 扩散泵油最好用硅油，装油量应按产品说明书的数量装入，装入量不应超出标牌油量的±10%。

4.4.7.7 镜面出现水印、水迹、霉点、纸纹、手纹

水印是镀铝前玻璃上的水分干后留下的痕迹。镀铝后镜面出现花纹状，呈灰色、深浅不一，不反光。

水迹是在玻璃洗涤干燥过程中水分干后所留下的水纹，镀铝后镜面有水流或小点状，四周有白色，不反光。

用发霉的玻璃制镜，玻璃的表面出现白点，严重发霉时玻璃呈灰色，四周呈不规则形状。不发光，表面粗糙。

纸纹是玻璃片之间在包装时所夹之纸受潮后与玻璃表面起化学反应，对玻璃侵蚀所致。纸受潮后膨胀呈波浪形，所以纸纹也呈波浪形，灰色，不反光。

手纹是裸手触摸玻璃片，手上油污、汗渍留在玻璃上，镀铝后手纹清晰显现出来。

上述种种，对镜片膜层附着力影响很大，严重时膜层会从该处脱落。

解决办法：

① 水印、水迹发生在洗涤干燥过程，因此清洗用水的水质要求≤4DH（德国硬度），将水分吹干后，水中矿物质就不会留下痕迹，也可采用风刀吹散，吹干玻璃表面的水，不让水集中在小块地方干燥，风刀的角度对吹干玻璃表面上的水是非常重要的，一般以5°左右效果最好。

② 玻璃运入车间后，要严格进行检查，有霉点、纸纹的玻璃不能使用。

③ 不许裸手接触玻璃，接触玻璃时必须戴上清洁、干燥的手套。

④ 采取增加抛光及擦洗工序的办法，先采用轻度抛光将霉点、纸纹等去掉，然后用强力洗涤干燥机擦洗，用去离子水冲洗。

4.5 阴极磁控溅射法

阴极溅射是古老的真空制备薄膜的工艺方法。早在1852年英国的Grove和1858年德国的Plücker就分别在气体放电实验中发现在辉光放电管中使阴极腐蚀的溅射现象。不久之后，在1877年把用稀有气体正离子轰击金属溅射工艺用于镜子的生产，经过近百年的研究探索，到1955年阴极溅射工艺趋于成熟。

4.5.1 溅射原理

磁控溅射原理如图4-14所示。磁控溅射是在真空室中进行的，将真空室的气体抽空，阴极接通负电压（−500～−800V），阳极接通正电压（0～100V），并向真空室充入工作气体（一般用氩气）。当真空室的负压达到溅射工作压力10^{-4}～10^{-5}Pa时，在阴极前面产生辉光放电，氩气发生电离，产生氩离子和电子，形成等离子区；阴极通电后产生的电场与永久磁铁产生的磁场正交，氩离子在正交电磁场的作用下飞向阴极，在很短距离的阴极电位下降区获得很大能量，在到达阴极前轰击靶材。根据动能传递作用将能量传递给靶材的中性原子（或分子），使这些原

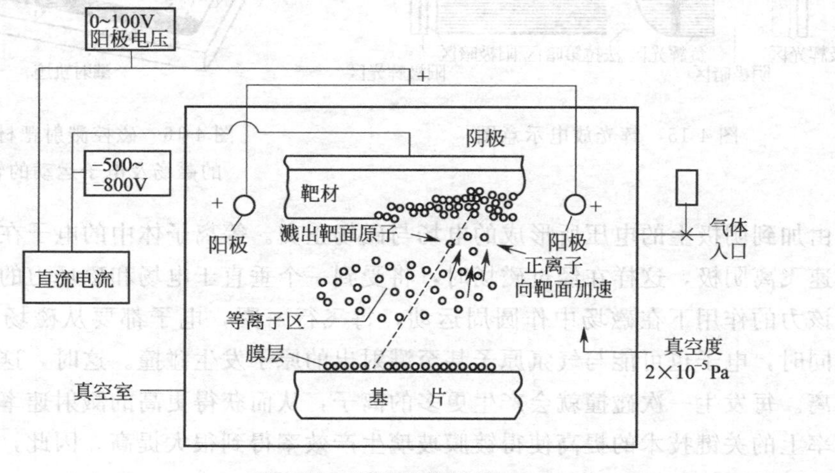

图4-14　磁控溅射原理图

子（或分子）脱离附近的其他原子（或分子）而从靶面上弹射出来。在溅射的粒子中，带有高能量的中性靶原子（或分子）在玻璃表面上沉积而形成膜层。而其中的二次电子进入等离子区参与电离碰撞，不断地补充大量的正离子，二次电子在其能量将耗尽时，被阳极吸引而导出真空室。

4.5.2 磁控溅射工艺

磁控溅射是使在气体等离子体（或辉光放电见图 4-15）中形成的离子加速向靶冲击的动力传递过程，等离子体由导入真空系统的氩气、氧气、氮气或其他气体电离构成。离子能量主要来自加在靶表面直流电压的负极，这些能量再分配给靶材表面的原子，使一些获得了足够能量的原子从靶体表面逸出。能量传递的效率与离子和靶材原子的相对质量有关，原子逸出靶材表面所需要的能量取决于靶材蒸发的潜在热量。在由氧或氮做工作气体的反应溅射中，由于需要能量破坏化学键，溅射效率要相对低得多。溅射量，即蜕变离子所产生的溅射原子数，它可以通过若干不同金属对应离子能量来予以描述。通过溅射来轰击材料并不是十分高效的工艺，大多数的能量转变成热量而被靶材吸收，因此需要水冷以防止靶材金属弯曲或熔化。尽管如此，在很大面积的玻璃上沉积薄而均匀的叠层，溅射工艺依然是非常理想的。既然溅射速率依赖于有效离子量，因此人们希望等离子体尽可能浓密。为了得到密度最大的等离子体，人们借助于互感电（E）磁（B）场（“EB”）。磁体摆放的位置要使磁场的方向平行于靶平面，磁场由位于靶后面的磁体（永久磁铁）产生（见图 4-16）。

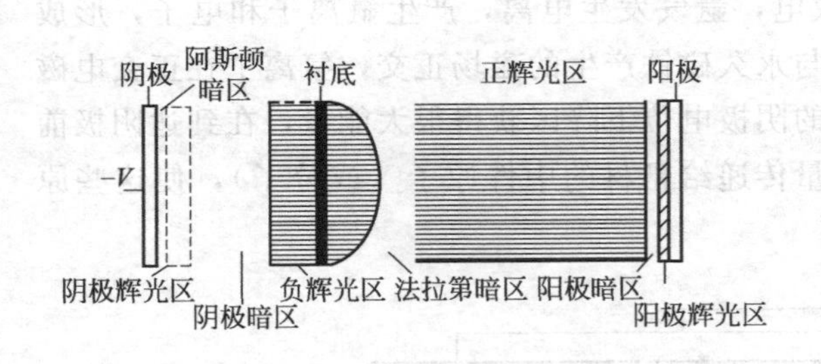

图 4-15 辉光放电示意图

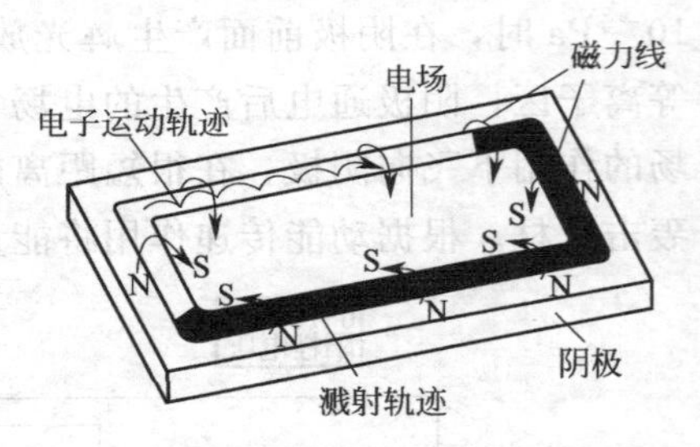

图 4-16 磁控溅射靶材表面的磁场及电子运动的轨迹

由加到阴极上的电压所形成的电场与磁场正交。等离子体中的电子在电场作用下加速飞离阴极，这样在经过磁场时，将受到一个垂直于电场和磁场力的作用。电子在该力的作用下在磁场中作圆周运动，每飞行一圈，电子都要从磁场中获得能量。同时，电子也可能与气氛原子甚至溅射出的原子发生碰撞。这时，这些原子将被电离。每发生一次碰撞就会产生更多的离子，从而获得更高的溅射速率。这个溅射效率上的关键技术的提高使得镀膜玻璃生产效率得到很大提高。因此，磁控溅射镀膜中优化磁场配置以获得最大离子量是非常重要的。

4.5.3 磁控溅射生产材料

4.5.3.1 溅射气体

溅射气体有工作气体及反应气体两大类。

(1) 工作气体

工作气体在真空室中，当压力为0.1～1Pa时，受强电场的作用而电离为正离子和电子。由于异性相吸，正离子受阴极负高压的吸引以巨大的能量轰击靶材而产生溅射。元素周期表中大多数元素的正离子都能作为溅射正离子，选择溅射正离子时，应选择具有高的溅射率、对溅射源材料（靶材）呈惰性、价格便宜、货源充足、易于得到高纯度的气体的元素。表4-6是不同气体溅射各种元素的溅射产额。由于气体可以省去技术复杂、价格昂贵的材料气化工序，一般采用惰性气体，惰性气体氩、氪、氙相同能量的正离子轰击相同的靶材时，后两种气体的溅射率高于氩，但氩气容易获得，且价格便宜，从经济上考虑，一般工业生产通常采用氩作为工作气体。

(2) 反应气体

为了产生氧化物、氮化物、硫化物和碳化物膜层，在进行溅射时，溅射室分别加入氧气、氮气、硫化氢、甲烷等气体，纯金属靶材溅射出来的原子与这些气体进行化学反应，生成氧化物或氮化物、硫化物、碳化物，然后沉积在基片表面而形成氧化物、氮化物、硫化物或碳化物膜层。这些气体称为反应气体。工业生产制备氧化物、氮化物的膜层较多，所以常用的反应气体多为氧气和氮气。

表4-6 用惰性气体离子（500eV）获得的各种元素的溅射产额

元素	气体				
	He	Ne	Ar	Kr	Xe
Be	0.24	0.42	0.51	0.48	0.35
C	0.07	—	0.12	0.13	0.17
Al	0.16	0.73	1.05	0.96	0.82
Si	0.13	0.48	0.50	0.50	0.42
Ti	0.07	0.43	0.51	0.48	0.48
V	0.06	0.48	0.65	0.62	0.63
Cr	0.17	0.99	1.18	1.39	1.55
Mn	—	—	—	1.39	1.43
Mn	—	—	1.90	—	—
Bi	—	—	6.64	—	—
Fe	0.15	0.88	1.10	1.07	1.00
Fe	—	0.63	0.84	0.77	0.88
Co	0.13	0.90	1.22	1.08	1.08

续表

元 素	气 体				
	He	Ne	Ar	Kr	Xe
Ni	0.16	1.10	1.45	1.30	1.22
Ni	—	0.99	1.33	1.06	1.22
Cu	0.24	1.80	2.35	2.35	2.05
Cu	—	1.35	2.00	1.91	1.91
Cu(Ⅲ)	—	2.10	—	2.05	3.90
Cu	—	—	1.20	—	—
Ce	0.08	0.68	1.10	1.12	1.04
Y	0.05	0.46	0.68	0.66	0.48
Zr	0.02	0.38	0.65	0.51	0.58
Nb	0.03	0.33	0.60	0.55	0.53
Mo	0.03	0.48	0.80	0.87	0.87
Mo	—	0.24	0.64	0.59	0.72
Ru	—	0.57	1.15	1.27	1.20
Rh	0.06	0.70	1.30	1.43	1.38
Pd	0.13	1.15	2.08	2.22	2.23
Ag	0.20	1.77	3.12	3.27	3.32
Ag	1.00	1.70	2.40	3.10	—
Ag	—	—	3.06	—	—
Sm	0.05	0.69	0.80	1.09	1.28
Gd	0.03	0.48	0.83	1.12	1.20
Dy	0.03	0.55	0.88	1.15	1.29
Er	0.03	0.52	0.77	1.07	1.07
Hf	0.01	0.32	0.70	0.80	—
Ta	0.01	0.28	0.57	0.87	0.88
W	0.01	0.28	0.57	0.91	1.01
Re	0.01	0.37	0.87	1.25	—
Os	0.01	0.37	0.87	1.27	1.33
Ir	0.01	0.43	1.01	1.35	1.56
Pt	0.03	0.63	1.40	1.82	1.98
Au	0.07	1.08	2.40	3.06	7.01
Au	1.10	1.30	2.50	—	7.70
Pb	1.10	—	2.70	—	—
Th	0.00	0.28	0.62	0.98	1.05
U	—	0.45	0.85	1.30	0.81
Sb	—	—	2.83	—	—
Sn(固体)	—	—	1.20	—	—
Sn(液体)	—	—	1.40	—	—

(3) 气体压力

在溅射时，气体压力的变化对溅射室内的放电有不同的影响，一般来说，溅射室内气体压力增大会引起放电电流增大、逆散射增加，因互相碰撞而使带能粒子减速；气体压力降低结果则相反，溅射粒子的能量在到达基片表面时转变为热能。溅射装置的真空系统应有高的抽气速率，以便迅速抽出溅射室内的残余气体。在放电区附近必须避免存在压力梯度，因为这种压力梯度会造成放电的不均匀性导致膜层不均。

(4) 气体污染

溅射镀膜的溅射源（阴极）不同于真空蒸发镀膜的蒸发源，后者采用陶瓷等蒸发源时，膜层里易混入蒸发源材料（坩埚等材料）的成分，成为膜层的杂质。溅射镀膜的膜层不会掺入此类杂质，因此膜层的纯度高。溅射室的气体污染源会使沉积膜层产生杂质，主要的气体污染源有：残余气体中的水蒸气、由于离子轰击从器壁解吸出来的气体、靶中吸附气体和组成气体的释出、溅射室的泄漏、工作气体本身的污染物。这些污染大多数可以用良好的真空技术和恰当的预溅射次数来消除，以减少外部气体的掺杂。

4.5.3.2 溅射材料（靶材）

(1) 溅射材料的种类

溅射材料（靶材）通常制成矩形板、圆形板、辊形。小型溅射装置的靶材也有做成圆盘形或棒形的。金属、半导体、合金、卤化物（通常是氟化物）、氧化物、硫化物、硒化物、碲化物、元素周期表中Ⅲ～Ⅴ族单质和Ⅱ～Ⅵ族化合物及金属陶瓷都适于做靶材。经常使用的是金属、合金、半导体和氧化物，有时也使用氮化物、硅化物、碳化物和硼化物。

不同靶材获得的膜层性能不同，靶材的选择与组合应满足玻璃镀膜性能需要。对于不同的靶材，其溅射效率不同，表 4-7 给出了不同能量下用氩离子溅射靶材料时各种靶材的溅射产额，溅射产额越高，溅射效率越好，在选择靶材的组合上应考虑到溅射产额的影响，特别是镀制复合膜层时尤为重要。制备阳光控制镀膜玻璃、玻璃镜、导电膜玻璃的靶材，采用非磁性导电材料铬、钛、锡、锌、铜、铝、铋、不锈钢、铟锡合金等；制备低辐射镀膜玻璃则采用金、银、铜或铅等金属靶材。

表 4-7 不同能量的氩离子与各种材料碰撞的溅射产额

靶电压/V	200	600	1000	2000	5000	10000
材料	溅射产额:原子/离子					
Ag	1.60	3.40				8.80
Al	0.35	1.20			2.00	
Au	1.10	2.80	3.60	5.60	7.90	
C	0.05	0.02				

续表

材料	溅射产额:原子/离子					
Cr	0.70	1.30				
Cu	1.10	2.30	3.20	4.30	5.50	
Fe	0.50	1.30	1.40	2.00	2.50	
Ge	0.50	1.20	1.50	2.00	3.00	
Mo	0.40	0.90	1.10		1.50	2.20
Nb	0.25	0.65				
Ni	0.70	1.50	2.10			
Pb	1.00	2.40				
Pt	0.60	1.60				
Si	020	0.50	0.60	0.90	1.40	
Ta	0.30	0.60			1.05	
Ti	0.20	0.60		1.10	1.70	2.10
W	0.30	0.60			1.10	
Zr	0.30	0.75				
	溅射产额:分子/离子					
LiF(100)	—	—		1.30	1.80	2.20
CdS(1010)	0.50	1.20				
GaAs(110)	0.40	0.90				
PbTe(110)	0.60	1.40				
SiC(0001)		0.45				
SiO_2			0.13	0.40		
Al_2O_3			0.04	0.11		

溅射过程使用高功率电流，必须采取有效的水冷以防止靶材过热，防止靶材本身产生扩散、离解甚至熔化和蒸发。

(2) 溅射材料安装方式

溅射材料安装方式主要有平面安装和旋转安装两种。

① 平面安装

平面安装也俗称平面靶，是当今世界上通用的一种安装形式。平面靶的结构示意图如图 4-17 所示。

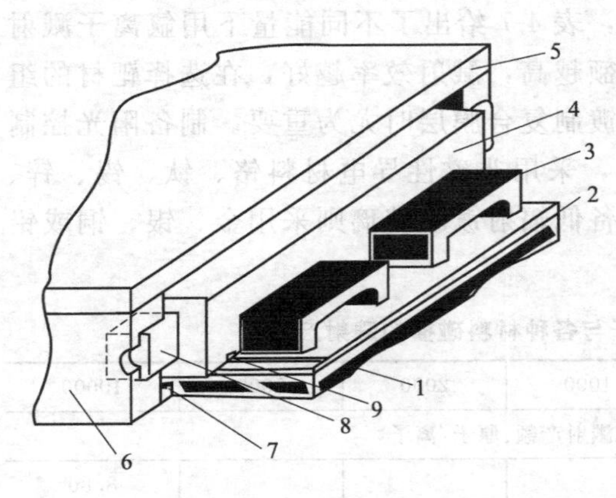

图 4-17 平面靶结构示意图

1—靶材；2—垫板；3—永久磁铁；4—阴极板；5—上盖板；6—边部屏蔽板；7—侧边屏蔽板；8—绝缘板；9—金属杆

靶材（溅射材料）安装在溅射源的下沿，紧靠它的是一块金属垫板，在金属垫板上装有两组永久性磁铁，磁极的平面布置如图 4-18 所示，磁铁的槽形空腔装有冷却水管，供冷却靶材用。

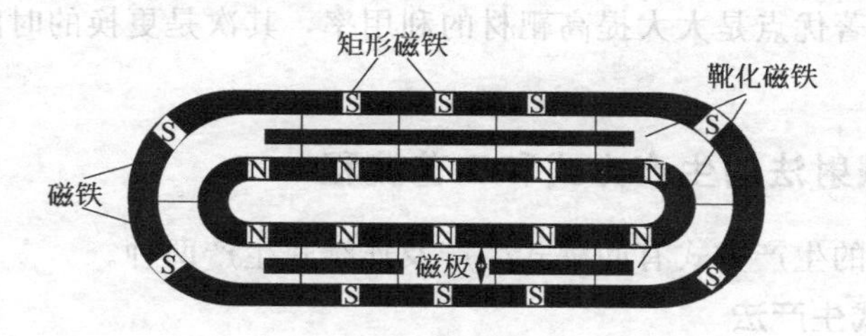

图 4-18　磁极平面布置示意图

为了防止冷却水渗漏，采用密封条进行密封。永久磁铁的上部及四周是阴极板，上述部件用紧固件组成一个整体，在其上、侧面、边部下侧装上屏蔽板隔开，使屏蔽板不带电。在阴极两侧真空室的空间内，各装有一根平行于阴极的金属杆，此金属杆用来做阳极，它与电源的正极相接。真空室与真空系统相连，使它达到所需的工作真空度。真空室接有供应工作气体及反应气体的管道，室内装有支承或输送基片的装置，待镀膜的基片放在靶材对面一定距离处，采用连续式溅射镀膜时，基片在真空室靶材下方的输送辊道上通过。

② 旋转安装

旋转安装是 20 世纪 90 年代初期美国 Boc Coating Technology 公司推出的一种靶材安装形式，其结构如图 4-19 所示。永久磁铁及阴极安装在圆桶形安装管上，圆筒形靶材（靶管）套在磁铁、阴极及安装管的外面，靶管的两端与安装管密封。

图 4-19　旋转靶结构示意图

在旋转靶的断面上构成两个空腔：安装管的圆形空腔，靶管内表面至安装管、磁铁、阴极外表面的空腔。这两个空腔均设有经过严格密封和电绝缘的水冷套管，这些套管中通去离子水，以冷却靶管。安装管支撑在溅射室的侧墙上，设有驱动装置使靶材转动。

溅射时靶的原子（或分子）从表面溅离，产生溅蚀，平面靶的溅蚀区以环形平面靶的环形中心线处溅蚀得最厉害，形成一道凹槽，当凹槽到达一定深度时需更换靶材，其材料的利用率只有 40%左右。旋转靶表面溅蚀形成凹槽后，将靶材旋转一个角度，如此旋转靶管，可以把条形凹槽变成层状溅蚀，靶材的利用率可以提高到 70%以上。

旋转靶的显著优点是大大提高靶材的利用率，其次是更换的时间缩短，它是新型溅射靶。

4.5.4 磁控溅射法的生产方式和工艺流程

磁控溅射法的生产方式有间歇式生产及连续式生产两种。

4.5.4.1 间歇式生产法

间歇式生产的工艺流程图如图 4-20 所示。

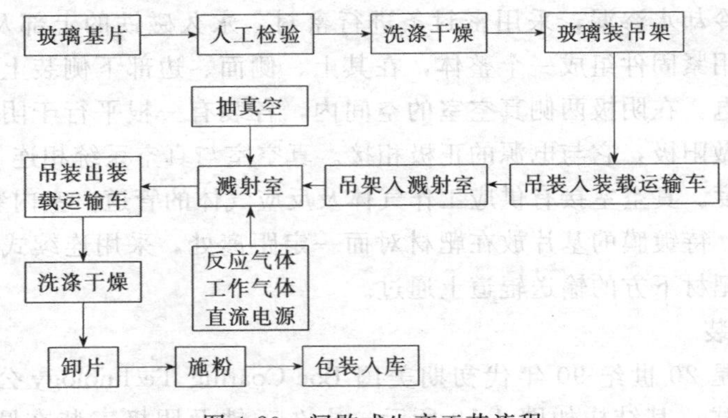

图 4-20 间歇式生产工艺流程

玻璃基片运入车间后，经人工检验，质量合乎要求的，送到洗涤干燥机进行洗涤及干燥，洗净吹干的基片装入装片框，每架装一片；装片框沿轨道装入装载运输车，镀膜时将车上的装片框推入溅射室，关闭溅射室门后，按照规定的程序进行抽真空、预溅射及溅射，每一基片的前面装有一组可移动的溅射阴极及靶材，在溅射室的末端平行于基片处有一预溅射板，移动式阴极停于其前面，当溅射室到达规定的真空后通入工作气体，向阴极通电，即开始预溅射，由于此时溅射室杂质较多，且溅射粒子的能量较小，因此让这些粒子溅射到预溅射板上废弃不用。当电流密度、电压强度达到设定值后，此时离子的能量、溅射粒子的能量已达到要求，移动式阴极由传动装置带动，在基片前面移动，每移动一遍，即在基片上镀上一层膜，然后复位到预溅射板前面。移动式阴极是一个阴极组，其上装有膜层所需各种膜材及相应数量的阴极，阴极组复位至预溅射板前面之后，即通电至阴极组的第二个阴极，当电流密度、电压强度达到设定值后，再次在基片前面移动一遍，再镀上一层膜。如此镀上三层膜，然后溅射室停止抽真空，并接通大气，在室内压力与大气压相等时将溅射室门打开，人工将装片框自溅射室拉出，并将其推入装载运输车。装片框全部拉出后，人工启动装载运输车的传动装置，使运输车行驶一段距离，运输车停止的位置，是第二批预先装入装载车上的装有基片的装片框对准溅射室内吊挂轨道的地方。然后按顺序将装片框推入溅射室。溅射室装满装片框后关闭室门，再按上述程序进行溅射，依此周期地进行生产。完成后的 Low-E 镀膜玻璃经人工检验合格后，在其表面施一薄层防擦伤衬垫，然后装箱入库。

4.5.4.2 连续式生产法

连续式生产法有水平式连续生产法和垂直式连续生产法两种。

(1) 水平式连续生产法

水平式连续生产法是玻璃基片在水平输送过程中完成全部加工工艺的生产方式，以具有三个溅射室的双端机为例，其生产工艺流程图见图 4-21。

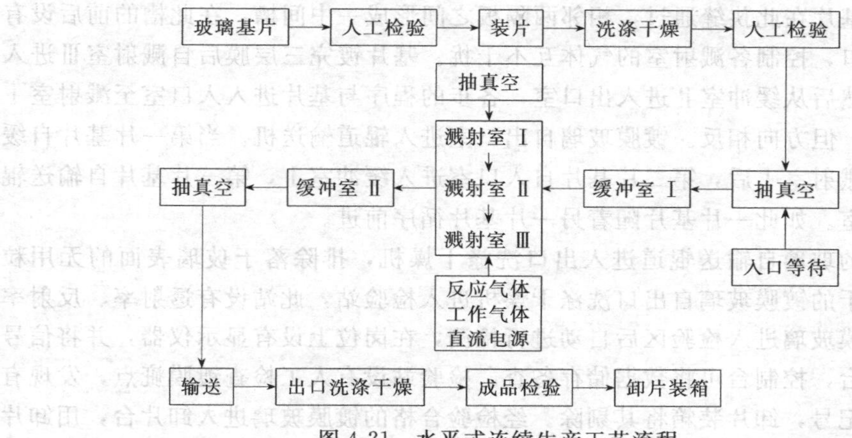

图 4-21 水平式连续生产工艺流程

玻璃基片运入车间后，经人工检验，合格者运至装片台旁指定位置，然后用装片机将基片装到装片台，通常采用较多的是吊车，真空吸盘组合装置及自动装片机；当采用前者时，还需配备由液压装置驱动的可翻转的装片台。装片时，装片台由液压装置驱动翻转 80°，人工操纵真空吸盘装置从玻璃垛架将基片吸住，然后控制吊车将基片运至装片台并放在它的下端挡辊上，此时液压装置反向供油，辊道输送机复位，自动控制使输送辊道传动装置启动，输送辊道将玻璃基片输送到入口洗涤干燥机，洗净吹干的基片自洗涤干燥机出来进入人工检验站，合格的基片送进入口室，基片在此室等待进入缓冲室Ⅰ，室的两端有狭缝阀 V_1 和 V_2，当 V_1 打开，V_2 关闭时，基片进入此室，随即关闭 V_1，然后开始抽真空，当真空度为 10Pa 时停止抽气。玻璃基片从此室进入缓冲室Ⅰ前，缓冲室Ⅰ的真空度与入口室的一致时狭缝阀 V_2 打开，因此启动缓冲室Ⅰ的真空泵，使其压力降低，当其压力与入口室相等时打开狭缝阀 V_2，同时启动输送辊道，玻璃基片从入口室进入缓冲室Ⅰ，然后关闭 V_2，继而入口室、缓冲室Ⅰ及溅射室分别按各自的程序工作；入口室的进气阀自动打开，导入经过滤的空气，使此室的压力升高，当其压力升至大气压力时将 V_1 打开，启动前方的输送辊道，第二片玻璃基片进入入口室。缓冲室Ⅰ的真空系统继续抽真空，将真空抽至 5×10^{-6} Pa 高真空，因为缓冲室Ⅰ与溅射室Ⅰ连接，抽至如此高真空后，缓冲室Ⅰ、溅射室室壁及玻璃基片吸附的杂质均被排除，此乃获得高质量镀膜玻璃的必要条件。然后降至溅射工作压力，同时各溅射室的真空泵启动，向溅射室通入工作气体，向阴极通电并将其电流及电压调至工艺规定的数值，然后启动缓冲室Ⅰ及溅射室Ⅰ内的输送辊道，将玻璃基片输送至溅射室Ⅰ，并同时送入反应氧气，此时溅射室内产生溅射，溅射粒子沉积在基片上形成膜层，基片在该室停留一定时间，完成第一层膜层的镀制，再启动溅射室Ⅰ及溅射室Ⅱ内的输送辊道，基片输送至溅射室Ⅱ，同时送入惰性气体氮气，基片在此室镀第二层膜层（金属膜层），然后再按同样的程序，基片输送至溅射室Ⅲ，同时送入反应氧气，基片在此室镀第三层膜层（氧化物膜层），各溅射室之间有隔板，上下隔板间只有一条狭缝，基片在此狭缝通过，相邻两隔板之间形成一中间槽，在此槽的前后设有抽气或送气口，控制各溅射室的气体互不干扰。基片镀完三层膜后自溅射室Ⅲ进入缓冲室Ⅱ，然后从缓冲室Ⅱ进入出口室，各步的程序与基片进入入口室至溅射室Ⅰ的程序相仿，但方向相反。镀膜玻璃自出口室进入辊道输送机。当第一片基片自缓冲室Ⅰ进入溅射室Ⅰ后，第二片基片自入口室进入缓冲室Ⅰ，第三片基片自输送辊道进入入口室。如此一片基片随着另一片基片循序前进。

镀膜后的玻璃自输送辊道进入出口洗涤干燥机，排除落于玻璃表面的无用粒子，洗净吹干的镀膜玻璃自出口洗涤干燥机进入检验站，此站设有透射率、反射率检测仪，镀膜玻璃进入检验区后自动进行检测，在岗位上设有显示仪器，并将信号传输至控制台，控制台可将数据储存备查。检验站设有人工检查镀膜疵点，发现有疵点时画上记号，卸片装箱将其剔除。经检验合格的镀膜玻璃进入卸片台，用卸片机卸下，然后装箱入库。

（2）垂直式连续生产法

垂直式连续生产的工艺流程如图 4-22 所示。

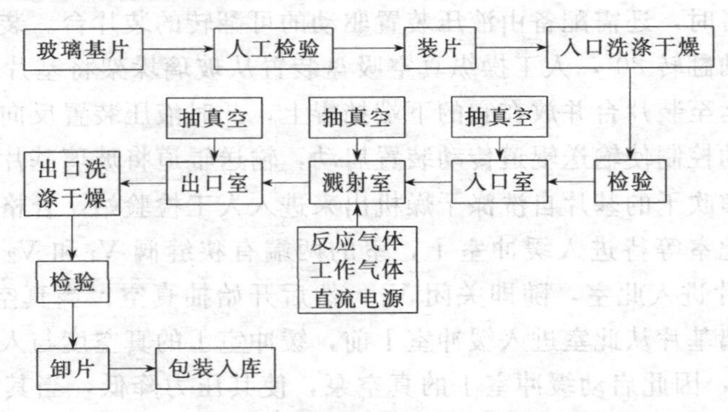

图 4-22 垂直式连续生产 Low-E 玻璃工艺流程

玻璃基片进入车间后，经人工检验，合格者投入生产，玻璃基片靠在倾角 80°的立式输送机上或装在装片框上，在垂直输送过程中连续进行各种工艺加工。

4.5.5 溅射法生产镀膜玻璃的特点

（1）膜厚可控性和重复性好

由于阳极电流及阴极电流可以分别控制，并且可以在大面积上获得厚度均匀的膜层，因此膜厚可控性和重复性好。

（2）膜层与基片的附着力强

由于沉积到基片上的原子能量比真空蒸发镀膜高1～2个数量级，而且在成膜过程中，基片暴露在等离子区中，经常被清洗和激活，因此膜层与基片的附着力强。

（3）可以制造特殊材料的膜层

几乎所有的固体材料都能用溅射法制成膜层，靶材可以是金属、合金、半导体等，比如用高熔点的金属作为靶材可以制造坚硬的金属膜层，也可以同时用两种金属靶材制造复合膜。通入反应气体，使溅射室内的气体与溅射的原子发生化学反应，可以制得与靶材性质完全不同的膜层，比如用纯金属钛做靶材，将氮和氩气一起通入溅射室，通过溅射就可以获得 TiN 仿金膜。

（4）膜层纯度高

溅射镀膜溅射源（阴极）不同于真空蒸发镀膜的蒸发源，后者采用的蒸发源易混入蒸发源材料（坩埚等材料）的成分，成为膜层的杂质。溅射镀膜的膜层不会掺入此类杂质，因此膜层的纯度高。

（5）溅射速率高

磁控溅射法的阴极配有磁控装置，工作气体电离产生的电子和溅射产生的二次电子在靶前等离子区作回旋运动，不断地参与碰撞及电离，源源不断地补充大量的离子，这是为了保证持续的高溅射率；由于电子受磁场约束不去撞击基片，因此基片温度低。目前，磁控溅射已发展为大规模的连续生产工艺，比如当基片的规格为3200mm×6000mm时，每片的生产周期仅为1～2min，每天可以生产5000～8000m^2。

4.5.6 溅射法生产镀膜玻璃的注意事项

镀膜玻璃的生产主要有真空室的压力（真空度）、玻璃的传动速度、溅射功率、溅射电流、溅射电压、溅射气体的比例等参数，不同的产品其参数是不同的，主要受到膜层厚度、生产能力、膜层层数、靶材种类、环境条件、玻璃品种等诸多条件的影响，通常镀膜时的工作气压应控制在0.1～0.5Pa，靶电压约为400～600V，靶的电流密度为10～25mA/cm^2，传动速度为0.5～2m/min。在镀膜中应注意如下事项：

（1）玻璃要新鲜

新鲜的玻璃表面化学活性大，有利于化学吸附和物理吸附，供生产镀膜玻璃的玻璃原片，自离开玻璃生产线算起，应不超过一个月。

（2）玻璃镀膜前清洗的质量要高

要用洗涤剂水刷洗并用质量符合要求的去离子水冲洗，然后用无尘的干燥空气吹干。

（3）玻璃在运输及储存中要防止雨淋

浮法玻璃沾水后长期在高温潮湿的环境中储存，容易产生霉斑，这种霉斑洗涤机难以清除，镀膜后则清晰显露。

(4) 清洗后的玻璃不能用裸手触摸

清洗后的玻璃若用裸手触摸，手的汗渍、油污、脏物连同手纹都留在玻璃表面，镀膜后能清晰地显出手纹，此处的膜层与玻璃结合的牢固程度受到影响，经过一段时间，可能自动脱落。

(5) 镀膜前的辉光放电的强度和时间要符合工艺要求

要按工艺规程的电压、电流和处理时间进行处理，保证一定的处理时间（不少于 20s)。这样可以除去玻璃表面和溅射壁所吸附的大量水分和气体分子，有利于激活玻璃表面的化学活性。

(6) 反应溅射镀膜要准确地控制好反应气体的用量

反应气体用量少了，不能获得充分反应的效果；多了，可能影响膜层牢固度。

(7) 工艺参数要稳定

溅射电流、电压的波动，都会影响溅射量及溅射的中性原子（或分子）与基片的吸附度，只有稳定的工艺控制才能生产出厚度均匀、膜层牢固的镀膜玻璃。

4.5.7 蒸镀法与溅射法的比较

蒸镀法与溅射法是完全不同的玻璃镀膜的方法，表 4-8 给出了两种方法特性的比较。

表 4-8 蒸镀法与溅射法制备薄膜方法比较

项目	蒸镀法	溅射法
蒸气生成阶段	热过程,因此： 1. 原子的动能较低(在 1500℃,$E=0.1$eV)； 2. 按照余弦定律定向分布(点源或小面积元)； 3. 没有或仅有很少的荷电粒子； 4. 对于合金,分馏蒸发, 对于化合物,多半会离解	具有动量传递的离子轰击,因此： 1. 原子的动能较高($E=1\sim40$eV,变化的能量分布)； 2. 主要在较高轰击能量下按余弦定律定向分布； 3. 对应每个入射离子加上反射的原离子,正离子以及负离子数在 $10^{-3}\sim10^{-1}$； 4. 对于合金,成分相当均匀地溅射, 对于化合物,可能会离解
输送阶段	蒸发粒子在高真空或超真空中移动； 因而不能碰撞或很少碰撞(与衬底到蒸发器的距离相比,平均自由程很大)	溅射粒子在工作气体相对高的压力($10^{-2}\sim10^{-4}$ mbar)下移动； 碰撞减少能量(平均自由程小于阴极到衬底的距离)。 电荷移动过程：方向有明显变化(各向同性),很容易发生化学反应(出现包括电子在内的粒子激发、电离和离解)
凝结阶段	入射原子对衬底表面没有影响； 成核条件不变； 残余气体原子或分子的弱入射[撞击数约在 10^{13}个/(cm·s)]； 因而气体掺入少(纯膜),与残余气体没有或只有很少的化学反应,支架与膜的温度没有明显变化	入射离子和高能量中性粒子对衬底表面影响强烈(变粗糙、穿透、缺陷、表面上暂存局部电荷,与残余气体的化学反应)； 成核条件明显变化(简化成核中心的形成)； 工作气体与残余气体原子、分子和离子的强入射[撞击数约在 10^{17}个/(cm·s)]； 因而气体掺杂或外部材料的掺杂较高(膜可能不纯),趋向于化学反应(活化、离化),可能由于碰撞离子的动能大,衬底与膜有较大的温度变化

4.6 阳光控制镀膜玻璃

4.6.1 概述

4.6.1.1 定义

阳光控制镀膜玻璃，又称热反射镀膜玻璃，也就是通常所说的镀膜玻璃，是指具有反射太阳能作用的镀膜玻璃。一般是通过在玻璃表面镀覆金属或者金属氧化物薄膜，以达到大量反射太阳辐射热和光的目的，热反射镀膜玻璃具有良好的遮光性能和隔热性能。

目前美国已基本普及热反射镀膜玻璃，日本自 1979 年颁布合理使用能源的有关法律以来，正在全力普及热反射镀膜玻璃。从先进工业国家的建筑外装修发展趋势看，采用花岗岩贴面，铝合金窗和热反射镀膜玻璃是构成新型建筑的主要外貌形式。我国近年来热反射镀膜玻璃在宾馆、饭店、商业场所得到较多应用，随着节能问题的日益突出，热反射镀膜玻璃在南方民用住宅中亦得到了应用。不过应该强调的是，热反射镀膜玻璃最主要的功能是节能，其次才是映像装饰功能。

4.6.1.2 分类

热反射玻璃的种类按颜色划分，有金黄色、珊瑚黄色、茶色、古铜色、灰色、褐色、天蓝色、蓝灰色、银色、银灰色镀膜玻璃。

按生产工艺划分，有在线法镀膜和离线法镀膜两种，在线以硅质膜玻璃为主，离线则所有膜系产品均有。

按膜材划分，有金属膜、金属氧化物膜、合金膜及复合膜等。

4.6.2 膜层材料及膜系结构

热反射膜由单层或由多层膜系构成，单层膜已很少见，通常由三层膜组成，表层为保护膜，第二层为金属或金属化合物，第三层为金属氧化物膜。

热反射膜层材料有如下品种。

4.6.2.1 金属膜

如 Cu、Ni、Cr、Fe、Sn、Zn、Mn、Ti 等。可用真空蒸发沉积、磁控阴极溅射和热喷涂法镀膜。用阴极溅射镀 Ti、Cr 膜，厚 10～50nm，可见光透过率 8%～20%，反射率 20%～40%，遮蔽系数 0.3～0.4，热辐射率 0.4～0.7。

4.6.2.2 贵金属膜

如 Au、Ag、Pb 等。为了降低成本，目前很少用贵金属单层膜，通常用多层膜。如用 Au 作为反射层，以 Cr 20%、Ni 80%作为吸收层的热反射玻璃，其透过率为 20%～60%。在玻璃上沉积 50nm 厚的 ZnS 膜，再沉积 19nm 厚的 Ag 膜，然后和透明平板玻璃组成双层热反射玻璃，对阳光全辐射的反射率为 50.5%，透过率为22%，对可见光的透过率为36%。由Ag-Ni组成的双层膜系，在玻璃上镀一层20nm厚的Ag膜，第二层镀10～30nm厚的Ni膜，作为保护膜，对太阳能反射率为42%～47%，可见光的透过率为9%～19%，传热率为6.44～7.32kJ/(m^2·h·℃)。

4.6.2.3 合金膜

包括贵金属合金、不锈钢及其他合金。如含Cr 3%、Ce 2%的AU合金膜，对阳光全辐射的反射率为51.6%，透过率为24.6%。用溅射法镀不锈钢膜，可见光透过率为8%～20%，反射率为20%～40%，遮蔽系数为0.3～0.4，热辐射为0.4%～0.7%。

由Ti-NiCr合金组成的双层膜系，第一层为Ti膜，厚12～18nm，第二层为NiCr合金膜，厚6～10nm。NiCr合金的组成范围为Ni 45%～83%，Cr 12%～28%，以Ni 70%～80%，Cr 12%～20%为好。镀Ti膜和NiCr合金膜可采用真空沉积法和溅射法，太阳辐射线的反射率为32%～39%，透过率5%～10%，可见光的透过率5%～10%，耐磨损耐侵蚀性都很好。

用Pb 99.5%、Cu 0.5%合金进行电浮法镀膜，得到热反射玻璃，太阳光谱的反射率为12.8%～19.2%，可见光透过率67%。

4.6.2.4 氧化物和金属复合膜

如Bi_2O_3/Ag/Bi_2O_3膜系，第一层Bi_2O_3膜厚40nm，与玻璃紧密结合；第二层Ag膜厚10～20nm，起反射作用；第三层Bi_2O_3膜厚40nm，起保护作用。此膜系采用溅射法镀制，对太阳能反射率为47%～49%，可见光透过率34%～55%。

金属氧化物和金属也可以组成多层膜，如SnO_2/Cr～CrN/CrO_2/SnO_2四层膜系，第一层与玻璃基片接触的为SnO_2，除了通过［SnO_4］四面体与［SnO_4］四面体连接外，在保持第四层（和空气接触的最外层）SnO_2膜厚度和膜系的光透射率20%±1.5%不变以外，测定了第一层SnO_2膜层厚度与膜系反射色的关系，见表4-9。

表4-9 第一层SnO_2膜层厚度与膜系反射色关系

膜厚度/nm	0	18～22	30	40	80	90
反射色	银	灰	金黄	青铜	蓝	绿

第一层SnO_2膜的厚度与膜系反射率之间存在着极值，在SnO_2膜较薄阶段膜系的反射率随第一层SnO_2膜厚的增加而下降，在35～45nm、反射率为13%～14%，出现了转折点，膜的厚度再增加，反射率上升。这是由于Cr-CrN膜的反射率比SnO_2高，当SnO_2膜较薄时，起反射主导作用的是Cr-CrN膜，故在Cr-CrN膜上镀SnO_2膜，会影响Cr-CrN膜的反射率，但SnO_2膜比较厚时，起反射主导作用的为SnO_2膜，故随SnO_2膜厚度增加，反射率提高。

Cr-CrN膜层的主功能膜，控制膜系的透射率和反射率，决定了膜系的遮蔽系数，随 Cr-CrN 膜厚度增加，透射率呈线性降低，反射率呈线性提高，当透射率为8%～35%时，遮蔽系数波动于0.25至0.35之间，在Cr-CrN中引入N，主要是为了提高Cr-CrN膜的强度，至于在Cr-CrN与SnO_2膜之间镀一层CrO_2膜，是为了加强Cr-CrN与SnO_2膜之间的结合，因为CrO_2的结构和性能既和Cr-CrN相近，又和SnO_2膜相近，起了过渡层的作用。

第四层即最外层的SnO_2膜比较致密，起了保护层的作用，其厚度对反射率也有影响，厚度增加，膜系的反射率直线升高，这时由于此SnO_2膜镀在反射率较高的Cr-CrN膜的后面，增加了膜系的厚度，使反射率提高。该SnO_2膜对玻璃的反射色也有影响，但不如第一层SnO_2大，不能控制膜系的反射色。

此膜系的颜色有银色、青铜色和蓝色。银色的遮蔽系数为0.31～0.37，反射率（280～2500nm）为18%～21%，辐射率为0.53～0.64，传热系数为5.48～5.86W/(m^2·K)。青铜色遮蔽系数为0.27～0.51，反射率（280～2500nm）为7.9%～16.8%，辐射率为0.44～0.67，传热系数为5.21～6.30W/(m^2·K)。蓝色遮蔽系数为0.26～0.50，反射率（280～2500nm）为11.35%～16.23%，辐射率为0.41～0.80，传热系数为5.08～6.38W/(m^2·K)。

4.6.3 节能原理

阳光控制镀膜玻璃能把太阳的辐射热反射和吸收，它可以调节室内温度，减轻制冷和采暖装置的负荷，与此同时由于它的镜面效果而赋予建筑以美感。向玻璃表面涂覆一层或多层铜、铬、钛、钴、镍、银、铂、铑等金属单体或金属化合物薄膜，或者把金属离子渗入玻璃的表面层使之成为着色的反射玻璃。

热反射玻璃和浮法玻璃在使用的功能上差别很大。热反射玻璃和浮法玻璃对太阳能传播的特性见表4-10。

表4-10 热反射玻璃和浮法玻璃对太阳能传播的特性

性　能	6mm无色浮法玻璃	6mm热反射玻璃(遮蔽系数0.38)
入射太阳能/%	100	100
外表面反射/%	7	22
外表面再辐射和对流/%	11	45
透射进入室内/%	78	17
内表面再辐射和对流/%	4	16

由表4-10可见，热反射玻璃挡住了67%的太阳能，只有33%进入室内，而普通的浮法玻璃只挡住了18%的太阳能，却有82%的太阳能进入室内。

图4-23是地球上太阳辐射能量，其中可见光能量约占太阳总辐射能量的50%，红外辐射能量约占太阳总辐射能量的43%，紫外辐射能量约占太阳辐射总能量的7%。图4-24是理想的阳光控制镀膜玻璃透过的太阳辐射能量，全部可见光能量都透过玻璃，全部红外线能量都被阳光控制玻璃反射，实际的阳光控制镀膜玻璃不能做到这一点，在反射率提高的同时，透过率也相应降低。

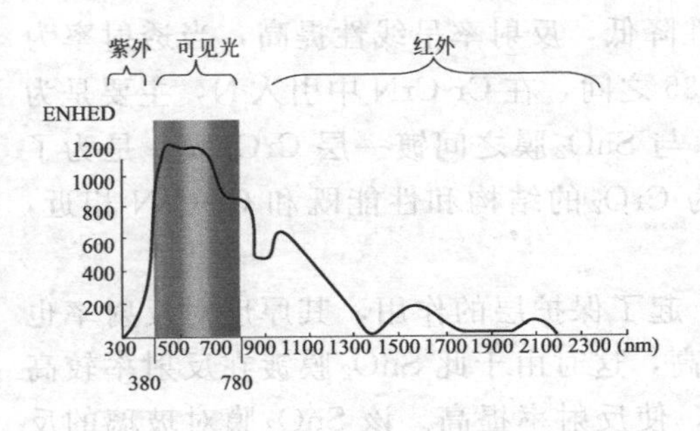

图 4-23　太阳辐射能量

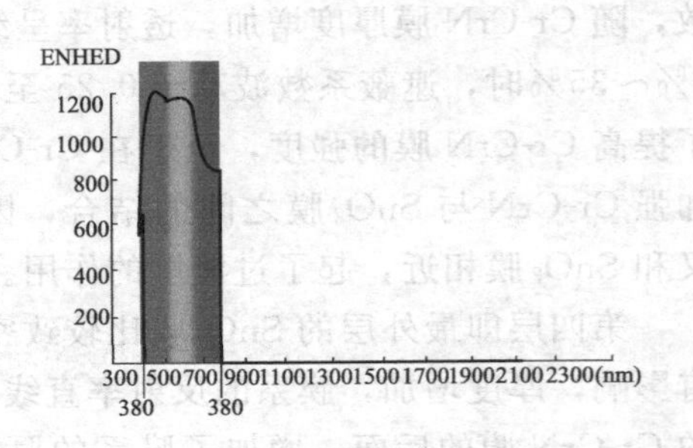

图 4-24　理想的阳光控制玻璃透过的太阳光辐射能量

4.6.4　阳光控制镀膜生产技术

几乎所有镀膜方法都可以生产阳光控制镀膜玻璃，目前我国实际生产当中，主要以在线 CVD 工艺方法和磁控溅射工艺方法两种为主，以其他如真空蒸镀法、溶胶-凝胶镀膜法等为辅的格局。这里主要介绍采用在线 CVD 工艺生产硅质膜玻璃。

4.6.4.1　生产原理

在线 CVD 制备硅质膜技术是以硅烷、乙烯为原料，浮法锡槽为制备硅质膜提供了适合的温度和还原性气氛。硅烷、乙烯和氮气按一定的比例进入安置在玻璃板上面的反应器，并以稳定的层流方式流过玻璃板表面，这时，硅烷借助反应器的特殊结构，并在还原气氛的条件下，温度超过 400℃时开始分解，形成的产物是无定形硅，当温度超过 600℃时，形成多晶硅。多晶硅沉积在玻璃表面形成硅质膜层，同时硅烷反应后产生的氢被乙烯吸附，生成乙烷和甲烷。这些多余气体和呈褐色的多余硅质粉一起从反应器两侧的排气孔排走，其化学反应式如下：

$$SiH_4 \xrightarrow[\text{还原气氛}]{>600℃} Si + 2H_2 \tag{4-13}$$

$$C_2H_4 + H_2 \longrightarrow C_2H_6(\text{或 CH}) \tag{4-14}$$

4.6.4.2　在线镀硅质膜生产工艺流程

浮法玻璃在线镀硅质膜生产工艺示意图见图 4-25。

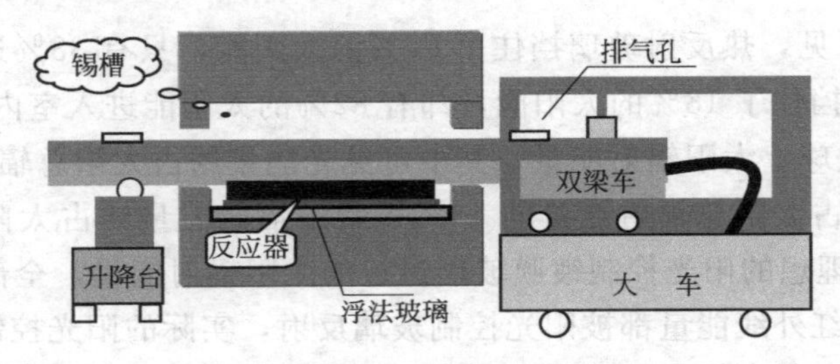

图 4-25　在线镀硅质膜生产工艺示意图

混合气体经由反应器以层流方式流向玻璃板，经过扩散、吸附、热分解和氢解吸附，从而在玻璃板上沉积形成多晶硅膜。

4.6.4.3 在线镀硅质膜质量性能

要想提高在线镀硅质膜玻璃的膜层质量，应积极采取提高硅质膜层的耐磨性、提高硅质膜层的抗碱性、提高膜层外观质量、减少针孔数量、延长镀膜周期时间等措施。

(1) 硅质膜层的耐磨性

镀膜玻璃在使用一段时间后就容易出现膜层脱落现象，这除了使用过程中维护不当的原因外，最大的可能性就是镀膜玻璃的膜层黏附强度存在问题。镀膜玻璃膜层厚度一般在50～80nm左右，膜层与玻璃表面之间是一种黏附过程，黏附是表面能作用的结果。黏附能为：

$$W_{ab}=\gamma_a+\gamma_b-\gamma_{ab} \tag{4-15}$$

式中 W_{ab}——黏附能；

γ_a——玻璃表面能；

γ_b——硅质膜层的表面能；

γ_{ab}——玻璃与硅质膜层间的界面能。

为了增加黏附能 W_{ab}，只有增加 γ_a、γ_b 或减小界面能 γ_{ab}。玻璃表面能的大小直接取决于玻璃的成分，为了提高玻璃表面能，可以适当提高铝含量，使玻璃板表面形成酸性中心，活性提高，从而提高玻璃表面能 γ_a。从黏附能理论可知，要增加膜层的表面能 γ_b 就要改变膜层的成分，可以通过调整工艺参数，增加混合气体中乙烯的用量来实现。乙烯因其双键结构，能断键吸收硅烷反应后产物中的氢，形成 C_2H_6 或 CH_4。而不让氢沉积到膜层上，这样就减少了膜层中残余气体的存在，使膜层的成分得到控制，从而增加了膜层的表面能 γ_a，并且由于氢的减少，也减少了残余气体对玻璃板表面的污染，避免了残余气体在玻璃板表面形成“隔离层”或破坏膜层连续性结构，从而也减小了硅质膜层与玻璃表面之间的界面能 γ_{ab}。除此之外，减小界面能 γ_{ab}，还可以适当提高反应区温度，使硅烷反应分解后的硅原子或离子在玻璃表面具有较高的初始能，这样硅原子或离子就更容易向玻璃表面层内部扩散，以减少点缺陷和应力梯度，增强硅原子或离子与玻璃表面层以不饱和键结合的化学力和分子引力，从而降低界面能 γ_{ab}，增加黏附能，提高膜层的耐磨性。

(2) 硅质膜层的抗碱性

提高混合气体中乙烯的用量比例，不仅提高了膜层的耐磨性，同时也提高了膜层的抗碱性。乙烯的双键结构吸收了硅烷反应后产物氢，而不让氢沉积到膜层上，这样就减少膜层中氢的存在，提高其抗碱性能。

(3) 膜层外观质量

在线镀硅质膜是在锡槽内进行的，这就避免不了受到锡槽内气氛的影响。当锡槽内保护气受到污染时，会有一定量的锡灰或小锡粒滴落在玻璃板上，在镀膜后就形成针孔或斑点，所以一定要做好锡槽的密封。在镀膜期间，应尽量减少反应器清扫次数，防止抽、穿反应器时对锡槽的污染，在条件允许的情况下，可以在反应器抽、穿孔处安装气封装置，减少外界空气进入锡槽。如果在镀膜时发现膜层由于锡槽内气氛不好而产生大量针孔，就应立即停止镀膜，用氮气或氢气清扫锡槽，在清扫 7～10 天后再进行镀膜生产。

反应区温度过高也会使玻璃板面产生针孔，这是因为硅烷反应后残余的硅粉滴落在玻璃板面上所致。一般反应区处玻璃板面温度应控制在 680～700℃，并要适当开大排气的抽力，使反应后的残余硅质粉及废气及时排走，避免其落到玻璃板面上。

(4) 影响浮法玻璃在线镀硅质膜质量的因素

利用在线热分解气相沉积法镀硅质膜技术生产镀膜玻璃，影响在线镀硅质膜玻璃质量的因素很多，如硅烷浓度、混合气体配比及用量、反应区温度、反应器距玻璃板面高度、排气速率、玻璃板运动速度等。

4.6.4.4 延长镀膜周期时间的措施

延长镀膜周期时间，即减少反应器抽、穿次数，能较好地减少锡槽的污染，提高镀膜质量，同时也能降低镀膜成本及操作人员的劳动强度。但由于镀膜生产一定时间后，反应器中游及排气通道上会黏附一层褐色的硅质粉，影响排气速率从而影响膜层质量，同时如果提高了混合气体中乙烯的用量比例及反应区温度，也会造成在反应器上游石墨唇口处结晶生长速率加快。当局部出现的结晶生长到一定程度后，硅质膜层就会出现纵向亮条纹，于是就不得不停止镀膜生产并清理反应器，为了能最大限度地延长镀膜周期时间，应对反应器的关键尺寸加以控制。反应器截面示意图如图 4-26 所示。

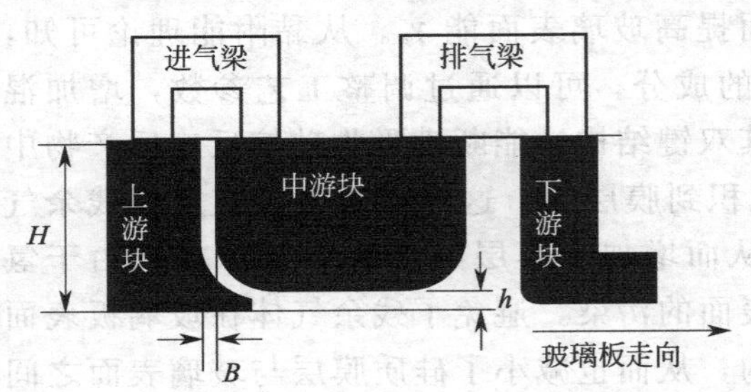

图 4-26 反应器截面示意图

(1) 降低上游石墨高度 H，减小上、中游石墨间隙 B

混合气体通过进气梁进入上、中游石墨间隙，然后沿着上、中游石墨间隙到达中游块与玻璃板面之间进行反应。由于在进气梁上有循环冷却水，故混合气体只有在通过上、中游石墨间隙时，才迅速升温并到达反应温度。如果上游石墨高度 H 及上、中游石墨间隙 B 偏大，混合气体还没有到达中游块与玻璃板面之间就已经有部分混合气体发生反应，反应结果导致反应器唇口处结晶过快，并由于结晶导致膜层出现亮条纹。因此，应降低上游石墨高度 H，减小上、中游石墨间隙 B，使混合气体在到达中游块与玻璃板面之间时才能达到反应温度，从而解决反应器上游唇口处结晶，并可以杜绝膜层出现亮条纹的问题。

(2) 加大上、中游石墨高度差 h

由于镀膜生产一定时间后，反应器中游下表面及排气通道上会黏附一层褐色的硅质粉，会降低上、中游石墨高度差 h，从而影响混合气体流动方式及排气速率。

加大上、中游石墨高度差 h，在镀膜中，即使中游下表面上黏附了一定厚度的硅质粉，也还能保证上、中游石墨存在一定的高度差，保证镀膜能继续生产。同时还应注意在镀膜生产 3～4h 后，每隔 1h 将反应器提高 0.2mm，以保持反应器中游与玻璃板之间有适当的高度。

4.6.5 阳光控制镀膜玻璃的性能及应用

4.6.5.1 阳光控制镀膜玻璃的主要性能

阳光控制镀膜玻璃的性能指标主要有光学性能、物理性能和化学性能。光学性能包括可见光透射比、可见光反射比、太阳光直接透射比、太阳光反射比、太阳能总透射比、紫外线透射比等；物理性能包括外观质量、颜色均匀性、耐磨性等；化学性能包括耐酸性和耐碱性。

（1）对太阳能的反射率比较高

未镀膜的 6mm 透明浮法玻璃第一次反射太阳能 7%，第二次反射太阳能 10%，总反射 17%。而相同的镀膜热反射玻璃，第一次反射太阳能 30%，第二次反射太阳能 31%，总反射 61%。

（2）具有较小的遮蔽系数和太阳辐射热的透过率

遮蔽系数 Sc 指太阳能通过某一种玻璃进入室内的总量与通过厚度 3mm 的普通无色玻璃总量之比，即：

$$Sc = G/0.89 \tag{4-16}$$

式中 Sc——遮蔽系数（Shading coefficient）；

G——通过某一种玻璃的太阳能总量；

0.89——通过厚度为 3mm 的普通无色玻璃总量。

式(4-16) 中的太阳能总量包括直接透过和经玻璃吸收后传递进入室内的两者之和。遮蔽系数愈小，遮蔽效率愈高。以 8mm 玻璃为例，热反射玻璃的遮蔽系数为 0.6～0.75，茶色吸热玻璃为 0.77，透明浮法玻璃为 0.93。

热反射玻璃的太阳能辐射热透过率也比较低，只有 4%～22%，比同厚度的吸热玻璃吸收少 60%，比一般浮法玻璃减少 75%以上。对近红外线的吸收率也比较高。

（3）对可见光有较高的反射率和一定的透过率

具有单向透像的性能，其光谱曲线见图 4-27。根据镀膜色泽不同可见光反射率为 20%～38%，可见光透过率为 10%～30%。热反射玻璃在迎光面有镜子作用，背光面又像窗玻璃那样透明，室外看不到室内景象，起到了帷幕作用。

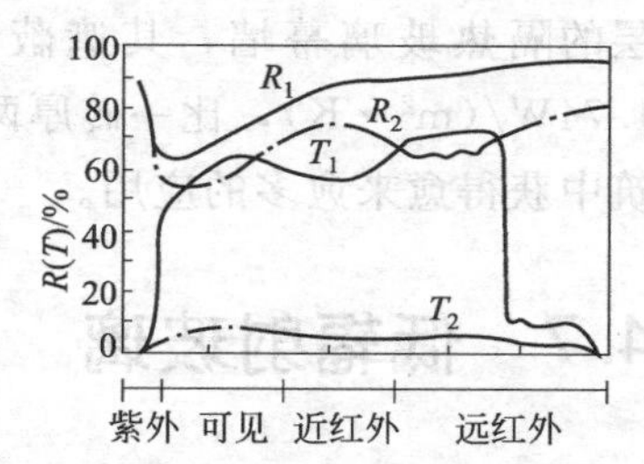

图 4-27 热反射玻璃的光谱曲线

R_1—高温分解法的反射率；R_2—溅射法的反射率；T_1—高温分解法的透过率；T_2—溅射法的透过率

（4）具有较低的传热系数，较好的隔热性能

8mm 厚的热反射玻璃的传热系数为 6.1W/

$(m^2 \cdot K)$，而 3mm 透明浮法玻璃的传热系数为 $6.5W/(m^2 \cdot K)$。

表 4-11 为国内外典型阳光控制镀膜玻璃性能。

表 4-11　国内外典型阳光控制镀膜玻璃性能

产地	颜色	可见光透过率/%	可见光反射率/%		遮蔽系数	相对增热/(W/m^2)
			室内	室外		
国外	银	8		42	0.22	206
	银蓝	20		24	0.35	267
	绿	11		24	0.28	246
	深蓝	20		24	0.34	266
	浅蓝	30		16	0.44	330
国内	银	20	32	23	0.37	89
	灰	32	24	12	0.52	120
	金	10	31	21	0.28	70
	黄	15	32	23	0.29	72
	蓝	40	24	10	0.53	122

热反射镀膜玻璃的薄膜主要功能是按需要的比例控制太阳光直接辐射的反射、透过和吸收，并产生需要的反射颜色。其主要作用就是降低玻璃的遮蔽系数 Sc，限制太阳辐射的直接透过。其热反射膜层对太阳光具有较高的反射能力，反射率可达 20%～40%，遮蔽系数 Sc 为 0.2～0.6；对远红外线没有明显的反射作用，故对改善 U 值没有大的贡献。

热反射镀膜玻璃是典型的半透明玻璃，具有单向透视特性。通常单面镀膜的热反射镀膜玻璃迎光的一面具有镜子特性，背面则可以透视。当膜层安装在室内一侧时，白天室外看不见室内，晚上则是室内看不见室外。另外，这种反射层的镜面效果和色调对建筑物的外观装饰作用很好，即热反射镀膜玻璃具有反射性、半透明性和多色性。

4.6.5.2　热反射玻璃应用

由于热反射玻璃具有良好的隔热性能，所以在建筑工程中获得广泛应用。热反射玻璃多用来制成中空玻璃或夹层玻璃窗。如用热反射玻璃与透明玻璃组成带空气层的隔热玻璃幕墙，其遮蔽系数仅有 0.1 左右。这种玻璃幕墙的热导率约为 $1.74W/(m^2 \cdot K)$，比一砖厚两面抹灰的砖墙保温性能还好。因此，它在现代化建筑中获得愈来愈多的应用。

4.7　低辐射玻璃

4.7.1　概述

4.7.1.1　Low-E 玻璃概念

Low - E 玻璃，是英文 low emissivity coating glass 的简称，又称为低辐射玻

璃。它是在玻璃表面镀银膜或掺氟的氧化锡膜后，利用上述膜层反射远红外线的性质，达到隔热、保温的目的。由于上述膜层与普通浮法玻璃相比，具有很低的辐射系数（普通浮法玻璃辐射系数为0.84，Low-E玻璃一般为0.1～0.2，甚至更低），因此将镀有这种膜层的玻璃称为Low-E玻璃。

4.7.1.2 Low-E玻璃分类

Low-E玻璃根据不同的分类方法具有不同的种类，其分类方法主要有两种：一种是按照其使用性能（主要是遮阳性能）分类；另一种是按照生产方法分类。

(1) 按膜层的遮阳性能分类

按膜层的遮阳性能分类，可以将Low-E玻璃分为高透型Low-E玻璃和遮阳型Low-E玻璃两种。

① 高透型Low-E玻璃

当遮蔽系数Sc≥0.5，对透过的太阳能衰减较少。这对以采暖为主的北方地区极为适用，冬季太阳能波段的辐射可透过这种Low-E玻璃进入室内，经室内物体吸收后变为Low-E玻璃不能透过的远红外热辐射，并与室内暖气发出的热辐射共同被限制在室内，从而节省暖气的费用。

② 遮阳型Low-E玻璃

当遮蔽系数Sc<0.5，对透过的太阳能衰减较多。这对以空调制冷的南方地区极为适用，夏季可最大限度地限制太阳能进入室内，并阻挡来自室外的远红外热辐射，从而节省空调的使用费用。

(2) 按膜层的生产工艺分类

目前，成熟的Low-E玻璃生产技术主要分为：离线真空磁控溅射法和在线化学气相沉积法。

4.7.1.3 Low-E玻璃发展现状

在20世纪60年代末，欧洲的玻璃制造商开始在实验室研究Low-E玻璃。1978年，美国的英特佩（INTERPANE）成功地将Low-E玻璃应用到建筑物上。之后，美国Ford玻璃公司、PPG公司、LOF公司、嘉顿公司、AFG公司、英国皮尔金顿公司、法国圣戈班公司、德国莱宝公司等世界著名的玻璃公司相继研制出自己的Low-E玻璃并投放市场。由于Low-E玻璃具有独特的使用功能，其市场销售量迅速增长。1990年全世界销售Low-E玻璃大约2000万平方米，1995年增加到3256万平方米，2000年为11768万平方米，2003年约为18000万平方米。美国1987年销售Low-E玻璃760万平方米，到1991年达到了2300万平方米，以后大约以每年5%的速度增长，2005年20%的美国中空玻璃中装有Low-E玻璃。德、英等国的建筑标准中规定了窗玻璃必须安装使用Low-E玻璃。

我国从20世纪90年代中期开始比较普遍地认识到Low-E玻璃的价值，1997年深圳南玻集团从美国引进了能够生产Low-E玻璃的特大型真空磁控溅射镀膜玻璃生产线，研究生产Low-E玻璃。同时，我国通过产品进口，部分高级建筑使用了Low-E玻璃，比如上海66广场（恒隆广场）使用了AFGD公司的

Low-E 玻璃，上海博物馆使用了英特佩的 Low-E 玻璃，长沙黄花机场使用了法国圣戈班的 Low-E 玻璃，沈阳机场使用了美国 LOF 的 Low-E 玻璃等。之后天津南玻、格兰特工程玻璃有限公司、洛阳晶润镀膜玻璃股份公司、上海新比利帷幕墙有限公司等数家企业通过设备及技术引进方式生产离线 Low-E 玻璃产品。与此同时，在线 Low-E 玻璃也被列入开发研究日程。首先是中国耀华玻璃集团公司自主开发研究，成功地掌握了在线 Low-E 玻璃的原料配方，并通过了实验室的样品制备及中试工作，在此基础上于 2000 年与美国阿托菲纳公司签订了共同开发在线 Low-E 玻璃的合作协议。2003 年 11 月“耀华”牌在线 Low-E 玻璃批量生产并开始投放市场，引起业内极大的关注。这不仅标志着我国 Low-E 玻璃从单一的离线生产阶段进入了在线和离线共同生产的阶段，也标志着我国 Low-E 玻璃生产技术进入国际先进行列。

4.7.2 Low-E 玻璃节能原理

Low-E 玻璃是在高质量的浮法玻璃基片表面上涂覆金属或金属氧化物薄膜，使它对远红外光具有双向反射作用，既可以阻止室外热辐射进入室内，又可以将室内物体产生的热能反射回来，从而降低玻璃的传热系数。这种玻璃在波长为 2.5～40μm 的红外光区，可将 80%以上的热能反射回去。

在建筑物中，对室内温度产生影响的热源来自室内和室外两个方面。来自室外的热源中，一是太阳直接照射进入室内的热能，主要集中在 0.3～2.5μm 的波段上；二是太阳照射到物体上（柏油马路、建筑物等），被物体吸收后再次辐射出来的红外热辐射，主要集中 2.5～40μm 的波段上。来自室内的热源中，一是由暖气、火炉及使用电器时产生的红外热辐射；二是墙壁、地板、家具等吸收太阳辐射热后再次辐射出来的红外热辐射，两者都集中在 2.5～40μm 的波段上。针对北方地区而言，在冬季，人们希望更多地获得太阳直接辐射热，同时要减少室内红外热辐射的外泄，使室内能保持较高的温度；在夏季，室外的红外热辐射成了主要的热源，人们又希望将这部分热能阻止在室外，以减轻空调制冷的负担。

由图 4-28 与图 4-29 对比，可以看出，Low-E 玻璃与普通玻璃相比，大幅度提高了在中红外波段的反射率，可以将 80%以上的红外热辐射反射回去，从而也降

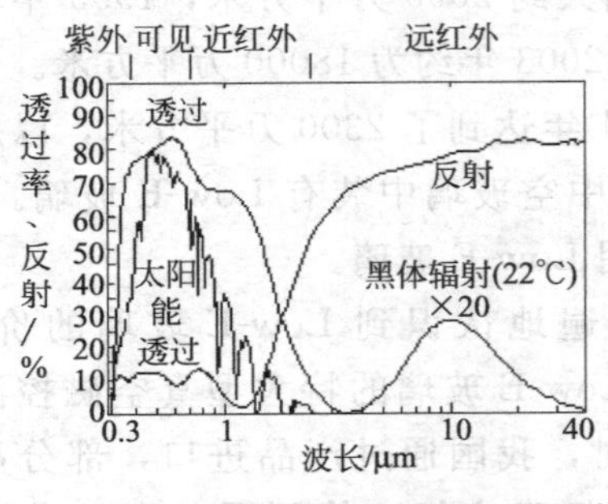

图 4-28 普通白玻璃透过率与反射率

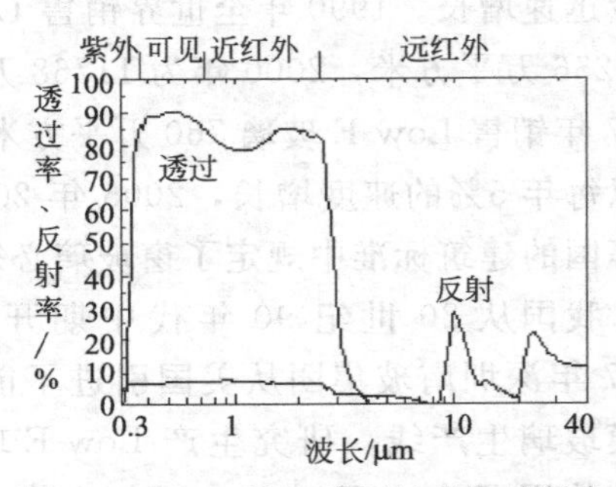

图 4-29 Low-E 玻璃透过率与反射率

低了吸收率。同时它也降低了对近红外波段的透射率，因此夏季能减少太阳辐射热进入室内的程度。在可见光波段上，继续保留了高透射率的特性，能为室内提供一个良好的采光环境，尽可能地减少照明消耗。Low-E 玻璃的节能效果就是既能像普通的浮法玻璃一样让室外太阳能、可见光透过，又能像红外反射镜一样将物体辐射热反射回去。

当今无论在建筑市场还是建材市场上，Low-E 玻璃几乎成了建筑节能产品的代名词。尤其是随着中国耀华玻璃集团公司在线 Low-E 玻璃研制成功并投放市场，更加引起国人对 Low-E 玻璃的进一步关注。

4.7.3 离线 Low-E 玻璃

4.7.3.1 离线 Low-E 玻璃膜系结构

采用离线真空溅射法生产的 Low-E 玻璃膜系基本结构包括第一层介质膜、功能膜和外层介质膜三部分，如图 4-30 所示。

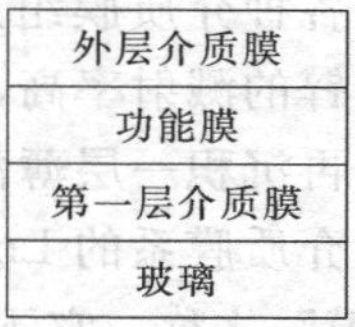

外层介质膜
功能膜
第一层介质膜
玻璃

图 4-30 离线 Low-E 玻璃膜系基本结构图

(1) 第一层介质膜

该膜层一般是绝缘层（不导电）。一般采用锡、钛或锌的氧化物（SnO_2、TiO_2、ZnO）或氮化硅（SiN_x）等，这层膜具有防止日光中可见光和红外线部分的反射，调节膜系光学性能和颜色的作用；同时提高了功能膜与玻璃表面的附着力。

(2) 功能膜

该膜层一般采用正电性金属元素金、银、铜等作为该层的膜材料。从生产成本考虑，用银和铜更经济些，但铜容易被氧化而出现“铜斑”，相比之下，银的抗氧化性比铜略好些。因此通常用银作为该层功能膜的材料，但由于银质软，又不耐磨，而且与玻璃的结合能力较差，因此银膜两侧需要加保护膜。该层功能膜是长波热能最好的反射体，也是决定 Low-E 玻璃的透过率和反射率的重要膜层之一。它可以把室内的热量反射回去，还可以减少阳光中有破坏性作用的紫外线进入室内，从而保护室内的布饰品、家具、地毯等，以免褪色。

(3) 外层介质膜

该膜层也是金属氧化物膜或类似绝缘膜，它是减反射膜，也是一层保护膜。在可见光和近红外太阳能光谱中起减反射作用，同时保护银膜，提高膜系的物化性能。另外，在银膜与外层介质膜之间通常加入很薄的一层金属或合金膜（如 Ti 或 NiCr 等）作为遮蔽层，其作用是防止银膜氧化而失去 Low-E 功能。

4.7.3.2 离线 Low-E 玻璃膜系结构分类

根据膜系结构和性能的不同，离线 Low-E 玻璃分为单银 Low-E 玻璃、双银 Low-E 玻璃、阳光控制 Low-E 玻璃和改进型 Low-E 玻璃四个品种。

(1) 单银 Low-E 膜系结构

如图 4-31 所示，是典型的单银 Low-E 膜系结构。

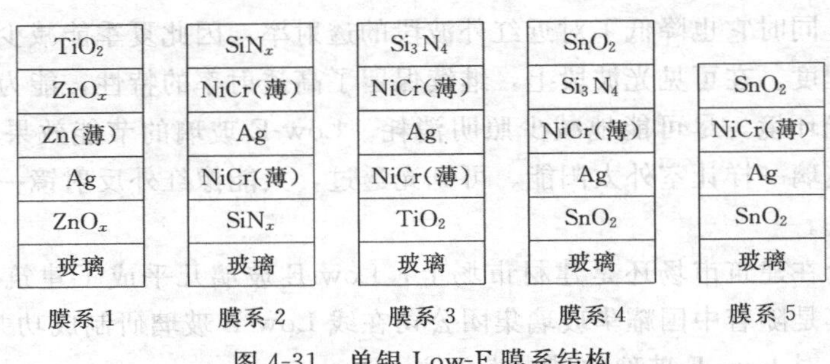

图 4-31 单银 Low-E 膜系结构

单银低辐射膜系指在膜系中只有一层银功能膜的玻璃，制作中它由一层银功能膜和各种介质膜组成。许多单银 Low-E 膜系均采用氧化锌（ZnO）作为介质膜，因为锌的溅射率高，而且价格低廉，但氧化锌膜层的牢固度不够理想，因此可在其外层再沉积一层薄薄的氧化钛（TiO_2）作为保护膜。以往也有用二氧化锡（SnO_2）作为介质膜系的 Low-E 玻璃产品，牢固度同样较差，因此 Low-E 膜离线产品有了“软膜”之称，它不能单片使用，也不易再加工。为了改善和提高膜的牢固性能，现今已采用更硬的抗氧化的材料，如氮化硅和氧化钛作为介质膜，取得了明显效果。

单银 Low-E 膜系有多个种类，虽然功能膜都是采用银膜层，但采用不同材料做介质膜，生产出来的 Low-E 玻璃产品性能会有所区别，如锡氧基（Tin Oxide-Based）膜系产品的可见光透射比可达 80%～84%，锌氧基（Zinc Oxide-Based）膜系产品较之更高，可达到 87%，而硅氮基膜系产品比较低。它们都具有低的可见光反射比，因此 Low-E 玻璃本身也是一种很好的防反射玻璃。

总之，单银 Low-E 玻璃具有较高的可见光透射比和太阳光透射比，较低的传热系数以及相对较高的遮蔽系数，可获得更多的太阳能，该产品是节能玻璃推广应用的佳品之一。

(2) 双银 Low-E 膜系结构

双银膜系是在单银膜系基础上的进一步发展，任一单银膜系均可扩展为双银膜系。其典型结构如图 4-32 所示。

双银膜系至少包含 5 层（一般是 5～7 层）功能不同的氧化物和金属膜层。在生产中每一层的控制均要求非常严格，与单银膜系相比，每层膜的厚度及均匀性对整个膜系性能影响的灵敏度要高得多。另外，双银膜系的牢固度与单银膜系同样较差，尽管采用较硬的氧化物膜层来改善和提高，但仍无根本改观，因此，双银 Low-E 玻璃较难进行深加工处理。但它的性能却比单银 Low-E 优越得多，它不仅具有良好的低辐射率，使整个膜系的辐射降至银的理论极限值；同时还具有较高的可见光透射比和较低的传热系数，较低的太阳光透射比和非常低的遮蔽系数。如氧化锌双银 Low-E 玻璃的可见光透射比可高达 75%～80%，辐射率为 0.035～0.045，遮蔽系数可与阳光控制 Low-E 玻璃相媲美。

因此，双银 Low-E 玻璃在冬季具有良好的隔热保温效果，在夏季又有良好的太阳能遮蔽作用，可广泛用于中、高纬度地区。

(3) 阳光控制 Low-E 膜系结构

典型的阳光控制 Low-E 膜系结构如图 4-33 所示。

采用二氧化锡（SnO_2）做介质膜，在单银膜系基础上，增加银膜层的厚度或者增加银膜外侧起遮蔽作用的金属膜层的厚度，来达到降低可见光透射比，增加阳光控制功能的目的。与单银产品相比可见光透射比明显降低；与热反射玻璃相比，具有较高的可见光透射比，利于建筑物采光，同时具有低的辐射率，还可以有一定的颜色，丰富了建筑物的色彩。它是一种既具有 Low-E 玻璃性能，又具有热反射玻璃性能的产品。十分适用于冬季凉爽、夏季炎热的地区使用。

(4) 改进型 Low-E 膜系结构

随着市场对既具有很低辐射率，又有较高遮蔽系数，以求最大限度地利用太阳能产品的需求，改进型单银 Low-E 玻璃应运而生。它是通过增大银膜层厚度来获得更高的红外反射比和更低的辐射率，由此会造成可见光反射比增大。那么，银膜越厚，就越需要提高膜系的减反射性，解决这个问题的办法是采用具有高折射率的氧化物，如氧化铌或氧化钛作为介质膜。典型膜系结构如图 4-34 所示。

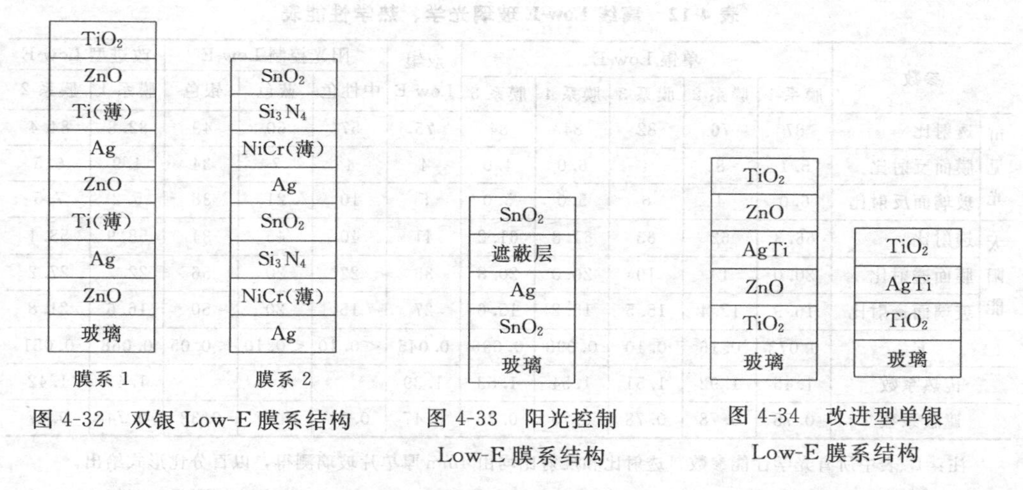

图 4-32 双银 Low-E 膜系结构　图 4-33 阳光控制 Low-E 膜系结构　图 4-34 改进型单银 Low-E 膜系结构

这种改进型单银 Low-E 玻璃可见光透射比仍保持在 80%～84%，辐射率却降低至 0.05～0.06，可与双银 Low-E 玻璃相媲美，而且遮蔽系数较高，可以更多地利用太阳能，这种玻璃更适用于冬季寒冷的北方地区建筑物的门窗中空玻璃。

4.7.3.3 离线 Low-E 玻璃的特点及性能

(1) 离线 Low-E 玻璃的特点

① 膜厚可控性和重复性好。由于阳极电流及阴极电流可以分别控制，因此膜厚可控性和重复性好，并且可以在大面积上获得厚度均匀的膜层。

② 膜层与基片的附着力强。由于沉积到基片上的原子能量比真空蒸发镀膜高 1～2 个数量级，而且在成膜过程中，基片暴露在等离子区中，经常被清洗和激活，因此膜层与基片的附着力强。

③ 可以制造特殊材料的膜层。几乎所有的固体材料都能用溅射法制成膜层，靶材可以是金属、合金、半导体等，比如用高熔点的金属作为靶材可以制造坚硬的金属膜层；并可以同时用两种金属靶材制造复合膜；通入反应气体，使溅射室内的气体与溅射的原子发生化学反应，可以制得与靶材性质完全不同的膜层，比如用纯金属钛做靶材，将氮和氩气一起通入溅射室，通过溅射就可以获得 TiN 仿金膜。

④ 膜层纯度高。

⑤ 成膜速率高。溅射法已发展为大规模连续生产，每片的生产周期为 1～2min，产品规格最大可达 3200mm×6000mm。

(2) 各种膜系的离线 Low-E 玻璃光学、热学性能

通过以上膜系结构的介绍，我们了解到离线 Low-E 玻璃共有单银 Low-E 玻璃、双银 Low-E 玻璃、阳光控制 Low-E 玻璃和改进型 Low-E 玻璃四种膜系结构，每种膜系结构中又包含不同的膜层结构。表 4-12 是通过对 4mm 厚单片玻璃的测量所得出的离线 Low-E 玻璃光学、热学性能。

表 4-12　离线 Low-E 玻璃光学、热学性能表

参数		单银 Low-E					双银 Low-E	阳光控制 Low-E			改进型 Low-E	
		膜系 1	膜系 2	膜系 3	膜系 4	膜系 5		中性色	蓝色	银色	膜系 1	膜系 2
可见光	透射比	87	76	82	84	84	75	57	60	49	82.8	84.4
	膜面反射比	5.1	8	4	6.0	4.0	4	4	7	34	4.9	6.5
	玻璃面反射比	6.0	4	6	5.0	5.0	5	10	21	38	5.2	7.5
太阳能	透射比	66.3	62	63	61.8	61.2	41	40	45	34	58.9	58.1
	膜面透射比	20.0	14	19	20.0	20.8	35	22	20	56	22.7	27.2
	玻璃面透射比	16.9	12.4	15.5	15.2	15.6	27	15	20	50	16.6	21.8
E		0.073	0.16	0.10	0.098	0.096	0.045	＜0.10	＜0.10	＜0.05	0.068	0.051
传热系数		1.45	1.92	1.51	1.54	1.53	1.39				1.47	1.42
遮蔽系数		0.78	0.78	0.78	0.75	0.75	0.47	0.51	0.17	0.38	0.74	0.67

注：1. 表中所有光学性能参数、透射比和反射比均由 4mm 厚单片玻璃测得，以百分比形式给出。

2. 传热系数值和遮蔽系数：单银 Low-E 玻璃由标准的（4＋12＋4）mm 中空玻璃测得，双银由（2.2＋12.7＋3.2）mm 中空玻璃测得，阳光控制 Low-E 玻璃由（6＋12＋6）mm 中空玻璃测得。

4.7.4　在线 Low-E 玻璃

4.7.4.1　在线 Low-E 玻璃的膜层结构

在线化学气相沉积法是在浮法玻璃生产线上生产玻璃的同时，在锡槽内进行镀膜，由于此时的玻璃处于 640℃的高温，保持新鲜状态具有较强的反应活性，膜层同玻璃的结合是通过化学键结合的，因此同玻璃的结合非常牢固，膜层全部由半导体氧化物构成，具有很好的化学稳定性和热稳定性。因此，膜层坚硬耐用，在空气中不会氧化。所以称其为硬镀膜，可进行各种冷加工以及热弯、钢

化、夹层、合中空，而且在合中空过程中不需要去边部膜层，可直接合中空，能够单片使用，同普通玻璃寿命相同。在线 Low-E 玻璃膜层是由三层氧化物组成的，如图 4-35 所示。

第一层为加氟的二氧化锡，其主体成分与玻璃的成分相同，能有效阻止玻璃体内碱金属离子的析出；第二层为氧化物过渡层，其主要功能是调节膜层的颜色与太阳光的透过率，通过调整该层膜的系数，可生产出适用于北方的可见光高透过型 Low-E 玻璃和较低遮蔽系数的阳光控制 Low-E 玻璃两种产品；第三层为二氧化硅半导体功能膜，该层是 Low-E 玻璃膜层的主要结构，能够极大地降低玻璃表面的辐射率，一般可使玻璃表面的辐射率控制在 0.1 以下。

SiO_2 半导体功能膜	第三层 d_3
过渡层	第二层 d_2
SnO_2：F	第一层 d_1
玻璃	

图 4-35　在线 Low-E 玻璃膜层结构

一般各膜层厚度应控制在以下范围：

$10 < d_1 < 50nm$；

$20 < d_2 < 200nm$；

$80 < d_3 < 200nm$。

4.7.4.2　在线 Low-E 玻璃的性能

目前，国内在线低辐射玻璃只有秦皇岛耀华股份有限公司一家产品投放市场，其产品主要性能见表 4-13。

表 4-13　耀华 Low - E 玻璃技术参数

产品类型	组成	膜层位置	填充气体	透射		反射		紫外透射	辐射率	SHGC /%	Sc /%	K/[W/(m²·K)]
				T_{vis}/%	T_{sol}/%	R_{vis_1}/%	R_{sol_1}/%	T_{uv}/%				
单层玻璃												
透明浮法	4mm			89	81	8	7	68	0.84	84	95	5.9
透明浮法	5mm			89	80	8	7	65	0.84	83	94	5.9
透明浮法	6mm			88	77	8	7	63	0.84	82	92	5.8
单层 Low-E												
Low-E	4mm	2 号		83	69	11	11	59	0.22	73	82	3.9
Low-E	5mm	2 号		83	68	11	10	57	0.22	71	80	3.9
Low-E	6mm	2 号		82	66	11	10	55	0.22	70	79	3.8
中空玻璃性能												
白玻＋Low-E	4-5-4	3 号	空气	75	57	17	16	45		68	76	2.8
白玻＋Low-E	4-5-4	3 号	氩气	75	57	17	16	45		69	77	2.4
白玻＋Low-E	4-9-4	3 号	空气	75	57	17	16	45		69	77	2.2
白玻＋Low-E	4-9-4	3 号	氩气	75	57	17	16	45		69	78	1.8
白玻＋Low-E	4-12-4	3 号	空气	75	57	17	16	45		69	80	2.0
白玻＋Low-E	4-12-4	3 号	氩气	75	57	17	16	45		69	80	1.7

续表

产品类型	组成	膜层位置	填充气体	透射		反射		紫外透射	辐射率	SHGC /%	Sc /%	K/[W/(m²·K)]
				T_{vis}/%	T_{sol}/%	R_{vis_1}/%	R_{sol_1}/%	T_{uv}/%				
中空玻璃性能												
白玻＋Low-E	5-5-5	3号	空气	74	55	17	16	43		67	75	2.8
白玻＋Low-E	5-5-5	3号	氩气	74	55	17	16	43		68	75	2.4
白玻＋Low-E	5-9-5	3号	空气	74	55	17	16	43		67	76	2.2
白玻＋Low-E	5-9-5	3号	氩气	74	55	17	16	43		68	76	1.8
白玻＋Low-E	5-12-5	3号	空气	74	55	17	16	43		68	76	2.0
白玻＋Low-E	5-12-5	3号	氩气	74	55	17	16	43		68	76	1.7
白玻＋Low-E	6-9-6	3号	空气	73	52	17	15	41		66	74	2.2
白玻＋Low-E	6-9-6	3号	氩气	73	52	17	15	41		66	74	1.8
白玻＋Low-E	6-12-6	3号	空气	73	52	17	15	41		66	74	2.0
白玻＋Low-E	6-12-6	3号	氩气	73	52	17	15	41		66	74	1.7
白玻＋Low-E	6-15-6	3号	空气	73	52	17	15	41		66	74	2.0
白玻＋Low-E	6-15-6	3号	氩气	73	52	17	15	41		66	75	1.8

注：耐磨性指标为1.47%～1.72%；耐酸性指标为0.41%；耐碱性指标为0.31%

4.7.4.3 在线Low-E玻璃的生产

(1) 在线Low-E玻璃的生产工艺

采用化学气相沉积法（CVD法）是目前世界上生产在线Low-E玻璃的主要方法，在浮法玻璃生产线的锡槽的长度方向上选择符合生产工艺要求的温度区，插入一个镀膜反应器，某些物质制成的气体，按一定的配比与载体气体预先混合，将混合气体送入镀膜反应器气壁之下，此气体在该温度下于接近玻璃表面处产生化学反应，反应物凝结在玻璃表面而形成固体薄膜；镀膜反应器用耐高温材料制成，并用冷却水管进行冷却，保证其在该温度下长期使用；反应副产物从排气系统排除。沉积反应的活化是通过热的玻璃基片实现的，沉积反应在微正压状态下进行。在线生产Low-E玻璃的锡槽部位的玻璃处于650℃以上的高温，保持新鲜状态具有较强的反应活性，膜层同玻璃的结合是通过化学键结合的，因此同玻璃的结合非常牢固，膜层全部由半导体氧化物构成，具有很好的化学稳定性和热稳定性。以耀华在线Low-E玻璃为例，它是采用优质的进口原料、精良的镀膜设备，在浮法玻璃生产过程中，直接将原料气体喷涂到高温的玻璃表面上，沉积产生功能膜层。功能膜层为掺氟的二氧化锡，与玻璃通过化学键结合，膜层成为了玻璃的一部分。因此，在线功能玻璃属于“硬镀膜”，膜层坚固耐用，经国家权威部门检测，其耐酸性、耐碱性、耐磨性指标大大优于国家标准限定的要求。能够进行各种冷加工以及热弯、钢化、夹层、合中空，而且在合中空过程中不需要去边部膜层，可直接合中空，能够单片使用，同普通玻璃寿命相同。具体工艺流程如图 4-36 所示。

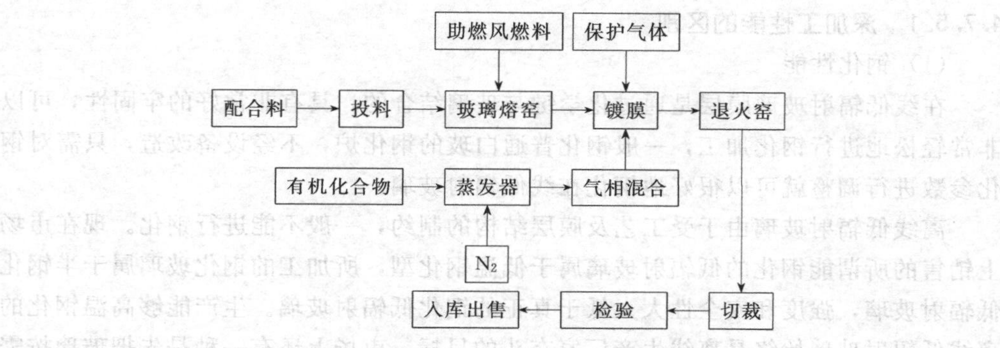

图 4-36　在线 Low-E 玻璃的生产工艺流程图

(2) 在线 Low-E 玻璃生产技术难点

相对于离线 Low-E 玻璃而言，在线 Low-E 玻璃所要求的技术性较高，主要体现在以下几个方面：

① 镀膜前驱体配方的研究

应根据 Low-E 玻璃的性能指标，确定有机锡化合物、有机硅化合物及各种助剂的配比。

② 干涉色的控制

Low-E 玻璃膜层为掺杂的二氧化锡，折射率较高（1.8 左右），因此易产生干涉条纹引起彩虹。所以应在 Low-E 膜层与玻璃之间加一层光学过渡层，以便消除内反射引起的彩虹。

③ 膜厚度的控制

Low-E 膜层太薄，达不到红外反射率、辐射率、表面电阻达不到要求；而膜层太厚时，红外反射、表面电阻、辐射率的指标很好，但可见光透过率、雾度的指标不好，因此应合理选择膜层厚度，同时，由于 Low-E 玻璃的底膜、顶膜性能不一样，故厚度需适当调节。

④ 膜层均匀性的控制

在镀膜过程中，极易出现膜层不均匀而影响产品质量的问题，主要是粉末液滴相对于物料蒸气的颗粒要大得多，而且物料的性质决定了其镀膜结构，而气体就可以采取多层料，多层排废的办法，使多层镀膜成功解决了膜层均匀性问题。

⑤ 气幕的设计

Low-E 玻璃的膜层是氧化物形成的薄膜，在镀膜中要引入氧气参加反应，对于锡槽中介入氧气是极其有害的，一旦氧气泄漏到锡槽中将产生不可估计的损失，为避免这种情况，应在镀膜器上设计专用的气幕，从而避免氧气的泄漏。

4.7.5　离线 Low-E 玻璃与在线 Low-E 玻璃的区别

离线 Low-E 玻璃与在线 Low-E 玻璃的区别除表现在生产工艺方法外，主要表现在以下几个方面。

4.7.5.1 深加工性能的区别

(1) 钢化性能

在线低辐射玻璃膜层是通过化学键与玻璃结合的，具有非常好的牢固性，可以非常轻松地进行钢化加工，一般钢化普通白玻的钢化炉，不经设备改造，只需对钢化参数进行调整就可以很好地钢化在线低辐射玻璃。

离线低辐射玻璃由于受工艺及膜层结构的制约，一般不能进行钢化。现在市场上销售的所谓能钢化的低辐射玻璃属于低温钢化型，所加工的钢化玻璃属于半钢化低辐射玻璃，强度和安全性大大低于真正的钢化低辐射玻璃。生产能够高温钢化的离线低辐射玻璃始终是离线生产厂家奋斗的目标。市场上还有一种是先把玻璃按需要的尺寸进行切裁、钢化，然后进行镀膜，这样就会延长交货期，另外如果玻璃尺寸更改或需要补片就不能及时供货，从而延长交货时间延误工期。在线低辐射玻璃与离线低辐射玻璃钢化前后性能如表 4-14 所示。

表 4-14 在线低辐射玻璃与离线低辐射玻璃钢化前后性能对比表

产品名称	辐射率		可见光透过率		可见光反射率	
	钢化前	钢化后	钢化前	钢化后	钢化前	钢化后
耀华在线 Low-E	0.180	0.185	82	82	11	11
进口在线 Low-E	0.180	0.182	83	82	11	11
离线 Low-E	0.11	—	71.9	—	10	—

注：1. 钢化温度约 710℃。

2. 离线低辐射玻璃钢化后膜层剥落严重，无法进行测试。

(2) 夹层性能

离线低辐射玻璃进行夹层是非常困难的，如果先将玻璃做成夹层，然后进行镀膜就会造成胶片的破坏，降低夹层玻璃的结合强度；如果先镀膜然后再合片，将膜层合在夹层内，则膜层的低辐射性能就会丧失，不具有节能效果；如果将离线低辐射膜层放在外层，由于离线低辐射玻璃自身缺陷不能单片使用，玻璃用不了多长时间，膜层就会被氧化而破坏。离线低辐射玻璃只能与夹层玻璃组成中空玻璃来提高其安全性，这是其提高安全性的唯一方式。

在线低辐射玻璃由于具有同普通浮法玻璃一样的寿命和化学机械稳定性，可以同普通浮法玻璃一样制作夹层玻璃，只需膜层放在外层。既能发挥夹层玻璃的安全性，又能发挥低辐射玻璃的节能效果。

(3) 中空玻璃性能

离线低辐射玻璃保有期短，单片输送过程中必须对玻璃进行真空包装，开封之后必须在 24h 内加工成中空玻璃，而且要求在合成中空玻璃时必须除去膜层边部。如果膜层边部不能得到很好的处理，就会造成玻璃膜层从边部开始向中心腐蚀，导致玻璃低辐射性能的逐渐丧失，使玻璃变花，由于这种情况造成玻璃报废的例子很多，有的整栋大楼在安装这种玻璃后不到三年时间又要重新更换玻璃，造成社会财富的极大浪费。德国和英国政府不得不要求采用离线低辐射玻璃的门窗企业采取更为严格的措施以阻止玻璃的腐蚀，延长其使用寿命。

（4）热弯性能

目前市场上销售的离线低辐射玻璃不能进行热弯加工，而在线玻璃能进行热弯加工，在加工时只需将膜面朝上即可，进行快速升温和退火。我们曾进行对比试验：6mm厚的两种玻璃在630℃、640℃、650℃，相同模具相同加热和退火时间的情况下，离线低辐射玻璃膜层全部被破坏，膜层从玻璃表面脱落，而在线低辐射玻璃保持良好状态。

4.7.5.2 其他性能的区别

（1）耐腐蚀性

按GB/T 18915.2—2002《镀膜玻璃第2部分：低辐射镀膜玻璃》中的有关规定对在线低辐射玻璃，离线低辐射玻璃，普通浮法玻璃进行耐磨、耐酸性、耐碱性试验，结果如表4-15所示。

表4-15 耐磨、耐酸性、耐碱性试验对比结果

测试项目	国家规定	在线低辐射玻璃	离线低辐射玻璃	浮法玻璃
耐磨性/%	$\Delta T\leqslant 4$	0.71	不具有耐磨性	0.53
耐酸性/%	$\Delta T\leqslant 4$	0.44	侵蚀严重	0.40
耐碱性/%	$\Delta T\leqslant 4$	0.56	侵蚀严重	0.42

可以看出，在线低辐射玻璃具有良好的深加工性能，是离线低辐射玻璃所不具有的，它能满足各种深加工需要，它通过良好的可加工性能和优异的物理、化学、力学性能以及同普通玻璃一样的使用寿命、良好的节能效果，必将为世界的建筑节能事业做出贡献。

（2）存放与寿命

离线低辐射玻璃保有期短，单片输送过程中必须对玻璃进行真空包装，开封之后必须在24h内加工成中空玻璃，而在线产品可以像普通玻璃一样，单片长途运输、长期储存和异地加工。

在线产品稳定的膜层性能可以保证即使若干年后，Low-E膜层的保温隔热性能也不会降低。而离线产品的保温隔热性能在长期使用后会逐渐降低，如果个别的中空玻璃密封性降低，离线Low-E还会出现膜层氧化、脱落等现象。一般离线产品中空玻璃保质期为10～15年，在线产品中空玻璃保质期为50年。

在线产品玻璃即使单片使用也能长期保持良好的节能性能，非常适合大堂、会议厅、观景台对大块单层幕墙玻璃的独特需求。

4.7.5.3 节能效果的区别

（1）综合节能效果

当前我国市场上所销售的低辐射玻璃主要为离线低辐射玻璃及在线低辐射玻

璃。国家也出台了低辐射玻璃的国家指标，国标中规定离线低辐射镀膜玻璃辐射率应低于0.15，在线低辐射镀膜玻璃辐射率应低于0.25。我国对低辐射玻璃节能效果的评价方法，评价体系并未出台相关的规定，离线产品及在线产品生产厂家就两种产品加工性能及节能效果也存在一定的理解偏差。

离线低辐射玻璃与在线低辐射玻璃相比具有辐射率低的优势，但单纯对比单项指标并不代表低辐射玻璃的总体节能效果。我国地域辽阔，南北方各地的气候具有明显的差异，大致可分为夏热冬暖、夏热冬冷、温和、寒冷以及严寒地区，我国针对各地区的气候差异对建筑物的节能以及采暖标准做出了相应的规定，评价低辐射玻璃的节能效果也应根据气候的不同而有所区别。表4-16为低辐射玻璃中空玻璃性能。

表4-16 低辐射玻璃中空玻璃性能

产品类型	组成	膜层位置	填充气体	可见光		K /[W/m² · K]	ε	Sc
				透射	反射			
白玻＋离线 Low-E	6＋12＋6	3号	空气	63%	11%	1.75	0.10	0.64
白玻＋在线 Low-E	6＋12＋6	3号	空气	73%	17%	1.8	0.17	0.74

注：此表中数据为选用不同生产厂家提供的产品样本的典型数据。

建筑综合节能率：整栋建筑冬季取暖和夏季制冷以及处理新风所消耗的全部能量为综合能耗，采用节能材料后的能耗比例即为综合节能率。比例大小与维护结构的构成，内部热负荷，冷暖空调的能效比等直接相关。

单纯从表4-18列出的辐射率、K值的数据看，离线产品的性能要优于在线产品，但Sc值为一个重要的参考数据，对于炎热地区，希望Sc值越小越好，而对于严寒地区更希望在冬季得到阳光的照射，Sc值越大越好。

建筑物实际节能效果测试很难，同时K值、Sc值所起作用与建筑物的体形系数、窗墙比、朝向、内部热负荷有很大关系。现在行业通用方式是采用DOE-2等模拟计算软件建立模型，输入建筑物的运行参数、空调运行时间、人流密度、渗风量等，计算建筑物全年的制冷负荷及采暖负荷，以此评价窗玻璃在建筑物中的作用。国家建筑节能设计标准也采用此方式评价窗玻璃在建筑物中的作用。

我们建立一个小窗墙比通用建筑模型，建筑面积4445 m²，窗墙比21%。表4-17列出两种低辐射玻璃在不同气候条件下相对于白玻的节能效果。

表4-17 不同气候低辐射玻璃、中空玻璃性能

产品类型	广州	上海	北京	哈尔滨
离线 Low-E 中空(高透型)	30%	22.5%	22%	22%
在线 Low-E 中空	29%	22%	23%	25%

对于不同建筑计算能耗与其实际能耗是不同的，但计算值能代表建筑物能耗的趋势。通过表4-17的数据可知，在炎热地区及广大的中部区域，离线低辐射玻璃

要略优于在线低辐射玻璃的节能效果；而对于严寒地区，在线低辐射玻璃产品的综合节能效果优于离线低辐射玻璃。

对于低辐射玻璃节能效果的评价不能只单独考虑辐射率、K值，应将遮蔽系数、墙体传热系数、框架传热系数、渗风量、建筑物运行参数等综合考虑。随着气候区域的不同，评价的结果也存在差异，甚至能影响低辐射玻璃膜层在中空玻璃中的使用方位。对于某种低辐射玻璃的使用，更应考虑设计师的设计风格、理念及业主对于节能效果及造价的综合考虑。

(2) 永久性节能效果

如果离线低辐射玻璃辐射率在0.1，在线低辐射玻璃辐射率为0.17，同组合状态下，中空玻璃的初始K值相差0.15W/(m^2·K) 左右，建筑综合节能效果相差1%～2%。由于离线低辐射玻璃采用银为功能层，银与硫之间有很大的亲和力，科学家测定银在空气中遇到硫化氢气体或硫离子时很容易生成一种极难溶解的银盐(Ag_2S)(银盐就是辉银矿的主要成分)，这种化学变化可以在极微量的情况下发生，银在空气中只要遇上几万亿至几十万亿分之一的硫化氢气体或硫离子，就会发生下列化学反应：

$$4Ag+2H_2S+O_2 = 2Ag_2S(\text{黑色产物})+2H_2O \quad (4\text{-}17)$$

而硫化氢是一种自然产物。首先人和动物的粪便经过细菌分解后产生大量硫化氢，植物体中的蛋白质腐败后也产生硫化氢；其次是城市空气中由污水与垃圾排放所产生的硫化氢更为惊人。虽然离线低辐射玻璃都采用中空结构对玻璃进行保护，但是中空玻璃始终处在温度变化的环境当中，中空玻璃中的气体要通过密封胶与环境中的空气进行一种所谓的弱“呼吸作用”。离线低辐射玻璃虽然加了保护层，但是金属银与各层氧化物保护膜之间的结合力较弱，且膨胀系数相差较大，这种保护层必须做得很薄，如果把保护层加厚就会严重影响玻璃的低辐射性能，同时玻璃被切割后，其边部的腐蚀就开始了，这就使得离线低辐射玻璃使用几年后，其辐射率会有明显的升高，从而使得玻璃的K值升高，保温隔热性能变差，严重的还导致膜层脱落。所以在一定程度上说离线低辐射玻璃的低辐射性是不稳定的。而在线低辐射玻璃是在高温下形成的氧化物半导体膜，膜层稳定不受环境影响，能保持长久的稳定性，可以说玻璃的寿命有多长时间，其膜层的寿命就有多长时间。在线低辐射玻璃与离线低辐射玻璃综合性能比较见表4-18。

表 4-18 在线低辐射玻璃与离线低辐射玻璃综合性能比较

对比指标	离线低辐射玻璃	在线低辐射玻璃
镀膜类型	软镀膜——普通产品必须做成中空玻璃使用	硬镀膜——具有良好的牢固性和稳定性
技术水平	生产技术的应用已经较普及，国内已有包括南玻、上海在内的多条生产线	世界上仅有十几条生产线。国内仅耀华一条生产线
生产线特点	厚度颜色变化快，开发新产品较容易	必须有高质量的浮法生产线，生产技术要求较高
耐磨性	国标未要求检测此项性能指标	国家玻璃检测中心检测结果0.40%～0.55%

续表

对比指标	离线低辐射玻璃	在线低辐射玻璃
耐酸性	国标未要求检测此项性能指标	国家玻璃检测中心检测结果0.63%
耐碱性	国标未要求检测此项性能指标	国家玻璃检测中心检测结果0.49%
辐射率	国标要求 <0.15 国内一般产品单银为0.1 双银为0.05左右	国标要求 <0.25 耀华产品为0.16～0.20
单片保质期	一般需在24h内合成中空玻璃；可异地加工类型必须在7天内合成中空，否则氧化	可以像普通浮法玻璃一样长期单片保存和使用，膜层不会氧化变质脱落
深加工性能	普通产品不易热弯、钢化，仅能中空使用	可以轻松热弯、钢化，满足不同建筑设计风格
中空操作	合成中空时需剔除边部膜层	无需剔除边部膜层，操作简单
运输限制	普通产品必须合成中空以后再运输	无运输距离和时间限制

4.7.6 低辐射玻璃的应用

4.7.6.1 低辐射玻璃的使用安装

鉴于在线Low-E玻璃既可以单片使用（离线Low-E玻璃只能做成中空玻璃使用），又可做成中空玻璃使用的特点，在使用在线Low-E玻璃时，将Low-E膜放在哪一位置更能节能的问题就成了人们关注的焦点。

（1）单片使用在线低辐射玻璃膜面安放位置

对于寒冷地区（以北京为代表）以南各气候条件的地区，当窗户面积在整面墙中所占比例较小时，使用单片在线Low-E玻璃也是可以符合节能要求的。另外，在豪华宾馆大堂、会议室以及机场候机厅等高大建筑场所，由于受中空玻璃生产规格的限制，人们较习惯使用厚板的大片单层玻璃。

我们以耀华6mm在线Low-E玻璃为例进行计算，膜面位于室内时冬季传热系数为3.7W/(m^2·K)；夏季传热系数为2.9W/(m^2·K)。而膜面位于室外时冬季传热系数为5.7W/(m^2·K)；夏季传热系数为4.9W/(m^2·K)（见表4-19）。

表4-19 单片使用在线Low-E玻璃膜面位置对*K*值的影响

项　目	季节	室内	室外
*K*值/[W/(m^2·K)]	冬季	3.7	5.7
	夏季	2.9	4.9

根据结果显示，在线Low-E玻璃单片使用时，在线Low-E玻璃的膜面应放置于室内的一侧。在线Low-E玻璃膜面置于室内的一侧，并非像有人认为的那样，是为了避免膜面受到损伤，因为在线Low-E玻璃膜面具有良好的耐酸碱性和耐磨性，将膜面放于室内侧则更能发挥良好的节能效果。相反，如果将在线Low-E玻璃膜面放于外侧，传热系数增大很多，相对于放置在内侧节能效果明显降低。所以，在线Low-E玻璃单片使用正确的放置是膜面应置于建筑物的室内侧。

(2) 做中空玻璃低辐射玻璃膜面安放位置

尽管在线 Low-E 玻璃可以单片使用，但除了一些特殊规格要求的场所外，一般要做成中空玻璃来使用。一方面是中空玻璃本身就具有节能效果，加上 Low-E 玻璃的节能效果，会使整个建筑玻璃的节能效果更好；另一方面可以利用中空玻璃隔声性能，减少噪声污染。

众所周知，在线 Low-E 玻璃的节能主要是其所具有的独特的低辐射性能，所以使用在线 Low-E 玻璃生产及安装中空玻璃时，在线 Low-E 玻璃膜面如何放置，才能最大限度的发挥其节能效果是不容忽视的。我们仍以耀华在线 Low-E 玻璃（普通透明浮法玻璃在线镀 Low-E 膜）为例，按照与普通透明浮法玻璃、浅绿色吸热玻璃（可见光透过率为 65%）进行 6＋12＋6 的组合方式计算，将在线 Low-E 玻璃膜面放置在 4 个不同的位置上时（室外为 1 号位置，室内为 4 号位置），中空玻璃的传热系数 K 和太阳得热系数 SHGC 如表 4-20 所示。

根据结果显示，在线 Low-E 玻璃膜面位置在 2 号位或 3 号位时的中空玻璃 K 值最小（基本相等），即保温隔热性能最好。而 3 号位置时的太阳得热系数要大于 2 号位置，这一区别是在不同气候条件下使用在线 Low-E 玻璃时要注意的关键因素。寒冷气候条件下，在对室内保温的同时人们希望更多地获得太阳辐射热量，此时在线 Low-E 玻璃膜面应位于 3 号位置；相反，在炎热气候条件下，人们希望进入室内的太阳辐射热量越少越好，此时在线 Low-E 玻璃膜面应位于 2 号位置。

表 4-20　中空玻璃使用在线 Low-E 玻璃膜面位置对 K 和 SHGC 的影响

镀膜面位置	项目	1 号位(室外)	2 号位	3 号位	4 号位(室内)
与普通透明浮法玻璃组合	K 值/[W/(m²·K)]	2.677	1.923	1.923	2.041
	SHGC 值	0.632	0.625	0.676	0.640
与浅绿色吸热玻璃组合	K 值/[W/(m²·K)]	2.680	1.925	1.925	2.042
	SHGC 值	0.416	0.586	0.347	0.345

采用与浅绿色吸热玻璃组合的中空玻璃时，主要是为了使建筑节能和颜色装饰有机结合，彩色吸热玻璃应置于室外侧。对于炎热地区来说，自然而然地应将在线 Low-E 玻璃膜面置于 3 号位置；而对于寒冷地区来说，尽管在线 Low-E 玻璃膜面在 2 号位置的太阳得热系数比 3 号位置大得多，但由于受彩色吸热玻璃应置于室外侧的限制，同样，在线 Low-E 玻璃膜面应置于 3 号位置。示意图见图 4-37。

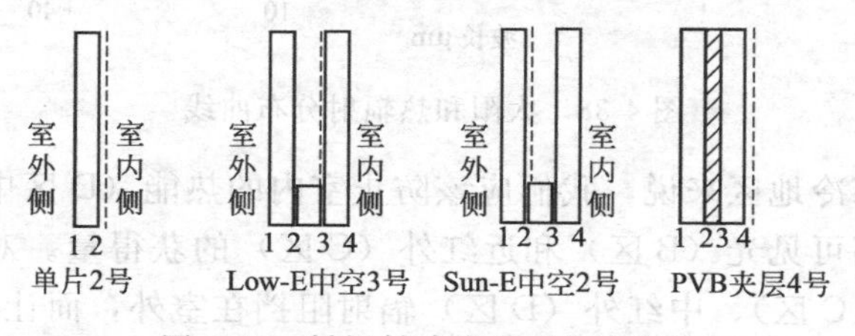

图 4-37　低辐射玻璃膜面安放位置

随着在线 Low-E 玻璃膜产品品种的不断开发，由在线 Low-E 玻璃生产的中空玻璃组合种类也越来越多，比如彩色吸热浮法玻璃在线镀 Low-E 膜产品与普通透明浮法玻璃组成的中空玻璃、双气层中空玻璃、夹层中空玻璃等。就在线 Low-E 玻璃单片使用和单气层中空玻璃而言，根据以上计算和分析，可以得出以下结论：

① 单片使用在线 Low-E 玻璃时，Low-E 玻璃的膜面位置应置于建筑物的室内侧。

② 如果使用由普通透明浮法玻璃与普通透明浮法玻璃在线镀 Low-E 膜玻璃时，在寒冷地区，在线 Low-E 玻璃膜面应位于 3 号位置；相反，在炎热地区，在线 Low-E 玻璃膜面应位于 2 号位置。

③ 如果使用由彩色吸热玻璃与普通透明浮法玻璃在线镀 Low-E 膜玻璃时，在线 Low-E 玻璃膜面应位于 3 号位置。

④ 如果使用由普通透明浮法玻璃与彩色吸热玻璃在线镀 Low-E 膜玻璃时，在线 Low-E 玻璃膜面应位于 2 号位置。

4.7.6.2 Low-E 玻璃的应用

(1) 不同地区建筑物对 Low-E 玻璃的要求

我国幅员辽阔，涉及严寒气候、寒冷气候、夏热冬冷气候、夏热冬暖气候等不同的气候，因此，对建筑用玻璃的性能要求也不同。Low-E 玻璃可以根据不同气候的应用要求，通过降低或提高太阳得热系数等性能，以达到最佳的使用效果。

由图 4-38 可知：A 区是紫外波段；B 区是可见光波段，玻璃的可见光透过率越高，室内的采光效果越好；C 区是近红外波段，近红外辐射照射到物体（如建筑物、室内家具等）上时，将会转换成中红外波再次辐射出来；D 区是 22℃ 黑体的中红外辐射强度，中红外辐射也正是人们感觉到热的原因。

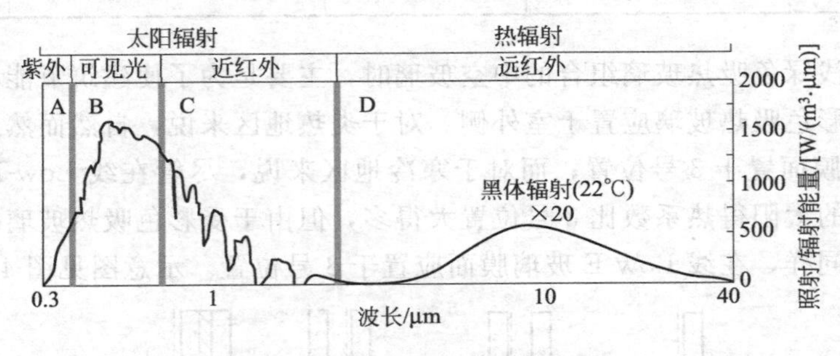

图 4-38 太阳和热辐射分布曲线

所以，对于寒冷地区来说，我们应该防止室内的热能（D 区中红外波段）向室外泄漏，同时提高可见光（B 区）和近红外（C 区）的获得量。对于炎热地区，应将外部的近红外（C 区）、中红外（D 区）辐射阻挡在室外，而让可见光透过。

总的来说，在北方地区，高的 Sc 值则有利于总能量消耗的降低；在中部地区，

Sc 值对总能量消耗影响相当小，减小 Sc 值将降低制冷消耗，但也将同等数值地增加采暖消耗。在南方，低的 Sc 值则有利于总能量消耗的降低。因此可以得出以下结论：

① 炎热气候条件下，由于阳光充足，气候炎热，所以应选用低遮蔽系数、低传热系数的遮阳型低辐射玻璃。减少太阳辐射通过玻璃进入室内的热量，从而节约空调制冷的费用。

② 中部过渡气候，选用适合的高透型低辐射玻璃或遮阳型低辐射玻璃，在寒冷时减少室内热辐射的外泄，降低取暖消耗；在炎热时控制室外热辐射的传入，节约制冷费用。

③ 寒冷气候条件下，由于气候寒冷，采暖期长，所以既要考虑提高太阳热获得量，增强采光能力；又要减少室内热辐射的外泄。应选用可见光透过率高、传热系数低的高透型低辐射玻璃，降低取暖能源消耗。

(2) Low-E 玻璃在建筑门窗中的应用

建筑节能已经成为我国的国策。节能的目的是为了减少能源的无效损失，提高能源的利用率，使有限的能源充分地服务于人类的生产和生活。资料显示，建筑外门窗的总能耗约占建筑物全部热损失的 50%左右。根据国家建筑节能政策要求，从 1988 年实施节能 30%的设计标准（以 1981 年建筑设计规范，每平方米采暖面积一个采暖季耗标准煤 25kg 为 100%，1988 年修订的设计规范降低为 17.5kg)；1998 年开始实施节能 50%的设计标准（每平方米采暖能耗降低到 12.5kg 以下)；从 2005 年起新建采暖居住建筑应在此基础上再节能 30%。据统计，2006 年我国完成房屋建筑施工面积 399605.77 万平方米，其中新开工房屋面积 218850.03 万平方米；完成房屋建筑竣工面积 164122.52 万平方米，使用玻璃约 3 亿平方米。

在建筑中使用 Low-E 玻璃门窗对降低建筑物能耗有重要作用，尤其是在墙体保温性能进一步改善的情况下，解决好门窗的节能问题是实现建筑节能的关键。我国建筑一般采用的是单层或双层普通玻璃，而在欧美等一些发达国家已经广泛使用 Low-E 玻璃门窗，其综合传热系数只有单层普通玻璃的一半左右，能大大降低由玻璃窗引起的建筑能耗。随着我国 Low-E 玻璃开发成功及人们节能意识的逐步增强，现代建筑门窗已经开始了大范围使用 Low-E 玻璃。

门窗的传热系数（K）和遮蔽系数（Sc）是建筑节能设计中的两个重要指标。通过计算表明，Low-E 玻璃门窗在降低传热系数 K 的同时，由于它本身材料的光学性能，遮蔽系数 Sc 也随之降低，这对于冬季要求尽量利用太阳辐射能是有矛盾的。因此在使用 Low-E 玻璃门窗时，仅有 K 和 Sc 这两个静态的参数是不够的，应根据各自地区气候、建筑类型等因素综合考虑。对于气候较寒冷，全年以供暖为主的地区，由于室内外温差大，应以降低传热系数 K 值为主；而对于气候炎热、太阳辐射强、全年以供冷为主的地区，可选用遮蔽系数 Sc 值较低的 Low-E 玻璃门窗。

综观我国的建筑设计标准，在一些关键技术指标方面，与国外仍然存在较大的差距，仅就门窗的性能而言，与中国北京地区气候相近的欧洲国家的门窗设计指标要求门窗的 K 值小于 2.5W/(m^2·K)，而北京地区目前的要求是 3.5W/(m^2·K)，差距很大。

我国现行建筑节能技术指标与国外的差距如表 4-21 所示（以北京地区为例）。

表 4-21　住宅建筑围护结构传热系数设计标准对比

单位：W/(m^2·K)

地区	外墙	外窗	屋面
中国北京	1.16～0.82	3.5	0.80～0.60
瑞典南部	0.17	2.5	0.12
德国柏林	0.5	1.5	0.22
美国气候与北京相近地区	0.32～0.45	2.04	0.19
加拿大	0.36	2.86	0.23～0.4
日本北海道	0.42	2.33	0.23
俄罗斯气候与北京相近地区	0.77～0.44	2.75	0.57～0.33

如果要求门窗节能达到 65％的第三步目标，窗户的传热系数值需达到 2.7W/(m^2·K) 以下才能满足这样的要求，而要达到这样的数值，单靠 Low-E 玻璃法有一定难度，需要提高组成门窗各个环节的有机配置。

(3) Low-E 玻璃在建筑玻璃幕墙中的应用

1929 年，世界建筑大师勒·柯布西埃率先提出大片玻璃幕墙的设想，并将其描绘成理想的建筑形式。几十年来人们一直在探索实现大师理想的方法。我国 20 世纪 80 年代开始出现玻璃幕墙，随后幕墙作为新兴的建筑形式广泛用于公用建筑。据统计资料显示，2005 年我国建筑幕墙年生产（使用）量达到 5553 万平方米，与 2004 年产量相比，增加 1489 万平方米，我国已经成为世界第一大幕墙生产国和使用国，其中玻璃幕墙达 1700 万平方米。

玻璃幕墙是在传统砖砌和混凝土墙体基础上衍生出来的，它比传统墙体轻得多，可以减轻地基和主体结构承重，有利于建筑物向高层发展和节省建筑经费。玻璃幕墙不仅实现了建筑外维护结构中墙体与门窗的合二为一，而且把建筑围护结构的使用功能与装饰功能巧妙地融为一体，它所使用的金属框架材料及板材是工厂生产出来的，可以采用多种材料，可以做成各种颜色，具有较强的光泽，加工精度高，质量好，又可制成各种造型，使建筑更具现代感和装饰艺术性，进而美化了城市环境，同时又可缩短工地施工周期。玻璃幕墙的这种良好特性，使它一经问世就得到人们的重视和青睐。我国从 20 世纪 80 年代初开始引入玻璃幕墙，经过多年的发展，玻璃幕墙在全国各地的建筑，特别是在一些地区的标志性公共建筑中已经使用得相当多了。

以上玻璃幕墙多为单层玻璃，普遍存在着外观华丽大方，强化外立面效果，具有现代化办公气息，视野开阔，通透性强以及采光进深大的优点，以及大多数不能开启、通风不畅、保温性能差、能耗大、日后维修维护费用高的缺点。

当前建筑节能已成为我国可持续发展战略的一部分，社会上对建筑节能的意识逐渐增强，作为建筑维护结构之一的玻璃幕墙，其节能效果的好坏，将直接影响整体建筑物的节能。随着建材行业的发展和进步，建筑幕墙所用玻璃的品种也越来越多，如普通透明玻璃、吸热玻璃、热反射镀膜玻璃及 Low-E 玻璃等，还有由这些玻璃组成的中空玻璃和夹层玻璃。Low-E 玻璃因其具有较低的辐射率，能有效阻止室内外热辐射；极好的光谱选择性，可以在保证大量可见光通过的基础上，阻挡大部分红外线进入室内，既保持了室内光线明亮，又减少了室内的热负荷等特点，一经发明就成为了现代玻璃幕墙原片的首选材料之一。

(4) Low-E 玻璃在其他行业中的应用

① Low-E 玻璃在家电行业中的应用

Low-E 玻璃不仅可以单片用于家电可视门中，而且可以与普通玻璃组合或两片 Low-E 玻璃组合使用，这样能够有效防止采用普通中空玻璃门而产生的结霜和结雾现象，使人不打开冰箱冰柜门就能看到所储藏的物品，从而达到很好的节能效果。现已应用于海尔、澳柯玛等品牌的冰箱、冰柜中，预计在家电行业中 Low-E 玻璃的年用量大约为 150 万平方米。

② Low-E 玻璃在汽车行业中的应用

Low-E 玻璃在汽车行业中的应用前途也很光明。根据统计截至 2007 年底，全国汽车保有量为 5696.78 万辆，2007 年我国汽车产量达 888.24 万辆，超过德国。我们知道为了保证驾驶员良好的可见性，汽车前风挡玻璃是不能使用一般镀膜玻璃的，但 Low-E 玻璃的可见光透过率与普通玻璃的透过率相差不多，不会影响驾驶员的视觉。在炎热的夏季，我们都会有这样的体会：当汽车停在露天停车场，人们打开车门准备进入车内时，一股热浪就会扑面而来，车内的温度和难闻的气味让人难以忍受。如果给汽车加装 Low-E 玻璃就可以极大地降低灼热路面和周边建筑物辐射进车内的热量，提高人体的舒适程度，同时降低了由于汽车空调制冷而额外增加的燃料消耗，不仅节约了能源，而且起到了保护环境的作用。Low-E 玻璃还具有导电性能，可用作汽车后风挡玻璃，在冬季可以直接通电除霜，这比夹金属丝导电玻璃的视觉效果要好得多。

③ Low-E 玻璃在保密场合的应用

Low-E 玻璃具有良好的导电性和静电屏蔽性能，可以用作微波炉门，防止微波对人体的辐射，也可以用作各种显示器视频保护，还可用作各种保密机房和重要部门的防信息泄露玻璃。

④ Low-E 玻璃今后可开发的使用领域

今后 Low-E 玻璃可开发的使用领域有：

a. 太阳能电池基板；

b. 低压节能平面发光灯；

c. 平板太阳能集热器；

d. 太阳能制冷热空调等。

4.7.6.3 低辐射玻璃膜面辨认方法

(1) 单层低辐射玻璃膜面辨认方法

① 使用 Low-E 膜面鉴别笔测试

利用膜层的导电性，当手和鉴别笔都接触到 Low-E 膜时，显示灯亮，不亮为玻璃面。示意图如图 4-39 所示。

② 使用普通万用表测试

使用普通万用表测试，电阻值无穷大的一面为玻璃面，电阻值小的一面为镀膜面，示意图如图 4-40 所示。

③ 在没有工具的情况下，也可用湿纸巾或手指轻轻触摸玻璃表面，比较光滑的为玻璃面，有涩感的一面为镀膜面。

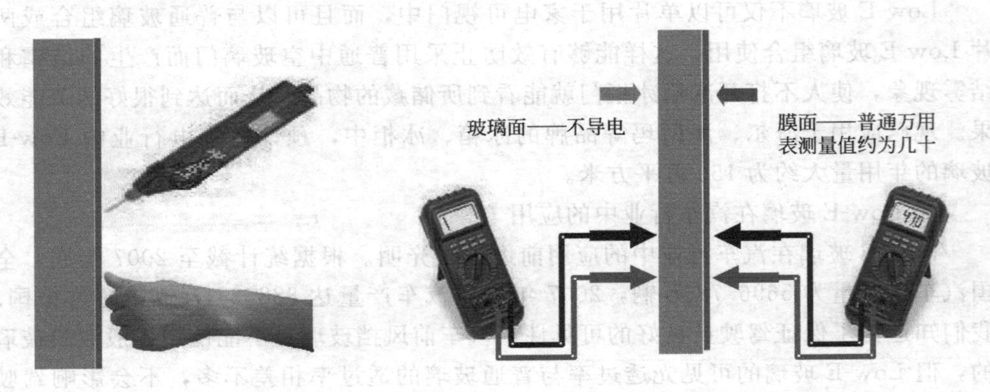

图 4-39 膜面鉴别笔测试　　图 4-40 普通万用表测试

(2) 低辐射中空玻璃膜面辨认方法

低辐射玻璃的颜色接近于普通白玻，组装成中空玻璃时较难辨认，可以参考如下简单的判别办法：

① 一般辨别方法

将火柴或光亮物放在窗前（室内或室外），观察玻璃里面呈现的四个影像（有 4 束火焰物像），若是 Low-E 玻璃则有一个影像的颜色不同于其他三个影像，若 4 个影像的颜色相同便可确定未装 Low-E 玻璃，仅是普通白玻中空。

② 使用中空玻璃膜面检测仪器

检测时，将中空玻璃膜面检测仪器贴近中空玻璃表面。当膜面位于 4 号时，检测仪三个指示灯全亮；当膜面位于 3 号时，检测仪黄色指示灯亮；当膜面位于 2 号时，检测仪红色指示灯亮；没有使用低辐射玻璃时，检测仪绿色指示灯亮。示意图见图 4-41。

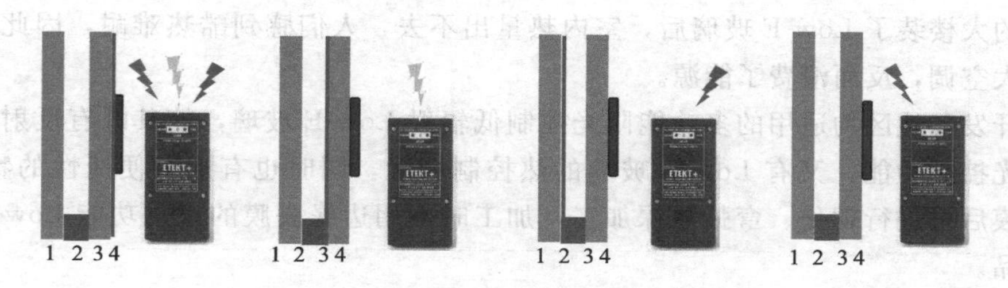

图 4-41　中空玻璃膜面鉴别

4.7.7　Low-E 玻璃的发展趋势

随着科学技术的不断进步，Low-E 玻璃的性能不断提高，未来 Low-E 玻璃将不仅限于用在节能建筑中。目前，利用 Low-E 玻璃具有可见光高透过率，清晰度高，红外线高反射率，更加节能，膜层具有导电性，可以加热，有效控制玻璃表面结露，消散电磁等特点，人们已经将它用于可视冰柜的门玻璃，从而隔断冰柜内部与外部环境之间的辐射热交换，保持可视冰柜单层门玻璃外表面温度不低于环境中的空气露点温度，从而有效防止可视冰柜单层门玻璃表面出现结露现象。

4.7.7.1　针对生产方法带来的产品缺陷攻关

离线 Low-E 玻璃就是把具有低辐射和阳光控制功能的光学膜层镀在玻璃表面，由于这种光学镀膜层的机械强度差和易氧化等缺陷，这种具有很高节能性能的玻璃的实际应用还存在很多限制。所以，离线低辐射玻璃进行夹层是非常困难的，如果先将玻璃做成夹层，然后进行镀膜就会造成胶片的破坏，降低夹层玻璃的结合强度；如果先镀膜然后再合片，将膜层合在夹层内，则膜层的低辐射性能就会丧失，不具有节能效果；如果将离线低辐射膜层放在外层，由于离线低辐射玻璃自身缺陷不能单片使用，玻璃用不了多长时间，膜层就会被氧化而破坏。离线低辐射玻璃只能与夹层玻璃组成中空玻璃由提高其安全性，这是其提高安全性的唯一方式。而在线低辐射玻璃由于具有同普通浮法玻璃一样的寿命和化学机械稳定性，可以同普通浮法玻璃一样制作夹层玻璃，只需膜层放在外层。既能发挥夹层玻璃的安全性又能发挥低辐射玻璃的节能效果。改变离线 Low-E 玻璃易氧化和不宜加工的缺陷，进行了深入研究。

在线 Low-E 玻璃的主要缺陷是颜色较单调、色差难以控制、e 值一般在 0.20 左右（偏高）等缺陷，所以这些是在线 Low-E 玻璃的主攻方向。

4.7.7.2　针对地区适用差异进行攻关

普通的低辐射 Low-E 玻璃的功能，是在冬季把室内暖气、家用电器及人体发出的热量反射回室内，并降低玻璃自身的热传导，从而获得较佳的保温效果。所以这种玻璃适用于夏季不热，冬季寒冷的北方地区。但是这一产品的遮蔽系数偏高，阳光穿透率高，太阳辐射热穿透率高，所以在炎热的夏季，毫无节能效果。好多在南方的大楼装了 Low-E 玻璃后，室内热量出不去，人们感到酷热难耐，因此不得不加大空调，反而浪费了能源。

开发各地区均适用的多功能阳光控制低辐射 Low-E 玻璃，使其既有反射玻璃的阳光控制功能，又有 Low-E 玻璃的热控制功能，同时也有加工便捷性的特点，即镀膜后可进行钢化、弯弧等深加工，加工时不用边缘去膜的双重功能 Low-E 玻璃产品。

4.7.8 Low-E 玻璃技术要求及检测方法

2003 年 6 月 1 日开始实施的《镀膜玻璃》国家标准 GB/T 18915 中，将镀膜玻璃分为两种：阳光控制镀膜玻璃和低辐射镀膜玻璃。其性能比较见表 4-22。

阳光控制镀膜玻璃是对波长范围 350～1800nm 的太阳光具有一定控制作用的镀膜玻璃。Low-E 镀膜玻璃是对波长范围 4.5～25μm 的远红外线有较高反射比的镀膜玻璃。Low-E 镀膜玻璃还可以复合阳光控制功能，称为阳光控制 Low-E 玻璃。

表 4-22 Low-E 镀膜玻璃与阳光控制镀膜玻璃性能比较

项目		种类	
		阳光控制镀膜玻璃	Low-E 镀膜玻璃
节能		减少人射太阳能 50%以上(炎热地区降低空调能耗)	减少人射太阳能约 30%；减少室内热辐射 50%以上(减低北方冬季采暖能耗)；通过调整遮蔽系数可减低空调能耗
光学性	外观颜色可见光透过率可见光反射率	鲜艳、浓重、多色彩较低，房间采光差较高，易形成光污染	浅、淡色居多＞80%，房间采光好、接近自然光很低，无光污染
用途		高层建筑物、写字楼、宾馆大厦	高档住宅、写字楼、商店、宾馆
适用地域		低纬度炎热地区	可适用于寒冷、热带等不同气候地区
法规约束		国内均出台法规限制有害光污染	西方国家法规：鼓励使用 我国：符合节能环保立法

4.8 纳米自洁净玻璃

4.8.1 纳米自洁净玻璃概述

现代建筑的玻璃幕墙以其明亮的色彩、晶莹透亮的质感及其反射出的大自然景象，常使人们赏心悦目，心旷神怡。但是空气污染会使玻璃幕墙表面逐渐失去光彩。玻璃幕墙表面清洗已成为玻璃幕墙日常维护的难题。

自洁净玻璃的研究是随着人们对半导体材料光催化性能的研究发展起来的，光催化技术是利用光来激发 TiO_2 等化合物半导体，利用 TiO_2 产生的电子和空穴来参加氧化还原反应，降解有机物。自洁净玻璃属生态环保型新型玻璃。

纳米自洁净玻璃是在浮法玻璃表面沉积一层半导体氧化物纳米膜，该膜层受紫外光或太阳光照射后具有两种性质：一是光催化活性，它能够将附着在玻璃上的有机污染物降解为二氧化碳和水；二是亲水性，即水滴到玻璃上后能够铺展成水膜，而不是水滴。TiO_2纳米薄膜的这两种性质使玻璃具有自洁功能。首先附着在自洁玻璃表面的有机污物在膜层光催化活性作用下降解为二氧化碳和水，其他附着在玻璃表面的灰尘等无机污染物，再在雨水或自来水的冲刷作用下被冲掉，从而保持玻璃表面清洁，免除高层建筑的定期清洗。

4.8.2 纳米自洁净玻璃的特性

(1) 自洁性

这种玻璃是在平板玻璃的双面镀一层纳米 TiO_2薄膜，具有光催化活性，在紫外光作用下，亲水性和亲油性好。

(2) 杀菌性

在自洁的同时，光催化剂还能连续不断地分解甲醛、苯、氨气等有害气体，杀灭室内空气中的各种细菌和病毒，有效地净化空气，减少污染，改善工作和生活环境，有利于人们的健康，提高生活质量。2h 纳米自洁净玻璃表面杀菌力达100%。

(3) 透光性

纳米自洁净玻璃光透过率高。TiO_2层平均粒径为10～20nm，晶型为锐钛矿型。纳米自洁净玻璃还具有近乎完美的光学性质，在近紫外线和近红外波段具有较低的透过率，而在可见光区却又有很高的透过率，透过率可达到75%～80%（国家规定汽车玻璃的标准透过率为70%）。这是门窗玻璃的最理想光谱，可同时作为阳光屏蔽玻璃和汽车安全玻璃。

(4) 膜层牢固性

纳米自洁净玻璃膜层牢固性好。经反复破坏性实验，这种玻璃具有很长的寿命，甚至与普通玻璃一样经久耐用。经过高温处理，TiO_2层与玻璃烧结在一起，十分牢固，不变质，不脱落。同时，这种玻璃还耐酸、耐碱、防腐蚀，可以广泛应用于幕墙、大厦、住宅。

(5) 耐高温性

可以进行钢化处理。

4.8.3 纳米自洁净玻璃的应用前景

纳米自洁净玻璃因其良好的光催化活性和超亲水性被广泛应用，目前，国外主要玻璃公司如：英国皮尔金顿公司、法国圣戈班公司、美国 PPG 公司均开发出了自洁净玻璃并投放市场，国内也有多家公司开始生产这种高科技纳米产品。

在我国，耀华股份有限公司采用化学气相沉积技术在浮法玻璃生产过程中直接在玻璃表面镀上一层二氧化钛纳米膜层，使玻璃具有利用太阳光照射和雨水的自然冲刷，而达到自清洁功能的功能性玻璃，经国家建筑材料测试中心检测，产品性能达到英国皮尔金顿公司同类产品水平。目前耀华能生产的自洁净玻璃最大规格达到3300mm×4500mm。公司表示，该产品已投放到东北、华北、华东等市场。公司表示，自洁净玻璃性能优越，可以广泛应用于高层建筑物的幕墙、窗玻璃和汽车玻璃，产品市场前景广阔。由于耀华拥有自主知识产权，有利于产品打入国际市场，进一步增强企业市场竞争力，并可以带动传统平板玻璃制造业的产业升级与技术进步。

自洁净玻璃将在建筑玻璃、汽车玻璃领域有较大发展。TiO_2层自洁净玻璃属于生态建筑材料和环境协调型材料，相信在环境保护、污水处理、空气净化等方面具有广阔的应用前景，并将成为今后研究的热点。

4.9 镀银玻璃镜

玻璃镜按加工方法分为两大类，一类是真空镀铝镜，另一类是化学镀银镜。

4.9.1 真空镀铝玻璃镜

真空蒸发镀膜工艺广泛用于电器元件、光学零件、玻璃陶瓷塑料表面的镀膜。将反射率较高的金属膜层镀在玻璃的表面，就制成了玻璃反射镜。真空蒸发镀工艺是制造成本较低的真空镀膜方法，在真空蒸发过程中，大多数镀膜材料的蒸发温度在1100～1750℃，金、银、铜、铝、钛、镍等材料都可以用作真空蒸发镀的蒸发材料。铝相对来说价格便宜，蒸发温度低，因此是最常用的蒸发材料。真空蒸镀材料为铝的玻璃镜一般称为“铝镜”。

铝在660℃时熔化，在1100℃以上时开始迅速蒸发。真空镀铝镜的典型真空度在6×10^{-2}Pa左右。

为了减少镜片表面的溅铝、落渣等缺陷，一般采用立式真空蒸发镀膜机。

4.9.2 化学镀银玻璃镜

化学镀银镜是采用优质浮法玻璃和优级纯的化学试剂为主要原料，通过化学镀的技术原理，在光洁的玻璃面上形成均匀致密的银反射层和对银层起保护作用的铜层及双层保护油漆而制成的高级装饰材料。

4.9.2.1 化学镀银的原理

化学镀银镜是将银氨溶液和醛基或酮基的糖溶液喷洒到洁净的玻璃表面，利用醛基或酮基的还原性，把银氨溶液-多伦试剂中的银还原，它的化学反应式为：

$$2[Ag(NH_3)_2]OH+C_6H_{12}O_6(\text{葡萄糖})\longrightarrow 2Ag\downarrow+C_6H_{12}O_7+4NH_3\uparrow+H_2O$$

在生产银镜时，首先使用纯净的硝酸银溶液与氨水反应，生成氨的银盐，然后把氢氧化钠溶液与银氨溶液混合，生成氨基氢氧化银，再用葡萄糖溶液还原，在还原反应过程中析出的银附着在玻璃表面，成为“银镜”。

4.9.2.2 镀银镜生产工艺

镀银镜的生产工艺流程如图 4-42 所示。

(1) 玻璃原片

玻璃原片质量至关重要，不合格的玻璃原片将直接产生不合格的镜子。玻璃的挑选除应注意其外观质量（如气泡、结石、锡点、划伤、变形等疵点）外，还应注意生产日期和储存状况，避免使用发霉变质及受油类污染的玻璃。

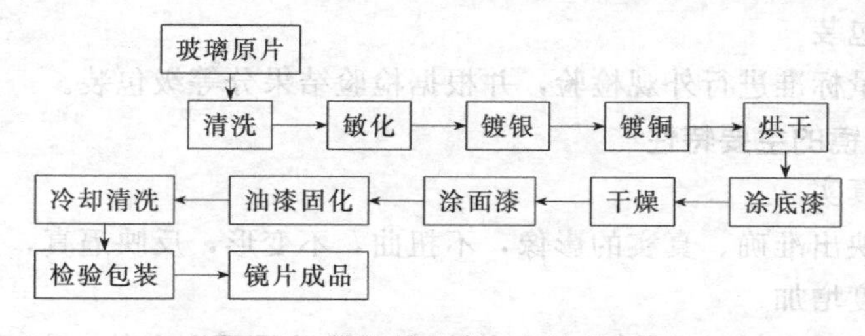

图 4-42 镀银镜生产工艺流程简图

(2) 清洗、敏化

清洗的目的是去除玻璃表面的隔离粉及黏污物，提供一个洁净的镀面。不干净的玻璃表面将导致镀层色斑和附着力低下。

敏化的作用是活化玻璃表面，提高镀层附着力。敏化过强、过弱都将影响镀层质量。

(3) 镀银、镀铜

借助全自动计量装置和镀银机，在玻璃表面均匀地喷洒镀银溶液，以获得均匀细密的银层，取得≥85%反射率的反射层。采用佛尔哈特滴定法检测银层厚度，并控制银沉积量≥850mg/m^2。

借助全自动计量装置和镀铜机，在银层上均匀地喷洒镀铜溶液，以获得均匀细密的铜层，为银层提供一个抗腐蚀保护层。铜层厚度的检测采用络合滴定法，以 EDTA 标准溶液，骨螺紫为指示剂。

配方、原材料的纯度及环境温湿度、洁净度等均影响镀层质量，因而也是该段的主要控制对象。

(4) 预热烘干

预热烘干的目的是驱除镀层水分，干燥固化镀层，并为涂漆提供一适当的基础温度。

(5) 涂漆

采用帘幕涂覆法，分别涂覆两层厚度≥20μm 的油漆保护层。

底漆的作用主要是防腐。而面漆则主要是防潮湿和抗机械损伤。

黏度、厚度、加热温度是涂漆工段的主要控制参数。安定、洁净的施工环境和规范的操作方法是避免针孔、起粒、下蛋和裂漆的主要措施。

(6) 干燥、固化

通过加热炉，驱除油漆层中的溶剂，使之干固。

油漆的固化温度≥130℃，固化时间大于3min。

油漆层固化不好将影响镜子抗腐蚀、抗潮湿和抗损伤性能，在后续加工和使用过程中容易出现黑边腐蚀问题。

(7) 后清洗

后清洗的目的是清除整个生产过程残留在镜面上的杂质，保持镜面整洁。

(8) 检验包装

按产品质量标准进行外观检验，并根据检验结果分等级包装。

4.9.2.3 镀银镜的主要特性

(1) 映像真实

镀银镜能映出准确、真实的影像，不扭曲，不变形，反映逼真，光泽华丽。

(2) 明亮度增加

透明镜的反射率超过85%，从而使室内空间显得明亮宽敞，富丽堂皇。

(3) 装饰效果好

镜面受光反射出光亮夺目的金属光泽，给人以清晰感，加上映出自然画面，给人以美的享受。利用得当，可以扩大视野，增加视觉空间，起到很好的艺术效果。

(4) 良好的工艺性

镀银镜的工艺结构合理，银层结晶致密，漆膜硬而不脆，具有良好的加工性能。

(5) 使用寿命长

均匀致密的银层，加上异常保险的铜-漆-漆三层保护，使得镀银镜能够有效地阻抗外界腐蚀介质的入侵，不易发生黑边等腐蚀。

4.9.2.4 镀银镜的主要性能参数

① 反射率：≥85%。

② 抗50℃蒸汽性能：见表4-23。

表4-23 镀银镜玻璃抗50℃蒸汽的性能

项目	A级	B级
反射面	759h后无腐蚀	506h后无腐蚀
边缘	506h后无腐蚀	253h后平均腐蚀边缘不大于100μm,其中最大边缘不超过250μm

③ 抗盐雾腐蚀性能，见表4-24。

表4-24 镀银镜玻璃的抗盐雾腐蚀性能

项目	A级	B级
反射面	759h后无腐蚀	506h后无腐蚀
边缘	506h后平均腐蚀边缘不大于250μm,其中最大边缘不超过400μm	253h后平均腐蚀边缘不大于250μm,其中最大边缘不超过400μm

4.9.2.5 镀银镜的使用说明

(1) 加工

加工必须在镜片生产日之后七天以内进行。

切割用的润滑油必须对镜背漆不造成损害。

在磨边钻孔等加工过程中，应采用中性冷却液。

加工完成后，应立即用清水将镜片清洗干净，彻底干燥并涂上封边剂。

(2) 安装

新建筑的墙面往往容易向外渗碱，所以直接将镜片装在这种墙面是不合适的，这种渗出液天长日久会对镜片产生腐蚀。

使用玻璃胶时，必须用中性固化硅橡胶黏结剂。不能使用酸性玻璃胶，因为酸性黏结胶固化时释放出来的酸性物对镜背漆极为有害。

用胶黏法安装大面积镜片时，底部必须另有机械支撑。

(3) 清洁

清洁镜子的最好办法是用温水和软布擦拭，不可用含氨水或醋类的清洁剂。

4.10 镀膜玻璃常见质量问题

4.10.1 划伤或擦伤

镀膜玻璃表面和其他较硬的物质相对滑动或摩擦造成的线状或带状的伤痕为划伤或擦伤，主要表现为划伤或擦伤部位的玻璃透光率增高，或膜面脱落透亮。其形态多为不规则的弧形细条状或带状。划伤或擦伤产生的原因有：

(1) 生产方面

由于设备或后清洗的原因，在生产中是存在玻璃划伤可能性的，但这种划伤一般为规则的和直线型的，是能控制和检验出来的。另外，生产过程中对镀膜玻璃的搬运、装箱也是有可能造成划伤的，原片本身也可能存在划伤。但客观地说，大片镀膜玻璃因是直接在线用装片机装片，一般是不可能造成划伤的，而强化镀膜玻璃因也是直接贴膜后装箱，膜面一般不会接触其他硬物，所以通常也是不会出现划伤或擦伤的。

(2) 切割原因

比如切割尺或卷尺在玻璃膜面的拖动；因玻璃膜面上有砂粒或玻璃屑等，擦拭过程中造成的玻璃膜面的擦伤；镀膜面朝下切割或没注意到每箱的最后一片是反方向放置等原因，致使玻璃膜面与它物摩擦而造成划伤。

(3) 堆放和存放

开箱后或切割后的玻璃没有按要求堆放，片与片之间没有垫任何衬垫物，致使玻璃之间直接接触，由于砂粒或玻璃屑等的原因，在搬运或运输过程中造成划伤或擦伤。

（4）安装和清洗

在打胶或安装中，人为原因造成的因硬物的划伤或擦伤；在清洗中使用了不干净或较硬的擦拭物，或是在玻璃膜面有水泥砂浆等污染物，而使用了不正确的清洁方法。

4.10.2　掉膜

镀膜玻璃膜层表面出现的局部掉膜或脱膜现象。主要表现为局部的透光率增强或膜层完全脱落，脱膜形态一般指点状、团状和片状。对掉膜现象，在生产过程中产生的，都有严格的标准控制，一般来说，掉膜部位的直径大于2.5mm是不允许的。

引起掉膜的原因较多，往往也较难界定，其主要原因有下列几种情况。

（1）生产方面

因镀膜工艺的原因，在生产中可能会出现一些针状的掉膜，也叫针眼，是溅射镀膜工艺本身无法避免的。另外，因镀膜原片本身或设备清洗的原因，也有可能造成掉膜，对此国家标准有相应的要求和规定，出厂的产品都是严格按此规定检验，合格后才出厂的。

（2）运输掉膜

因玻璃开箱搬运后或切割完后，没有按要求在玻璃片与片之间垫任何衬垫物或垫得不满不平，致使玻璃之间直接接触，在搬运或运输过程中造成玻璃与玻璃膜面直接的相对摩擦而导致掉膜。这种掉膜一般为点状或团状的掉膜，可用手或检验设备感觉或检查到摩擦的痕迹。

（3）腐蚀性掉膜

因玻璃膜面在切割堆放、施工使用或清洗中，因交叉施工或使用了不正确的方法，使得玻璃膜面接触到了酸碱或氧化性物质等，致使玻璃膜面被污染腐蚀而掉膜。这种掉膜一般能在掉膜面或现场找到腐蚀性物质残留的痕迹。

4.10.3　斑点或斑纹

从非镀膜面观看，在镀膜玻璃上存在不规则的黑色斑点状或斑纹状的表面缺陷。一般有发霉、纸纹、吸盘印、原片沾锡和水印等现象。

出现斑点或斑纹的情况较多，其中主要是镀膜前原片就有缺陷，或镀膜后由于储存使用不当等原因造成。

（1）生产方面

一般来说，镀膜玻璃生产工艺本身是不会产生这些缺陷的，主要在原片质量上。比如原片不新鲜出现的发霉和纸纹印等；原片本身带来的吸盘印和沾锡等；钢化或半钢化玻璃清洗不好造成的水印等；原片本身受到了污染。这些都有可能造成镀膜玻璃产品的斑点或斑纹缺陷。

（2）储存和施工安装

由于玻璃长期放置于潮湿和不通风的环境下，或置于室外受到日晒雨淋，玻璃也有可能发霉或变质而出现斑点或斑纹。

（3）膜层污染

由于安装施工和清洁时的不当，也有可能造成对玻璃的局部污染而使得玻璃出现斑点或斑纹。另外，由于玻璃得不到及时的清洁，造成灰尘和油烟等脏物长期附着在玻璃表面，最终因清洗不掉而出现斑点或斑纹状的污染。

4.10.4 镀膜玻璃热炸裂成因及预防

镀膜玻璃正常使用下不存在破裂，镀膜玻璃的破裂绝大部分属于热应力破裂。阳光的强烈照射下，玻璃吸收阳光中辐射能，在玻璃体内转化为热能，使玻璃被照射部分温度相对升高而处于热膨胀状态，而处于铝框结构内部的玻璃边区却不能受到相同的太阳辐射或者阴影作用，散热不均，因此导致玻璃整体温度分布不均，产生内部热应力，玻璃中区的热膨胀对玻璃边区产生张应力，此张应力超过边区抗张强度，就会导致玻璃破裂，这种现象叫玻璃的热应力破裂。由于镀膜玻璃吸热更为显著，吸收太阳辐射能的差异造成玻璃温差更大，热应力破裂现象较多。相比之下，用于窗、明框幕墙的镀膜玻璃发生此现象比用于隐框幕墙更多。下面针对镀膜玻璃热应力破裂的特征、原因和预防做进一步的论述。

（1）热应力破裂的特征

破裂线与玻璃边缘成直角，从玻璃边缘或角部开始发生，并在距离玻璃或角部约 50mm 处分裂为两条或多条，形状为不规则曲折单线，向中间延伸，并通常在玻璃中区形成弧形线。

（2）镀膜玻璃的本体吸收

玻璃经镀膜加工后，其化学性能基本无改变，但其物理性能却大大改变，尤其是光学性能和热学性能。镀膜玻璃对太阳辐射能的吸收率远大于普通透明玻璃和本体着色玻璃，一般镀膜玻璃太阳辐射能吸收率是普通透明玻璃、本体着色玻璃的数倍，所以在相同的使用条件下，镀膜玻璃的吸热比普通玻璃多得多，温度高得多，也就是说玻璃不同部分的温差相对大得多。所以，针对镀膜玻璃这些优点，在安装使用过程中，采取有别于普通玻璃的相应措施，保证镀膜玻璃的安全使用。

（3）建筑物的朝向

鉴于镀膜玻璃对光热能敏感，镀膜玻璃使用的朝向非常重要，特别是对于吸收较大的玻璃，东面、东南面、南面、西南面使用的玻璃吸热相对于其他面多得多，设计时应把玻璃的热应力破裂作为重要因素加以考虑，建议采用浅色玻璃（如白玻璃）镀膜产品，减少玻璃的吸热，更为保险的方法是对玻璃进行强化处理，加工成钢化、半钢化镀膜玻璃。

（4）气候条件

在清晨温差变化较大的地区或季节，镀膜玻璃是太阳辐射热能的高吸收体，玻璃的温升速率很快。而铝框是极好的散热体，经过昼夜的冷却，玻璃和铝框的温度已降至最低，清晨太阳辐射热能很快使玻璃升温，而铝框的温升相对小，如玻璃与铝框相接触，造成玻璃温差分布不均，当地气候温差、玻璃朝向、骤晴骤雨以及空调系统很容易使玻璃的温差超越极限而破裂。选用玻璃根据上述情况决定玻璃是否强化，选用玻璃的颜色、尺寸以及镀膜玻璃应严格按照有关规范施工。

（5）玻璃与周边环境的热绝缘

玻璃是热的不良导体，由于吸热、散热不均匀造成的温差很难靠自身达到平衡，所以安装玻璃时，尽可能用热导率低的弹性材料作为衬垫，将玻璃与导热性良好的铝框、阴冷的墙体等隔绝开来，减少玻璃不均匀温差的形成。一般隐框幕墙炸裂相对少得多，其中很大的原因是：玻璃周边用导热差的弹性材料与铝框软接触，不存在玻璃与铝框的热交换，减少因玻璃散热而造成玻璃各部位的温差；相反，对于用于明框、固定窗、推拉窗、落地玻璃等地方的镀膜玻璃，中部吸热导致升温，而周边被夹持住，吸收不到热能而形成低温带，如玻璃与铝框相接触，玻璃就导热给铝框，不仅使铝框内的玻璃，而且使铝框周围的玻璃始终保持低温，很多时候，玻璃中部温度达到60～70℃，而边缘仅25～30℃，相差几十度，即使用手都能明显感觉到，所以在玻璃内部产生很大的热应力，很容易导致玻璃破裂。这种镀膜玻璃目前最常见热应力破裂，为避免出现上述问题，就要设法让玻璃与铝框热绝缘，玻璃安装时下部平衡垫两块橡胶块，不仅保证玻璃与下部弹性接触和避免局部受力，而且使它们热绝缘，玻璃两侧、上部与铝框保持足够的间隙，玻璃两侧与铝框的间隙间夹塞橡胶条后，然后才能打玻璃胶，目的是保证它们绝对分离、弹性接触和热绝缘。

（6）玻璃的边缘质量

玻璃是脆性材料，其边缘许用应力与玻璃边缘质量关系极为密切。边部是玻璃最脆弱的地方，存在许多微裂纹和缺陷（如崩边、崩角、钳边不齐整等），会导致边缘许用应力降低十几倍，遇到过大热应力、外力冲击容易造成从此处开始破裂，所以镀膜玻璃最好用切裁机切割，手工切割时须严格检查玻璃边缘的切割质量，更为有效的方法是玻璃切割完后进行机器磨边，可大大减少边缘微裂纹。

（7）玻璃的尺寸和形状

针对镀膜玻璃而言，采用玻璃的厚度越大，对太阳的辐射能的吸收也越大，使玻璃的热应力增大，玻璃越容易破裂；同样，玻璃面积越大，也越容易破裂；玻璃的长、短边比值越大越易形成弯曲应力，会增大热应力破裂的概率；另外，玻璃的形状越不规则，各部位、方向受力不平衡，同样会增大热应力破裂的概率，合理的设计是减少这方面影响至关重要的因素。

（8）阴影的影响

室外物体或建筑结构本身，都可能会在玻璃上留下阴影，导致玻璃不同部位吸热不同而存在温差，阴影形状越不规则，玻璃越容易破裂。

（9）室内遮阳装置的影响

深色窗帘、百叶窗和室内接近玻璃物体（包括在玻璃上贴纸、涂料），对太阳辐射能的吸收较高，且一般具有较高的辐射率。因此，玻璃中区除受到太阳的直接辐射外，还受到室内物体吸热后的再辐射，减少玻璃的散热。所以，室内的遮阳装置增加了玻璃温度不均匀性，也增加了热应力的自爆概率，应尽可能避免上述装置。

（10）玻璃的再加工影响

镀膜玻璃的再加工，增加玻璃破裂的因素。镀膜玻璃热弯加工后，退火质量不好，增加玻璃应力不均匀；镀膜玻璃加工成中空产品，中间的气体随玻璃的吸热而膨胀，并施压于玻璃边缘，增加玻璃自爆的概率，所以镀膜玻璃做成中空玻璃最好进行磨边或强化处理。

5 夹层玻璃

5.1 夹层玻璃分类及性能

夹层玻璃是由两片或两片以上玻璃，用透明的黏结材料牢固黏合成的复合玻璃制品。夹层玻璃具有很高的抗冲击和抗贯穿性能，在受到冲击破碎时，一般情况下，外来撞击物不会穿透，玻璃碎片也不会飞离胶合层，而且还能保持一定的可见度，从而起到安全防护作用。因此，又称为夹层安全玻璃。

1910 年，英国特立普勒克公司（Triplex Co. ltd）正式生产夹层玻璃。我国在 1956 年开始试制夹层玻璃，1957 年在上海耀华玻璃厂建成了第一条干法夹层玻璃生产线，主要用于汽车风挡玻璃，在建筑上应用较少。1958 年在中国建筑材料科学研究院诞生了第一块航空防弹夹层玻璃。20 世纪 60 年代中期，在秦皇岛耀华玻璃厂建成航空防弹夹层玻璃生产线，20 世纪 70 年代后期秦皇岛耀华玻璃厂采用灌浆法生产夹层玻璃获得成功。随后，国内厂家开始从国外引进夹层玻璃生产线等。

5.1.1 夹层玻璃分类

夹层玻璃的种类很多，按生产方法的不同分为干法夹层玻璃和湿法夹层玻璃。干法夹层玻璃是将有机材料胶合层嵌夹在两片或两片以上玻璃之间，经加热、加压而制成的复合玻璃制品。干法也称为胶片热压法。湿法夹层玻璃是将配制好、经过预聚合的黏结剂灌注到已合好模的两片或多片玻璃中间，排去气体，经热聚合、光聚合或热光聚合，浆液固化并与玻璃黏结成一体而制成的。构成夹层玻璃的原片可以是：浮法玻璃、夹丝玻璃、夹网玻璃、钢化玻璃、半钢化玻璃、表面改性玻璃等。玻璃可以是透明的、半透明的或不透明的。一般情况下，干法夹层玻璃的性能明显比湿法夹层玻璃优异，而干法夹层玻璃中，目前使用最多、最有代表性的产品就是用 PVB 胶片为中间层的夹层玻璃。

按产品的用途分为汽车、航空、保安防范、防火以及窥视夹层玻璃等。建筑夹层玻璃主要用于建筑及装饰，采用干法生产工艺时，根据不同的使用要求和产品功能，中间层可采用不同功能的 PVB 胶片，通过调整玻璃和/或中间层的颜色，还可以制作出一系列色彩丰富的建筑夹层玻璃产品；汽车用夹层玻璃主要用作汽车风挡玻璃，包括电热夹层玻璃及夹天线夹层玻璃等；航空夹层玻璃主要用于飞机风挡玻璃及舷窗玻璃，其中舷窗玻璃有全无机夹层玻璃、有机无机复合夹层玻璃等。保安防范夹层玻璃包括防弹、防盗、防爆炸玻璃、电磁屏蔽（电子保密）玻璃等。窥视夹层玻璃由多层玻璃及 PVB 胶片制成，具有很高的抗贯穿性及很大的耐静压力，主要用于坦克及深水水工窥视镜等。

按产品的外形分为平夹层玻璃和弯夹层玻璃。其中，弯夹层玻璃根据一个还是多个方向是曲面的，分为单曲面、双曲面夹层玻璃；依据弯曲的深度又可分为深弯、浅弯夹层玻璃两种。

5.1.2 夹层玻璃特点及性能

夹层玻璃具有透明、机械强度高、耐光、耐热、耐湿和耐寒等特点。与普通玻璃相比，夹层玻璃在安全、保安防护、隔声及防辐射等方面具有极佳的性能。

5.1.2.1 安全特性

随着建筑对采光的要求越来越高，采光面积占建筑物围护结构的比例越来越大。普通玻璃是脆性材料，受外力冲击时易碎，破碎后会产生锋利的碎片，容易导致严重的甚至是致命的伤害。根据“NSW 健康协会”1978 年公布的一项研究报告，有 1/3 的城市孩子在 25 岁前会受到玻璃伤害。因此，普通玻璃远远不能满足安全防护的要求。夹层玻璃具有优异的安全性能，因此被许多国家明文规定为必须使用的安全玻璃。

夹层玻璃的安全特性是指免除危险或受意外、自然灾害时减少伤害或损失的特性。可以用抗冲击性能、抗穿透性能、抗风压等性能表示。

夹层玻璃具有良好的破碎安全性。其典型特征是，一旦玻璃遭受破坏，其碎片仍与中间层粘在一起，很少有玻璃碎片脱落，这样就可以避免因玻璃掉落造成人身伤害或财产损失。以 PVB 胶片为例，PVB 胶片弹性好，抗断裂强度高，起着吸收冲击能的防震垫作用。当夹层玻璃因受到外力冲击而破坏时，玻璃产生破碎，但玻璃碎片被 PVB 胶片黏结在一起，不会对人体形成伤害，并且 PVB 胶片可以通过其弹性变形/塑性变形将冲击的动能吸收。因此，PVB 胶片可以起到很好的安全作用。但 PVB 胶片也应有一定的与玻璃相脱离的可能性。如果黏合性太强，在夹层玻璃遭到撞击时，PVB 胶片就不能及时形成弹性变形，或变形非常小，吸收的撞击能较小，这时如果撞击的能量很大，玻璃就容易被撞击物体穿透。通过对黏合力进行适当控制，允许 PVB 胶片逐渐剥离，那么 PVB 胶片在变形不断增大的同时吸收冲击动能。这样在冲击点周围玻璃就发生环状的辐射性破坏。另外，通过增大夹层玻璃厚度，在遇到反复猛烈冲击的情况下，其防穿透能力也将明显增加。

夹层玻璃的抗穿透性优于钢化玻璃及退火玻璃，可以防止人体或物体穿透玻璃。前苏联某研究所对不同玻璃抗穿透性的实验数据见表 5-1。表 5-2 对比了摆锤试验撞击下各种玻璃的破碎性能。

表 5-1　不同玻璃的抗穿透性能

实验测定项目	退火玻璃	钢化玻璃	夹层玻璃
玻璃厚度/mm	7	6	7
2260g 的钢球，从 4m 高处自由落下	透过	透过	不透过
40℃时，227g 的钢球从 12m 高处自由落下	透过	透过	不透过
－20℃时，227g 的钢球从 10m 高处自由落下	透过	透过	不透过
10kg 的人头模型，从 1.5m 高处自由落下	透过	透过	不透过

从表 5-2 可见，夹层玻璃具有结构完整性。在正常负载情况下，夹层玻璃性能基本上与单片玻璃性能相同。然而，一旦玻璃破碎，夹层玻璃则明显地保持其完整性，很少有玻璃碎片掉落。由于这种在破裂时或破裂后碎片仍保留在原位的性能，夹层玻璃已成为飓风区和地震区人们乐于采用的建筑材料。美国佛罗里达州的戴得县制定了世界上最苛刻的防飓风（强台风）建筑规范，要求建筑的外部围护结构能抵挡风夹杂物（如碎石、瓦砾）等的撞击，夹层玻璃是通过该标准的唯一玻璃材料。

表 5-2　各种玻璃摆锤试验结果

玻 璃 类 型	破 碎 状 态
夹层玻璃	安全破碎：在摆锤撞击下可能破碎，但整块玻璃仍保持一体性，碎块和锋利的小碎片仍与中间层粘在一起
退火玻璃	一撞就碎：典型的破碎状态（包括较厚的玻璃）是产生许多长条形的锋利锐口碎片
钢化玻璃	需要较大的撞击力才破碎；一旦破碎，整块玻璃爆裂成无数小颗粒，框架中仅存少许碎玻璃
夹丝玻璃	破碎情况类似普通退火玻璃；锯齿形碎片包围着洞口，而且在穿透四周留有较多的玻璃碎片，金属线断裂长短不齐
贴膜的退火玻璃	覆于玻璃表面的 PET 薄膜可以增加一些保护作用；玻璃易碎，表面薄膜与碎玻璃分开，使碎片朝内侧飞散

关于抗风荷载的强度，研究表明：夹层玻璃在常温下受风压时，基本上可达到同等厚度的单块玻璃的强度。夹层玻璃在力学上起到重合梁的作用，所以各块玻璃的挠度都相同，荷重是根据每块玻璃的厚度来分担的。夹层玻璃受风荷载的简图如图 5-1 所示，三层玻璃构成的夹层玻璃，其荷重分担如下：

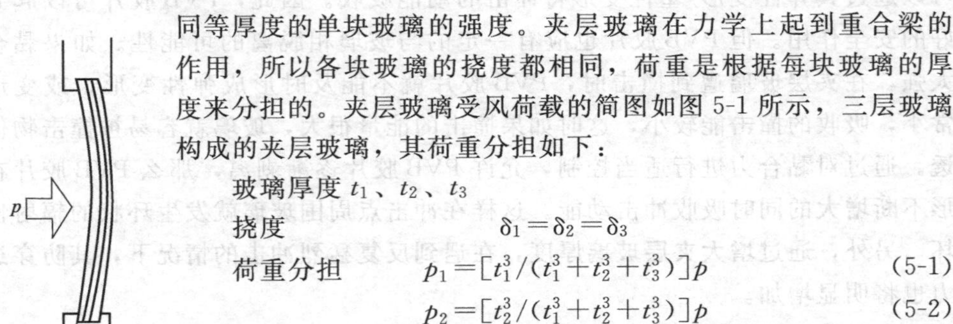

图 5-1　夹层玻璃受风荷载示意图

玻璃厚度 t_1、t_2、t_3

挠度　$\delta_1=\delta_2=\delta_3$

荷重分担　$$p_1=[t_1^3/(t_1^3+t_2^3+t_3^3)]p \tag{5-1}$$

$$p_2=[t_2^3/(t_1^3+t_2^3+t_3^3)]p \tag{5-2}$$

厚度相同时　$p_1=p_2=p_3$

5.1.2.2　保安防范特性

夹层玻璃的保安防范性是指在受人为故意行动侵害时免除

危险或减少伤害和损失的特性，包括防盗、防弹、防暴、防爆炸、电磁屏蔽（电子保密）等性能。

夹层玻璃具有优异的抗冲击性和抗穿透性，因此在一定的时间内可以承受铁锤、撬棒、砖块等的攻击，而且通过增大PVB胶片的厚度，在遇到反复猛烈冲击的情况下，其防穿透能力将明显增加。标准“二夹一”玻璃与单片玻璃相比，其抗暴力入侵能力有很大改进；此外，仅从一面不能将夹层玻璃切割开来，这就使作为无声切割工具的玻璃切割刀失去效用。通过调整夹层的层数和厚度可以产生防弹效果，能有效抵御枪弹的袭击，同时可以避免子弹射击引起碎片而造成对人体的伤害。

夹层玻璃制品的防盗和防暴力入侵能力，传统上采用美国保险商实验室UL972测试方法。防暴力入侵玻璃抵御各种凶器联合袭击的性能采用ASTMF1233的测试方法进行检测。

夹层电磁屏蔽玻璃是在夹层玻璃的两片玻璃之间夹金属丝网或在玻璃的内表面镀上导电膜，以防止外界的电磁辐射干扰，同时防止内部的电磁信号泄漏出去，从而防止电子窃听造成的信息失窃和损失，并且不对屏蔽体外部造成干扰。在美国，计算机和通讯安全方面常用的性能规定是《NSA65-8全国通讯用射频屏蔽安全规定》（总则部分）。电磁屏蔽玻璃可以具备其他的保安防范性能。

5.1.2.3 防火特性

具有防火特性的夹层复合防火玻璃是一种特殊的夹层玻璃，即两片或两片以上的玻璃之间采用的透明黏结材料是膨胀阻燃胶黏剂或防火胶片。当夹层复合防火玻璃暴露在火焰中时，能成为火焰的屏障，能经受一个半小时左右的负载，能有效地限制玻璃表面的热传递，并且在受热后变成不透明，可以使居民在着火时看不见火焰或感觉不到温度升高及热浪，避免了撤离现场时的惊慌。同时，还具有一定的抗热冲击强度，而且在800℃左右仍有保护作用。夹层防火玻璃的详细内容参见5.4。

5.1.2.4 防紫外线特性

太阳光中的紫外线，是造成纤维制品、涂料、家具及日用品等褪色的主要原因。由于紫外线辐射高能量，辐射波长低于380nm，它对材料破坏和褪色所起的作用比其他因素大，如350nm紫外线破坏能力是500nm可见光的50倍。而PVB胶片可以滤掉99%的紫外线。如6mm厚的普通平板玻璃对于波长380nm的紫外线防御能力为20%，而同样厚度的夹层玻璃防紫外线的能力达90%以上，且防御能力是持久的。不同玻璃防紫外线能力对比见图5-2。

夹层玻璃在防紫外线辐射的同时，对室内植物生长没有危害，因为植物的感光细胞吸收周围波长为450nm、660nm和730nm的可见光，这些光不受阻挡。事实上，使用夹层玻璃后，植物叶子和花朵会保持鲜艳，并能抵御紫外线的危害。现在许多暖房和植物园都在使用夹层玻璃。

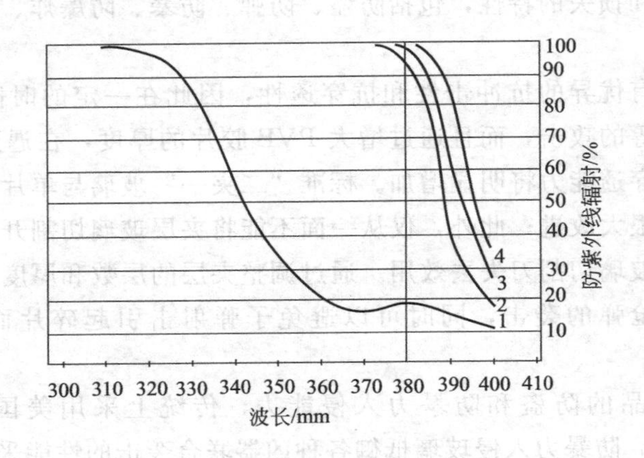

图 5-2 不同玻璃防紫外线能力对比

1— 6mm 浮法玻璃；2—6mm 夹层玻璃（0.38mm PVB）；
3—6mm 夹层玻璃（0.76mm PVB）；4—6mm 夹层玻璃（1.52mm PVB）

5.1.2.5 隔热性能

近年来，为了创造更舒适的空间和保护环境，夹层玻璃除了要具有其基本的安全性能以外，对隔热性能的要求也越来越高。例如，用于汽车风挡玻璃的夹层玻璃，要提高车内舒适性，就必须提高车内空调的效率。风挡玻璃传递了大量的热量，因此就要求玻璃具有隔热性。同时，从环境方面来说，如果能够抑制车内温度上升以及提高空调效率，就能减轻引擎负荷，因而降低燃料消耗，也使汽车可以使用较小、较轻的空调设备。

建筑方面也有类似的需求。在建筑设计时必须考虑采光需求，但过多的透光会引起不必要的热量获得，依靠空调降低热量就会造成浪费。因此，对许多建筑物来说，要求窗用玻璃能反射、吸收或再辐射太阳能。太阳能辐射到玻璃上，部分被反射、部分被透过和吸收，吸收的能量使玻璃变热，通过再辐射和热对流，这些热量再被带走。耐光的彩色 PVB 胶片可以控制热量获得，被吸收能量中的大部分可经再辐射和对流被带走。为了提高控制阳光和热能的性能，也可将夹层玻璃制成夹层中空玻璃。

近年来，各大胶片制造商在普通 PVB 胶片的基础上进行改良，推出了许多节能型的 PVB 胶片。如使用日本某公司生产的隔热中间膜（S-LECSCF）制造的夹层玻璃，可以有效地阻隔红外线，同时保持高的可见光透过率。人体皮肤最易吸收 1450～1900nm 左右红外线的热量，这种隔热膜对此波段的阻隔性能最强。图 5-3 是普通夹层玻璃与使用这种隔热膜夹层玻璃的光谱性能比较。

美国某公司推出 Vanceva 节能膜 Vanceva™ Solar，含有吸收红外线的添加剂，对 700～900nm 的近红外线有强大的吸收功能。使用 Vanceva 节能膜的普通夹层玻璃的热量控制与光控制特性见表 5-3。

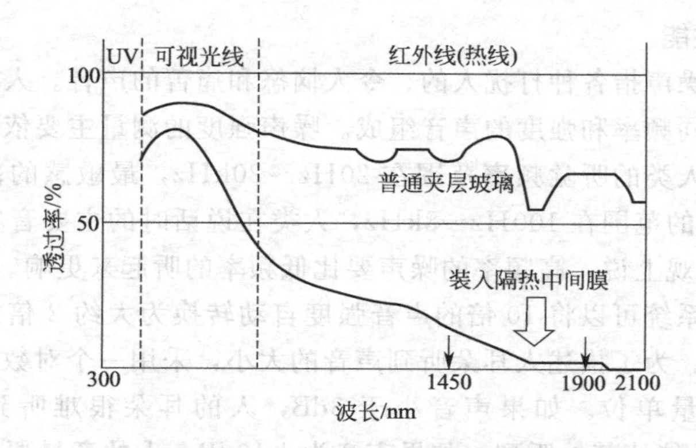

图 5-3　普通夹层玻璃与使用隔热膜夹层玻璃的光谱性能比较

表 5-3　使用 Vanceva 节能膜的普通夹层玻璃的热量控制与光控制特性

项　目	SaflexRB41 无色	Vanceva™Solar 无色	Vanceva™Solar 绿色	Vanceva™Solar 蓝色	Vanceva™Solar 灰色
T_v/%	88.6	82.1	71	48.2	48.8
R_v/%	8.6	8.1	7.1	6.4	5.8
T_s/%	69.6	60.4	49.9	34.6	32.6
R_s/%	7.3	7.0	5.7	5.8	5.3
SHGC	0.76	0.69	0.61	0.50	0.49
Sc	0.88	0.80	0.81	0.58	0.57

注：1. 根据 ISO 9050 计算 T_s、R_s。

2. T_s 是太阳光直接透射比，指在太阳光谱范围内（300～2500nm），透过玻璃的太阳总能量的百分比；T_v 是可见光透射比，指在可见光光谱范围内（380～780nm），透过玻璃的光通量的百分比；R_s 是太阳光直接反射比，指在太阳光谱范围内（300～2500nm），玻璃表面反射的太阳总能量的百分比；R_v 是可见光反射比，指在可见光光谱范围内（380～780nm），玻璃表面反射的光通量的百分比；Sc 是遮蔽系数，指玻璃试样的太阳能总透射比与 3mm 厚普通透明平板玻璃太阳能总透射比的比值；SHGC 是太阳得热系数，指通过玻璃的阳光获取量与阳光辐射量的百分比。

3. 夹层玻璃结构为：外片 3mm 无色透明浮法玻璃（对着太阳）＋0.76mm PVB＋3mm 无色透明浮法玻璃（内片：对着建筑物内）。

美国还有一家公司生产的节能胶片 SENTRYGLAS@ SOLARBILAM 是由一层 PVB 和一层 XIR@膜（PET）复合而成的。不同牌号 BILAM 的性能见表 5-4。

表 5-4　不同牌号 BILAM 的性能

性 能 指 标	XIR@-75 蓝色	XIR@-75 绿色	XIR@-70	测试方法
可见光透过率(T_v)	$75.5\% \leqslant T_v \leqslant 79.5\%$	$75.5\% \leqslant T_v \leqslant 79.5\%$	$71.5\% \leqslant T_v \leqslant 75.0\%$	ASTME308
太阳光透过率(T_s)	$T_s \leqslant 52.5\%$	$T_s \leqslant 52.5\%$	$T_s \leqslant 46.0\%$	ASTME424
可见光反射率(R_v)	$R_v \leqslant 11.5\%$	$R_v \leqslant 13.5\%$	$R_v \leqslant 9.5\%$	ISO 9050
太阳光反射率(R_s)	$R_s \geqslant 23.0\%$	$R_s \geqslant 23.0\%$	$R_s \geqslant 22.0\%$	ASTME424

5.1.2.6 隔声性能

一般来说，噪声指各种打扰人的、令人恼怒和痛苦的声音。人们周围环境的噪声主要由各种不同频率和强度的声音组成。噪声强度的测量主要依据人类耳朵接收到的声音大小。人类的听觉频率范围在 20Hz～20kHz，最敏感的范围在 500Hz～8kHz，人类声音的范围在 100Hz～8kHz，人类在说话时的主要音频范围在 2Hz～6kHz。从人的主观上说，高频率的噪声要比低频率的听起来更响。

人类的听觉系统可以将 10 倍的声音强度自动转换为大约 2 倍左右，以此来形成人的实际感觉。为了描述人耳朵听到声音的大小，采用一个对数单位 dB（分贝）来作为声音的测量单位。如果声音小于 3dB，人的耳朵很难听到；如果声音为 ±5dB，人的耳朵能清楚地听到；如果声音为 ±10dB，人的音量要加倍或减半。人类所能忍受的最大声音强度为 130dB。

隔声就是用建筑围护结构把声音限制在某一范围内，或者在声波传播的途径上用屏蔽物把它遮挡住一部分。隔声一般分为两大类：其一是隔绝空气声，就是用屏蔽物（如门、窗、墙等）隔绝在空气中传播的声音；其二是隔绝楼板撞击声。可以采用两种基本控制噪声的物理方法：一是通过反射的方法隔离噪声，声音的能量并没有转换成另外的能量形式，而只是传播方向改变；二是通过吸收的方法使声音的能量衰减，声音的能量被吸收并转换为热能。夹层玻璃主要是采用吸收的原理来隔绝空气声。

普通浮法玻璃的隔声性能比较差，玻璃厚度每增加一倍，可以多吸收 5dB 的声音，但是由于重量的限制，不可能无限制地增加玻璃的厚度。因此，普通浮法玻璃平均隔声量为 25～35dB。而由于夹层玻璃在两片玻璃之间夹有黏弹性的 PVB 胶片，它赋予夹层玻璃很好的柔性，消除了两片玻璃之间的声波耦合，提高了玻璃的隔声性能。夹层中空玻璃也具有很好的噪声隔离效果。6mm 单片浮法玻璃与标准夹层玻璃的声音传播损失对比如图 5-4 所示。

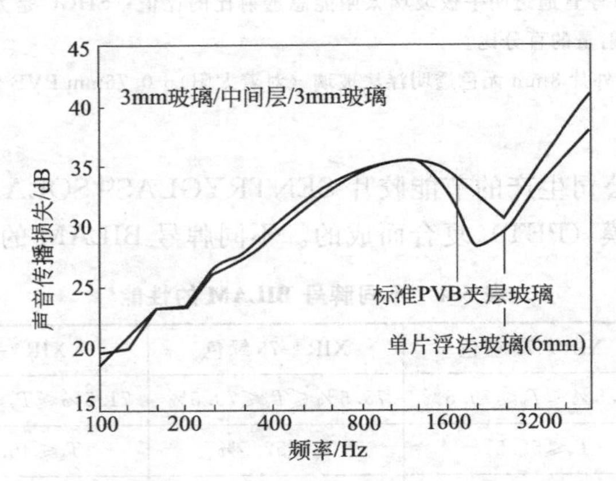

图 5-4 单片浮法玻璃与标准夹层玻璃的声音传播损失

为了用一个简单数值来表达材料的隔声性能，美国材料试验学会（ASTM）提出了隔声等级，即STC等级。STC是一个简单的数字等级，它是由在特定测试频率的声音传播损失来区分的（ASTME-90，E-413），它可对各种不同玻璃材料的隔声性能进行比较。表5-5是不同玻璃材料的隔声等级特性。

表5-5　不同玻璃材料的隔声等级特性

玻璃材料	总厚度	内层结构	中间结构	外层结构	STC值
简单夹层玻璃	7.12mm	3.18mm	0.76mm PVB	3.18mm	35
	10.3mm	6.36mm	0.76mm PVB	3.18mm	36
	11.06mm	6.36mm	1.52mm PVB	3.18mm	37
	13.48mm	6.36mm	0.76mm PVB	6.36mm	38
	14.42mm	6.36mm	1.52mm PVB	6.36mm	39
	16.65mm	9.53mm	0.76mm PVB	6.36mm	40
	20.58mm	12.7mm	1.52mm PVB	6.36mm	41
夹层中空玻璃	25.42mm	6.36mm 夹层玻璃	12.7mm 空气	6.36mm	39
	23.82mm	6.36mm 夹层玻璃	12.7mm 空气	4.76mm	39
	28.59mm	9.53mm 夹层玻璃	12.7mm 空气	6.36mm	40
	36.52mm	6.36mm 夹层玻璃	25.4mm 空气	4.76mm	42
	61.92mm	6.36mm 夹层玻璃	50.8mm 空气	4.76mm	45
	112.72mm	6.36mm 夹层玻璃	101.6mm 空气	4.76mm	48
	119.06mm	12.7mm 夹层玻璃	101.06mm 空气	4.76mm	49
	25.42mm	6.36mm 夹层玻璃	12.7mm 空气	6.36mm 夹层玻璃	42
	120.66mm	12.7mm 夹层玻璃	101.6mm 空气	6.36mm 夹层玻璃	51
中空玻璃	12.72mm	3.18mm	6.36mm	3.18mm	28
	25.42mm	6.36mm	12.7mm	6.36mm	35
	38.12mm	6.36mm	25.4mm	6.36mm	37
单片玻璃	6.36mm	6.36mm	—	—	31
	12.7mm	12.7mm	—	—	36

注：1. 按美国材料试验标准E90-83规定条件测试，嵌缝用木头和油灰腻子。

2. 按美国材料试验标准E90-83规定条件测试，夹层玻璃采用3.18mm玻璃-0.76PVB-3.18mm玻璃（总厚度6.36mm）或6.36mm玻璃-0.76PVB-3.18玻璃（总厚度9.54mm）或6.36mm玻璃-0.76PVB-6.36mm玻璃（总厚度12.72mm）或6.36mm玻璃-0.76PVB-12.7mm玻璃（总厚度19.06mm），嵌缝用木头和油灰腻子，小于25.4mm的空气层在工厂已密封，其他的在施工现场密封。

影响玻璃隔声性能的基本因素有：玻璃厚度、夹层玻璃中间层的声阻尼大小和中空玻璃的空气层厚度。夹层玻璃的玻璃原片数量、厚度、品种相同，PVB膜层厚度不同时，其平均声音传递衰减值不同。PVB膜层厚度越大，其声音传递衰减值也越大。选择夹层玻璃作为隔声设计时，宜选择不小于0.76mm厚的PVB胶片。

近年来，一些胶片制造商在标准PVB的基础上开发了一些具有隔声特性的

PVB。与同样厚度的浮法玻璃相比，使用具有隔声特性的 PVB 制成的夹层玻璃可以多吸收 5dB 的噪声。采用有隔声特性的 PVB 制成的夹层玻璃与普通 PVB 制成的夹层玻璃隔声特性比较见表 5-6。

表 5-6　隔声 PVB 夹层玻璃与普通 PVB 夹层玻璃的隔声特性比较

玻璃结构	普通 PVB 夹层玻璃	隔声 PVB 夹层玻璃
4＋0.76＋4	34dB	37dB
5＋0.76＋5	35dB	38dB
6＋0.76＋6	37dB	40dB
8＋0.76＋8	38dB	42dB

注：按照 DINEN20140-3/DINENIS0140 测量。

5.1.2.7　夹层玻璃的设计和安装通用性

夹层玻璃可以制造成平型或弯曲形状。标准的夹层玻璃很容易切割成与框架相匹配的形状进行安装。夹层玻璃可以将平板玻璃切割后进行夹层，也可以现场切割，以避免不必要的浪费并保证进度。另外，夹层玻璃还可以钻孔和开槽。

5.2　夹层玻璃的制备

夹层玻璃的制备方法包括干法和湿法。干法即胶片热压法，适合于大批量生产，具有强度高，光畸变小，质量稳定的特点。所能制造的夹层玻璃的最大尺寸取决于高压釜的直径。我国具有较大生产规模的厂家有深圳的中国南方玻璃集团公司、中国秦皇岛耀华玻璃集团公司、洛阳玻璃集团公司、上海耀华皮尔金顿玻璃有限公司等。湿法即灌浆法，适合多品种小批量生产，其尺寸不受胶片和高压釜的尺寸限制，但工艺过程不易控制。

5.2.1　夹层玻璃的原材料

夹层玻璃的基体材料除了无机玻璃以外，新型的透明有机材料如有机玻璃、聚碳酸酯板也得到广泛应用。这些有机材料具有透光度高、质量轻、抗冲击强度高等优点。随着基体材料的变化，有机材料胶合层或称中间层粘接材料，由硅橡胶、甲基丙烯酸甲酯发展到聚乙烯醇缩丁醛胶片以及聚氨酯胶片等。

5.2.1.1　玻璃

夹层玻璃的玻璃原片应采用具有高光学性能和力学性能的平板玻璃。平板玻璃应退火良好、厚度均匀、无波纹、透光度不小于 85%。

浮法玻璃具有优良的光学性能，在厚度公差、波纹度、平整度和外观质量上均优于普通平板玻璃，因此目前夹层玻璃的生产应选用符合国家标准 GB 11614—2009 的浮法玻璃。机车车辆前风挡及船舶驾驶室窗用夹层玻璃的玻璃原片，要用浮法玻璃优等品。浮法玻璃的物理性能和透光率见表 5-7 和表 5-8。

表 5-7　浮法玻璃的物理性能

物理性能	数　值	物理性能	数　值
折射率	1.52	密度	$500kg/m^3$
比热容	753.62J/(kg·K)	弹性模量	$\geqslant 7\times10^4$MPa
软化点	720～730℃	弯曲强度	90MPa
热膨胀系数	$8.5\times10^{-6}℃^{-1}$		

表 5-8　浮法玻璃的透光率

厚度/mm	透光率/%	厚度/mm	透光率/%
2	89	8	82
3	88	10	81
4	87	12	78
5	86	15	76
6	84	19	72

对玻璃原片有特殊要求的用户，可与生产厂协商解决。

玻璃原片的存放条件直接影响夹层玻璃合片时的质量。因此，应控制存放的温度和湿度，避免在堆垛时黏结。长时间储存时，必须用洁净的聚乙烯膜覆盖玻璃，以避免黏结，防止产生静电，保证与 PVB 胶片的黏结质量。玻璃堆垛厚度推荐为 100～150mm。

5.2.1.2　有机透明材料

夹层玻璃基体材料选用的有机透明材料主要是有机玻璃（聚甲基丙烯酸甲酯，简称 PMMA)、聚碳酸酯（简称 PC 板)。

PC 板强而韧，在冲击力作用下不易破碎，但表面硬度低，耐划伤性能差，一般都需要在其表面镀硬质保护膜。有机玻璃的耐老化性能好，尤其是 YB-3 有机玻璃，国产的定向 YB-3 号有机玻璃可经受 10 年的曝晒实验。但比起无机玻璃来，有机材料的寿命还差很远。有机玻璃抗冲击性能远不如聚碳酸酯板，为提高其抗冲击强度，将有机玻璃板进行定向拉伸，抗冲击强度可增加 2～3 倍。有机透明材料具有轻质高强、易成型的特点，应用在飞机风挡上具有一定优势。

5.2.1.3　有机材料胶合层

有机材料胶合层应具备如下特征：

① 无色、有较高的透明度；

② 吸湿性低，以防止水分子侵入胶合层，产生气泡或脱胶；

③ 有良好的热稳定性，能经受温度的变化而胶合层不脱胶或玻璃不被拉坏，保证夹层玻璃的安全性；

④ 有良好的光稳定性，保证夹层材料在光的作用下，不易变色或发脆，保证

夹层玻璃的光学性能和力学性能；

⑤ 有良好的黏结力，当玻璃受到撞击破裂时，玻璃不脱落，保证人身安全；

⑥ 具有良好的弹性，以增加夹层玻璃的抗穿透和吸振等性能。

目前能作为夹层玻璃选用的材料主要有纤维素酯、橡胶改性酚醛、聚醋酸乙烯酯及其共聚物，丙烯酸酯类聚合物、聚酯、聚乙烯醇缩丁醛（PVB）和聚氨酯（PU）等。

以下分别介绍干法和湿法夹层玻璃的有机胶合层材料。

(1) 干法夹层玻璃用胶片

早期干法夹层玻璃采用赛璐珞、赛纶、聚甲基丙烯酸树脂、聚醋酸乙烯酯作为有机材料胶合层。采用赛璐珞和赛纶做胶合层的夹层玻璃，长时间使用后会发生老化，引起夹层的分层，严重地降低可见度。随着高弹性聚合材料新品种的不断出现，逐渐采用醋酸乙烯酯聚合物、丙烯酸盐以及聚乙烯醇缩丁醇作为胶合层。1938 年美国研究出聚乙烯醇缩丁醛胶片，以后相继在法国、日本、捷克、前苏联等国开始生产。目前，干法夹层玻璃大多采用聚乙烯醇缩丁醛，即 PVB 胶片。

目前全世界 PVB 树脂的生产能力约为 13 万吨/年，主要集中在美国、西欧和日本，其中美国是最大的生产国和消费国。国外生产 PVB 胶片的主要厂家有：美国首诺公司、美国杜邦公司、日本积水化学工业公司和德国佳士福公司。我国 PVB 胶片的生产厂家主要有秦皇岛嘉华塑胶有限公司、贵州有机化工厂、保定乐凯胶片厂、上海塑料研究所、天津市燕化新材料有限公司等。2004 年，我国大约有 2000 万平方米 PVB 胶片用于汽车和建筑领域。

聚乙烯醇缩丁醛胶片是聚乙烯醇和油状的醛缩合的产物，含有 60%～62% 的聚乙烯醇缩丁醛，19%～32% 的聚乙烯醇和不大于 3% 的聚醋酸乙烯酯。夹层玻璃用的聚乙烯醇缩丁醛胶片是经过增塑的，增塑剂是癸二酸二丁酯（含量 18%～23%）或磷酸三丁甲苯酯（即弗列油，含量 28%～42%）。

聚乙烯醇缩丁醛胶片可通过流延法和挤压法两种方法制得。流延法是将含有增塑剂的聚乙烯醇缩丁醛流淌在抛光表面上，接着从胶片层分离出聚合物，为了防止胶片黏结，可撒一些纯碱粉。挤压法是将聚乙烯醇缩丁醛和增塑剂的混合物在挤压机上成型。

聚乙烯醇缩丁醛胶片具有特殊的优异性能：透明性好、透光率达到 90% 以上、耐热、耐光、耐寒、耐湿、与无机玻璃有很好的黏结力、机械强度高。表 5-9 是 PVB 胶片与其他材料的力学性能对比，从中可以看出，它具有柔软而强韧的性质，其拉伸弹性模量约为玻璃的 1/2000，而断裂伸长率却为玻璃的 3000 倍以上，其断裂能比不锈钢及高强度纤维大。因此，PVB 胶片作为汽车和飞机风挡玻璃的优良中间层材料，到目前为止，在无机玻璃之间的黏结尚没有其他材料能够取代它。

表 5-9　PVB 胶片与其他材料的力学性能对比

项　目	PVB 胶片	玻璃	不锈钢	高强度纤维
拉伸弹性模量/GPa	0.04	70	200	124
拉伸强度/MPa	32	50	1720	2760
断裂伸长率/%	250	0.071	2.0	2.5
断裂能/(MJ/m)	55	0.018	17.2	34.5

PVB 胶片的质量要求包括：

① 外观质量　见表 5-10。

表 5-10　PVB 胶片的外观质量要求

缺陷名称	优　等　品	合　格　品
颜色	白色	白色
气泡	不允许	直径 300mm 圆内，允许长度 1～2mm 以下的气泡 2 个
杂质	直径 500mm 圆内，允许 2mm 以下的杂质 2 个	直径 500mm 圆内，允许 32mm 以下的杂质 4 个
裂缝	不允许存在	不允许存在
磨伤	不影响使用，可由供需方商定	不影响使用，可由供需方商定

② 耐热性　胶片在≤150℃的环境下放置 2h，不产生流淌现象。

③ 耐寒性　胶片在≤−50℃的环境下放置 2h，不变硬，不变脆，不产生浑浊现象。

④ 拉伸强度、厚度公差、花纹深度及其他　胶片的抗拉强度≥2MPa，断裂时的伸长率≥200%，厚度公差≤50μm。胶片表面应有一定的粗糙度（不规则的坑坑洼洼）或花纹，花纹的深度在 0.02mm 左右。

PVB 胶片的其他特点：

a. 收缩率：50℃时收缩 3%，70℃时为 7%，100℃时为 20%，125℃时为 50%。

b. 含水率：PVB 胶片的吸水率与空气的相对湿度成近似线性关系，空气的相对湿度越大，PVB 胶片的吸水率越高；而 PVB 胶片与玻璃的黏结力则与其含水率成反比，即含水率越高，PVB 胶片与玻璃的黏结力越小。

当含水率小于 0.5% 时，胶片就变得很脆，胶片的弹性和夹层玻璃的强度明显地下降，以致当夹层玻璃受冲击时可以击穿。当含水率在 0.5%～1.2% 时，胶片与玻璃黏结得非常紧，当夹层玻璃受冲击时，冲击位置的正面及背面均没有碎片掉下来。当含水率高于 1.2% 时，胶片与玻璃的黏结强度会变差。在实际生产中，聚乙烯醇缩丁醛与玻璃的黏结力是需要控制的重要参数。当最大黏结力做某定值的减少时，夹层玻璃吸收冲击能的能力便得到提高。通过向聚乙烯醇缩丁醛中添加苯磷二甲酸、苯磷二甲酸盐等添加剂和适当改变含水率的方法，可以降低黏结力。

因此，PVB 胶片应避免暴露在相对湿度大的地方。不用时，用防水袋密封；储藏室应注意清洁；冷冻胶片需要存放在冷库中以防其粘连。一般推荐的存放温度为 2～10℃。

(2) 其他夹层玻璃胶片

① 聚氨酯胶片（简称 PU）

聚氨酯胶片是近年发展起来的一种新型粘接材料，最初是用来粘接 PC 板。聚氨酯胶片是一种嵌段共聚物，由非极性的醚段（—RO—）性的氨基甲酸酯段（—OOC—NH—）组成。调节嵌段共聚物的组成，可使之具有较广的粘接范围和较好的低温柔顺性，能同时粘接玻璃和透明有机材料。PU、PVB 两种胶片的黏流温度不同，用两种胶片生产夹层玻璃的工艺不同。其中，一般 PU 胶片在气压釜中的成型工艺是：温度是 90℃±5℃，压力是 0.9～1.2MPa。

② EN 膜或称改性 EVA

用 PVB 胶片生产夹层玻璃需用高压釜，生产工艺较复杂。1997 年日本积水化学工业株式会社生产出非高压釜夹层玻璃样品，即 EN 膜夹层玻璃。EN 膜或称改 EVA 是由高分子树脂为主要原料加工而成的高黏度薄膜材料，对无机玻璃有很强的黏结力，具有坚韧、透明、耐温、耐寒、黏结强度大、断裂伸长率高等特性。这种 EN 膜夹层玻璃主要用于建筑物和装饰夹层玻璃。与 PVB 夹层玻璃相比，EN 膜夹层玻璃同样具有较高的安全性，可以有效防止玻璃粉碎，如果玻璃被人撞破，用 EN 膜黏合的玻璃也能将对人的伤害减小到最低限度；EN 膜可以与 PET 黏合，因此具有了与 PVB 夹层玻璃相同的防盗性能，如果与聚碳酸酯黏合加工后，防盗性能更高；EN 膜与 PVB 中间膜夹层玻璃一样，能够过滤掉大约 99% 的紫外线。表 5-11 是 EN 膜夹层玻璃的抗穿透性能。目前，我国也已开发出类似夹层玻璃的胶片，表 5-12 为国内某厂 EN 膜性能指标。

表 5-11 EN 膜夹层玻璃的抗穿透性能

中间膜	结构	最大落球高度(MBH)
EVA 中间膜	G/0.25mm/G	0.7mm
	G/0.40mm/G	1.90mm
	G/0.25mm/PET/0.25mm/G	3.50mm
PVB 中间膜	G/0.38mm/G	2.75mm
	G/0.76mm/G	5.75mm

注：1. 使用材料 G：2.5mm 浮法玻璃，PET：0.075mm PET。

2. 落球实验（JISR3212，检测直径为 82mm、质量 2260g 的钢球掉落在 300mm×300mm 夹层玻璃的中央部分后，玻璃的穿透情况。温度 23℃）。

表 5-12 国内某厂 EN 膜性能指标

项目	指标	项目	指标
密度/(g/cm³)	≥0.955	吸水率/%	≤0.15
抗拉强度/MPa	≥25.5 纵、25.0 横	黏结力(玻璃)/(kgf/cm)	≥4
断裂伸长率/%	≥600 纵、620 横	夹层玻璃透光率	≥85
撕裂强度/(N/cm)	≥420 纵、450 横		

注：1kgf=9.80665N。

在常温状态下，EN 膜（或称 EN 胶片）表面不黏，无需隔离膜包装，使用简便。在运输及储存过程中要避光、热直接辐射，要防止雨淋、重压及硬物碰撞戳伤。还要防止异物污染、防火防化学有机溶剂、防止与易燃易爆物体同车运输或同库储藏。仓储地点要通风干燥、室温不超过 35℃。

③ SGP 离子聚合物中间膜

美国某公司生产的 SGP 离子聚合物中间膜性能优异，撕裂强度是普通 PVB 膜的 5 倍，硬度是 PVB 膜的 30～100 倍。图 5-5 是 SGP 和 PVB 夹层玻璃在不同温度下的弹性模量曲线。图 5-6(a) 是 SGP 和 PVB 夹层玻璃在变形率为 0.1s^{-1}的应力、应变曲线；图5-6 (b) 是变形率为 1000s^{-1}的应力、应变曲线。

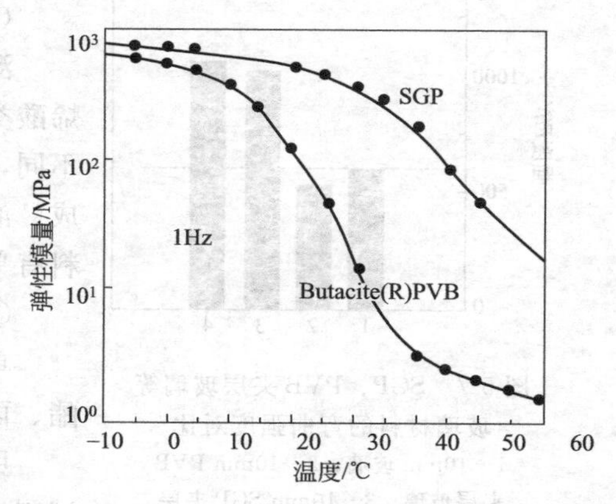

图 5-5　SGP 和 PVB 夹层玻璃不同温度下的弹性模量曲线

由此可见，低变形率时，SGP 夹层玻璃表现为弹塑料特性，而 PVB 表现为超弹塑性，而高变形率时，PVB 变硬并成为弹塑料特性，SGP 在整个范围内刚性较高。

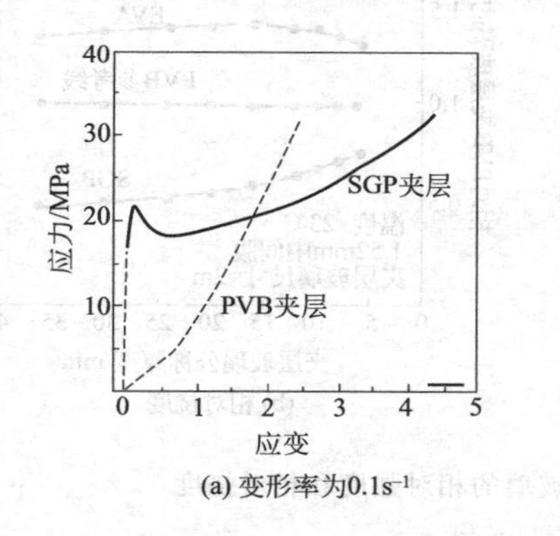

(a) 变形率为0.1s^{-1}

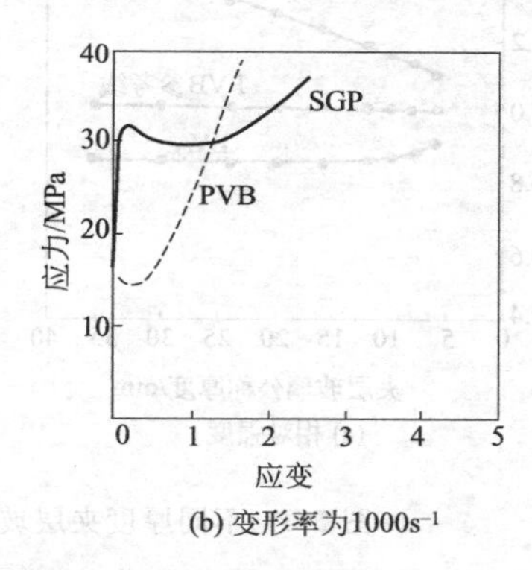

(b) 变形率为1000s^{-1}

图 5-6　SGP 和 PVB 夹层玻璃的应力、应变曲线

图 5-7 是 SGP、PVB 夹层玻璃等玻璃材料的（三点）弯曲强度对比，可见 SGP 夹层玻璃和同样厚度的单片玻璃几乎有相等的弯曲强度。同其他中间膜夹层玻璃相比，SGP 夹层玻璃有更高的强度性能和刚性［见图 5-8(a) 和图 5-8(b) 不同厚度夹层玻璃的相对强度和相对挠度］，可以有效地减小玻璃厚度，特别是有益于点式支撑玻璃。

H. P. White 实验室和公正标准国家研究所的性能测试表明，用相同厚度的 SGP 膜制成的夹层玻璃和用聚碳酸酯制成的夹层玻璃性能相当。SGP 膜夹层玻璃具有更好的保安防范性能。比如采用 2.3mm 厚的 SGP 膜制成的夹层玻璃可以成功抵挡高达 200kPa 压力的爆炸。

与 PVB 相比，SGP 与金属之间以离子键方式结合，具有更强的黏结能力，黏

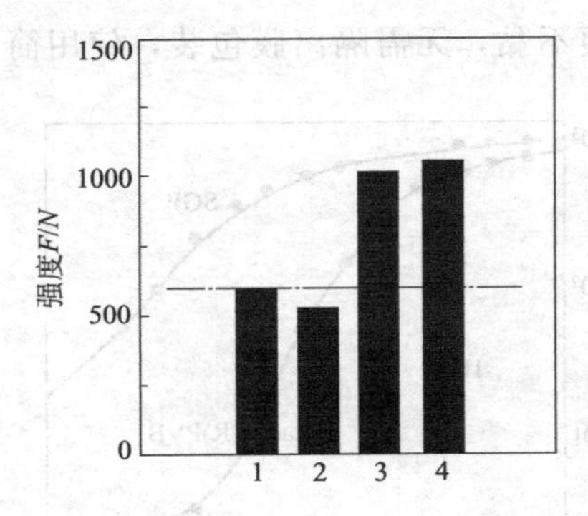

图 5-7　SGP、PVB 夹层玻璃等玻璃材料的弯曲强度对比

1—10mm 玻璃；2—10mm PVB 夹层玻璃；3—10mm SGP 夹层玻璃；4—12mm 玻璃

结强度达到 20.7MPa 以上。

(3) 湿法夹层玻璃用有机黏结剂

湿法夹层玻璃用有机黏结剂主要有聚氨酯丙烯酸类、环氧丙烯酸类、纯丙烯酸类。虽然材料不同，但是都包括三个基本工序：预聚体的合成、灌浆和固化。组成丙烯酸类黏结剂的主要材料有单体材料、偶联剂、增塑剂和引发剂等。

① 单体材料

单体材料有甲基丙烯酸甲酯、甲基丙烯酸丁酯、丙烯酸丁酯和甲基丙烯酸等。

甲基丙烯酸甲酯是无色透明液体，能与多种试剂反应，与水有一定的相互溶解度。甲基丙烯酸甲酯是典型的玻璃化温度较高的硬链单体

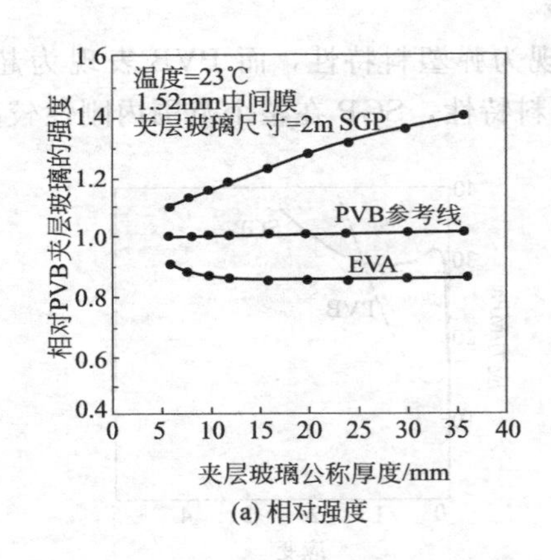

(a) 相对强度

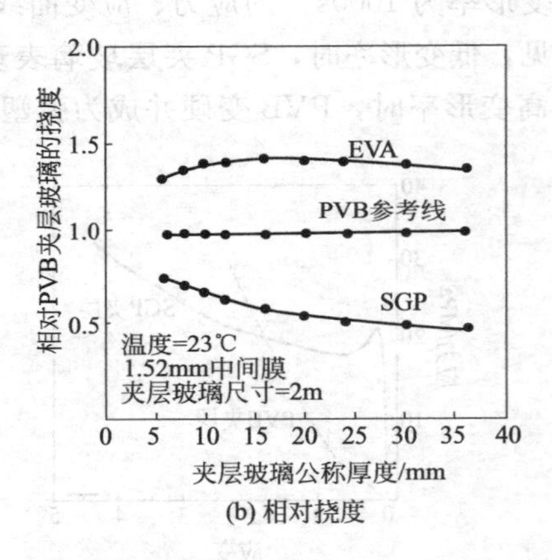

(b) 相对挠度

图 5-8　不同厚度夹层玻璃的相对强度和相对挠度

(T_g＝105℃)，其均聚合物具有良好的透明度、较高的冲击强度，能显著提高共聚物的内聚强度，在共聚物中作为刚性基团起骨架作用。

甲基丙烯酸甲酯挥发性强，极易燃烧。可以采用不锈钢或铝质材料制作储存容器。在储存和运输时，应严禁明火，应在 10℃以下储存，若长时间储存或运输，应加入阻聚剂。

软单体丙烯酸丁酯玻璃化温度较低 (T_g＝－54℃)，能赋予共聚物极好的柔韧性，使胶膜具有较高的伸长率和黏结力，显著提高冲击强度，起增塑剂作用。

甲基丙烯酸丁酯在常温下是无色透明的液体，在受热、光和紫外线作用时，易发生聚合，长时间储存或运输，应加入阻聚剂。

甲基丙烯酸在常温下是无色透明的液体，溶于水、醇和醚类，易于自行聚合，有较强的腐蚀性，应保存在玻璃瓶中。

② 偶联剂

偶联剂有γ-甲基丙烯酸丙基三甲氧基硅烷和乙烯基三乙氧基硅烷等。

γ-甲基丙烯酸丙基三甲氧基硅烷是硅烷的衍生物，此种硅烷偶联剂能与玻璃表面形成Si—O—Si键，从而使无机玻璃表面与有机胶层之间形成牢固偶联。能提高夹层玻璃的强度、耐热性、耐候性等。

乙烯基三乙氧基硅烷主要用作聚酯、硅树脂、聚乙烯、丁苯橡胶、氟橡胶的偶联剂。

③ 增塑剂

增塑剂主要包括邻苯二甲酸二甲酯、邻苯二甲酸二丁酯和邻苯二甲酸二辛酯。

邻苯二甲酸二甲酯是无色油状液体，常温下不溶于水，能溶于乙醇、乙醚、氯仿、丙酮、多种纤维素树脂、橡胶、乙烯基树脂等。可用于醋酸纤维素的薄膜、清漆、透明纸、模塑粉等。由邻苯二甲酸酐和甲醇作用而制得。

邻苯二甲酸二丁酯是无色透明的液体，在水中的溶解度为0.03%（25℃），易溶于乙醇、乙醚等有机溶剂和烃类，是塑料、合成橡胶、人造革等常用的增塑剂。由邻苯二甲酸酐和正丁醇加热酯化制得。

④ 引发剂

过氧化苯甲酰是常用的引发剂。过氧化苯甲酰是白色结晶体，性质极不稳定，在潮湿的情况下，受热极易分解，摩擦、撞击、受热或遇到还原剂时能引起爆炸。因此，在储存运输时，必须作为易爆危险品处理，一般是加入25%～30%的水，装入深色玻璃瓶中，不允许受日光直射或接近火种、热源和易燃物，在低温下储存和运输。

采用光固化工艺生产夹层玻璃时，选择光引发剂，必须考虑普通玻璃对波长低于300nm的紫外光有较强的阻挡作用，波长小于250nm的光几乎不能透过玻璃，因此适宜的光引发剂的吸收波长应在250～400nm。常用的光引发剂见表5-13。

表5-13 常用光引发剂及特点

引发剂名称	外观	最适宜吸收波长/nm	备注
安息香双甲醚	白色结晶粉末	330～350	有黄变
安息香乙醚	白色结晶粉末	225～375	
安息香丁醚	黄色油状透明液体	225～375	储存稳定性差
二苯甲酮	白色结晶	260～330	须与叔胺同用，有特殊气味
4,4-二甲氨基二苯酮	—	254～365	与二苯甲酮有协同作用，但易变色

⑤ 浆液配方

热固化湿法夹层常用浆液配方是：单体材料40%～60%、偶联剂少量、增塑剂60%～40%、引发剂微量。

据资料介绍，一种光固化聚氨酯丙烯酸胶黏剂的配方是以聚氨酯丙烯酸预聚体为主体，加入 50%～60% 的活性稀释剂，10%～15% 的丙烯酸羟丙酯、5%～10% 的增黏剂、15%～20% 的增塑剂。

5.2.2 干法夹层玻璃的制备方法

5.2.2.1 干法夹层玻璃的工艺流程

(1) 玻璃的准备

夹层玻璃的玻璃基体可以是浮法玻璃、钢化玻璃、彩色玻璃、吸热玻璃、热反射玻璃、平板玻璃、磨光玻璃等。首先按照夹层玻璃国家标准的规定选择玻璃，要求没有波筋、沙砾、结石或波筋极少。切裁出玻璃毛坯。然后，根据订货单位图纸的尺寸形状及磨边时磨蚀量，确定尺寸。每一对玻璃要求密切重合，尺寸差应不超过 1.5mm/边。

(2) 玻璃的洗涤

为了消除玻璃表面的灰尘、污垢、油腻和脏物，应仔细洗涤玻璃。玻璃洗涤分为机器洗涤和人工洗涤。采用玻璃清洗机洗涤玻璃可以节省劳动力、减轻劳动强度、提高洗涤质量，使生产过程连续化，适于大批量生产。人工洗涤特别适用于小批量生产的玻璃。

在特殊脏物等被清洗掉之后，为了防止洗涤剂溶液残留在玻璃表面，最后必须用清水冲洗干净。最后冲洗用水的质量对于夹层玻璃的黏结强度有很大影响，特别是清洗水的盐度影响玻璃和 PVB 黏结的最终质量。图 5-9 表明，硬度高的水会降低玻璃与 PVB 之间的黏结强度。因此，如果水源硬度高，最好采用软化水设备，可将硬水转化为软化水或去离子水。玻璃洗涤、干燥完成后，需要仔细检查洗涤的合格度和玻璃的缺陷。

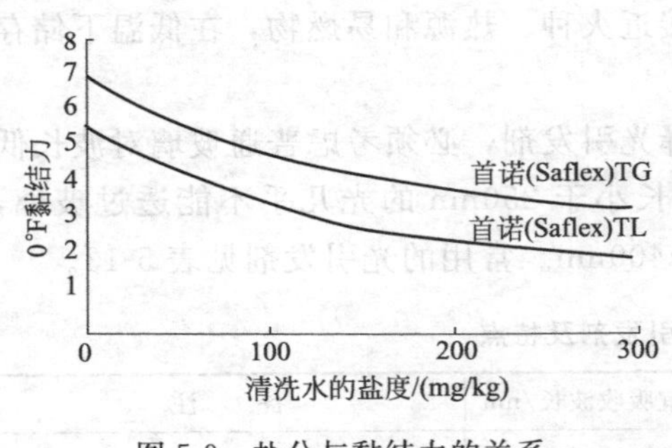

图 5-9 盐分与黏结力的关系

生产弯夹层玻璃时，玻璃的洗涤必须在热弯之前完成。当玻璃完成热弯后，需要根据所使用的隔离粉的多少，决定是否需要清除隔离粉，但不一定需要进一步清洗。一般情况下，使用少量的隔离粉对夹层玻璃的质量不构成太大的影响；如果热弯后，附着在玻璃表面的隔离粉过多，则需要清除隔离粉。使用刷扫或用抹布手抹，清粉不彻底，还会弄脏玻璃表面，因此建议使用真空吸尘系统清除隔离粉。

(3) PVB 胶片的准备

必须根据玻璃的规格、留边的尺寸和胶片经处理后的收缩量合理地切裁胶片，以补偿热压过程中胶片尺寸的收缩。在使用低温储存的胶片时，收缩的情况取决于胶片本身的收缩率以及胶片铺放时产生的应力大小。

如果成卷胶片的表面撒有碱粉，则需将切裁好的胶片放在 10～25℃的水中漂去表面的碱粉，PVB胶片也有机器和人工两种洗涤方式。人工洗涤时，需要用毛刷在25～45℃清洁流动的温水中均匀刷洗胶片的两面，刷洗干净后的胶片用木条夹住，竖直悬挂，然后用清洁干燥的绸布擦干，胶片表面不允许留有水滴。然后将胶片送入干燥室进行干燥。机器洗涤干燥是连续进行的。经过洗涤干燥的胶片按样板进行切割，切割的胶片要求比夹层玻璃成品规格大些，根据胶片类型和生产经验确定需要的富余量，一般要求四边大5mm。

(4) 玻璃和胶片的合片

环境条件是夹层玻璃合片时的关键，对合片室的要求有：出口和入口均为双道门；使用空调器，用过滤的空气使室内始终处于正压状态；在入口处的地上，放置地毯或擦鞋垫，以避免将泥土带入室内；操作人员在进入合片室之前要更换清洁便鞋，穿戴清洁工作服帽和手套。合片前应调整合片室的温度和湿度，要求温度控制在13～18℃，相对湿度控制在胶片所需的湿度范围内，控制精度在2%。

合片时上下两片玻璃需要对齐，叠差每边不超过1.5mm，胶片在玻璃边部四周留出5mm。合片时，需将玻璃表面稍微加热，使得玻璃和PVB之间具有一定的黏着力。这种轻微的黏结强度可确保夹层玻璃中的胶片位置，从而保证合片后的玻璃在下生产线时不至于滑动。当使用的胶片厚度为0.76mm时，生产夹层玻璃时的玻璃温度一般应在21～41℃。如果玻璃温度高于41℃，合片时则会出现胶片的收缩现象，从而造成胶片起皱或缩胶。玻璃温度过高还会造成边部密封过早或者重新定位胶片困难。过早的边部密封将导致夹层玻璃内部产生气泡。对于厚度较薄的0.38mm的胶片，合片时的黏结度带来的问题更大。一般建议合片时玻璃的温度低于35℃。合片后，为了使胶片的应力松弛和温度均衡，夹层玻璃需在温度13～18℃，以及相应的相对湿度条件下存放12h以上，如合片后胶片中的含水量为0.4%，则环境相对湿度应控制在21.5%～24.5%。

(5) 预压

合片后的半成品要经过预压工序。预压的目的是去掉玻璃和胶片间的空气，以便在蒸压时，不使空气留在中间，生成气泡；使玻璃和胶片初步胶合在一起，蒸压时各层间不会有错动现象，同时水分不会透入叠片玻璃内部，为获得高质量的夹层玻璃打下良好的基础。

预压可采用辊压法或减压法。辊压法是将合片后的玻璃表面加热至70～90℃，然后用橡胶辊以0.3～1MPa的辊压力和5～10m/min的速度进行辊压（2次）。辊压时温度不可太高，否则胶片收缩或外流，造成夹层玻璃脱胶或出泡。较适宜的条件是：玻璃表面温度75～80℃，辊压0.7～0.8MPa。辊压预压法是常见的预压方法。减压法是将合片后的玻璃套上真空胶圈或装入橡胶袋中，加热至80～100℃，并抽真空至真空度0.08MPa以上，约持续30min；若温度、真空度、时间不够，由于排气不够及玻璃与胶片贴合不够紧密，易造成气泡，或易在煮沸试验时起泡。采用减压法生产具有复杂轮廓的玻璃，质量较好，但这种小批量生产方法需要手工操作。

其他预压方法如法国圣哥本公司采用在高压釜内对玻璃叠片抽真空的办法。玻璃叠片尽快地装进空气高压釜，开始在50℃下造成热真空，然后将温度提高到150℃，压力升到1MPa。制备夹层玻璃的整个过程约为6h。

比利时某公司为了预压弯玻璃，采用三个可调的机器，其中每台机器都经由一对有纹槽的橡皮辊，其轮廓与夹层的横断面相符。辊长稍大于玻璃宽度的1/3。每块玻璃顺序地经过三台机器。用汽缸对玻璃叠片施加载荷。对平板玻璃预压采用隧道式输送装置，顶部装有红外加热灯。玻璃叠片在灯下通过时被加热，并经过辊子黏合起来。

美国研究出一种设备，它能对玻璃弯曲的部分给出很高的压力。当玻璃边部离开辊子时，设备的压力从高压（7.5～8.0MPa）降到低压（1.8～3.5MPa）。玻璃叠片两次通过辊子，在玻璃边部提供较高压力是为了排除叠片中的空气和牢固黏结，降低中部压力是为了预防玻璃破碎。

法国建议采用软橡胶异形辊预压法，辊子的形状在受压位置和放松位置有所不同。为了保证辊子对玻璃压力的稳定性和均匀性，辊子具有截锥形并分段组成。叠片中部形成的较高压力有助于驱除玻璃间的空气。

前苏联设计一种在真空中用辊子预压的方法，使夹层玻璃生产能够连续进行；在10～15℃温度下预压，在真空中加热，而最后的加压工序是在强烈冷却的同时进行的。当形成真空时，空气从多层玻璃间完全被排挤出来。

预压和很多因素包括玻璃和胶片的平贴程度以及压力、温度和速度有关。

压力控制对预压的玻璃质量起决定性的作用。胶片是一种可塑性物质，在高压力下，可以压平玻璃与胶片的少许不平之处，但是压力过高或压力不均，会将玻璃压碎。若压力太低，玻璃和胶片黏合不牢，边部容易脱胶，在蒸压时产生气泡。

(6) 蒸压

经过预压后的玻璃叠片中仍然存在一部分气体，胶合的牢固度也不高，因此，必须施加较大的均匀压力，达到胶片软化所需的温度，才能使残留的少许空气溶解在PVB中，完全排除气泡，并通过扩散作用使PVB与玻璃最终相互粘接。另外，高压还可以减小PVB厚度差、节约预压时间。蒸压是夹层玻璃生产中的关键工序。

采用气体或液体介质的高压釜是蒸压过程的主要装置。液体介质有油、水之分。水压成本低、使用方便、不需增加洗涤设备、工作场所干净，但是在蒸压过程中水容易从边缘处渗透，长期使用容易锈蚀。目前普遍采用气体为介质的气压釜。

在蒸压釜中，通过传热介质（空气）对玻璃的热传递和通过玻璃到胶片的热传导，决定使胶片达到黏性流动所需的时间。传热介质、玻璃、胶片三者达到热量平衡所需的时间，在很大程度上取决于夹层玻璃的总厚度。因此，蒸压时，处理好温度、压力和时间三者的关系是很重要的。

蒸压过程一般包括升温升压、保温保压和降温降压三个阶段。

在升温升压过程中，温度和压力必须同步上升。若加压太快，升温太慢，传热介质会渗透进胶片与玻璃之间，使夹层边部密封不好；相反，如果加压太慢，温度升得太快，残留在夹层中的空气会膨胀成大气泡。因此，加压可采取0.6MPa/min

的速率；升温采取 5℃/min 的速率。升温、加压结束时，温度达 120～150℃，压力达 1.0～1.5MPa。

达到要求温度、压力后，要保持 20～40min，使胶片达到黏流状态，在压力作用下与玻璃紧密牢固地黏合。若时间不足，胶片不能达到黏流状态，造成胶片与玻璃黏结力低，容易脱胶，也会影响光学性能。

保温、保压达到要求的时间后，就可以降温降压。控制降温时间相当重要，一般在 30～60min 内将温度降到 50℃以下，这时就可卸压。如果卸压温度过高，会在柔软的 PVB 中形成气泡，造成黏结力降低，影响质量；如果温度低，硬 PVB 会阻止气泡的形成。

蒸压过程的具体工艺参数是由 PVB 胶片的性能所决定的。比如美国 BUTACITE PVB 胶片的要求为：温度 135～150℃，压力 0.8～1.5MPa（8～15 个大气压），时间 0.5～4h。加热过程是按给定制度自动进行的，如图 5-10 所示。高压釜要做好清洁工作，保温层定期（一般是两年）更换，还要定期空烧，以消除保温层中的可燃物，防止釜内燃烧。

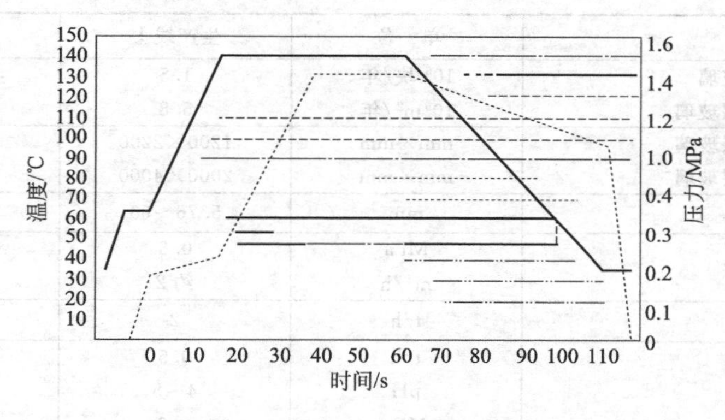

图 5-10　高压釜的工艺曲线

5.2.2.2　干法连续生产弯夹层玻璃示例

弯夹层玻璃主要用于汽车风挡玻璃，一般是在机械化流水线上生产的。其生产工艺流程描述如下。

磨光或浮法玻璃半成品存放在原片玻璃架上，送到检验桌进行自检，然后送到半自动切割台上，按样板切出规定尺寸的玻璃。切好的半成品送去磨边、洗涤、干燥。此洗涤干燥机的末端有铺粉装置，利用此装置在玻璃内表面喷一薄层硅粉，然后相对叠放，进入热弯炉，进行热弯。热弯温度 640～710℃。热弯的半成品叠片从热弯模上取下来，放在分组的 A 形架上，用检验楔进行测量，检验合格的单片放在洗涤干燥机上。洗涤干燥机的洗涤部分由三个单独的附设有专门的喷射装置的区域组成。弯好洗后的玻璃半成品进入干燥室。

胶片通过专门的洗涤干燥机连续地送入合片室，在胶片进入下一道工序之前，每批都要经过检验站检验。准备好的胶片放在下面有亮灯的桌子上按样板切裁。合片是在合片运输机上进行的，在通道上对玻璃和胶片质量进行补充检查。半成品玻璃合片前要用被酒精和蒸馏水润湿了的滤布擦净。合好的叠片凸面朝下送入电热隧道炉。加热了的叠片从运输机上取下，一块一块地经过机械压机，然后在较高的温度下，在第二个炉子里再加热并经过压机。第一次预压是为了排除玻璃间残留的空气，第二次预压是为了使玻璃片粘住胶片。同时使用封边剂封边，常用 TPM 溶胀 PVB 的封边。预压后，用刷子趁热涂覆边部。TPM 不能过量使用，否则会引起高压釜着火。在封边较差的地方使用夹子夹紧，不能使用大力夹子，否则，在夹子去掉后，可能会引起脱胶。预压后玻璃放在 A 形架上，用金属薄片或尼龙块间隔。不能使用金属杆和木块，金属杆间隔可能造成变形，限制空气在高压釜中的流动，造成温度不均，而木块易引起高压釜着火，然后推入高压釜。出釜后对玻璃进行质量检验，合格成品包装入库。

表 5-14 是两条弯夹层玻璃生产线的主要技术参数。应根据生产规模和产品的规格选用相应的设备。

表 5-14　两条弯夹层玻璃生产线的主要技术参数

项　目	单　位	生产线Ⅰ	生产线Ⅱ
生产能力：风挡玻璃	10^5 块/年	1.5	1.5
平夹层玻璃	10^5 m^2/年	5.8	3.8
产品规格：弯夹层玻璃	mm×mm	1200×2200	1200×2200
平夹层玻璃	mm×mm	2000×4000	1500×3000
产品厚度	mm	5.76～60	5.76～60
压缩空气：压力	MPa	0.6	0.6
用量	m^3/h	约 2	约 2
自来水用量	t/h	2	2
软化水：用量	t/h	0.5	0.5
酸度	pH	4～5	4～5
压力	MPa	0.6	0.6
合片区温度	℃	20～23	20～23
合片区相对湿度	%	20～25	20～25
装机容量	kW	580	530

5.2.2.3　干法连续生产平夹层玻璃示例

该生产线由玻璃切割机、玻璃清洗干燥机、PVB 膜摊铺机、合片机、预热炉、滚压机、高压釜等设备组成。整条线可用中央电脑控制，分段运行方式，也可每台设备单独控制。

图 5-11　干法连续生产平夹层玻璃生产线示意图

夹层玻璃的生产线示意图如图 5-11 所示。

干法平夹层玻璃生产线一般由玻璃切割机、玻璃清洗干燥机、PVB 膜摊铺机、合片机、预热炉、辊压机、高压釜等设备组成。整条线可用中央电脑控制，分段运行方式。也可每台设备单独控制。

干法平夹层玻璃连续生产工艺流程如图 5-12 所示。

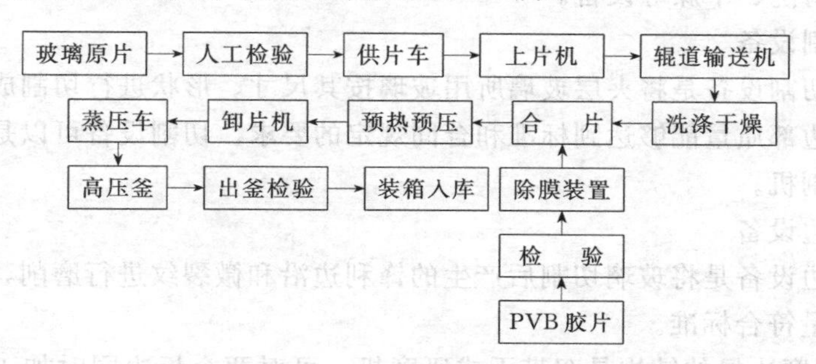

图 5-12　干法平夹层玻璃连续生产工艺流程

某建筑平夹层玻璃生产线的主要技术参数如下。

产品规格：

最大规格 3300mm×6100mm

中等规格 2600mm×200mm

产品厚度：6.76～60mm

输送轨道速度：

装片、洗涤干燥段最大速度 4m/min

预热、预压、卸片段最大速度 4m/min

双层玻璃组装周期：30～120s/块

自控用压缩空气用量：30L/min

压力：0.6MPa

自来水用量：3.2t/h

软化水用量：0.9t/h

夹层区空调温度：20～25℃

相对湿度：20%～25%

装机容量：340kW

某公司可以生产 Low-E 夹层玻璃的平夹层玻璃生产线（型号 ProL™）的部分技术参数见表 5-15。

表 5-15　可以生产 Low-E 夹层玻璃的平夹层玻璃生产线的部分技术参数

生产能力	玻璃尺寸	玻璃厚度	Low-E
1500m²/8h	2600mm×3600mm 2600mm×4800mm 2600mm×6000mm	单片玻璃 2～19mm 夹层玻璃 80mm	e=0.4
2000m²/8h	2600mm×3600mm 2600mm×4800mm 2600mm×6000mm	单片玻璃 2～19mm 夹层玻璃 80mm	e=0.4

5.2.2.4 干法夹层玻璃的生产设备

生产干法夹层玻璃必须具有玻璃的合片、预压脱气、高压釜，并应具有玻璃切割、磨边、清洗、干燥等设备。

(1) 切割设备

玻璃的切割设备是将夹层玻璃所用玻璃按其尺寸、形状进行切割成型。玻璃的切割精度和边部质量能够达到标准和合同规定的要求。切割设备可以是切割尺、切割样板、切割机。

(2) 磨边设备

玻璃磨边设备是将玻璃切割后产生的锋利边沿和微裂纹进行磨削，保证玻璃尺寸和边部质量符合标准。

XHK 型磨边机的结构是双带干式研磨机，可对两个板边同时加工，构架用焊接的钢材制作，桌面用铝制作，配备有橡胶小脚轮，便于传动。研磨设备有两个交叉的引导带，与玻璃表面成 45°。在纺织带上涂以碳化硅。设备包括收尘装置。

技术参数：

长度	3200mm	工作高度	850mm
宽度	1500mm	绝对生产能力	300 件/8h
高度	1400mm	装机功率	2.7kW
质量	37kg		

(3) 清洗干燥设备

玻璃清洗机是将玻璃的表面和周边清洗干净，并使玻璃表面干燥。应根据所生产玻璃的最大尺寸选择相应的清洗机。如 LPK-1600/25 型玻璃洗涤机用于宽度＜1600mm、厚度＜25mm 的玻璃板的清洗；LPK-300/2 型玻璃洗涤机用于宽度＜1300mm、厚度＜10mm 的玻璃板的清洗。两种洗涤机的主要部件都包括装板运输机、洗涤室、冲洗室、干燥室和卸板运输机。

技术参数：

工作高度	850mm	水加热功率	21kW
长度	7800mm	输送机速度(最大可调)	5m/min
宽度	1650mm	装机功率	38kW
总高度	1200mm	水管	0.4～0.6MPa，25L/min
质量	1100kg		

装板运输机的构架是焊接的异形钢结构。辊子用镀铝管制作，配备有弹性圈和密封滚珠轴承。洗涤段是铝结构的，输送机在其全长用橡胶覆盖；主轴是不锈钢的，轴头用橡胶密封。洗涤采用两对刷子，刷子毛采用 0.35mm 的尼龙固定在不锈钢主轴上。主轴用齿轮电机通过链传动。洗涤箱用不锈钢制作，水在水箱内加热，打到洗涤室内，循环使用，部分用新水代替，冲洗用新鲜的冷水，用两对气刀进行干燥。卸板输送机与装板输送机相同。

在连续生产弯夹层玻璃时，还需要洗涤和干燥喷粉的连续 PVB 夹层。如

KPK-1600/1R 型 PVB 夹层洗涤机。其结构是：焊接的钢结构涂以环氧树脂。水箱还要用特殊的漆处理。分两段洗涤，首先用热水浴和水喷头清洗，然后用冷水浴，用冷水刷洗和冲洗。干燥风机装有负压空气过滤器。洗涤用的刷子固定在不锈钢主轴上，主轴装有橡胶密封的滚珠轴承。PVB 薄膜进给辊在其全长覆以不留痕迹的丁腈橡胶，配备密封的滚珠轴承。导辊是自由转动的不锈钢管结构，配备有尼龙轴承。干燥风机放在隔声箱内，配备有负压空气过滤器。机器装备有红外线干燥系统，其干燥效果是可调节的。

技术参数：

长度	3550mm	最大可调速度	4m/min
宽度	2100mm	装机功率	53kW
高度	2100mm	冷水管	0.4～0.6MPa，50L/min
质量	1800kg	压缩空气	0.4～0.6MPa，25L/min
最大工作宽度	850mm		

(4) 合片设备

应有相对密闭和温湿度、清洁度可控制的合片室，合片机应有准确的定位设备。如 LK-2 型夹层玻璃制造机，专门用于制造汽车风挡玻璃。主要操作是将风挡玻璃上片提起，转 90°，使两片玻璃去掉喷粉，放置 PVB 胶片，然后降回原处。放上吸盘时，通过真空将玻璃吸住；准备好后，用压缩空气短时冲击，即可冲开。

(5) 预压脱气设备

预压脱气设备可以是真空脱气设备或热挤压脱气设备。平夹层玻璃一般采用平压机进行脱气；弯夹层玻璃一般采用真空脱气设备。

① 预热机

预热机是组合成平夹层生产线的一个单机，玻璃原片与 PVB 膜合片之后进入本机。它是在输送辊道的上下及两侧设置钢外壳，壳内装隔热板，本机分两段，第一预热段顶部、底部均装有 6 根石英红外加热管，第二段在第一预压机之后，结构与前述相同，其顶部和底部则装有 12 根石英加热管，通电时产生热量，以加热玻璃。

供电热用的电源是通过可控硅调节器来调节的，第二段的加热电源，只用上述方法控制其总电源的 50%，其余的 50%为基本加热用电源，不加调节。

夹层玻璃半成品通过本机的速度根据其厚度而定，3mm＋0.76mm＋3mm 的半成品通过本机的最大速度为 4m/min。

主要技术参数：

玻璃最大规格	3300mm×6100mm	玻璃通过速度	可调，最高速度 4m/min
玻璃厚度	6.76～60mm	最高预热温度	115℃

② 预压机

本机是在输送辊道中设置两对预压辊，第一对在第一预热段之后，第二对在第二预热段之后。本机的作用是：当热塑黏结性能很好的 PVB 膜经预热机加热后，对玻璃施加一定的压力，使其初步黏结，避免在以后工序产生玻璃错位，并将PVB膜与玻璃之间的空气挤出去。预压辊体是钢制，外包橡胶，下辊为固定式，两辊的间隙可根据合片后夹层玻璃半成品的厚度，通过驱动的伺服控制装置来调节，可在控制柜的数字显示仪读出两辊间隙的数据。

在上辊的两端，各有一个气动汽缸，通过伺服控制装置来调节其施加在玻璃上的压力。

夹层玻璃半成品通过本机的速度，根据其厚度而定，3mm＋0.76mm＋3mm半成品通过本机的最大速度为4m/min。

主要技术参数：

预压辊直径	300mm	玻璃通过速度	可调，最高速度
玻璃最大规格	3300mm×6100mm		4m/min
玻璃厚度	6.76～60mm	压缩空气气源压力	0.60MPa

③ 真空仓

主要用于弯形或异形夹层风挡玻璃预压。其结构是：焊接的型钢结构，用矿棉保温，内外用钢板覆面。加热和空气循环系统包括风机和空气管道，空气管道内包括加热元件。真空系统包括一个空气泵和一个罐。空吸软管不管是外部冷吸还是内部热吸，都有快速连接头。真空系统还包括一个分配管，装在玻璃输送车内，每块玻璃配有一个阀门。真空泵是液体环泵，它需要冷水产生真空并对泵进行冷却。泵配备有真空储罐。电器控制盘顶装有电线，包括主开关、熔断器、过程控制开关、信号灯及温度调节器。

技术数据：

长	2700mm	产量	150件/8h
宽	1500mm	最大玻璃尺寸	1200mm×2250mm
高（最大）	2200mm	装机功率	27kW
质量	400kg		

④ 高压釜

高压釜实物照片见图5-13。

图 5-13　高压釜

高压釜采用锅炉钢板制造，其技术要求须符合我国压力容器技术规范，主体为一个圆柱形卧式釜，釜盖开于一端，设有釜盖旋转传动装置及开闭传动装置以开闭釜盖，也可选用手动釜盖旋转装置及开闭装置。釜及釜盖内壁装有隔热板，釜的另一端装电加热元件、蛇形冷却水管及风扇，釜的筒体内侧装有导向板，电加热元件通电或通水冷却时，同时开动风扇，它产生的气流，经过电加热元件或蛇形冷却水管后经导向板流到釜内各处，形成空气循环加热或循环冷却。釜内设有供蒸压车行驶的轨道，可同时停放两辆以上蒸压车；为了便于蒸压车进出高压釜，内轨道与车间地面标高一致，安装高压釜时的最低点需低于车间地面标高400mm左右；开闭釜盖活动的范围内，其地面也需低于车间地面；为连接车间地面与釜内轨道之间的运输，采用一台过桥车；当向釜内推入或自釜内拉出蒸压车前，先将釜盖打开，然后将过渡车推到车间地面与釜内轨道之间，蒸压车自车间地面经过桥车而入蒸压釜，出高压釜时也经过此过桥车。釜外专设无油空压机、空气干燥器及储存罐，通过控制系统向釜内通入无油及干燥的压缩空气，使高压釜达到所需的压力；高压釜装有测试仪表及自控元件及过压、超温保护装置。控制盘上有微处理机、气动程序控制仪，按工艺曲线控制高压釜的加热→加压→冷却→降压。控制盘上设有显示仪表，显示高压釜的工艺生产情况。在釜内经高压和加温，使玻璃与膜片完全胶合。

表5-16是几种高压釜的技术参数，1号高压釜用于生产建筑平夹层玻璃；2号和3号高压釜，可用于生产弯或平弯结合夹层玻璃。

表5-16 高压釜主要技术参数

项目 \ 型号	1	2	3
最大玻璃规格/mm×mm	3300×6100	2000×4400	1600×4700
中等或弯玻璃规格/mm×mm	2600×3200	1200×2200	1200×2200
夹层玻璃厚度/mm	6.76～60		
釜体内径/mm	3900	2500	1850
釜体可用长度/mm	9200	4500	4800
检验压力/MPa	1.5	1.5	1.5
生产工作压力/MPa	1.3	1.3	1.3
最高允许温度/℃	160	150	150
工作温度/℃	150	140	140
加热方式	电加热和空气循环加热		
冷却方式	冷水冷却和空气循环冷却		
生产周期/h	2.5	2.5	2.5
装玻璃量/[m²(或片)/釜]/(t/釜)	1230 20	—	(300) 6
装机容量/kW	105	—	105

⑤ 喷粉装置

在弯夹层玻璃的生产过程中，需要使用喷粉装置在玻璃板表面上均匀地铺上一层氧化硅粉。如KPL-1300型喷粉机的结构是：氧化硅粉用压缩空气喷嘴与空气混合，用玻璃上方的风机输送，喷粉是利用重力形成的，喷粉层的厚度是可调的。铺粉箱安装在洗涤机输送机的上面，多余的粉收集在输送机下面的容器内。

技术参数：

长度	800mm	工作宽度	1300mm
宽度	2100mm	压缩空气管线	0.6～0.8MPa，5L/min
高度	1700mm	喷粉耗量	0.4～0.8kg/8h
质量	140kg	装机功率	0.4kW

⑥ 热弯炉

玻璃热弯炉从结构上可划分为循环式、往复式和单室炉。

a. 循环式玻璃热弯炉

循环式玻璃热弯炉在制作上为减少占地面积一般为上下循环，热弯炉上部为预热1区、预热2区、热弯区、退火区，热弯炉下部均为降温退火区。每区由一个独立的窑车组成。玻璃从制品出料区装入，上升到热弯炉上层，将窑车推入，在预热区玻璃预热到400～450℃进入热弯区，在600℃左右玻璃开始热弯，之后进入冷却退火区，在400℃左右窑车下降到下层退火，70℃左右玻璃退火完毕。循环式热弯炉具有占地少、能耗低、产量大等优点。但由于循环作业，工艺制度要保持一致，适合成批量的制品生产，例如汽车风挡玻璃。同时一次性投入较大，需要较大的电功率。

循环式玻璃热弯炉实例如SU-2/3型连续热弯炉是半自动的，直观控制弯曲，加热量元件的开停用人工控制，加料和卸料均从热弯炉同一端进行。

结构是焊接钢架，用钢板覆盖。上部有三个预热部（每部都装有自己的温度控制器和调节器），一个弯曲部分，一个控制冷却部分，两端升降用压缩空气操作。下部在整个窑长形成冷却部分。

热弯炉有十一个热弯车，每个热弯车都有输送辊，并整体绝缘。每个热弯车有一个热弯模，热弯模的上部用不锈钢制作，架子用碳钢制作。热弯车用热弯炉两端的汽缸驱动，汽缸的动力通过液压系统供给。电热元件设在热弯炉顶棚上。

技术数据如下：

长	18200mm	最大玻璃尺寸	1150mm×2250mm
宽(最大)	2100mm	装机功率	220kW
高(最高)	2200mm	压缩空气接头	0.8～1.0MPa，260L/min
产量	110～120件/8h		

电器控制中心配备有内线、主开关、接头、熔断器、控制开关和控制灯。压缩空气中心配备有所有必备的压力调节器、过滤器、转向阀和管道。

b. 往复式玻璃热弯炉

往复式玻璃热弯炉有五工位、三工位两种。五工位炉有两个装卸料区、两个预热区、一个热弯区，两个窑车。玻璃在预热区预热到400℃左右进入热弯区，热弯后再退回预热区降温，另一个车再进入热弯区，如此往复。三工位炉只有两个装卸料区和一个热弯区，也是两个窑车，玻璃在热弯区从室温按温度制度直接升到热弯温度，热弯好后降温到250～300℃时再回到装卸料区。往复式热弯炉可以适应不同的玻璃制品，不要求有连续的温度制度，但密封程度不如单室炉，结构也较单室炉复杂。

c. 单室玻璃热弯炉

单室热弯炉常见的类型有抽屉式和升降式两种。这种热弯炉也是目前国内使用最多的。由于建筑玻璃的批量较小，且规格繁多，因此使用单室热弯炉是最经济、方便的。单室热弯炉只有一个工位，玻璃从升温、热弯到退火均在这一工位完成。单室热弯炉的优点是适应各种不同规格制品，不要求有连续的工艺制度，每一炉根据制品不同，制定相应的工艺参数；单室玻璃热弯炉制作简单，结构易处理，密封好、相对能耗较低。缺点是效率低、热弯周期长。顾名思义，抽屉式单室炉的结构就如同一个抽屉，但目前大多数单室热弯炉的窑车已经演绎为只有车底和前脸两侧及里端靠窑体密封，观察窗开在窑体上。窑车实际上是一个只有前脸的平板车，这为玻璃制品的装卸提供了很大的方便，因此，单室热弯炉可弯玻璃规格也是所有热弯炉中最大的。目前，国内最大单室炉可弯玻璃规格为12m×3m。升降式单室热弯炉窑体的四周和上部为全密封，炉底有一定的空间高度，玻璃从炉的底部进入。底部可以升降，热弯模具靠外接轨道送入热弯平台，上升至热弯位玻璃制品反序退出。该热弯炉的最大优点是利用了空间，节省占地，最大缺点是玻璃与制品装卸困难，尤其是大板玻璃。

还有一种燃电式单室热弯炉，炉底固定，炉体作往复移动，炉体两端有可升降炉门。

5.2.3 影响干法夹层玻璃质量的因素

干法夹层玻璃缺陷的成因及解决方法如下。

(1) 脱胶

脱胶是由于玻璃表面平整度差，边部或表面玻筋大，胶片厚薄不均，玻璃和胶片表面洗涤不干净，导致夹层中大量残留空气或水，玻璃和胶片之间粘接力差而造成的；或者是由于预压温度和压力太低，胶片不能均匀软化，玻璃和胶片粘接不牢；或者是经高压釜蒸压后冷却时温度变化过大造成的。

解决方法是选用优质原片玻璃；玻璃和胶片要洗涤干净；预压温度适当，使玻璃均匀受热等。

(2) 气泡

夹层玻璃的气泡是常见的缺陷，产生的原因很多，应具体分析。一般有中部气泡和边部密集小气泡。

① 中部气泡

中部气泡的形成主要是排气不好造成的，具体原因可能是：玻璃或PVB厚薄不均、PVB褶皱；PVB胶片干燥处理未达到要求，在蒸压过程中，胶片内部的水分被蒸发，形成气体逸出；胶片干燥后未立即使用，在高湿度的条件下又吸入水分。冷抽时间过短，温度过高，真空度不够；热抽温度过高；高压时温度、压力太低，时间短；高压去压后，高温时间维持过长等。

② 边部密集小气泡

主要是高压釜排气温度过高、冷却温度过快造成的。解决办法是选用优质原片玻璃；胶片中的水分要干燥到规定的范围，使用前在保持其干燥度的前提下使其温度逐渐下降到25℃左右；胶片干燥后不能放在湿度大的地方；适当控制预压温度和压力等。

(3) 空气穿透

空气穿透主要是封边不好，导致高压空气从封边不好处穿透所致。解决办法是改善封边效果，通过提高封边温度，使用封边剂，改善玻璃质量等措施。

(4) 破碎

破碎产生的原因主要有：原片玻璃不平整；预压压力不均匀；温差太大等。解决方法是选用优质原片玻璃；调节预压机压辊，均匀施压等。

5.2.4 湿法夹层玻璃的制备方法

5.2.4.1 湿法夹层玻璃的工艺流程

湿法夹层玻璃的工艺流程见图5-14。

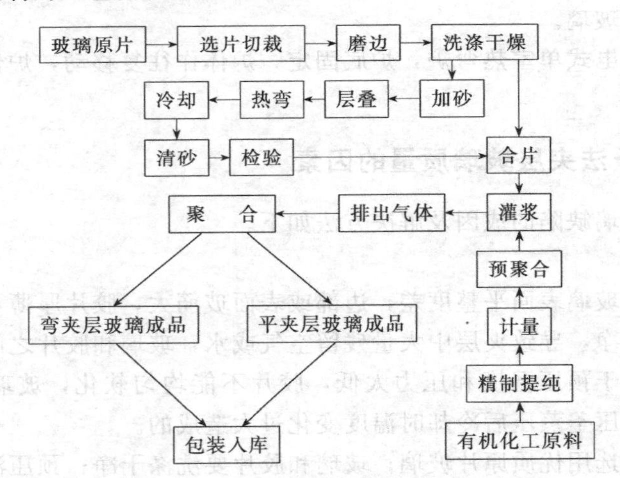

图5-14 湿法夹层玻璃的工艺流程

将灌浆所用的甲基丙烯酸甲酯、甲基丙烯酸丁酯、甲基丙烯酸等多种有机化工原料进行除水和提纯处理，然后按配方和配制程序对各种物料进行计量、混合和预聚合，使浆液达到一定黏度，以备灌浆用。

玻璃原片经选片、切裁、磨边、洗涤干燥；如生产弯夹层玻璃，则在玻璃原片的内表面喷滑石粉后成对地合拢，在热弯炉中进行热弯处理；热弯后的玻璃经过清粉、洗涤、干燥，进行检验，如其弯曲曲率符合要求，则用合片架送至合片工段待用。待合片的玻璃先用软布蘸少量的蒸馏水将其表面擦净，自然干燥24h。合片时，先将一片玻璃放平，在其周边放上宽5～8mm，厚度与灌浆厚度相同的PVB

胶片条，然后用电吹风机的热风将胶条烤软而粘在玻璃周边上，在周边的一角留一小口，做灌浆之用。取另一片经过相同方法处理过的，尺寸和形状一样的玻璃合在粘有胶条的玻璃上，重叠对齐，在两片玻璃之间形成空腔，然后用夹子将组合好的玻璃四周夹紧。

将合好片的玻璃放在灌浆台上，将其上的架子支起，使玻璃与水平面成一定角度，将经过预聚合的浆液缓缓倒入漏斗，注入空腔。浆液注满空腔后将玻璃放平，使浆液充满空腔各个角落。反复倾放后，使残余空气从开口排出。经过精确计算空腔容积和浆液用量，再精心灌注，浆液填满整个空腔空间。然后立即用相同厚度的PVB胶片条将开口塞紧封严，将其放到专用的聚合架上，使玻璃与水平面成5°～10°的倾角放置，以便使偶尔残留的微量气体集中到边缘部位。聚合架连同灌好浆的玻璃一起送入聚合室，然后按规程规定的时间进行热聚合、光聚合或热光聚合，取出成品，清理玻璃表面和边部，经检验，合格品包装入库。

5.2.4.2 湿法夹层玻璃连续生产工艺

20世纪90年代以前，湿法夹层玻璃生产基本上是手工操作。20世纪90年代以后，国外已实现湿法夹层玻璃连续生产，即将各生产工序用输送设备连接成线或在输送设备上完成；玻璃原片和合片后半成品的输送及定位、聚合时间的控制、聚合用紫外线灯管故障报警等实现自动化。

光固化湿法夹层玻璃连续生产工艺过程如下。

将经切裁、磨边的玻璃原片从洗涤干燥机清洗、吹干后输送至检验台，检验合格后输送到合片台，人工将黏性的膜条铺在第一片玻璃四周的边缘上，在一角留出灌注口，在膜条上再放一片玻璃，然后输送至辊压机加压，排除玻璃之间的气体并使玻璃与膜条黏结，然后送至压注台，先用气动夹子牢固地夹住两片玻璃及其间的膜条，此台可用两个汽缸使台面分别绕两个轴构成斜面，使灌注口处于顶部，用压注机将预先配制好的有机化工原料浆液，经导管及扁嘴压注入空腔中，注入预先计算好的一定量的浆液后，移去扁嘴，然后将台面平放至接近水平面，以便排除空腔内的空气及使腔内填满浆液，当浆液达到顶部时把灌注口加热封闭，然后输送至紫外线聚合台。紫外线聚合台具有高度精密的水平面，并具有气垫输送功能，上方配有紫外线辐射装置。通电时，浆液在紫外线作用下迅速聚合，定时完成聚合后，输送至卸片台，卸片后经检验合格即为成品，以上各输送过程均由输送机完成。

生产线的技术数据如下：

玻璃规格最大尺寸	3300mm×2250mm	紫外灯管数量	77根
玻璃规格最小尺寸	400mm×400mm	紫外灯安装电源	3.5kV·A
成品最大厚度	70mm	总安装电源	6kV·A
成品最大质量	400kg	压缩空气压力	0.6MPa
注浆速度	1～5L/min	产量	200m^2/8h

5.2.5　影响湿法夹层玻璃质量的因素

湿法夹层玻璃常见的质量问题有胶合层产生气泡、胶合层中的灰尘及杂质、玻璃脱胶、夹层玻璃透光度降低等，其中气泡是最常见的缺陷。它的现象是：首先在角边出现少量小气泡，经过一段时间后，气泡数量逐渐增加，体积增大，向玻璃中间扩散，最终连成一片。影响气泡产生的主要因素是浆液配合料的种类、纯度、工艺制度及玻璃表面的灰尘、油污、杂质等。

5.2.5.1　浆液配合料的种类

甲基丙烯酸甲酯中存在微量阻聚剂，在浆液聚合时（尤其是光聚合）聚合不完全，一旦使用温度超过聚合温度，就出现二次聚合，在胶片中出现气泡。由于二次聚合的原因，一些看不见的微气泡会逐渐变大，由微气泡变为显气泡。因此，建议在浆液配制前除去单体原料中的阻聚剂。

单体材料中低沸点中间产物较多，在聚合过程中，温度超过了它们的沸点，低沸点物就气化产生气泡，低沸点物越多，气泡也越多。由于四周封闭，产生的气体不能排出，气泡就会越变越大，最终影响产品的外观和使用性能。因此，在使用前对单体材料进行预处理，采取减压分馏的方法除去低沸点中间产物，或减小擦玻璃原片时乙醇用量，或采用高温预聚（80～90℃），使低沸点中间产物提前气化逸出。

浆液配合料中的增塑剂不同，对气泡产生的影响也不同，应选用出泡概率低的增塑剂。邻苯二甲酸二丁酯原料中的杂质主要有水、铁锈以及一些酯化反应的低沸点中间产物。用含水的邻苯二甲酸二丁酯配制的浆液制成的夹层玻璃在使用过程中容易产生气泡，由于水在胶合层中结雾，还影响玻璃的透光度。如果邻苯二甲酸二丁酯中含有铁锈，配好的浆液在放置和使用时，尤其是见光后，在铁锈分子的周围容易引起聚合，导致浆液存放时间缩短，制成的玻璃性能降低。在邻苯二甲酸二丁酯的生成过程中，由于酯化反应不彻底，难免会夹杂一些低沸点中间产物，容易因为二次聚合而出现气泡。因此，邻苯二甲酸二丁酯在使用前最好进行预处理，除去溶解于其中的水、铁锈以及低沸点中间产物。

引发剂过氧化苯甲酰在加热过程中会分解出二氧化碳气体，试验证明，如果在配料时存在未完全溶解的苯甲酰，产品上会产生雪花状气泡。因此，必须使过氧化苯甲酰充分熔化，用量适当。

产品出泡概率与聚合物含量有关，随着聚合物含量增加而降低，因此应选择合适的聚合物含量。

5.2.5.2　浆液的配制过程

在浆液的配制过程中应注意加料的顺序。如果加料顺序不正确。就会出现溶解不彻底、混合不均匀的现象，配制的浆液在聚合过程中就达不到预期的效果。

5.2.5.3　玻璃原片

在生产过程中，玻璃表面的灰尘、油污、玻璃碎屑等，操作者衣服上的尘埃、纤尘、碎片、杂质等均会导致气泡的产生。因此，必须洗净玻璃表面，保证无杂质、油污、手印等。还应改善合片操作环境，采取空调措施，操作人员应穿戴洁净工作服和鞋帽。

5.2.5.4 浆液操作

要控制灌浆速度，减少由于灌浆产生的气泡。浆液灌好后，应停滞一段时间待气泡完全消逝后再封口。

5.2.5.5 聚合过程

聚合过程中的升温制度和聚合时间对气泡产生影响较大。升温过快，各种试剂的分解、挥发而产生气体的汇聚，如果超出该气体在浆液中的溶解度，就会以气泡的形式残留在胶合层中。甲基丙烯酸甲酯在聚合时发生放热反应，如果温度过高或散热不均，就会发生单体气化，引起爆聚，产生气泡。因此，必须严格控制升温速率，引聚后必须快速冷却，要严格控制浆液配合料中阻聚剂的带入量。气体从浆液中逸出形成气泡受到浆液黏度的影响，黏度越大，扩散越慢，形成气泡也慢，因此必须掌握最佳的聚合时间和黏度，使浆液在低温阶段达到足够的聚合度，有效控制气泡的产生。

5.2.6 湿法夹层工艺的特点

① 湿法生产工艺简单，工序少，所需设备少，投资小，建设周期短，有机化工原料资源充足，价格低廉，产品成本低。

② 产品容易变换，可以生产大型、特异型、多品种特殊产品，如夹网及夹丝夹层玻璃、防火夹层玻璃等。

③ 湿法生产中，目前一些工序仍需人工操作，人为影响产品质量的因素多，往往因为操作原因影响产品的质量。湿法生产规模小，一般为 1000～40000m^2/年，不易实现规模化生产。

5.2.7 EN胶片夹层玻璃的生产工艺及设备

EN胶片夹层玻璃是采用真空一步法成型工艺加工而成的。所用的加工设备为真空成型机，分为箱式和翻盖式两种。真空一步法成型工艺的主要特点是不需要在生产过程中施加高温高压及抽湿处理，对环境温度也无严格要求，整个工艺流程时间短、操作简单。工艺流程见图 5-15。

清洗原片玻璃应用纯净水或去离子水。原片玻璃洗净后用干燥的净化热空气吹干，表面不要留有污垢、水迹或手印。合片时，将胶片平铺在底层玻璃上，用手轻轻抚去胶片或夹衬物的皱褶，再将上层玻璃合上并四周对齐。此时若发现胶片或夹衬物起皱，可两人配合，轻轻对拉胶片四角，直到满意为止，用力过大会使胶片或夹衬物变形，合片完成后，修剪胶片余边。这时不得用力拉胶片；修剪后玻璃四周不得留有余料，以免在真空成型时多余的胶片造成封边而使气泡滞留在夹层玻璃内，造成废品。合好片的玻璃在放入成型架时，玻璃与玻璃之间要留有 3～5mm 的间隙。玻璃按要求摆入成型架并在推入烘箱之前，要启动真空泵，检查整个系统是否有漏气现象。

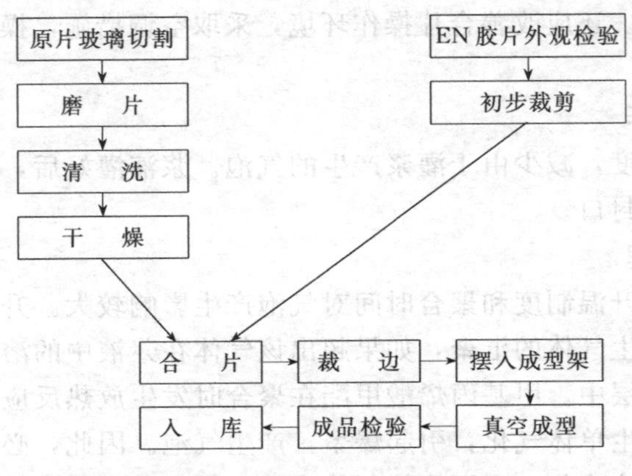

图 5-15 EN 胶片夹层玻璃工艺流程

EN 夹层玻璃的成型，成型温度及时间的控制是关键因素。一般情况下，真空成型分五个阶段来完成，即冷抽真空、升温热抽、保温保真空、降温后停抽真空和出炉。

使用设备的不同，其成型温度及时间的设定也不同。以两层 5mm 平型玻璃夹一层 0.38mm 透明 EN 胶片为例，其时间与成型温度的对应关系如图 5-16 所示。

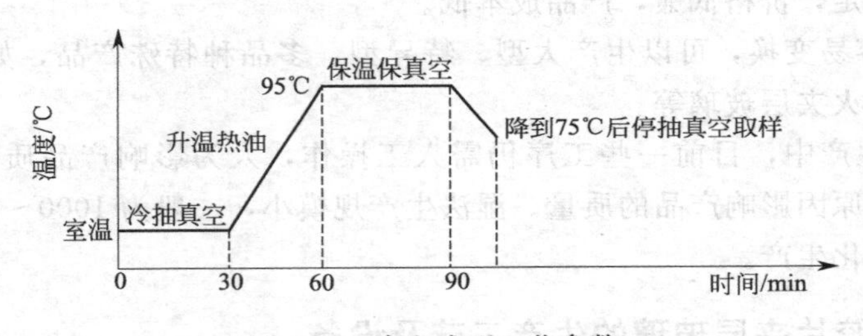

图 5-16 真空成型工艺参数

若是生产夹绢夹丝的装饰夹层玻璃产品，应适当提高加热保温温度 10～15℃，并延长加热保温时间 10～20min。

中国专利 ZL200420025410.3 介绍的真空成型机的技术参数如下：

外形尺寸(长×宽×高)　4.6m×2.2m×2.5m　每次加工时间　1.5～2.5h

可加工最大玻璃面积　1.45m×2.8m，8 层　最高温度　150℃

随机配置有空气搅拌装置、真空泵、电控系统、电加热系统等。

5.3 防弹（防盗）玻璃

5.3.1 概述

防弹、防盗、防暴力侵入、防炸弹爆炸玻璃都是特殊类型的夹层安全玻璃，也可称为保安防范玻璃。这些保安防范玻璃与普通安全玻璃有一定的区别。普通安全玻璃是指在受到意外或自然灾害时，能够免除危险或减少伤害和损失的玻璃；而保安防范玻璃是指在受到人为蓄意或故意攻击侵害时，能够免除危险或减少损失的玻璃。

其中，防弹玻璃是一种能够抵御枪弹乃至炮弹射击而不穿透破坏，最大限度地保护人身安全的玻璃。其防弹原理是将子弹的冲击动能转化为玻璃的弹性势能和破碎后的表面能，从而达到防弹目的。防盗玻璃是一种集防弹、防暴力攻击、防爆炸等多种防护功能于一体的复合功能材料，可以有效地防止偷盗或破坏事件发生。防盗玻璃旨在防止简单工具的破坏，也可以是非防弹的。

5.3.2 防弹（防盗）玻璃的结构与性能

5.3.2.1 防弹玻璃的性能要求

作为建筑、汽车等领域的防护材料，对防弹玻璃的总体要求是质量轻，光学性能好，有最大的防护能力，固定框架和相邻的部件有相应的防弹能力。对防弹能力的评价主要有防止子弹的完全贯穿、防止背面产生过多的飞溅物，以便人站立在防弹玻璃正后方时能避免直接受到伤害。许多国家的防弹玻璃标准都根据防弹性能大小，对其进行分类或分级，以配合防弹材料分级使用。必须明确的是，目前所制造的任何防弹玻璃都不可能是完全防弹的，但是防弹玻璃被设计成安全防护罩，能增强保护作用，防止子弹的直接伤害。据此，一般可将防弹玻璃分为生命安全型和安全型两种。生命安全型防弹玻璃仅仅能够使被保护人的生命不受伤害，而存在的玻璃飞溅物有可能使人的皮肤、面部受到伤害；安全型防弹玻璃能够保证被保护人不受到任何伤害。还有一种分类法是将玻璃的防弹功能划分为三个等级：安全等级指玻璃阻挡了子弹袭击且其内表面无碎片；生命安全等级指玻璃被击碎但阻止住了子弹贯穿，玻璃后表面高速飞溅的碎片可能会引起一定的伤害（最坏情况是刺瞎眼睛），但是碎片很难对生命构成威胁；非安全等级指子弹击穿玻璃并有许多碎片，对人体的伤害超过生命安全等级，该等级玻璃不属于防弹玻璃。

我国最早的防弹玻璃标准是1997年颁布实施的公共安全行业标准GA 165《防弹复合玻璃》，1999年颁布实施了国家标准GB 17840。该标准以测试卡上飞溅物的情况来评价玻璃的防弹性能，如果枪弹穿透玻璃，弹头、弹片及飞溅物穿透测试卡则为不合格。合格防弹玻璃又分为三类：L类是能够阻挡弹头穿透，受冲击玻璃背面的飞溅物不穿透测试卡的防弹玻璃；M类是受冲击玻璃背面有飞溅物，但飞溅物不嵌入测试卡上的防弹玻璃；H类是受冲击玻璃背面无碎片剥落的防弹玻璃。L类属于生命安全型防弹玻璃，而M、H类属于安全型防弹玻璃。每一类又按枪械、防弹等级不同分为F64、F54、F79、F56、FJ79五个等级。各级具体枪械、枪弹的性能要求见表5-17。

表 5-17　GB 17840 规定的各级具体枪械、枪弹性能要求

防弹等级	枪械类型	枪弹类型	弹速范围/(m/s)	能量/J	射击距离/m	射击发数	弹着点距离/mm	防弹能力类别
F64	64 式 7.62mm 手枪	64 式 7.62mm 手枪弹(铅芯) 4.72～4.87g	300～320	212.4～249.3	3	3	100±10，弹着点呈正三角形	L M H
F54	54 式 7.62mm 手枪	51-1 式 7.62mm 手枪弹(钢芯) 5.56～5.69g	420～440	490.4～550.8	3	3	100±10，弹着点呈正三角形	L M H
F79	79 式 7.62mm 轻型冲锋枪	51-1 式 7.62mm 手枪弹(钢芯) 5.56～5.69g	480～515	640.5～754.6	10	3	100±20，弹着点呈正三角形	L M H
F56	56 式 7.62mm 冲锋枪	56 式 7.62mm 普通弹(钢芯) 7.75～8.05g	710～725	1935.4～2115.6	15	3	100^{+30}_{-10}，弹着点呈正三角形	L M H
FJ79	79 式 7.62mm 狙击步枪	53 式 7.62mm 普通弹(钢芯) 9.45～9.75g	830～870	3255～3689.9	50	1	式样中心 φ50mm 范围内	L M H

其他国家标准如英国 BS5051、美国 UL752、ASTMF1233、澳大利亚 A82343、欧洲 CEN/TC129N329、意大利 UN19187 也以飞溅物不穿透测试卡作为判定合格基准，对防弹玻璃进行相应的分级。各国防弹玻璃标准中，对玻璃的防弹等级、枪械型号、子弹速度、质量及能量、射击距离、射击频次等参数做了规定，如表 5-18 所示。

表 5-18　各国防弹玻璃标准比较

标准	等级	武器名称	子弹速度/(m/s)	子弹质量/g	子弹能量/J	射程/m	射击次数	弹着点距离/mm
英国标准 BS5051	G0	帕拉别鲁姆手枪	440	7.45	721	3	3	100
	G1	357 型麦克努姆手枪	429	10.20	942	3	3	100
	G2	44 型麦克努姆手枪	480	15.60	1797	3	3	100
	G3	7.62mm 步枪	810	9.5	3116	10	3	100
德国标准 DIN52290	C1SF	手枪	356	8.00	507	3	3	125
	C2SF	左轮手枪	425	10.35	935	3	3	125
	C3SF	左轮手枪	445	15.60	1550	3	3	125
	C4SF	自动	795	9.55	3018	10	3	125
美国标准 UL752	MPSA	0.38 超自动枪	390	8.45	643	4.6	3	102
	HPSA	0.357 马格南手枪	442	10.35	1011	4.6	3	102
	SPSA	0.44 马格南左轮手枪	445	15.60	1550	4.6	3	102
	HPR	来福枪	790	14.25	4446	10.0	1	中心

5.3.2.2 防弹玻璃的结构

防弹玻璃是用多层玻璃与胶片层合或有机/无机玻璃与胶片复合而成的一种产品。通常，防弹玻璃由三层或多层材料组成，防弹玻璃结构简图见图 5-17。典型的防弹玻璃结构如：5mm 玻璃＋0.76mm PVB 胶片＋10mm 普通玻璃＋0.76mm PVB 胶片＋5mm 玻璃，其防弹试验后的结果见图 5-18。无论有多少材料进行层合，防弹玻璃的结构都可以划分为抗冲击层、过渡层和安全防护层。其中，抗冲击层又称承力层，一般采用厚度大、强度高的玻璃，由于其强度高，能破坏弹头或改变弹头形状，使其失去继续前进的能力；过渡层一般采用有机胶合材料，要求黏结力强，耐光性能好，有延展性和弹性，能吸收部分冲击能，改变弹体的前进方向；安全防护层一般采用高强度玻璃或高强、透明有机材料，要求强度高，韧性好，能吸收绝大部分的冲击能，保证弹体不穿透该层，比较成熟的有机透明材料如聚甲基丙烯酸甲酯（简称有机玻璃，缩写 PMMA）和聚碳酸酯（PC），聚碳酸酯的韧性更好，其抗冲击强度比聚丙烯酸酯高一个数量级，工程界称之为打不碎的有机玻璃。

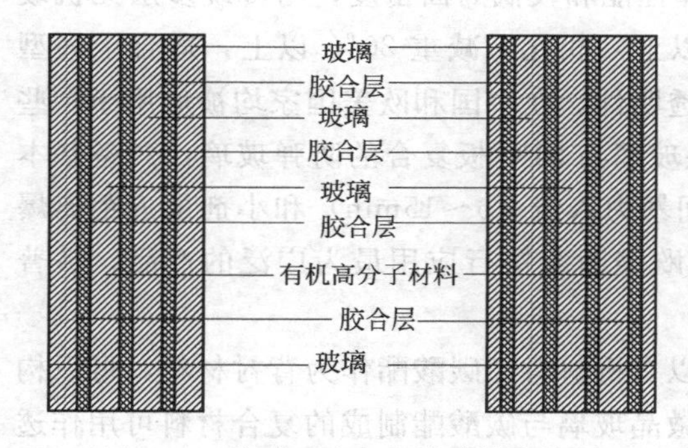

图 5-17 防弹（防盗）玻璃结构简图

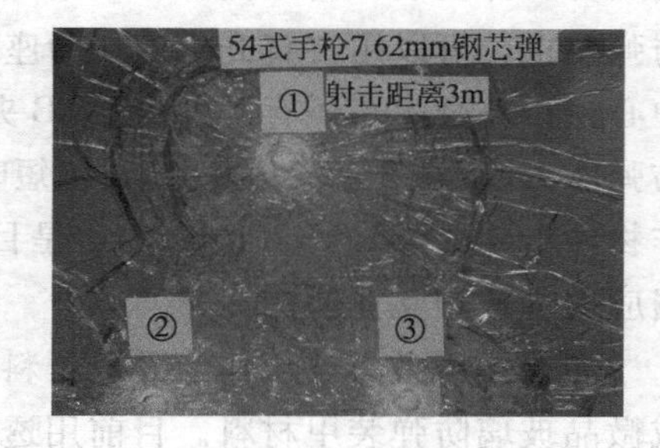

图 5-18 防弹试验后的玻璃状况

根据所用结构层材料的不同，防弹玻璃可以分为全无机防弹玻璃、全无机贴膜防弹玻璃和有机/无机复合防弹玻璃三类。

(1) 全无机防弹玻璃

全无机防弹玻璃的结构是由多层玻璃用聚乙烯醇缩丁醛中间膜（PVB）黏结，经高温高压处理层合在一起，也可称为 PVB 夹层防弹玻璃。这种防弹玻璃具有良好的光学性能、抗冲击性能、耐环境稳定性，寿命长，不易老化，成本较低，容易维护；不足之处在于质量大，适合于安装在固定场合。比如目前国内银行柜台应用最为广泛的防弹玻璃采用由 3～4 层浮法玻璃组成的 PVB 夹层玻璃，总厚度控制在 24mm 以上。

(2) 全无机贴膜防弹玻璃

全无机贴膜防弹玻璃的结构是在无机玻璃表面粘贴专用薄膜，如将厚度为 0.1～0.3mm，其中一面涂有不干胶的薄膜在以水为排气介质的情况下，粘贴到玻璃表面。这种玻璃防弹能力差、边部强度小、易老化、易划伤、寿命短，但是制造方便、成本较低。一般单层玻璃粘贴专用薄膜基本上不具备防弹能力。因此，全无机贴膜防弹玻璃大多还是指在上述全无机防弹玻璃的背面粘贴薄膜，以防止碎屑飞溅。

(3) 有机/无机复合防弹玻璃

有机/无机复合防弹玻璃的结构是在上述全无机防弹玻璃的背面采用具有非常优异的抗冲击性能的有机透明板材，如采用聚碳酸酯板，中间粘接材料采用聚氨酯(PU)胶片，PU胶片为一种能粘接有机透明板材和玻璃的透明高黏性薄膜，并采用与PVB夹层玻璃类似的方法进行生产。与PVB夹层防弹玻璃相比，这种与PC板复合的防弹玻璃的优点是体积质量小，在相同厚度或相同质量的情况下具备极强的防弹能力（56式步枪多发射击），抗长时间暴力入侵（60min）和大剂量近距离爆炸物冲击［<689kPa(100psi)］；在受到枪击时，只要不被子弹穿透就不会有飞溅物产生。实践表明，采用无机玻璃（GLASS）作为面板表层材料，聚碳酸酯板作为背板表层材料，定向有机玻璃（DYB）作为中间过渡层材料，即构成GLASS/DYB/PC结构，具有良好的防弹性能和较低的面密度，与传统多层无机玻璃层合防弹玻璃（面密度在100kg/m² 以上）相比，减重20%以上，适合于轻型防弹要求，可以用在直升机上作为座舱透明件。在中国和欧美国家均被应用于一些中心银行及金库。还有一种由PVB夹层玻璃与SPC板复合的防弹玻璃，具备基本防弹能力（79微冲多发射击），抗短时间暴力入侵（5～15min）和小剂量近距离爆炸物冲击［<68.9kPa(10psi)］，是目前欧美国家银行应用最为广泛的产品，被普遍应用于各种营业所。

如果采用微晶玻璃作为面板材料，以有机材料如碳酸酯作为背衬材料，可以构成微晶玻璃防弹装甲材料。目前用透明微晶玻璃与碳酸酯制成的复合材料可用作透明防弹玻璃窗，用于车辆、坦克、直升机和飞机的构件以及银行、办公室的窗口。英国陶瓷开发公司［Ceramic Developments（Midlands）Lid］USP5，060，553提出可以作为防弹装甲材料的微晶玻璃系统有：锂锌硅酸盐、钙镁锌硅酸盐、锂铝硅酸盐、镁锌硅酸盐、锂锌铝硅酸盐、锌铝硅酸盐、锂镁硅酸盐、钙磷酸盐、锂镁铝硅酸盐、钙硅磷盐、镁铝硅酸盐及钡硅酸盐。

根据Ruiz和Chen对防弹效率（ballistic efficiency，BE）的定义

$$BE=\frac{P^{*}\rho_{Al}}{h^{*}\rho_{C}} \tag{5-3}$$

式中，P^*为子弹射入无防护的金属铝块的深度；h^*为正好穿透陶瓷瓦的外延的最小深度（一般以mm为单位）；ρ_{Al}和ρ_C分别为金属铝和陶瓷的密度。

表5-19给出一组数据，可见，微晶玻璃有很高的BE值，特别在防高速子弹方面比陶瓷更有利。背衬材料非常重要，如果搭配得不好，微晶玻璃瓦不能发挥良好的防弹能力。微晶玻璃的优势还表现在制造方面，可制造大面积制品，并可弯曲。

表 5-19 不同材料的防弹性能

材　　料	子弹速度/(m/s)			
	900		1400	
	BE	h^*/mm	BE	h^*/mm
微晶玻璃	2.42	9.53	2.82	8.84
耐火黏土陶瓷	1.55	16.47	1.66	16.72
硅线石陶瓷	1.39	18.84	1.69	16.85
Si_3N_4	1.53	15.63	2.89	8.95
氧化铝陶瓷	1.07	14.64	2.47	6.86

国外有机/无机类防弹玻璃，经常倾向于采用“间隙”装甲结构。所谓间隙装甲结构，就是指两层透明材料之间由气体（如空气）形成一定的间隙，而没有胶层（如 PU）。间隙装甲结构有利于减重和降低应力，但是防弹性能略有降低。

普通有机/无机复合防弹玻璃的缺点是：有机材料的热膨胀系数与玻璃不同，易产生变形，光学性能也不易控制；同时，有机板材易老化、表面硬度低、易划伤，因此使用寿命较短，成本较高。

5.3.2.3 影响防弹玻璃性能的因素

影响防弹玻璃性能的因素很多，包括结构层材料的种类、厚度、层数、处理方法、尺寸、安装方式、子弹类型（铅芯弹或钢芯弹）等。

（1）材料性质

根据防弹理论，防弹性能主要与材料的硬度和韧性有关，而与强度无直接关系。因此，当背板采用有机材料，且在其他条件相同的情况下，使用聚碳酸酯板制作的防弹玻璃优于有机玻璃（PMMA）。如果将无机玻璃作为面板材料，那么从防弹角度来说，采用化学钢化、物理钢化玻璃的防弹效果优于退火玻璃。

（2）厚度

用相同材料制造的防弹玻璃，厚度对防弹能力的影响最大。材料承压能力的增加与厚度呈指数关系，因此，玻璃越厚，防弹能力越强。能够经受某种特定武器发射的一发子弹所要求的夹层防弹玻璃的最小厚度更主要地取决于夹层结构中玻璃片数、每片玻璃厚度、中间膜类型及厚度等。如使用 1.52mm 胶片的防弹效果优于使用 0.76mm 胶片的防弹玻璃。一般而言，防弹玻璃的总厚度一般要在 20mm 以上，要求较高的防弹玻璃总厚度可以达到 50mm 以上。Underwriter′s Laboratories Inc. 的测试认为抵抗低、中、高威力步枪的子弹需要 46～51mm 的玻璃。不同枪械的能量与防弹玻璃的厚度关系见表 5-20。

表 5-20　不同枪械的能量与防弹玻璃的厚度关系

枪支类型	武　器	弹药及主要特征	防弹玻璃常规厚度/mm
中功率-手枪	38 超自动枪	8.4g 金属弹壳	30
		出膛速度:390m/s	
		能量:646J	
大功率-手枪	357 马格南左轮枪	10.2g 软尖弹	38
		出膛速度:442m/s	
		能量:1006J	
超大功率-手枪	44 马格南左轮枪	15.5g 软尖弹	44.5
		出膛速度:448m/s	
		能量:1564J	
大功率-步枪	30-06 来福枪	14.3g 软尖弹	51
		出膛速度:735m/s	
		能量:3848J	

注：1. 该测试是在与实际使用大致相同的湿度条件下进行的。

2. 评价要求：子弹不得穿透玻璃；试样背面被子弹撞击震碎的大块玻璃碎片不得飞到 0.46m 或以上距离。

(3) 组合方式

对于 PVB 夹层防弹玻璃，其单片无机玻璃的排列从弹着面到背弹面的厚度逐渐减小，即采用降幂排列的结构时，防弹能力有所增加，特别是最后一层玻璃越薄，飞溅物越少，防弹效果越好。而当有机板材和无机玻璃组合时，在一定程度上，有机板材占的比例越大，防弹能力越强。

(4) 尺寸

玻璃的尺寸越大，玻璃在受到冲击时所产生的弹性变形越大，玻璃吸收的冲击能转化为弹性势能越多，对玻璃的破坏越小，防弹能力越强。

(5) 安装方式

如果防弹玻璃的周边被牢固地固定，或者与边框为非弹性接触，当受到冲击时，玻璃的弹性变形就会受到限制，从而降低防弹能力。

(6) 射击的角度

枪弹射击的入射角越大，玻璃对冲击能量的分散作用也越大，防弹效果越好。入射角是指子弹入射方向与弹着面法线的夹角。

5.3.2.4　防盗玻璃的结构和性能

防盗玻璃的结构及性能与防弹玻璃基本相同。通常，为了阻止简单的盗窃手段，要求防盗玻璃能够防止玻璃刀的切割或简单工具的破坏，而并不要求其抵御群匪用复杂的凶器进行连续的攻击。美国 ASTMC-1036.9 防盗玻璃、UL972 防盗材料等标准主要是根据玻璃是否能抵御砖石、斧锤、刀锯等单次破坏、多次破坏以及防御时间的长短对防护性能进行评价，从而对防盗玻璃进行分级。表 5-21 是美国标准 UL972《防盗玻璃》模拟的几种典型的盗窃情况。

表 5-21　防盗玻璃的模拟破坏情况

UL972 试验①	每片试样冲击次数	冲击能量/J	温度/℃
多次冲击	5	68	21～27
室外使用②	5	55	−10
	5	55	49
	5	68	35
	5	68	35
高能量冲击③	1	272	21～27

① 以规定垂直高度落下 83mm 直径 2.27kg 钢珠；样品尺寸为 610mm×610mm。

② 10 片试样中有 9 片不能被 5 次钢球冲击中的任何一次穿透。

③ 3 片受试试样中任何一片均不得被钢球穿透。

在重要的防范场合，为了抵御群匪用复杂的凶器进行连续攻击，就应使玻璃在较长时间内防止贯穿，有时还必须防止枪弹的袭击。因此，防盗玻璃有时要兼具防弹、防暴力入侵等防护性能，此时就成为防暴或防弹玻璃。如银行大门或其他有高度防范要求的重要设施，有时可能会遭到手持各式各样凶器的群匪连续袭击。这些部位的玻璃一般要求能在一段时间内抵御穿透，以使有足够时间让配置的其他防范装置检测到袭击并做出反应。美国 ASTM F1233《安全玻璃材料及总成试验方法》对这类特殊保安防范玻璃进行了分类，如表 5-22 所示。ASTM F1233 标准规定的测试方法用来鉴定防范玻璃抵御各种凶器联合袭击的性能。通过大量的试验人们发现，厚结构玻璃较薄的更为有效；半钢化玻璃（HS）的夹层玻璃较普通夹层玻璃或全钢化夹层玻璃更经得起攻击；当玻璃总厚度不变时，加大中间膜厚度比例，也可增强抗御暴力入侵的能力。

表 5-22　各种类别的玻璃对袭击的要求

仿袭击试验工具	第一类	第二类	第三类	第四类	第五类
			钝器攻击(单位:袭击次数)		
大锤(25)	不要求	5	10、16	19、22、27	30、33、36、39
100mm 管子/木槌(25)	不要求	不要求	9	18	29
撑锤(10)	不要求	不要求	8	17	28
圆头锤(10)	1	2	不要求	不要求	不要求
			锐器攻击(单位:敲击次数)		
改锥(10)	不要求	7	12	23	不要求
凿/锤(25)	不要求	不要求	13	25	35、40
角铁/槌(25)	不要求	不要求	15	不要求	不要求
38mm 管形槌(25)	不要求	3	不要求	不要求	不要求

续表

仿袭击试验工具	第一类	第二类	第三类	第四类	第五类
消防斧(25)	不要求	不要求	不要求	24	33、38
劈柴刀(25)	不要求	不要求	不要求	21	34、41
热应力凶器攻击(单位:min)					
CO_2灭火机(1)	不要求	4	不要求	不要求	不要求
丙烷火炬(5)	不要求	6①	11②	20②	31②
化学品(量)					
汽油(237cm³)	不要求	不要求	14	不要求	不要求
二氯甲烷(237cm³)	不要求	不要求	不要求	26	37
连续测试总次序	1	7	16	27	41

① 对于第二类，丙烷火炬应用后，立刻用雾水将火焰浇灭。

② 对于第3、4、5类：如果拿开火焰后试样（762mm×762mm）继续焚烧，可让其再烧10min，之后用雾水将它浇灭。

根据结构层材料的不同，防盗玻璃也可分为：全无机防盗玻璃、全无机贴膜防盗玻璃、有机/无机复合防盗玻璃等。测试表明：采用公称厚度为6mm的标准夹层玻璃作为防盗玻璃，就能够明显提高针对单层玻璃的各种手持工具，比如铁锤、棍子等侵袭的抵御能力。此外，仅从一面是不能将夹层玻璃切割开来的，这使作为盗窃工具的无声玻璃切割器失去了效用。当采用较厚和较强的多层防盗玻璃时，即使采用更高级的作案工具，在相对较长的时间内进行攻击也很难穿透胶合层。一块总厚度为7.14～14.28mm的简单“二夹一”夹层玻璃（中间膜厚度为1.52～2.28mm或更厚点）就能满足UL972要求，它能防止一般的“打破后掠夺”事件。犯罪者宁愿花费相当大的力气来敲破玻璃，也不会冒险花费长时间敲破PVB中间膜玻璃。据专利FR2574779介绍，多层玻璃和一至多层塑料板，依靠PVB或PU黏结在一起，两端用胶密封，可以抵御外界温度变形和延伸破坏，抗撕裂强度至少达到30kgf/cm²，断裂伸长率在500%，非常适用于防盗并防弹的场合。

同时，防弹（盗）玻璃可以附加预警功能，在胶合层中加入金属丝网，埋入可见光、红外、温度、压力等传感器和报警装置。一旦盗贼作案，触动玻璃中的报警装置，甚至触发与之相串联的致伤武器或致晕气体等，便可以及时擒拿盗贼，防患于未然，从而保护人身和财产安全。

5.3.3 防弹（防盗）玻璃的制备

防弹（防盗）玻璃的制备工艺与普通夹层玻璃的制备方法基本相同，如图5-19所示。

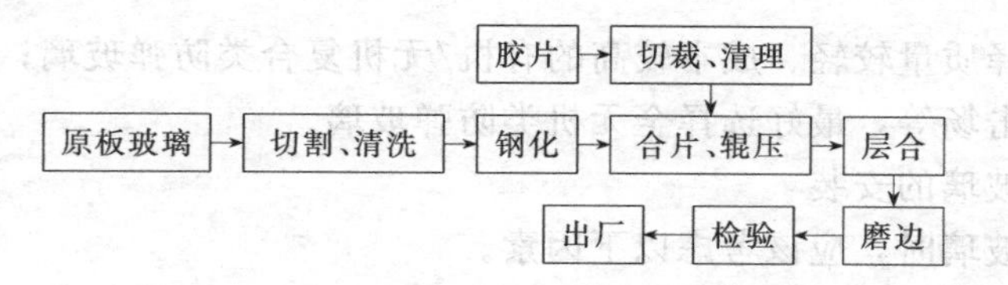

图 5-19 防弹（防盗）玻璃制备工艺流程

5.3.4 防弹（防盗）玻璃检验标准

我国国家标准 GB 17840—1999 将防弹玻璃按照用途分为汽车用防弹玻璃和汽车以外用防弹玻璃。

对于汽车防弹玻璃，GB 17840 对尺寸偏差、吻合度、外观质量、厚度、透射比、副像偏离、光畸变、颜色识别、耐热性、耐辐照性、耐湿性、防弹性能 12 项性能做了相应的规定；对于建筑及其他场合用防弹玻璃，GB 17840 对尺寸偏差、外观质量、厚度、耐热性、耐辐照性、耐湿性、防弹性能 7 项性能做了规定。GB 17840—1999 规定了防弹性能试验方法及要求，其他性能采用 GB 9656《汽车安全玻璃》和 GB 15763.3—2009《建筑用安全玻璃第 3 部分：夹层玻璃》夹层玻璃相应条款，尺寸、外观质量及吻合度采用 GB/T 17340 相应条款规定的检验方法。

目前，我国防盗玻璃还没有相应的标准。市场上销售的防盗玻璃一般参照执行美国 ASTMC-1036.95 防盗玻璃、美国 UL972 防盗材料等标准。

5.3.5 防弹（防盗）玻璃的应用

(1) 应用场合

防弹玻璃主要使用在以下领域。

① 航空领域：如歼击机、强击机以及轰炸机防弹玻璃等。

② 地面部队：如坦克、装甲车、专用汽车、货车及前沿观察哨所、指挥所用防弹玻璃。

③ 海域：如舰艇以及潜水艇窗口等。

④ 汽车行业：防弹运钞车、家庭使用的轿车等。

⑤ 建筑业：银行、监狱或其他会遭到枪击的场所内。

防盗玻璃主要用于银行金库、武器仓库、珠宝、电子和其他昂贵器物的展示柜、贵重商品柜台等。

(2) 防弹玻璃的选择

为了充分发挥防弹玻璃的效果，应该根据不同的使用要求对防弹玻璃进行设计和调整。首先，必须根据防护性能的要求合理确定防弹等级和类别，如考虑需要保护场所的重要程度，可能受到袭击的武器的种类（手枪、步枪、炮弹等）、弹体的种类（铅弹、钢弹、穿甲弹或燃烧弹等）、弹体的速度、射击的角度及距离等。其次，应根据质量、成本、透光度等因素选择防弹玻璃的基本材料，如用在汽车、火车上，最好选择质量较轻、成本较高的有机/无机复合类防弹玻璃；用在银行柜台、文物展台、射击场等，最好选择全无机类防弹玻璃。

(3) 防弹玻璃的安装

安装防弹玻璃时，应该考虑以下因素。

① 玻璃与支撑框架之间的间隙大小：一般不应小于 5mm，以避免因玻璃热膨胀，产生应力集中，而导致玻璃破裂。

② 玻璃的安装方向：较厚的一面应为弹着面。

③ 重叠安装时，重叠部分不应小于 50mm，这是因为防弹玻璃的边部属于薄弱环节，重叠太少，子弹有可能穿透玻璃或产生较大的飞溅。

5.4 防火玻璃

防火是建筑安全设计中的一个十分重要的项目，一座建筑物的各个区域按照建筑规范设计防火等级，在这些区域使用的玻璃组件必须等于或高于该区域要求的防火级别。只有这样，才能将火和烟限制在某一区域，防止蔓延，同时也可为尽快扑灭火灾提供有利条件。因此，防火玻璃应运而生。

通俗地说，防火玻璃是指透明、能阻挡和控制热辐射、烟雾及火焰，防止火焰蔓延的玻璃。确切地说，防火玻璃是一种在规定的耐火试验条件下能够保持完整性和隔热性的特种玻璃。性能良好的防火玻璃可以在近 1000℃高温下仍能较长时间保持完整不炸裂，从而有效地抑制火灾，为生命安全及财产安全提供有力保障。20 世纪 70 年代，防火玻璃首先出现于英国市场，此后工业发达国家如法国、德国、日本、比利时、美国等都对防火玻璃进行研究与生产。防火玻璃主要应用于工业与民用建筑（尤其是高层建筑），科研及军事、国防设施（易燃易爆及生物、航天工业设施），现代交通工具（如船用防火玻璃），其中以建筑防火玻璃的市场最为广阔。

5.4.1 防火玻璃的种类

5.4.1.1 防火玻璃的分类

防火玻璃可以从用途、耐火性能、玻璃结构等方面进行分类。

按用途防火玻璃可以分为：①工业与民用建筑用防火玻璃及其他防火玻璃；②船用防火玻璃（包括舷窗、矩形窗防火玻璃，其外表面玻璃板是钢化安全玻璃）。工业与民用建筑用防火玻璃按耐火性能分 A、B、C 三类：A 类防火玻璃必须同时满足耐火完整性和耐火隔热性的要求；B 类防火玻璃要同时满足耐火完整性和热辐射强度的要求；C 类防火玻璃要满足耐火完整性的要求。

防火玻璃按结构可分为复合防火玻璃（FFB）和单片防火玻璃（DFB）。复合防火玻璃是由两层或两层以上玻璃复合而成，或由一层玻璃和有机材料复合而成，并满足相应耐火等级要求的特种玻璃。单片防火玻璃是由单层玻璃构成，并满足相应耐火等级要求的特种玻璃。单片防火玻璃又包括单片夹丝（网）玻璃、特种成分单片防火玻璃、单片高强度钢化玻璃等。

其他类的防火玻璃主要指国际上长期流行使用的空心玻璃砖。空心玻璃砖又可为单腔空心玻璃砖和双腔空心玻璃砖。

5.4.1.2 复合防火玻璃的种类

（1）夹层复合防火玻璃

夹层复合防火玻璃是将两片或两片以上的单层平板玻璃用膨胀阻燃胶黏剂（俗称防火凝胶）复合在一起而制成的，结构示意图见5-20。根据生产方法不同，夹层复合防火玻璃又分为灌注型（湿法或灌浆法）和夹层型（干法）。夹层型复合防火玻璃是将两片或两片以上的单层平板玻璃用膨胀阻燃胶黏剂黏结复合在一起而制成，或由一片玻璃和有机材料复合而成；灌注型防火玻璃是在两片或两片以上的单层平板玻璃的四周先用边框条密封好，然后由灌注口灌入防火液，经胶结、封口制成。在室温下和火灾发生的初期，夹层复合防火玻璃和普通平板玻璃一样具有透光和装饰性能；发生火灾后，随着火势的蔓延扩大，温度升高，玻璃中间的防火胶发生分解反应，形成泡沫状的绝热层，使材料变成不透明，阻止火焰蔓延和热递，把火灾限制在着火点附近的小区域内，起到防火隔热和防火分隔作用。夹层复合防火玻璃性能的好坏主要取决于防火胶黏剂的性能。但是，一般夹层复合防火玻璃都有微小的气泡及不耐寒、透光性差等问题，对使用效果有一定影响。

图5-20 夹层复合防火玻璃结构示意图

夹层防火玻璃还可以用压花玻璃、彩色玻璃和彩色凝胶等制成彩色防火玻璃，起到装饰和防火的作用。

（2）夹丝网复合防火玻璃（防火夹丝夹层玻璃）

夹丝网复合防火玻璃是在夹层复合防火玻璃的生产过程中，将金属丝网加入两玻璃中间的有机胶片或无机浆体中。这种金属丝网不会影响玻璃的能见度，丝网加入后不仅提高了防火玻璃的整体抗冲击强度，而且能与电加热和安全报警系统相接，实现多种功能。用于制造这种玻璃的金属丝网通常以不锈钢丝为宜。

（3）防火中空玻璃

安全防火中空玻璃是当今防火玻璃的新产品。中空防火玻璃是在有可能接触焰一面的玻璃基片上，涂覆一层金属盐，在一定温度、湿度下干燥后，再加工成中空的防火玻璃。中空防火玻璃集隔声降噪、隔热保温及防火功能于一身。可以根据用户的具体要求，生产单腔或多腔的中空防火玻璃，即使用两片或三片玻璃加工形成，并可以制成形状各异的中空玻璃防火门、窗、隔断、防火通道等。

（4）多功能防弹防火玻璃

多功能防弹防火玻璃由多层以上优质浮法玻璃，采用特制防火胶黏剂，经特殊夹层工艺复合而成，集防弹、防火、报警、隔声等性能于一体。

5.4.1.3 单片防火玻璃的种类

单片防火玻璃可以分为三类：一是夹丝（网）单片防火玻璃；二是采用物理与化学方法对普通玻璃进行处理，使其表面改性，改善玻璃的抗热应力性能，从而保证在火焰冲击下或高温下不破裂，达到阻止火焰穿透防火玻璃及阻止传播火灾目的的单片防火玻璃；三是通过选择特定化学组分的浮法玻璃，加工出有较低热膨胀系数的特种单片防火玻璃，如硼硅酸盐防火玻璃、铝硅酸盐防火玻璃、微晶防火玻璃等。

（1）夹丝（网）单片防火玻璃

普通夹丝玻璃是用压延法生产的一种安全玻璃。当玻璃液通过压延辊之间成型时，将具有一定图案的、且经过预热的金属丝或金属网压于玻璃板中，即制成夹丝玻璃。分为夹丝压花玻璃和夹丝磨光玻璃，按厚度分为6mm、7mm和10mm，尺寸一般不小于600mm×400mm，不大于2000mm×1200mm。夹丝（网）玻璃所用的金属丝网和金属丝线分为普通钢丝和特殊钢丝两种，普通钢丝直径为0.4mm以上，特殊钢丝直径为0.3mm以上。夹丝玻璃应采用经过处理的点焊金属丝网。

单片夹丝（网）玻璃具有防火性和安全性两大特点。当火灾发生时，此类玻璃虽然产生裂纹，但由于金属丝网的支撑而不会很快崩落，并能在一定时间内阻止或延缓火焰的蔓延。在没有采取特殊措施的情况下，这种玻璃仅能经受30min的火焰耐火试验，几分钟后炸裂，30min后熔化并流液。对于面积有限的单片夹丝（网）玻璃板（小于$0.065m^2$），如果在玻璃边部钻孔，并用销钉把玻璃固定在窗框上，因玻璃附在金属丝上，而金属丝网挂在销钉上，其耐火时间可长达90min。这种玻璃的缺点是隔热性能差（发生火灾十几分钟背火面温度高达400～500℃），丝网影响视野，难以满足高级建筑物室内装饰的需要。

在安全性方面，当单片夹丝（网）玻璃受到猛烈撞击而破碎时，玻璃的碎片不会飞溅，具有防止或减轻人身伤亡的效果。安装在门窗上，也有某种程度上的防盗作用。

（2）特种成分单片防火玻璃

特种成分单片防火玻璃是指采用的玻璃基片为特种成分的玻璃，而非普通成分的平板玻璃或浮法玻璃。主要包括硼硅酸盐防火玻璃、铝硅酸盐防火玻璃、微晶防火玻璃以及软化温度高于800℃的钠钙硅优质浮法玻璃等，其优点是：由于成分的不同，玻璃软化点较高，一般均在800℃以上，热膨胀系数低，在强火焰下一般不会因高温而炸裂或变形；缺点是生产成本较高。

① 硼硅酸盐防火玻璃

在一些发达国家中，硼硅酸盐防火玻璃使用较为广泛。硼硅酸盐防火玻璃的化学组成一般是SiO_2含量在70%～80%，B_2O_3含量8%～13%，Al_2O_3含量2%～

4%，R_2O 含量 4%～10%。这种玻璃的特点是软化点高（约 850℃左右），热膨胀系数低［0～300℃时热膨胀系数为（3～40）$\times10^{-7}℃^{-1}$］，化学性能稳定。

2006 年秦皇岛耀华特种玻璃有限公司成功生产出硼硅酸盐防火玻璃，这是国内首家特种浮法玻璃生产企业，同时也是世界三大硼硅玻璃生产商之一。硼硅酸盐防火玻璃抗热冲击性能与浮法玻璃极好的光学性能集于一身，具有很高的机械强度及安全性；没有夹丝或夹层，即使在遇火的情况下，也能保持良好的透光度。

② 铝硅酸盐玻璃

铝硅酸盐玻璃的化学组成为：SiO_2 含量在 55%～60%，B_2O_3 5%～8%，Al_2O_3 18%～25%，R_2O 0.5%～1.0%，CaO 4.5%～3.0%，MgO 6%～9%。铝硅酸盐玻璃主要特征是 Al_2O_3 含量高，碱含量低，软化点高（在 900～920℃），热膨胀系数约为（50～70）$\times10^{-7}℃^{-1}$。这种玻璃直接放在火焰上加热一般不会炸裂或变形。用作防火材料时，玻璃厚度以 8mm 为宜，在安装使用时可以直接在玻璃上打孔和相配套的金属部件连接。

③ 微晶防火玻璃

微晶防火玻璃是在一定的玻璃组成中加入 Li_2O、TiO_2、ZrO_2 等晶核剂，玻璃熔化后再进行热处理，使微晶析出并均匀生长而形成的多晶体。这种玻璃的特点是具有良好的化学稳定性和物理力学性能，机械强度高，抗折强度高，软化温度高（在 900℃以上），热膨胀系数小，特别是在 0～500℃温变范围具有很低的热膨胀系数［20～400℃时，仅为（4～5）$\times10^{-7}℃^{-1}$］，因此这种玻璃对加热过程中所出现的温差不敏感，具有很强的热稳定性，甚至可以经受住长达 240min 的火灾考验，玻璃在 1000℃时，短时间内也不会变形。但是与夹丝网玻璃和普通玻璃一样，耐高温的微晶玻璃隔热性能差，在火灾中，几十分钟后着火面温度就高达 400℃，辐射热强度达 $1.4\times10W/m^2$ 以上，易引起可燃物质着火，影响人身安全。

（3）单片增强防火玻璃

单片增强防火玻璃是采用物理与化学方法对普通玻璃进行处理，提高玻璃表面的压应力，改善玻璃的抗热冲击性能，从而保证在火焰冲击下或高温下不破裂，达到阻止火焰穿透及传播火灾的目的。这种玻璃自重轻、透明度好、强度高、耐候性好，可加工成夹层玻璃、中空玻璃、镀膜玻璃、点式幕墙玻璃等，因此在越来越多的建筑中得到应用。但是，单片增强防火玻璃不能阻挡火焰的热辐射，只能通过 C 类防火玻璃的检测。

（4）单片镀膜防火玻璃

在单片高强度防火玻璃的表面贴上 PET（聚对苯二甲酸乙二酯）低辐射膜，或喷涂金属膜、金属氧化膜，如 ITO（氧化铟锡）膜，就形成高强度、能反射红外线的单片镀膜防火玻璃。如英国研制的一种单片镀膜防火玻璃是在玻璃表面镀有三层金属组成的能反射热辐射的金属涂层。这种玻璃根据英国标准制造，属于 A 级安全玻璃；厚度为 6mm，尺寸为 $4.18m^2$ 的制品防火能力为 30min；制品透光率高达 82%，相当于透明浮法玻璃。德国采用 6mm 厚的透明浮法玻璃原片，采用溶胶-凝胶法及化学浸渍法，在表面镀制组分为65% SiO_2、20% TiO_2、15% ZrO_2的涂层，镀膜后的玻璃进行钢化增强处理，制成单片镀膜防火玻璃，抗火能力达60min。

5.4.1.4 具有防火性的空心玻璃砖

空心玻璃砖是由两个半块玻璃砖坯组合，周边密封，中间具有空腔，空腔内有干燥空气并存在微负压的玻璃制品。空心玻璃砖有单腔和双腔之分。双腔空心玻璃砖是指在一块玻璃砖内有2个空腔，即在两块凹形玻璃砖之间布有一层玻璃纤维网，将原来的一个空腔分割为2个空腔，从而具有更高的隔热性。空心玻璃砖有两种生产方法，即熔接法和胶接法。

空心玻璃砖可以作为隔声、隔热、防火的内外墙结构材料使用，其隔热防火性能不低于单片防火玻璃。

5.4.2 防火玻璃特点及性能

防火玻璃是一种十分特殊的安全玻璃，如果仅考虑与防火有关的性能，包括防火玻璃耐火完整性、耐火隔热性及热辐射强度三项，防火玻璃的类别及等级也是根据这些性能划分的，需要说明的是，在讨论、研究和试验防火玻璃的防火性能时，必须同时考虑防火玻璃的支撑和/或框架的防火能力。

从表面上看，普通退火玻璃就具有防火功能，因为它不可燃、熔点高、能够阻挡火焰穿透。但是，由于玻璃自身的脆性，受热后易炸裂，碎片会从框架中脱出，从而无法阻挡火焰的穿过。因此，在建筑物中有防火要求的区域，对玻璃的防火要基于两点考虑：第一是玻璃必须完整，不能破裂开口或洞穿，以免造成空气流动促使直接火焰的蔓延；第二是玻璃自身完整，且不能由于传热使易燃材料着火，间接造成火势扩展。

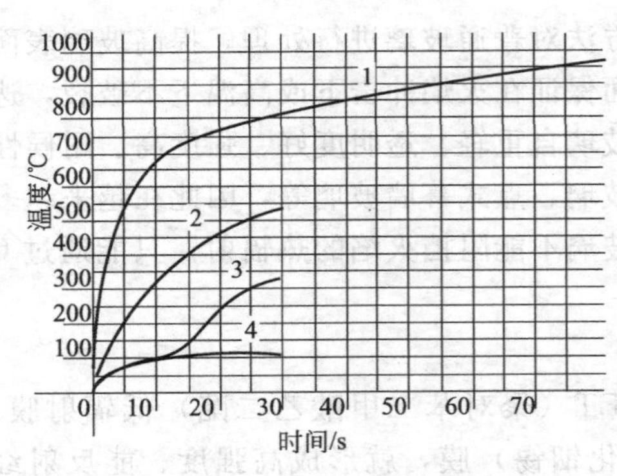

图5-21 防火玻璃的升温曲线图

1—向火面升温曲线；2—普遍防火玻璃背火面玻璃表面的升温曲线；3—用Pilkington Pyrodur背火面玻璃的升温曲线；4—用Pilkington Pyrostop背火面玻璃的升温曲线

防火玻璃最主要的性能是耐火性能。耐火性能取决于玻璃的材质、防火层材料的性质、框架的结构和材质、玻璃尺寸、玻璃结构等条件。耐火性能一般用耐火极限表示。耐火极限根据防火玻璃试验时的耐火完整性、耐火隔热性、热辐射强度三项进行判断。按照GB 12513《镶玻璃构件耐火试验方法》的规定，将防火玻璃直接镶嵌在墙洞中或与框架组合好再镶嵌在墙洞中制成构件进行耐火试验。耐火试验中的防火玻璃升温曲线见图5-21。试验过程中，如果防火玻璃背火面出现火焰，并持续燃烧10s或10s以上；当有火焰或气体从孔洞和其他缝隙处出现时，进行棉垫着火性试验，棉垫被点燃，则表明防火玻璃的完整性被破坏，达到耐火极限；如果试件在试验过程中垮塌，同样表明试件失去完整性。隔热性的测定以背火面温度作为判据。如果防火玻璃背火面测温点单点温升达到180℃，平均温升超过140℃，就认为防火玻璃失去隔热作用，达到耐火极限；如果距试件背火面3m的位置，临界热辐射强度值达到0.42W/cm²，或距试件背火面在等于其较小尺寸（长度或高度）1.2倍的距离内，临界热辐射强度值达到3.35W/cm²，就表明防火玻璃试件达到耐火极限。对于热辐射强度的要求，是由于发生火灾时，从受热玻璃构件发出的热辐射将直接影响该构件附近的可燃物及物资的安全，比如落在纤维素材料上的辐射热强度超过3.35W/cm²，此材料就容易燃烧；同时也影响人在该玻璃前面的安全通过。所以，超过一定数值的热辐射强度同样是不安全因素。

GB 15763.1—2009《建筑用安全玻璃 第1部分：防火玻璃》根据防火玻璃满足耐火完整性、耐火隔热性、热辐射强度的不同情况，将防火玻璃分为A、B、C三类。当防火玻璃能同时满足耐火完整性、耐火隔热性时，为A类防火玻璃；当防火玻璃能同时满足耐火完整性、热辐射强度时，为B类防火玻璃；当防火玻璃只能满足耐火完整性时，为C类防火玻璃。

同时，这三类防火玻璃可根据耐火时间，分为Ⅰ级（≥90min）、Ⅱ级（≥60min）、Ⅲ级（≥45min）及Ⅳ级（≥30min）四个耐火等级。依据《中华人民共和国公共安全行业标准GA/T 642—2006》的规定，防火门窗的耐火极限分为甲、乙、丙三个等级，分别满足72min、54min、36min的耐火需要。

根据德国标准DIN 18175，防火级别G的空心玻璃砖砌体能防止火焰在各自的测定时间内穿透，但不能防止热辐射穿透。不同防火等级空心玻璃砖砌体的防火时间见表5-23。

表5-23 不同防火等级的空心玻璃砖砌体

防火等级	防火时间/min	玻璃砖装饰平面最大面积/m²	防火等级	防火时间/min	玻璃砖装饰平面最大面积/m²
G30	≥30	3.5	G120	≥120	4.4
G60	≥60	3.5	F60	≥60	4.4
G90	≥90	9.0			

190mm×190mm×80mm的空心玻璃砖能达到上述防火要求，玻璃砖墙的最大允许面积为3.6m²。

5.5 夹层玻璃的应用

夹层玻璃作为汽车风挡玻璃已有近百年的历史，是包括中国在内的世界大多数国家和地区强制采用的标准材料。夹层玻璃具有耐久性和适用性，作为建筑材料可以满足对建筑安全、保安防范、隔声等功能的要求，可以解决建筑设计中的许多难题。建筑夹层玻璃在世界发达国家已得到广泛的应用，在欧洲45%的商店橱窗采用夹层玻璃；在澳大利亚，夹层玻璃占建筑玻璃的22%；美国建筑夹层玻璃约占夹层玻璃产量的70%。夹层玻璃具体应用领域包括以下方面。

5.5.1 建筑领域

(1) 在建筑物玻璃对人身安全最容易发生危害的地方使用

发达国家的建筑法规对建筑夹层玻璃的应用有明确的规定。我国夹层玻璃常使用于临街及附近有人行道的建筑物的窗户，公共建筑物的玻璃门窗，玻璃屏障，阳台的门窗，室内隔断玻璃，门窗两侧的玻璃隔断，地面、楼面2m以上的玻璃，浴室玻璃，楼梯间窗玻璃及护板，大球类场馆，尤其值得提出予以特别重视的是：高层建筑的窗玻璃常采用夹层玻璃，因为它意外破碎后碎块不掉落，不会造成伤人，比钢化玻璃更安全。

(2) 在要求保安防范功能的建筑物及其构件上应用

自然灾害和社会治安事件是危害城市建筑和人身安全的主要因素，火灾、台风以及恐怖、暴力等活动每年给社会造成巨大的财产损失和人身伤亡。因此，在要求保安防范功能的建筑物及其构件上应根据不同需要采用防弹玻璃、防暴力入侵玻璃、防盗玻璃、防火玻璃、防爆炸玻璃、防台风玻璃等夹层玻璃。

银行、金库、博物院、展览厅、陈列厅、珠宝店等可能发生枪击及可能发生偷盗、抢劫的场所应用防弹夹层玻璃；许多博物馆、展览厅、高级商业大厅的橱窗、展橱、陈列柜、珍奇宠物的展橱等采用防弹夹层玻璃，可以防砸、防抢。

防爆炸玻璃按照不同等级应用于不同场所：冲击波41～103kPa（6～15psi）用于加油站，煤气站，矿山等有爆炸危险、有毒、有害物质的生产及试验场所，既可观察到反应情况，又能防止爆炸及有毒有害气体对人健康的影响；冲击波103～310kPa（15～45psi）用于警察局，军事基地等易于受袭击的设施；冲击波310kPa（45psi）用于核电站，使馆等。防暴力入侵玻璃分三种级别：A级（防5min入侵）用于政府机构；B级（防15min入侵）用于监狱，既可进行探视，又可使之与外界完全隔离，还可防止砸破玻璃逃窜；C级（防60min入侵）用于外交使馆反恐。

在防范自然灾害方面，可以使用防台风/飓风玻璃。以美国为例，防台风玻璃在美国佛罗里达，得克萨斯等沿海岸的州已经被强制使用。并在近几年的飓风袭击中成功地挽救了不少财产和生命。

防火夹层玻璃可以应用在银行、金库、贵重物品库、存箱室、写字楼、档案楼、图书馆、印刷厂、有易燃物的化工厂、大型商场、易燃物仓库以及公共和民用建筑的门、窗等处。

(3) 在要求控光、节能、降噪、美观的建筑物上应用

镀膜夹层玻璃、吸热夹层玻璃可反射部分可见光，或吸收一定波长范围的光波，起到控制室内光线，使光线柔和的作用。镀膜夹层玻璃有将部分太阳辐射能反

射到室外的功能，吸热夹层玻璃有吸收部分太阳辐射的功能，能降低室内空调能耗，节省能源消耗。用防紫外线夹层玻璃能滤掉99%的紫外线，减轻室内纤维物、丝织物、书画、古董及家具的褪色，用于博物馆、展览厅、图书馆、专业商场的窗玻璃。

装饰夹层玻璃采用印有花纹的PVB膜，图案或膜中加有不透明的彩色着色剂，适合于装饰墙面、柱、护板、地板、天花板及坚固的隔墙。

调光夹层玻璃通电后透光率大约为80%，不通电时透光率约为50%或更低，可用于要求调光的建筑物，中。要求防止眩光的高级写字楼、精密仪表制造、装配、修理车间等，可以采用防眩夹层玻璃。

要求低噪声的建筑物，如科研办公大楼、高级写字楼、学校、图书馆、宾馆、音乐厅、影剧院、疗养院、医院，窗玻璃应采用夹层玻璃。本身有高噪声源的厂房，如轧钢厂、纺织厂、锻压厂、气体分离厂、大型空压机站等建筑物，以及附近办公大楼、写字楼及住宅的窗玻璃都应用夹层玻璃。

5.5.2 汽车领域

弯夹层玻璃用来做汽车风挡玻璃，即使发生偶然事故，玻璃被撞碎，但碎片仍粘在PVB膜上，不会飞溅出来伤人；由于碎玻璃不掉落，而且碎片也较大，司机仍可透过玻璃获得足够的视野，汽车仍可继续行驶。防眩光夹层玻璃或有过渡色风挡玻璃，可防眩光。电热夹层风挡玻璃，可以通电去冰除霜，利于驾驶员观察外界情况。

5.5.3 航空领域

飞机风挡玻璃广泛采用全无机复合夹层玻璃、有机无机复合夹层玻璃等。可以具有高强度、抗鸟撞、防雾、除霜、抗冰雹、防静电、抗辐射及防弹等性能。

5.5.4 其他领域

一些厚夹层玻璃，能防水和承受较大的静压力，适用于大型水族展览柜、深水水工窥视窗、静压力大的场所、高度真空室的窥视窗以及坦克、潜艇的窥视窗等。

5.6 夹层玻璃操作规程

5.6.1 合片操作细则

(1) 合片室环境要求

① 合片室要保证封闭性，合片室与清粉室的隔门及合片室通向室外的门必须全部关闭。

② 合片室温度控制在18～25℃，相对湿度控制在20%～30%范围以内。

③ 合片室空气应保持清洁无尘，地面和设备表面手擦无灰尘。

④ 进入合片室前，工人应将白色工作衣、工作帽穿戴整齐，除尘后方可进入。

⑤ 合片室工人正常生产时，不得超过6人，制作大型玻璃需要增加工人时，应在严密监控温度和相对湿度不超过标准的情况下进行，合片室严禁闲杂人员入内。

(2) 清粉前的准备

半成品进入清粉室前要逐片进行检验，合格的玻璃方可进入清粉室进行清粉。

(3) 清粉

半成品进入清粉位置后，用吸盘将上片吸起，人工进行清粉。

① 吸尘　用吸尘器将两片玻璃间的硅粉吸干净。

② 粗擦　用涤凉布擦拭两片玻璃表面，将粉尘清除干净。

③ 细擦　用干净无尘的涤凉布蘸酒精细擦，使玻璃表面彻底无尘，光亮洁净。

(4) 合片

半成品玻璃进入合片位置后，人工进行合片。

① 首先检查玻璃的外观质量，合格后铺上胶片，胶片必须自然铺平，不能拉伸。

② 放上另一片玻璃，放时注意两片玻璃上下对齐，叠差不超过标准规定。

③ 割去四周多余胶片，这时应注意割胶片的刀片应有一定的倾斜度，使四周均留有1～2mm宽的胶片。

5.6.2　预压操作细则

以真空处理线VPL2313-3，Pilkington Lamino为例，来说明预压操作细则。

(1) 设备操作说明

Lamino的真空处理线可把夹层和玻璃之间空隙的多余气体吸去，产品放在真空处理线的传送机上之前，在玻璃之间放入PVB，多余的PVB夹层沿玻璃边切除，合适的真空环套入玻璃和夹层边缘上，此时，玻璃放在传送机上，接通真空分配系统，上片、卸片及各部分管道接通，由工作人员进行。

第一次吸气发生在加热区之前，玻璃放在传送机上时，这称为冷吸气过程；要使效果更显著，玻璃要通过此加温区，热空气通过风机流通，整个过程自动控制。

炉子由三个加热部件组成，每个部件由两个加热元件和一个风机装配而成，风机可从本身中部吸入空气，使之吹过加热元件返回进入加热区，部件两边可对炉子内部空气循环进行四级调整。不过试用期间级数已经经过调整，没有正确测量仪器，不要对其进行调整。

每个加热元件装备有独立的Pt-100传感器和控制器，设置在主控制部件的门上，控制器有两个显示器，位于上部的显示部件温度，下部的显示设定数值。

控制器的参数在试车时已经设定为合适的标准，不要改变这些参数，如果出于某些原因要改变参数，参照控制器操作指令手册进行。

超温警报值设定为150℃，最低设定值为145℃，当某些部件温度超过警报限值时，相应的警报指示灯在控制器上闪烁，温度逐渐下降后，警报解除。

每个加热元件装备有热传感器，过滤传感器动作时，加热和吹风停止，过热传感器限值的调整在加热元件盖板下进行，限定值试车时设定为160℃。

每个加热部件中风机功率为1.1kW，加热元件功率为2×15kW。

传动机由一个受频率交换器控制的齿轮电机驱动，电机在传动机的末端。传动链借助于传动起始端的汽缸来拉紧，由于热胀，链长度变化，汽缸可自动调整链的长度，如果太松，传动机不会启动。

(2) 技术指标

长度	9320mm
宽度	3382mm
高度	3866mm
生产量	400片/8h风挡玻璃
产品规格最大玻璃尺寸	2000mm×1300mm
最小玻璃尺寸	800mm×400mm
PVB夹层厚度	0.76mm
玻璃厚度（对）	4～6mm
电压电流	3ph/50Hz
额定电压	380V
控制电压	220V(AC)，24V(DC)
总装机负载	98kW
气压工作压力	(6～7)×10^5Pa

(3) 工作区域及工作说明

夹层生产线分为四个工作区，每一工作区有两名工人。

① 在生产线开端处是第一工作区，玻璃较大时，工人用真空刷或真空吸尘从挡边处清洁玻璃，而后把玻璃放在装配传送装置上。

② 在第二工作区上，工人在玻璃之间插入PVB隔层，多余PVB隔层沿玻璃边切除。

③ 在第三工作区上，工人沿玻璃放上真空环，而后抬起玻璃放在真空传送机上；真空环与真空系统接通。

④ 第四工作区在真空处理线末端，工人中断真空系统，拿下真空环，玻璃放在架子上。

(4) 真空处理线

① 控制设备

在控制板上有紧急制动按钮、传动机速度电位计和NT显示器。

② 启动

主开关打到1位置，按下控制电压，启动真空处理线，如果控制电压没有接通，必须检查紧急制动按钮的状况后，调定设备准备操作。

压缩空气：检查主关闭阀是否打开，主压力是否充足。

真空：如果真空值不上升，检查有无泄漏。

传送机：检查有无东西阻碍传送机运动，设置传送机速度（CONVEYOR-SPEEDCON—TROL）。

按自动 START 键，启动自动运行。

加热：检查并设定部件温度至一适当水平。

③ 停止

停止自动驱动来停止处理线动作，此后，断开控制电压开关，主开关打到 0 位置。关掉压缩空气。

(5) 操作系统

传送从 NT 显示器上接通，NT 显示器为真空和装配线共有。

① 无分率操作

a. 启动

按下 CONTROLVOTAGESTART（控制电压启动）按钮，接通电压。检查 LIFTS（提升）指示灯是否熄灭，如果指示灯亮，再按一次，指示灯熄灭，分离器自第二工作区上升。启动自动驱动，按 AUTOMATIC、STRAT 按钮。启动传送机，按 END1 按钮，使用 NT 显示器边上的电位计，调整传送机速度。

b. 操作

玻璃通过真空刷部件，放置在传送机上，而后把第二片放在第一片玻璃的首边处，两玻璃相互对齐定位，多余的 PVB 层沿玻璃边切除。当玻璃到传送机终端上光传感首端时，传送机停止，玻璃从光传感首端搬走时，传送机可再次启动。第三个工作区上环绕玻璃放置真空环，玻璃被提升至真空传送机上，并与真空系统接通。

在第四个工作区上，等待传送机停止，而后拿下真空环，玻璃放在架子上。

② 带分离器操作

a. 启动

按下 CONTROLVOTAGESTART（控制电压启动）按钮，接通电压。检查 LIFTS（提升）指示灯是否亮，如果指示灯亮，再按一次，指示灯亮，而后分离器自第二个工作区下降。启动自动驱动，按 AUTOMATICSTART（自动启动）按钮，检查 END1 按钮是否关闭，使用 NT 显示器边上的电位计，调整传送机速度。

b. 操作

工作区 1：玻璃放入第一分离器内，使玻璃在传送机中间，真空垫上和真空传感器首端。手指放在玻璃之间，掀起玻璃对一角，而后按下黑色复位按钮，分离器下降。等待吸气进行，而后提起上部玻璃。用真空吸尘器清扫玻璃，玻璃清洁时按下复位键，分离时使玻璃下落至传送机上。传送机向前运送玻璃，而后停止，之后把下一对玻璃放在传送机上。

工作区 2：此时玻璃对接近第二个工作区时，分开玻璃对的角部，按下黑色复位按钮，分离器下降，等待吸空产生而后提起上部玻璃。把预先整形的 PVB 夹层放在下部玻璃的首端，当分离器使玻璃下降时按复位键。玻璃定位在同一地方，沿玻璃边缘切除多余的 PVB 夹层，不要切除太多，因为切除后，玻璃里面的 PVB 层有回缩的趋向。等待下一对玻璃。

工作区 3：环绕玻璃放置真空环，提起玻璃放在真空传送机上，并连接到真空系统中，检查真空环是否紧密环绕玻璃，保证没有泄漏。按下复位键，传送机向前走一步。

工作区 4：等待传送机停止，取下真空环，玻璃提至架子上。

5.6.3 高压釜工艺操作规程

① 高压釜为压力容器，操作者必须经过安全培训，在设备开启期间严禁离开；遇到温度压力异常升高应当迅速关闭加热开关，手动排气，以确保设备安全。

② 本釜采用在控制系统中压力传感器检测到压力即锁死开门电机，无压才开锁和手动连锁两种方法保证釜门开关安全，釜内有压力严禁错齿开门。

③ 釜内严禁使用木板、硅胶板等可燃的隔垫材料，可使用四氟板、阻燃橡胶板或长尾夹等阻燃材料作为隔垫，捆扎玻璃车使用芳纶绳或细不锈钢丝，不能使用可燃绳索，少用或禁用二丁酯等可燃封边材料，绝不可以滴淌，严防火灾发生。

④ 关门前检查釜门和密封圈相交处是否润滑，开门、错齿减速机或油缸是否注油，要经常磨光密封面，要使用石墨或滑石粉润滑，不要使用黄油润滑。密封槽光洁无锈并涂上石墨粉或滑石粉，密封圈表面和釜门密封面要用石墨粉润滑。

⑤ 初压玻璃垂直或接近垂直放在釜车上，间隙一般在 6mm 以上，用四氟板、阻燃橡胶或长尾夹、铝隔条作为间隔。

⑥ 先加热至 65℃，再加压至 0.3MPa，然后温度压力共同上升。当夹层玻璃内部的温度与加热阶段的最高值一致，便完成加热程序。

⑦ 保持：温度 130～135℃，压力 1.15～1.25MPa 时，保温保压 20～45min。薄玻璃 20min，玻璃较厚或较多 25～45min。以夹层玻璃出釜时四周胶片刚熔化而未滴淌为标准。

⑧ 冷却阶段：降至 40～45℃，减压排气，不可在高温状态下把釜门打开，否则在玻璃四周的边沿将形成气泡。

6 中 空 玻 璃

6.1 中空玻璃的定义与分类

6.1.1 中空玻璃的定义

中空玻璃的国标定义是：两片或多片玻璃以有效支撑均匀隔开并周边粘接密封，使玻璃层间形成有干燥气体空间的制品。中空玻璃具有隔声、隔热、防结露和节能的作用，广泛地应用于建筑、交通、冷藏等行业。

6.1.2 中空玻璃的分类

最初，中空玻璃是指双层隔热玻璃。最早的专利是美国 T.D. Stofson 于1865年8月1日发表的，并首先在美国得到了推广和应用。中空玻璃由于其卓越的隔热性、保温性、节能性、隔声性、安全舒适性、防凝霜、防灰尘污染，经过100多年的发展，到20世纪50年代在全世界得到了广泛使用。

中空玻璃按中空腔的数量可以分为双层中空玻璃和多层中空玻璃，双层中空玻璃是由两片平板玻璃和一个中空腔构成的，多层中空玻璃是由多片玻璃和两个以上的中空腔构成的。中空腔越多，隔热和隔声效果也越好，但中空腔增多会增加成本，所以目前应用最多的是双层中空玻璃和两个中空腔的三层中空玻璃。

按生产方法可分为熔接中空玻璃、焊接中空玻璃和胶接中空玻璃三种。国际上最早采用胶接法生产中空玻璃，当时仅作为火车用窗玻璃。20世纪40年代美国人发明了焊接中空玻璃，之后焊接中空玻璃技术传入欧洲。20世纪50年代中期，美洲和欧洲同时发明了熔接法生产中空玻璃。然而，使用胶接法仍是当今国内外生产中空玻璃的主流。

6.1.2.1 焊接法

焊接法是将两块或两块以上玻璃四周边部的表面镀上锡及铜涂层，以金属焊接的方法使玻璃与铅质密封框密封相连（见图 6-1)。焊接法具有比较好的耐久性，但工艺复杂，需要在玻璃上进行镀锡、镀铜、焊接等热加工，设备多，生产需用较多的有色金属，生产成本高，不宜推广。

6.1.2.2 熔接法

熔接法是采用高频电炉将两块玻璃的边部同时加热至软化温度，再用压机将其边缘加压，使两块玻璃的四边都压合成一体，玻璃内部保持有一定的空腔并充入干燥空气（见图 6-2）。一般情况下，两块玻璃的厚度及其成分应相同。熔接法的产品具有不漏气，耐久性好的优点。缺点是产品规格小，不易生产三层及镀膜等特种中空玻璃，选用玻璃厚度范围小（一般为 3～4mm），难以实现机械化连续生产，产量低，是已经淘汰的生产工艺。

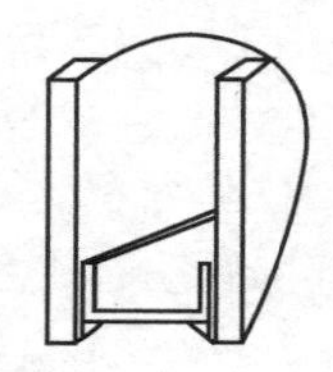

图 6-1　焊接法局部边部断面

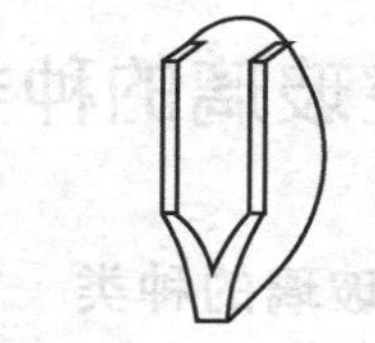

图 6-2　熔接法局部边部断面

6.1.2.3　胶接法

按照制品的结构不同，胶接法又可以分为槽铝式胶接法和胶条式胶接法。

（1）槽铝式胶接法

槽铝式胶接法是将两片或两片以上的玻璃，周边用装有干燥剂的间隔框分开，并用双道密封胶密封（见图 6-3）。胶接法的生产关键是密封胶，目前国内外名牌密封胶的使用寿命一般为 20～30 年。现在采用的密封胶，其良好的稳定性、粘接性、抗渗透性，使中空玻璃的性能及使用寿命得到了较大的提高，把干燥剂和间隔框形式结合起来，同时形成了中空玻璃双道密封的概念。目前，绝大多数中空玻璃是采用胶接法生产的。它还具备以下特点：

① 生产工艺成熟稳定；

② 产品设计灵活，易于开发特种性能的中空玻璃；

③ 产品适用范围广，不但适用于门窗，而且适用于大型玻璃幕墙；

④ 生产所用原材料（例如干燥剂、密封胶）在生产现场可以进行质量鉴定和控制。

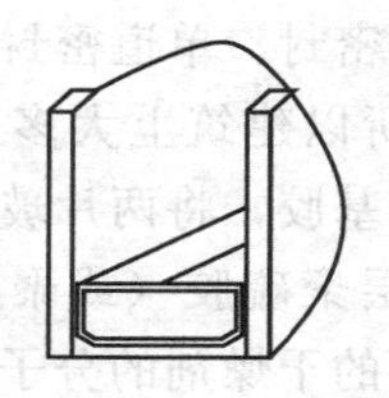

图 6-3　胶接法局部边部断面

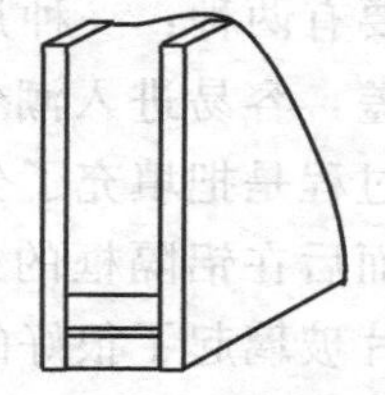

图 6-4　胶条法局部边部断面

（2）胶条式胶接法

胶条式胶接法是将两片或两片以上的玻璃四周，用一条两侧粘有粘接胶的胶条（胶条中加入干燥剂，并有连续或不连续波浪形铝片），粘接成具有一定厚度空腔的中空玻璃（见图 6-4）。

胶条式胶接法所用的胶条是弹性材料，在玻璃拐角处易成型，生产异形中空玻璃时比较灵活。中空玻璃总体制造成本低，但是因胶条自身的结构强度不高，中空玻璃结构稳定性较差，大尺寸中空玻璃特别是幕墙玻璃方面应用受到局限。现在已出现与第二道密封胶（硅胶或聚硫胶）配合使用的方法，大大地改善了中空玻璃的性能。

6.2 中空玻璃的种类及材料

6.2.1 中空玻璃的种类

中空玻璃产品可按气室内的气体类别、玻璃基片种类、产品功能、产品结构进行分类。

(1) 以气室内充入气体的类别分类

① 普通型　普通干燥气体。

② 特殊型　惰性干燥气体。

(2) 以玻璃基片分类

① 普通型　普通浮法玻璃。

② 特殊型　相对普通浮法玻璃而言的深加工玻璃和各种不同光学性能、不同色泽的（一次成型）平板玻璃等。

(3) 以产品功能分类

① 普通型　产品具有隔热、隔声、防结露三大基本功能。

② 特殊型　产品除了具备隔热、隔声、防结露三大基本功能外，还兼备安全防护性，或兼备对阳光的可控性，或兼备装饰性，或同时兼备以上各种或多种功能。

(4) 以产品的结构分类

① 传统槽铝式中空玻璃（见图 6-5）。它是从 20 世纪 80 年代中期开始从国外引进的。主要有两种：一种是单道密封，另一种是双道密封。单道密封中空玻璃的密封效果较差，容易进入潮气，难以达到使用要求，所以建筑上大多采用双道密封。其生产过程是把填充了分子筛的铝隔框两侧涂上丁基胶，将两片玻璃的边部黏合在一起，而后在铝隔框的外侧、两片玻璃之间涂一层聚硫胶（或聚硅氧烷胶），铝隔框对两片玻璃起了很好的支撑作用，作为铝隔框中的干燥剂的分子筛保证了中空玻璃内部空气的干燥，有效提高玻璃内部抗凝霜结露的能力，而丁基胶和聚硫胶同时使用，使中空玻璃具有良好的密封性能和耐紫外线性能，从而具有优良的耐候性，延长了中空玻璃的使用寿命。

② 复合胶条式中空玻璃（见图 6-6）。它是 20 世纪 90 年代才从国外引进的一种中空玻璃，由于其工艺简单，投资较少，效率较高，已经逐步被人们所了解和认识，并迅速在我国北方地区得到应用及推广。复合胶条是一种经挤压成型的连续带状材料，由密封剂、干燥剂和波浪形铝带及其他高分子材料经特殊工艺制作而成。

它集密封、隔离、干燥于一体，其内部的波浪形铝带可承受风压和玻璃间的压力，并能阻止潮气的侵入。干燥剂具有吸潮作用，特种高分子材料密封性好，与玻璃粘接力强，耐候性优异，通过加热辊压机，使玻璃与胶条达到最佳黏合度，经加压密封，即成中空玻璃。胶条式中空玻璃，减少了中空玻璃生产操作环节，将生产过程中人为因素降到最低，成型方便快捷，胶条可以任意弯曲，因而产品质量更容易控制，保证了长久的使用寿命。

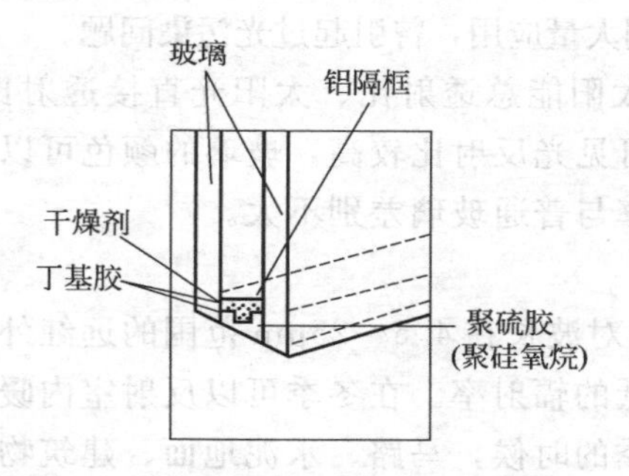

图 6-5　槽铝式中空玻璃结构示意图

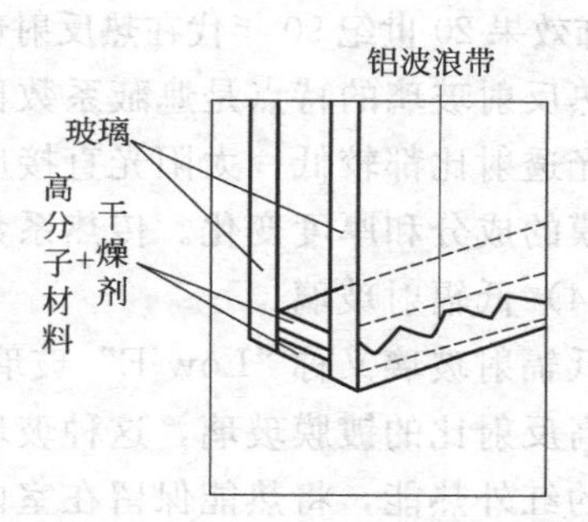

图 6-6　复合胶条式中空玻璃结构示意图

6.2.2　中空玻璃的原材料

中空玻璃的原材料主要包括玻璃、间隔条、丁基胶、双组分聚硫胶或有机聚硅氧烷胶、干燥剂、复合胶条、超级间隔条、惰性气体等。

6.2.2.1　玻璃

制造中空玻璃的原片玻璃可以是平板玻璃、镀膜玻璃、钢化玻璃、夹层玻璃、着色玻璃和压花玻璃等，应尽量避免使用普通平板玻璃。普通平板玻璃的透明度及强度均达不到要求。平板玻璃应符合 GB 11614 的规定，夹层玻璃应符合 GB 9962 的规定，钢化玻璃应符合 GB/T 9963 的规定，其他品种的玻璃应符合相应标准。一般情况下，生产中空玻璃应选用无色浮法玻璃或其他节能玻璃和安全玻璃。

(1) 透明平板玻璃

单片透明玻璃的遮蔽系数 Sc＝0.99，这意味着它对阳光辐射阻挡能力很差，绝大部分的太阳辐射热能透过玻璃进入室内，单片透明玻璃的保温、隔热性能确实很差，不宜直接用于设有暖通或空调设施的建筑物。

(2) 着色玻璃

着色玻璃的遮蔽系数 Sc 低于透明玻璃，它通过吸收太阳能而减弱其进入室内，其隔热性能优于透明玻璃而劣于大多数热反射镀膜玻璃，这种玻璃属于吸热玻璃。

着色玻璃主要有绿色、灰色、蓝色、茶色等品种，其中绿色的市场使用量最多。就采光和隔热性而言，绿色玻璃远优于灰色玻璃，绿色玻璃的透光率为 73% 时，其遮蔽系数 Sc 仅为 0.65；而灰色玻璃的透光率低至 43% 时，其遮蔽系数 Sc 却高达 0.69。

（3）热反射玻璃

热反射玻璃是一种对太阳能具有反射作用的镀膜玻璃。它的表面镀有金属、非金属及其氧化物等各种薄膜，这些膜层可以对太阳能产生一定的反射效果，从而达到阻挡太阳能进入室内的目的。热反射玻璃对太阳辐射具有较高的反射能力，反射率可达20%～40%，甚至更高，同时具有较好的遮光性能，使室内光线柔和舒适。而且这种反射层镜面效果和色调对建筑物的外观装饰效果很好。需要说明的是，由于热反射玻璃的装饰效果20世纪90年代在热反射玻璃中得到大量应用，曾引起过光污染问题。

热反射玻璃的特点是遮蔽系数比较低，太阳能总透射比、太阳光直接透射比、可见光透射比都较低，太阳光直接反射比、可见光反射比较高，玻璃的颜色可以根据薄膜的成分和厚度变化。传热系数、辐射率与普通玻璃差别不大。

（4）低辐射玻璃

低辐射玻璃又称“Low-E”玻璃，是一种对波长在4.5～25μm范围的远红外线有较高反射比的镀膜玻璃，这种玻璃具有较低的辐射率。在冬季可以反射室内暖气辐射的红外热能，将热能保留在室内。在夏季的时候，马路、水泥地面、建筑物的墙面在太阳的暴晒下，吸收了大量的热量，这些热量也会以远红外线的形式向周围物体辐射。低辐射玻璃可以反射这些红外线将其挡在室外。低辐射玻璃的辐射率一般都小于0.25，而普通玻璃的辐射率一般都在0.8左右。

低辐射玻璃特点是遮蔽系数、太阳能总透射比、可见光反射比都与普通玻璃差别不大，辐射率、传热系数比较低。需要说明的是：由于低辐射玻璃表面的膜层是导电的材料，会形成电磁屏蔽效应，可能会影响建筑物内的无线通信。

低辐射膜玻璃的生产方法主要分在线和离线两种方法。在线法是指在浮法玻璃生产线成型和退火之间，在浮法玻璃表面上镀膜的生产方法。离线法是以浮法玻璃成品为基片，采用真空镀膜或其他工艺生产镀膜玻璃的方法。在线法和离线法生产的低辐射膜玻璃的特性比较见表6-1。

表6-1 在线/离线低辐射膜玻璃特性比较

特　点	在线法低辐射膜玻璃	离线法低辐射膜玻璃
产品成本	较低	较高
品种	较少	较多
生产中更换品种	很难	灵活方便
冷加工	容易	很难
钢化	容易	很难
中空	不去膜	去膜
夹胶	容易	不易
膜层强度及稳定性	很好	较差
隔热性能	较好	较好
应用	可单片使用	不可单片使用
产品供应商	进口	国产/进口
货架寿命	可长期储存	不可储存，立即加工
包装运输	容易	难

(5) 安全玻璃

普通浮法玻璃均经过退火处理，其内部应力分布均匀，因此破裂后会形成边部锐利的大块状，易于造成对人、物的损伤。改变玻璃的内部应力状态或将玻璃用柔性材料层叠粘接，都可改善玻璃的安全特性，于是钢化玻璃、夹层玻璃应运而生。

① 钢化玻璃

将普通玻璃加热至约700℃并急速冷却后成为钢化玻璃。钢化玻璃表面呈压应力而内部呈张应力，因而具有以下特性：

安全性：破碎后形成碎小的、边部成钝角的颗粒，不会对人、物构成伤害。

高强度：强度是普通玻璃的4倍，抗冲击性能大大提高。

热稳定性：热抗冲击强度是普通玻璃的3倍，可经受300℃的温差而不破裂。

② 夹层玻璃

在两片或多片玻璃之间夹入PVB（聚乙烯醇缩丁醛）膜，经高温高压加工后即成为夹层玻璃。其中PVB膜是坚韧透明的柔性材料，并具有吸收紫外线和声波的特性，夹层玻璃具有以下特性：

安全性：破裂后仍被PVB膜粘接成一个整体，不解体，不飞溅。

隔声性：具有优良的隔声性能，与同等厚度的玻璃相比，R_w值提高5dB。

隔紫外线性：可隔绝99%的紫外线。

6.2.2.2 间隔框

作为槽铝式中空玻璃所用的间隔框，目前一般采用铝间隔条。铝条的厚度应在0.30～0.35mm，厚度应均匀一致，透气孔分布均匀，铝条须经阳极氧化处理或去污处理，一定要选用质量好、档次高的产品，提高铝条的利用率。

铝间隔条主要有两类：传统的四角插接式与改进后的连续长管弯角式。四角插接式在具体做法上又分为接头处涂胶处理与不涂胶处理两种。一般来说，铝框的接头越少其密封性能越好，只有一个接头的连续长管弯角式铝框较四角插接的改善许多。但是，如果四角插接式铝框在接头处涂胶，而连续长管弯角式不涂胶，则接头少的密封性能不一定比接头多的好。

鉴于我国目前使用的铝间隔框大多为四角插接式，而连续长管弯角式铝框的制造成本又较高，为此，提高中空玻璃密封性能的较实际的方法为四角接头处涂胶。与铝间隔框配套的插角尺寸要选好，表面要擦干净。

6.2.2.3 复合胶条

复合胶条是20世纪80年代由美国化学家研制的一种复合密封材料，又称实唯高（Swiggle）胶条。

(1) 复合胶条的组成

它是一种经过验证由100%固体挤压成型的高质量热塑性连续带状柔性材料，由密封剂、干燥剂和整体波浪形铝隔片组成。密封剂采用湿气透过率极低的丁基胶，可很好地保持中空玻璃内部气体不泄漏和不被湿气侵蚀。干燥剂采用定向吸附水及挥发气体的专用分子筛，保证中空玻璃内部干燥，延长中空玻璃的使用寿命。

整体波浪形铝隔片嵌入到密封和干燥剂组成的制剂中，以控制两片玻璃间的距离，保持规定的空隙厚度和对湿气完全阻挡，隔片的波浪形或凹槽也会增加与玻璃的有效接触面积，控制中空玻璃的空隙尺寸。

(2) 复合胶条的特点

① 用一种产品就能完成如干燥剂、铝条、丁基胶、聚硫胶、插角等全部工作，不需使用其他密封剂即可生产窗用中空玻璃。

② 世界上第一个暖边系统的中空玻璃，边缘热阻大大提高，隔热性能更好。因使用的密封胶具有极低的湿气透过率，氩气透性极低，使用的分子筛具有2.5倍强度，保证了中空玻璃的使用寿命。

③ 可生产任意形状的中空玻璃，并灵活粘接，密封性能好。

④ 生产效率较高，材料浪费较少（低于1%），产品质量控制容易，受人工影响较小。

⑤ 可同时使用第二种密封材料生产，如幕墙等中空玻璃。

6.2.2.4 密封胶

(1) 密封胶的作用

中空玻璃最基本的性能特点是具有一个干燥的密封中空腔，密封达不到要求，干燥自然无法保证，结雾结露现象就会出现，中空玻璃也就失效了。由于中空玻璃使用环境较为复杂，要经受风吹雨淋，烈日暴晒，紫外线照射，还得随夏、冬温差变化，因此要求密封胶必须具有不透水、不透气、耐辐射、耐温差、耐湿气及各种气候的变化，同时还要满足中空玻璃生产工艺的要求。为确保中空玻璃的质量，选择优质的密封胶是制作性能良好的中空玻璃的最基本的保证。

(2) 中空密封胶的粘接机理

槽铝式中空玻璃密封性必须靠双道密封生产工艺来保证，即第一道密封是热熔性丁基密封胶，主要起密封作用；第二道密封由聚硫或聚硅氧烷密封来完成，因其具有良好的弹性则起到辅助密封，缓冲及保护作用，两者相辅相成，缺一不可。聚硅氧烷、聚硫等弹性密封胶靠化学反应来达到黏合目的，而热熔性丁基密封胶主要靠丁基橡胶，聚异丁烯等的自身黏合、吸附、密封作用来实现其密封效果。

① 黏合的产生

中空玻璃采用的铝框架和玻璃由聚硅氧烷或聚硫的作用而牢固结合起来，这种现象称为黏合。作为粘接密封胶必须具备三个条件：a. 易流动（自流或借助于外力）；b. 能充分均匀地浸润被粘物的表面；c. 胶黏剂能顺利地通过化学作用或物理作用而发生固化，与被粘物牢固地结合。如图6-7所示。

② 玻、铝的表面特征

金属铝氧化膜比较致密，其粘接活性不高；玻璃表面从微观上来讲，有一定的粗糙度，有利于粘接强度的提高。就是说玻璃易粘，粘得牢，铝不易粘，会出现粘不牢的现象。为了获得好的黏合强度，必须重视玻、铝的表面特征，在粘接前，对玻、铝的表面进行净化或活化处理。

③ 表面浸润

为了胶黏效果好，就要使中空玻璃胶充分浸润到玻铝表面，如果浸润不完全，就会有许多空隙出现在界面中，造成胶黏不完全，空隙周围就产生应力集中使胶黏强度大大下降。值得一提的是，中空玻璃密封胶的含胶量是应引起行业关注的确保粘接密封效果的主要因素。聚硅氧烷、聚硫对玻铝的表面浸润的情况可以用接触角来解释。密封胶与玻铝接触的表面张力越小，密封胶越容易在外力的作用下在玻铝上铺展开，接触角越小，越易浸润。液体与固体表观接触角的关系如图 6-8 所示。

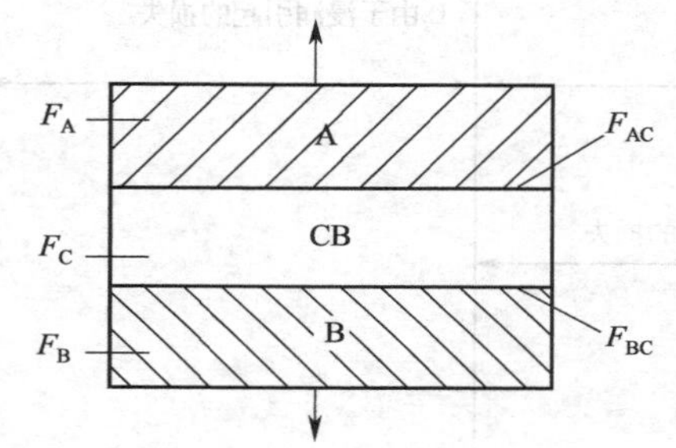

图 6-7　黏合型结构模型

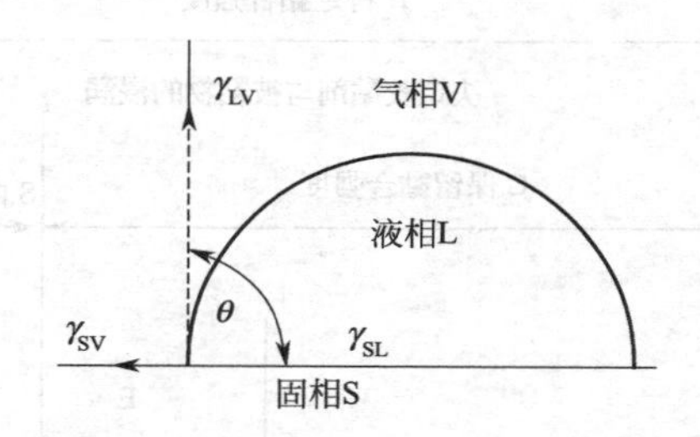

图 6-8　液滴与平的固体表面间的接触角

由简单的矢量概念得知，在液固界面上平衡状态的接触角θ与界面张力的关系式为：

$$\gamma_{SV}=\gamma_{SL}+\gamma_{LV}\cos\theta \tag{6-1}$$

用 W_A表示固体与液体展开 1cm 所需要的功，则黏附功为：

$$W_A=\gamma_{LV}(1+R\cos\theta) \tag{6-2}$$

式中：θ——三相界面点作滴液曲面切线与固相表面的夹角；

γ_{SL}——液-固界面张力；

γ_{LV}——气-液界面张力；

γ_{SV}——固-气界面张力。

θ与γ_{LV}可测定，W_A 就能算出来。从上述推论可以知道，接触角小，黏合剂的表面张力（表面能）比被粘物小，就容易浸润，若用被粘物的表面能 W_A 表示，即若它比黏合剂的表面张力大，就易浸润，也就易粘接。

④ 黏合强度及其影响因素

在中空玻璃应用中，一般是以黏合拉伸强度（单位面积上所呈现的粘接力）来表示黏合的效果。图 6-9 显示了黏合强度的各种影响因素。图中 L，S，E，F 都是影响黏合强度下降的因素，L 表示没有充分浸润：S 表示黏合处内应力造成的影响；E 表示测定方法的缺陷和没有测到的内应力影响；F 表示测定方法的缺陷。除此之外，以下因素也对黏合强度有很大影响：

a. 内应力，包括相变化、热膨胀系数、组成的变化、时间的影响；

b. 表面污染；

c. 表面粗糙；

d. 黏合层厚度；

e. 使用期限。

这几种影响因素在实际使用过程中经常遇见。

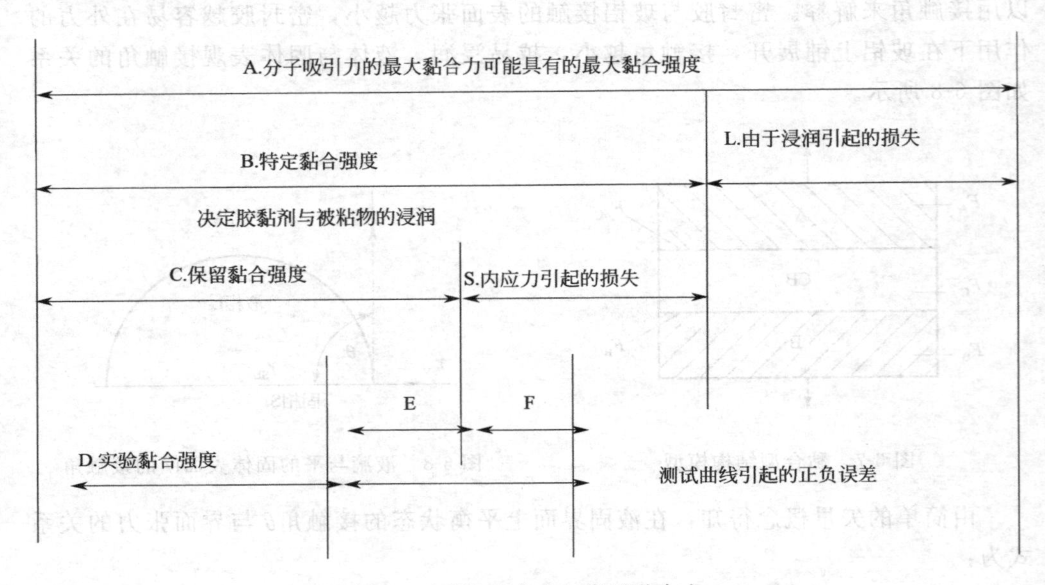

图 6-9　理论黏合力与实际黏合力

⑤ 胶黏理论简介

a. 机械结合理论

这种理论讲的是胶黏剂浸润到被粘物凸凹不平的沟痕和空隙中，以嵌装、钩合、锚合、钉合、树根固定形式在固液界面区产生强强齿合力。

b. 吸附理论

这一理论认为，粘接是类似吸附现象的表面过程。胶黏剂的极性集团与被粘物集团的距离小于 5Å 便能被相互吸引，产生分子间力，这也就是所谓的范德华力和氢键形成的粘接。

c. 化学结合理论

化学结合理论认为胶黏性与破粘物的表面产生化学反应而在界盖上产生了键能很大的化学键，从而使两者牢固地结合起来。还有相互扩散理论、静电吸引理论、极性理论、弱界面理论，这里不一一介绍。

上述公认的理论在解释黏合作用时都有正确的一面，但都解释不完全，因中空胶黏剂组成比较复杂，很难用某一理论进行圆满解释，以上介绍仅供分析上的参考。

(3) 中空玻璃密封胶的分类

① 丁基胶

丁基中空玻璃密封胶是以聚异丁烯或聚异丁烯和丁基橡胶为主要成分的非定型密封材料。聚异丁烯是异丁烯的聚合物，丁基橡胶是异戊二烯（又名甲基丁二烯）与异丁烯的共聚物。其中异戊二烯占总量的1%～3%。

丁基中空玻璃密封胶具有如下特征：

a. 高饱和度和耐环境腐蚀性。聚异丁烯是完全饱和的，不含任何活性分子，丁基橡胶类聚合物双键含量也仅在0.5%～2%。这种高度饱和分子结构赋予异丁烯类聚合物优良的耐老化和耐化学药品性。

b. 高气密性。长线型紧密卷曲的易转动的分子链结构，有效地降低了湿气、空气以及其他气体的渗透性，因此丁基中空玻璃密封胶具有无与伦比的气密性。

c. 良好的低温柔软性。异丁烯类聚合物的玻璃化温度约－60℃，在相当低的环境温度下仍能保持柔软。

d. 具有优良的永久黏性，对玻、铝有良好的黏附性。

e. 储存稳定性好。聚异丁烯型密封胶可长久储存不变质。

② 聚硅氧烷胶

聚硅氧烷胶属于室温硫化硅橡胶（简称RTV硅橡胶）。

a. 按包装方式分为单组分和双组分两种；按成分、硫化机理和使用工艺不同可分为三大类型，即单组分、双组分和双组分加成型。如图6-10所示。

b. 反应（硫化）机理

(a) 单组分RTV聚硅氧烷中空玻璃密封胶反应机理

其硫化反应是靠空气中的水分来引发的，常用的交联剂是烷氧基硅烷。它的Si—O—C键很易被水解，比如乙氧基与水中的氢基结合成乙醇，而将水中的羟基移至原来的乙氧基的位置上，成为三羟基甲基硅烷。三羟基甲基硅烷极不稳定，易与端基为羟基的线型有机硅复合成为交联结构。通常将含有端羟基的有机硅生胶（107）与填料、催化剂、交联剂等各种配合剂装入密封的310mL塑料管中，使用时用涂胶枪挤出，借助于空气中的水分而硫化成弹性体。

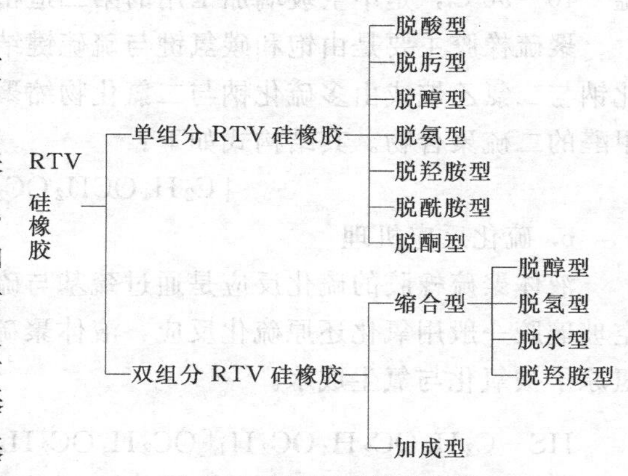

图6-10 RTV硅橡胶分类

(b) 双组分RTV聚硅氧烷中空玻璃密封胶的固化反应机理

双组分RTV聚硅氧烷胶通过下列反应而硫化成三维结构的弹性体。

$$—Si—OH + ROSi— \xrightarrow{\text{有机锡}} —SiOSi— + ROH \tag{6-3}$$

$$—Si—OH + HSi— \xrightarrow{\text{锡或铂化物}} —SiOSi— + H_2 \tag{6-4}$$

$$—Si—CH=CH_2 + HSi— \xrightarrow{\text{锡化物}} —SiCH_2CH_2Si— \quad (6\text{-}5)$$

此外，还有一种式(6-3) 和式(6-4) 并用（有机锡催化剂）、式(6-4) 和式(6-5）并用（铂催化）的反应型，应用于有机硅的发泡体反应。

c. 聚硅氧烷中空玻璃密封胶的基本特征

(a) 具有很高的弹性模量，有良好的伸长和压缩恢复能力，±25%接口度的变位不影响其附着力。

(b) 卓越的耐候性，不受雨雪、冰雹、紫外线辐射和臭氧的影响，使用温度范围宽。可在−60～180℃的范围内长久使用，短期最高使用温度可达 260℃，不变硬、不龟裂、不坍塌或老化变脆。

(c) 良好的抗化学腐蚀的能力，在苛刻环境中有高度抗化学腐蚀的能力，可长期承受大多数有机产品、无机产品、润滑剂和一些溶剂的腐蚀。

(d) 良好的粘接强度，对多种材料的表面，如玻璃、木材、硫化橡胶、纤维、油漆表面以及多种型材塑料和金属具有卓越的粘接强度。

(e) 此胶类似于医用硅橡胶，不仅耐热、耐寒、憎水、防潮，而且具有生理惰性，无毒、无味。聚硅氧烷胶是中空玻璃加工中用于二道密封的好材料。

③ 聚硫胶

a. 聚硫中空玻璃密封胶是一种类似橡胶的多硫乙烯树脂，是处于合成橡胶与热塑性塑料之间的材料，具有良好的耐油性、耐水性和气密性，较好的黏附性，耐温−40～90℃，是中空玻璃加工用的第二道密封胶。

聚硫橡胶主要是由饱和碳氢键与硫硫键结合而成的高分子化合物。通常是由硫化钠与二氯乙烷或由多硫化钠与二氯化物缩聚而成。大部分的液体聚硫是亚乙基缩甲醛的二硫聚合物。其结构式如下：

$$[C_2H_4OCH_2OC_2H_4SS]_n$$

b. 硫化反应机理

液体聚硫橡胶的硫化反应是通过巯基与硫化剂之间的反应实现交联的，聚硫中空玻璃胶一般用氧化还原硫化反应，液体聚硫中的巯基经氧化生成双硫或单硫键，氢原子被氧化与氧生成水。

$$HS—C_2H_4OC_2H_4OC_2H_4[OC_2H_4OC_2H_4SS]_n \xrightarrow{\text{硫化剂}} S—R—R—S + H_2O$$

在中空玻璃制造中所用的聚硫密封胶多采用二氧化锰硫化剂，二氧化锰必须经特殊的活化后方可用作硫化剂。

(4) 几种密封胶的性能比较

中空玻璃密封胶是决定中空玻璃质量性能的主要因素，中空玻璃隔热、隔声、防霜雾性能是通过其内部一层密封的、干燥的空气层来实现的，因此，材料对气体阻碍性能或透气率的高低是选用中空玻璃密封胶的最重要指标之一。

① 密封胶的水蒸气透过率

由表 6-2 可见，在四种常见的中空玻璃密封胶中，丁基胶最低，聚硅氧烷胶最高，但丁基胶是热塑性的，只用作内层密封，一般不单独使用。聚硫胶具有较低透气率。

表 6-2 密封胶的水蒸气透过率 单位：g/(m^2 · 24h)

项目	PS	Butyl	PU	SR
水蒸气透过率	2.4	0.2	23.2	18

注：PS 为聚硫密封胶；PU 为聚氨酯密封胶；Butyl 为丁基热熔胶；SR 为聚硅氧烷密封胶。

② 丁基胶、聚硅氧烷胶、聚硫胶的工艺性能及特点

丁基胶、聚硅氧烷胶、聚硫胶的性能比较如表 6-3 所示。

表 6-3 三种胶的性能比较

性能	丁基中空玻璃密封胶	聚硅氧烷中空玻璃密封胶	聚硫中空玻璃密封胶
气味	无	无或小	明显臭味
毒性	无	无	低
腐蚀性	无	(中性胶)无	无
清洗剂毒性		溶剂油低毒	二氯乙烷毒性
与玻璃、铝粘接性	优	优	优
弹性	差	优	良
耐紫外线	优	优	良
耐高低温	差	优	良
气密性	优	纳米复型良	良
抗风压	差	优	良
用途	用于中空玻璃内道密封	用于中空玻璃外道密封	用于中空玻璃外道密封

注：纳米复型指采用了纳米技术制成的聚硅氧烷/无机纳米复合材料。

6.2.2.5 干燥剂

(1) 干燥剂的选择

干燥剂有三种作用：吸附生产时密封在空气层的水分，吸附可挥发性有机溶剂和吸附中空玻璃窗寿命期进入空气层内的水汽。显然，选择适当的干燥剂的条件是必须同时满足干燥剂应具有的上述三个功能，同时要求干燥剂不吸附空气层内的空气或惰性气体。用于中空玻璃的干燥剂主要有两类：分子筛和二氧化硅。分子筛有 3A，4A 和 13X 三种，目前主要应用 3A 型的。干燥剂的吸附是选择性的，与其孔径的大小有直接关系。3A 分子筛除水分子之外不吸附任何物质（包括气体和挥发的化学溶剂），而 13X 分子筛和二氧化硅则吸附一切物质。

在选择干燥剂时应注意：

① 首先选用正规专业厂家生产的产品，购买时应看厂家出示的质量检测标准和检测报告。

② 简单检测吸附能力：取若干颗粒放置手中，滴几滴水，使颗粒表面有湿度

为止，有烫手的感觉，这是由于水置换出了分子筛孔穴中活化时产生的热气，热度与孔穴大小成正比。

③ 简单检测强度：在检测热度的同时，用手指轻揉搓带水的颗粒，没有粉末产生即可。

④ 观看粒度是否均匀，颗粒表面是否光滑，以均匀光滑为准。

在中空玻璃生产中，最常用的干燥剂是 3A 分子筛，其质量标准 GB/T 10504—2008 如表 6-4 所示。

表 6-4　3A 分子筛质量标准 GB/T 10504—2008

指标名称	ϕ1.0～1.6mm		ϕ1.6～2.0mm	
	一级品	合格品	一级品	合格品
磨耗率/%	0.20	0.30	0.20	0.30
堆积密度/(g/mL)	0.74	0.68	0.74	0.68
粒度/%	98.0	97.0	98.0	97.0
静态水吸附/%	20.0	19.0	20.0	19.0
吸水速率/[mg/(g·min)]	0.60	0.80	0.60	0.80
抗压强度/(N/颗)	14.0	14.0	20.0	20.0
包装品含水率/%	1.5	1.5	1.5	1.5

(2) 干燥剂正确的使用方法

由于干燥剂具有很强的吸附功能，并有饱和吸附问题，因此，在使用时一定要采用正确的使用方法。

① 防潮

干燥剂具有一定的吸水速率，因此不能将其完全暴露在空气中。特别是空气湿度较大的雨天不宜进行灌装操作。必须操作时也要快装、快封。

② 妥善保管

干燥剂要放在干燥的仓库中保存，隔年使用时，使用之前要进行活化处理，否则要失效。

③ 分子筛要充满

往铝隔条中灌注分子筛时，一定要灌满，同时铝隔条要有 90% 以上的透气孔透气良好，否则达不到预期效果。

6.2.2.6　超级间隔条

20 世纪 80 年代末，加拿大科学家发明了超级间隔条，同时解决了节能和耐久性的矛盾。

超级间隔条是一种无任何金属，内含 3A 分子筛的聚硅氧烷微孔结构材料。特点是导热性能最小，可大幅度提高中空玻璃四周边缘的温度，大大减小玻璃四周边缘的冷凝效果，节能效果显著。

使用超级间隔条制作中空玻璃，其做法是先结构后密封，超级间隔条采用的结构密封胶就在间隔条本身上，预涂在间隔条的两侧，这种结构胶是压敏丙烯酸黏合剂，与超级间隔条背面的热熔丁基胶共同作用，最大限度地延长密封寿命和耐久性。

6.2.2.7 惰性气体

（1）Low-E 玻璃与惰性气体是中空玻璃的最佳组合

最常用于中空玻璃的惰性气体有氩气、氪气和氙气。它们共同的特点是性能稳定、不活泼，并比空气热导率小。这三种惰性气体中，氩气最丰富，约占空气的1%，因此应用起来最经济。表 6-5 列举出几种气体的物理指标。

表 6-5 几种气体的物理指标

名称	符号	摩尔质量/(g/mol)	密度/(g/mL)	沸点 T/℃	热导率/[W/(m² · K)]
空气	—	28.96	1.00	−312.4	0.150
氩气	Ar	39.95	1.38	−302.6	0.0100
氪气	Kr	8308	2.89	−244.0	0.0053
氙气	Xe	131.3	4.61	−162.6	0.0032

在中空玻璃中充填惰性气体，可增加中空玻璃的热阻值，节能效果显著。表 6-6 列出使用不同组合玻璃和气体的热阻值。

表 6-6 中空玻璃的热阻值

空气层	热阻值	空气层	热阻值
透明玻璃、空气	2.0	Low-E 玻璃、空气	3.3
透明玻璃、氩气	2.2	Low-E 玻璃、氩气	4.0

由表 6-6 可以看出：

① 透明玻璃与空气组合的中空玻璃的热阻值是普通单玻璃热阻值的 2 倍。

② 透明玻璃与氩气组合中空玻璃的热阻值较内含空气的中空玻璃热阻值提高 10%，即节能 10%。

③ 如果中空玻璃的要素配置改为 Low-E 玻璃和空气，此时热阻值比上述两种情况分别提高 65%和 50%。

④ 如果中空玻璃的配置要素进一步改为 Low-E 玻璃和氩气的组合，则中空玻璃的热阻值比上述三种情况分别提高 100%，82%和 21%。

最初这些高效能中空玻璃的卖点是节能，但人们很快就发现在接近玻璃时，人们感觉比较舒服，这是由于玻璃表面的温度较高所致。1970 年，国外中空玻璃仅占市场的 14%，但到 1996 年，中空玻璃上升为 90%，并仍在增长。在不到 15 年的时间内，Low-E 中空玻璃占到中空玻璃市场的 2/3，到 2000 年 Low-E 中空玻璃已上升到市场的 80%以上。因为充氩气节能效果显著，成本低廉、并简单易行，所以一般来说，使用 Low-E 玻璃的中空玻璃厂家通常使用氩气。许多厂家提供两种产品，一种为白玻的中空玻璃，另一种为 Low-E 玻璃内充惰性气体的中空玻璃。

(2) 充气的方法

通常使用的惰性气体的充气方法有三种：

① 将中空玻璃放在一个密封充气的环境里，然后向内加压充气。

② 将中空玻璃放到一个密封舱内，再将仓内和中空玻璃内的气体排出，用惰性气体代替中空玻璃内原有的空气。

③ 在中空玻璃一侧插入一个和几个细管，然后使空气层内的空气与惰性气体交换。

因为我们看不见空气和氩气，理解向中空玻璃充惰性气体可能是比较困难的，但充气的概念其实非常简单。氩气较空气重 40%左右，在充气的开始一段时间里，空气事实上浮在氩气上方。如果小心地向中空玻璃内充氩气，空气就会浮在氩气上方，关键是向内充气时一定要小心。如果向内充气动作很大，那么空气与氩气之间的隔层就会被打乱。那么，就需要向中空玻璃窗内充大量的氩气来稀释空气与氩气的混合比，直到中空玻璃内大部分为氩气为止。用一个敏感的测量仪在氩气出口处可测量出氩气的浓度何时达到 95%。

一旦中空窗内充满气体并密封后，微量的惰性气体会从中空玻璃窗的上端和四周慢慢地渗出。随着中空玻璃内气体的不断稀释，中空玻璃内的惰性气体上下混合，浓度趋于一致。如果中空窗内含 90%的氩气和 10%的空气，则中空玻璃的空气层内的惰性气体浓度各处相同。

(3) 标准

行业内对中空玻璃内充多少惰性气体没有具体规定，但一般来说不能少于 80%，大多数厂家充 90%～95%。Low-E 玻璃与空气配置的中空玻璃的节能效果不错。一般来说，充惰性气体可提高中空窗热效能 15%。例如，如果内含空气的中空玻璃中央的热阻值为 3.5，则充惰性气体后中空玻璃中央的热阻值可提高到 4.0。随着惰性气体慢慢泄漏掉，玻璃中央的热阻值会从 4.0 线性地降回到 3.5。

氩气提高中空窗的保温能力。因为氩气导热不像空气那么容易，冬天可将热能保留在室内，夏天将热能阻挡在室外。窗户破裂或其他原因导致氩气泄漏都不会对人和建筑物有所损害。氩气在自然状态下存在，我们每时每刻呼吸的空气中就含有氩气，是一种无毒的惰性气体。

中空玻璃对氩气的保有能力决定于中空玻璃密封系统的质量。如果密封失败，氩气就会跑掉。许多试验显示中空窗的年泄漏率小于 1%。如果中空窗的使用寿命为 20 年，那么 20 年后，中空窗内的氩气仍有最初充气水平的 80%。尽管节能是重要的，但人们从充惰性气体中空玻璃中得到的最大好处在于它提高了窗户内侧的温度，从而提高了室内的舒适程度。提高室内玻璃温度，消除或最大限度地减少玻璃的冷凝问题。人们在接近较温暖的玻璃表面时会感到更舒适。我们向中空玻璃内充惰性气体的原因很简单，充惰性气体的工艺简单、成本低廉，但却可改善中空玻璃的热效能。氩气是使用最多的惰性气体，成本低并容易获得。氪气尽管昂贵些，但人们在某些用途方面也使用，特别是在窗户的空气层要求较小的时候更适用。

6.3 中空玻璃生产工艺

目前，国内市场上有两种中空玻璃，即复合胶条式中空玻璃和槽铝式中空玻璃，槽铝式中空玻璃的生产工艺比较复杂，但由于是20世纪80年代引进的，工艺相对成熟，而复合胶条式中空玻璃在国内起步较晚，但是制造工艺简单。

6.3.1 复合胶条式中空玻璃生产工艺

6.3.1.1 复合胶条式中空玻璃工艺流程

复合胶条式中空玻璃工艺流程如图6-11所示。

6.3.1.2 复合胶条式中空玻璃生产工艺简述

(1) 玻璃切割下料

原片玻璃一般为无色浮法玻璃或其他彩色玻璃、镀膜玻璃、钢化玻璃、夹层玻璃等，厚度一般为3～12mm，上述玻璃必须符合GB 11614中一级品、优等品或相应标准的要求，经检验合格后方可使用。按设计尺寸要求切割。玻璃切割可由手工或机器进行，但应保证适合尺寸要求。此道工序工人在操作过程中，应随时注意玻璃表面不得有划伤，以及玻璃内质均匀，不得有气泡、夹渣等明显缺陷。

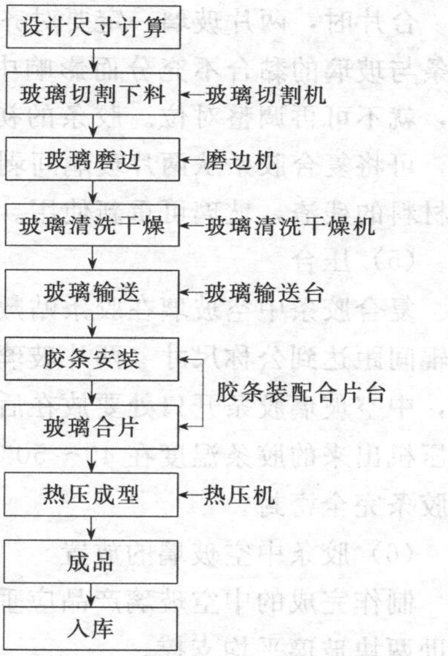

设计尺寸计算
玻璃切割下料 ←玻璃切割机
玻璃磨边 ←磨边机
玻璃清洗干燥 ←玻璃清洗干燥机
玻璃输送 ←玻璃输送台
胶条安装
玻璃合片
（胶条安装、玻璃合片 ← 胶条装配合片台）
热压成型 ←热压机
成品
入库

图6-11 复合胶条式中空玻璃工艺流程图

(2) 玻璃清洗干燥

玻璃清洗要采用机器清洗法，因为人工清洗无法保证清洗质量。清洗前须检验无划伤，为保证密封胶与玻璃粘接性，最好使用去离子水。为保证水循环使用，节约水资源，可对水进行过滤，保证长期使用。清洗后的玻璃要通过光照检验，检查玻璃表面有无水球、水渍及其他污渍，若有水球、水渍及其他污渍，则需对机器运行速度、加热温度、风量、毛刷间隙进行调整，直到达到效果完好为止。

清洗干燥后的玻璃应于1h之内组装成中空玻璃，另外要保证玻璃与玻璃之间不要摩擦划伤，最好有半成品玻璃储存输送车，将玻璃片与片隔开。

(3) 复合胶条的配置

复合胶条必须按以下要求敷到玻璃上：

① 全部玻璃必须是干净和干燥的。

② 复合胶条必须垂直放到玻璃上以防止压合过程中胶条偏斜。

③ 胶条可分离纸的一侧必须放置到中空玻璃件的外侧。

④ 胶条必须是干净、干燥和尺寸相当的。

⑤ 胶条的纵向开端和末端须切割成方形。

⑥ 胶条放置在距玻璃边至少 1.5mm 处，以便在玻璃片压紧后胶黏剂不会伸到玻璃边的外部。

⑦ 接角处需要留出 1mm 或 4mm 的开口，以便中空玻璃在加热和压紧时排气，1mm 用于普通中空玻璃，4mm 用于充气中空玻璃。

（4）胶条贴敷和中空玻璃合片

复合胶条在玻璃上的贴敷，可以使用工具，也可以用人工从左往右或从右往左贴敷，视操作人员的习惯而定。在开始操作时，复合胶条带的前端应切割成方形。如果胶条端部切割不干净或不成方形，则拐角连接密封质量会不好。贴敷胶条操作过程中应注意尽可能不用手接触胶条的粘接面和不损伤胶条。胶条的贴敷起点，要视客户要求的中空玻璃种类按其要求的参数确定。

合片时，两片玻璃一定要对齐，任何错位，都会使中空玻璃件某些周边部位的胶条与玻璃的黏合不充分而影响中空玻璃件的质量。一旦第二片玻璃接触复合胶条，就不可再调整对位。胶条的初始黏附值将阻止任何移动，如果玻璃片位置不正，可将复合胶条从两片玻璃间剥下，但胶条不能再用。须仔细清洗玻璃，除去密封材料的残渣，玻璃可重新使用。

（5）压合

复合胶条中空玻璃在胶条贴敷完成后，要根据公称尺寸调整中空玻璃热压机的压辊间距达到公称尺寸（两片玻璃厚度＋胶条的实际厚度），进行压合。压合过程中，中空玻璃胶条开口处要放在后面，以保证间隔层内的气体顺利排出。要控制从热压机出来的胶条温度在 40～50℃，最后角的密封应通过三步程序来完成，以确保胶条完全密封。

（6）胶条中空玻璃的放置

制作完成的中空玻璃产品应垂直地立好或放置在直角形的双（单）L 架上，以借助两块玻璃平均支撑。

6.3.2 槽铝式中空玻璃生产工艺

6.3.2.1 槽铝式中空玻璃工艺流程

槽铝式中空玻璃工艺流程如图 6-12 所示。

6.3.2.2 槽铝式中空玻璃生产工艺简述

（1）槽铝式中空玻璃组装

对槽铝式中空玻璃的生产环境要求相对较高，温度应为 10～30℃，相对湿度最好在 70％以下。干燥剂应选择正规厂家的合格产品，以保证干燥剂的有效使用，

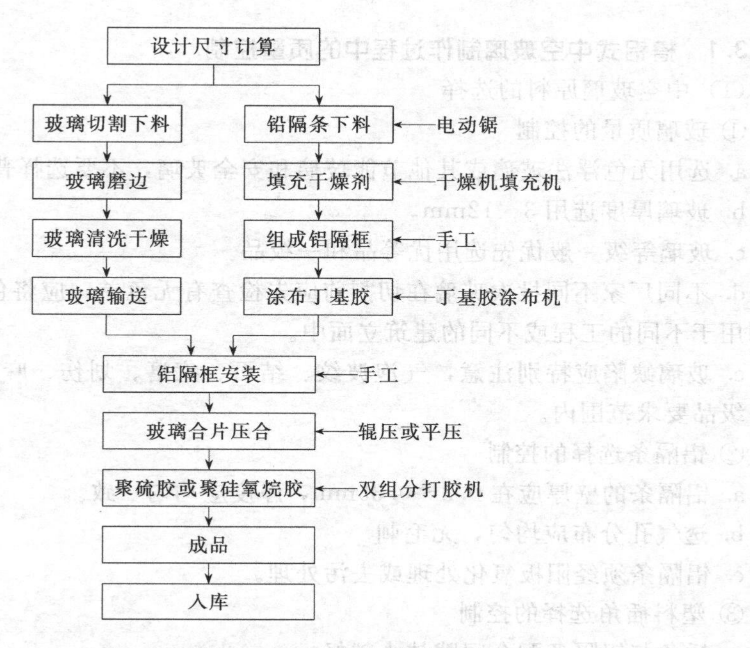

图 6-12　槽铝式中空玻璃工艺流程图

干燥剂开封后最好于 24h 之内用完。用丁基胶作为第一密封，起到阻隔气体的作用，用聚硫胶或聚硅氧烷胶作为第二道密封，主要作用是黏结作用，其次才是隔气作用。实践证明，单道密封的中空玻璃寿命只有 5 年左右，而双道密封的中空玻璃可达 20 年甚至 40 年以上，因此，发展双道密封中空玻璃是大势所趋。

(2) 玻璃压片与涂胶

将合片后的两片玻璃组件送入压机加压，使丁基胶均匀地黏结在玻璃与间隔框上，并保证中空玻璃的总厚度，且使两片玻璃成为“一体”。间隔框外边部和玻璃边部应有 5～7mm 的距离，用于涂第二道密封胶，涂胶应均匀沿一侧涂布，以防止气泡出现，涂完后刮去玻璃表面残余。

(3) 中空玻璃的放置

中空玻璃的放置正确与否也会对中空玻璃的最终质量产生影响，无论是在生产还是在运输或在工地存放，首先堆垛架的设计要求要考虑到中空玻璃的特点，堆垛架要有一定的倾斜度。但底部平面与侧部应始终保持 90°，从而保证中空玻璃的两片玻璃底边能垂直地放置在堆垛架上。另外还要注意，玻璃底部不要沾上油渍，石灰及其他溶剂，因为它们对中空玻璃的第二道密封胶都会产生不同程度的侵蚀作用，从而影响中空玻璃的密封性能。

6.3.3　中空玻璃生产过程中的质量控制

为了保证生产的中空玻璃符合 GB/T 11944—2002《中空玻璃》标准的要求，在中空玻璃的生产过程中必须实行严格的质量控制。

6.3.3.1 槽铝式中空玻璃制作过程中的质量控制

(1) 中空玻璃原料的选择

① 玻璃质量的控制

a. 选用无色浮法玻璃或其他节能玻璃和安全玻璃，不要选择普通平板玻璃。

b. 玻璃厚度选用3～12mm。

c. 玻璃等级一般优先选用优等品和一级品。

d. 不同厂家不同批次玻璃在切割前应先检查有无色差，应将色差较大的玻璃，分别用于不同的工程或不同的建筑立面中。

e. 玻璃缺陷应特别注意，气泡波纹、结石、疙瘩、划伤、麻点等缺陷应控制在一级品要求范围内。

② 铝隔条选择的控制

a. 铝隔条的壁厚应在0.3～0.35mm，厚度应均匀一致。

b. 透气孔分布应均匀，无毛刺。

c. 铝隔条须经阳极氧化处理或去污处理。

③ 塑料插角选择的控制

a. 插角与铝隔条配合间隙越小越好。

b. 塑料插角表面要清理干净，最好用丁基胶预处理。

c. 最好是插角与铝隔条接合部涂以热丁基密封胶。

④ 干燥剂选择

a. 合理地选择干燥剂的类型，中空玻璃最理想的干燥剂为3A型分子筛。

b. 不要大量使用氧化硅胶，只可极少量使用。

c. 从中空玻璃空气隔热层的综合方面考虑，最好选用3A分子筛。

d. 3A分子筛的用量一般控制在超过铝隔条全部长度的一半内装满即可。

e. 分子筛的粒度在1～1.5mm为宜，并且要有一定的硬度。

⑤ 密封胶的选择与控制

a. 使用优质的热熔丁基胶（中空玻璃专用）。

b. 注意使用的热熔丁基胶的工艺参数与自己所用设备的工艺参数相适应（如温度、压力、速度）。

⑥ 二道密封选择的控制

a. 选用优质双组分聚硫胶或聚硅氧烷胶，有效期应在半年以上。

b. 注意使用的密封胶的施工工艺参数与自身所用设备的工艺参数相适应（如速度、温度、压力、环境的空气相对湿度、环境的灰尘度等）。

(2) 中空玻璃设备制作工艺的选择与控制

① 中空玻璃设备的选择

a. 立式、卧式中空玻璃生产设备（槽铝式中空玻璃生产线、分立式线与卧式线，复合胶条式中空玻璃生产线），应尽可能采用立式设备，可以避免中空玻璃的变形。

b. 不要选用手工中空玻璃生产设备。

② 生产工艺参数的选择控制及注意事项

a. 根据客户或门窗式样要求编制中空玻璃加工工艺文件。

b. 玻璃原片的下料尺寸的长、宽、对角线三尺寸误差要小于国家标准 GB/T 11944—2002 所规定误差一倍。

c. 玻璃原片切割后必须进行磨边处理，倒角尺寸不小于 0.5×45°。

d. 玻璃清洗干燥机的运行速度调整到合适数值。

e. 玻璃清洗干燥机采用毛刷以及合适的逆、顺洗结构。

f. 若发现玻璃原片有大量灰尘或油污点，必须预先进行人工处理后再进入玻璃清洗干燥机进行清洗。

g. 生产中空玻璃的车间地面要清洁，地面灰尘要少。车间内尤其是清洗机处风的流动速度要求要小，以免使已清洗的玻璃片重新沾上灰尘。

h. 已清洗后的玻璃片在输送中注意不要重新沾上灰尘。

i. 玻璃铝隔条在灌充分子筛时，要注意分子筛必须是干燥的。

j. 分子筛灌装机的温度应控制在 30℃以上，分子筛灌装机内最好有加热装置。

k. 铝隔条上所涂的热熔丁基胶要均匀，不得有断续和气泡现象。

l. 铝隔条框在打丁基胶前，最好将塑料插角用丁基胶预处理一下，因为铝隔条式中空玻璃的四个角是失效的首发部位，在此处名义上是双道密封中空玻璃，而实际上容易造成单道密封。

m. 铝隔条框的外形尺寸要小于玻璃片，每边要小 5～7mm，可按 GB 11944—2002 中技术要求部分的密封胶层宽度进行。

n. 玻璃合片时要用玻璃拿取器来进行，以免手工拿取玻璃时在边部留下手印或汗渍，给密封胶黏合玻璃时留下致命的虚假粘接部位，使中空玻璃使用寿命缩短。

o. 玻璃平压时，中空玻璃的厚度公差应掌握在 0.6mm 以内，要小于 GB/T 11944—2002 标准表 3 的质量要求。

p. 两片玻璃的叠差要小于 1mm。

q. 玻璃滚压机的运行速度要求调整到最佳运行速度，一般控制在 1.5～2.5m/min。

r. 车间环境的温度控制在 10～30℃，车间的相对空气湿度控制在 70%以下，车间内灰尘要少，空气流动速度要小。车间合片台处要特别注意，地面要经常拖，车间内应设温度计和湿度计。

s. 在第二道双组分密封胶密封前，最好再用热熔丁基胶对插角部位进行密封处理，这样可大大提高中空玻璃的密封性能，提高中空玻璃的使用寿命 1 倍左右。

第二道双组分密封胶的混合比例要按产品的使用说明进行。为保证混合质量，要做蝴蝶试验。

第二道双组分密封胶在涂敷时要与第一道密封胶完全接触粘接，并且要连续均匀，防止气泡的产生。

第二道密封胶，最好采用垂直密封生产工艺，使密封质量得到稳定和提高，避免玻璃内凹现象。

t. 使用前一定先做粘接性、相容性测试。中空玻璃密封胶对阳极化处理的铝框架、玻璃具有良好的粘接性，使用前最好先对密封胶和采用的铝框架、玻璃进行粘接性测试；对门窗装框用的泡沫条、双面胶条等装配辅助材料要与密封胶进行相容性试验，以防粘接不牢。

u. 按照国家有关标准，对胶的下垂度，A，B 两组分的黏度、挤出性、表干时间、固化时间，最好也先抽检再使用。

v. 采用双组分打胶机涂布胶的中空玻璃生产厂，一定要按照中空玻璃密封胶说明书的配比要求调整计量泵，确保计量准确。经常检查混合器工作是否正常，确保混合均匀。涂胶完毕，应及时清洗混合管道、混合器和打胶枪，以免密封胶固化在内壁上，影响下次正常施胶。

w. 涂胶后，一般不需修补，如果密封胶固化前有缺陷，可用手稍蘸肥皂水整理。这样胶就不会粘手，也不会影响固化及固化后的性能。固化后若发现有缺陷，用溶剂去污干燥后，可根据相似相溶原理，采用原生产用胶修补。

x. 保护生产劳动环境是与生产人员身体健康密切相关的大事。在施工区及固化区应注意通风，以免人身受到不良气体、气味的侵害，为安全起见，应为清洗剂专设危险品仓库。

(3) 中空玻璃的工厂质检与包装储存

① 由质检员对做好的中空玻璃按照玻璃长度尺寸、厚度尺寸、对角线公差尺寸进行质检。

② 对中空玻璃的玻璃压裂和污点进行质量检验。

③ 对中空玻璃的尺寸规格、生产数量、破损进行统计。

④ 由质检员粘贴标志，如防雨、防水、防震、易碎标志。

⑤ 由质检员粘贴生产合格证，合格证上必须注明生产厂家电话、地址、产品数量、产品编号、生产日期、班次。

⑥ 槽铝式中空玻璃一般要求放置 24h 后才可使用。

⑦ 中空玻璃包装箱上必须注明产品规格、数量、生产厂家、商标和运输搬运的注意事项的标志。

⑧ 运输时包装箱要立式放置，不可卧式放置，要垫防震材料。

⑨ 搬运时不可平卧进行，要立侧进行，搬运者必须戴手套以免划伤手指。

⑩ 储存时，货架的底部与水平面成 $6^{\circ}\sim10^{\circ}$ 倾斜角。

⑪ 货架的中空玻璃底部要放置毛毡或橡皮。

⑫ 储存处要求通风干燥。

6.3.3.2 湿度对中空玻璃的影响

生产环境中的湿度，对中空玻璃的生产来说也是一个十分重要的控制指标，否则会影响到中空玻璃的质量。那么，生产环境中的相对湿度到底控制到多少为合适呢？下面介绍一下中空玻璃生产环境技术指标之一的空气湿度。

空气里含有水汽的多少，对大气中所发生的现象起着很大的作用，如云、雨、霜的出现都和水汽有着直接的联系，而空气的干湿程度和工农业生产、新产品开发以及我们现在所生产的中空玻璃都有直接的关系。如果生产中空玻璃（尤其是槽铝式中空玻璃）车间厂房里的空气的湿度过大，无论在其他方面的工艺技术怎么好，质量都不能得到保障，生产出来的中空玻璃也是不合格的或劣质的。因为根据国家标准 GB/T 11944—2002 性能要求，测试中空玻璃时的露点达不到－40℃时就会出现结露现象。

（1）湿度的概念

在一定的湿度下，一定体积的空气里含有的水蒸气越少，则空气越干燥；水蒸气越多，则空气越潮湿；空气的干湿程度叫做空气的湿度。而单位容积内空气里所含有水蒸气的密度叫做绝对湿度。实际上，由于直接测定水蒸气的密度比较困难，我们可以根据气体变化的相关规律来进行间接测量。水蒸气的压力是随着气密度的增加而增加，是呈正比例关系的，所以空气里的绝对湿度的大小也可以通过水蒸气压力来表示，即将空气里所含有的水蒸气的压力叫做空气的绝对湿度。仅仅知道了绝对湿度还是不够的，它还不能全面地表达出空气的干湿程度，因为空气的干湿程度和空气中所含有的水蒸气的量与接近饱和程度有关，而和空气中含有水蒸气的绝对量却没有直接的关系（温度是另一个相关联的变量）。所以我们就把空气中实际所含有的水蒸气的密度 ρ_1 与同温度时饱和水蒸气密度 ρ_2 的百分比（即 $\rho_1/\rho_2\times100\%$）叫做相对湿度。当然，我们也可以用水蒸气压力的百分比来表示。ρ 代表实际水蒸气的压力，P 代表同温度时饱和水蒸气的压力，则相对湿度：$B=\rho/P\times100\%$。

根据饱和气和未饱和气的关系知道，降低温度能使一定质量和体积的未饱和气变成饱和气。能够使空气里所含的未饱和气变成饱和气时的温度叫做露点。空气降低到某一温度时，在物体表面上就有一层细小的露滴出现，这表示附近空气里的水汽已经达到饱和，这时的温度就是露点。

（2）干燥剂对空气隔热层水分和气体的吸附

中空玻璃常用分子筛有 3A，4A，13X。因为水分子特别小，直径只有 2.6Å，是高度的极性分子，很容易被分子筛吸附，即使在湿气相当低的情况也是如此，水分子一旦被吸附就会牢牢地稳定在分子筛内孔表面上，如图 6-13 所示。根据相关资料表明每 100g 分子筛在－70℉露点处都具有吸附至少 8g 水分的能力。

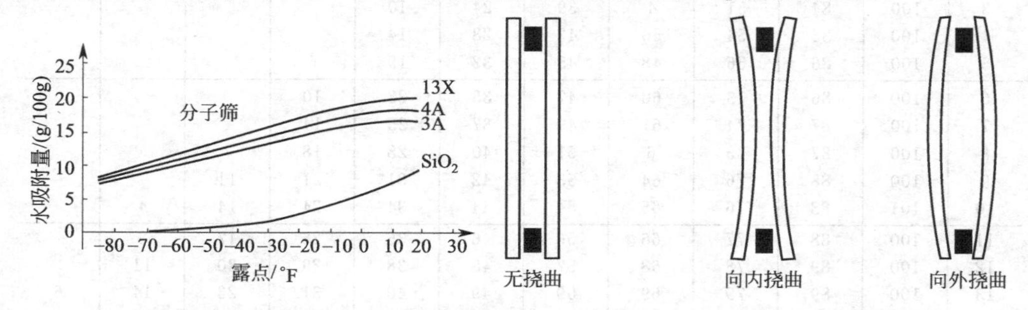

图 6-13　干燥剂对空气隔热层中水分的吸附　　图 6-14　中空玻璃的挠曲示意图

(3) 水分（气体）的被吸附对中空玻璃受力的影响

分子筛有对空气隔热层内水分子和气体的吸附作用。因相对湿度越大，气压也越大，反之则越小。所以分子筛的用量和生产中空玻璃时环境湿度的关系也越大，并且会直接影响到中空玻璃的挠曲（称挠度），如图 6-14 所示。因此，理解它们的特点尽可能避免或减少玻璃的挠曲，是十分重要的。生产中空玻璃时，中空玻璃内空气隔热层的空气具有与生产中空玻璃的生产车间、厂房内相同的大气压和相对湿度条件。

无论中空玻璃是如何构造的，其挠度（曲）都会随着空气隔热层内气体的压力的变化而变化，这样玻璃的损坏概率就会增大。

(4) 相对湿度

根据上述观点和国外生产实验得出的初步数据来分析，采用湿度平衡法比较科学合理，但是仍要求比较好的加工质量来保证假设成立。

首先要确定用足够的干燥剂来除去生产时进入中空玻璃空气隔热层内的水分，以及在中空玻璃使用寿命期内，进入中空玻璃隔热层内的水分（中空玻璃窗外的相对湿度较空气隔热层内的相对湿度高时，会有部分的潮湿气渗透进中空玻璃内）。

根据分析和国外相关资料表明，相对湿度在 50%～55%（20℃±1℃）为宜。

生产中空玻璃时环境的相对湿度（及水汽的压力）是影响中空玻璃的挠度、受力变形、损坏概率增大的关键因素之一（表 6-7）。所以车间厂房内的空气湿度是中空玻璃生产的环境技术指标之一。它适用于槽铝式中空玻璃和复合胶条式中空玻璃的生产。同样温度也是中空玻璃生产的环境技术指标之一。

建议中空玻璃的挠度（挠曲）也应作为中空玻璃性能要求在高温和低温实验项目的性能要求之一（或技术指标之一）。

表 6-7　空气的相对湿度表

干泡温度计的读数	干泡温度计和湿泡温度计的温度差/℃										
	0	1	2	3	4	5	6	7	8	9	10
	相对湿度/%										
0	100	81	45	45	28	1					
1	100	83	48	48	32	16					
2	100	84		51	35	20					
3	100	84	51	4	39	24	10				
4	100	85	54	56	42	28	14				
5	100	86	56	48	45	32	19	6			
6	100	86	73	60	47	35	23	10			
7	100	87	74	61	49	37	25	14			
8	100	87	75	6	51	40	28	18	7		
9	100	88	76	64	53	42	31	21	11		
10	101	88	76	65	54	44	34	24	14	4	
11	100	88	77	66	56	46	36	26	17	8	
12	100	89	78	68	57	48	38	29	30	11	
13	100	89	79	69	59	49	40	31	23	14	6
14	100	89	79	70	60	51	42	33	25	17	9
15	100	90	80	71	61	52	44	36	27	20	12

6.4 中空玻璃的性能特点及影响因素分析

6.4.1 中空玻璃的性能特点

中空玻璃具有隔声性能、隔热性能、耐老化性能和产品使用寿命长等特点，具体为：

① 隔热性好，热导率（K 值）小于 3.0W/(m^2·K)。K 值表示在一定条件下热量通过玻璃单位面积（通常为 $1m^2$）、单位温差（通常指室内温度与室外温度之差，一般为 1℃），单位时间内所传递的焦耳数。K 值的单位通常为 W/(m^2·K)。K 值是玻璃的传导热、对流热和辐射热的函数，是三种热传导方式的综合体现。

② 隔声性能好，可将进入室内的室外噪声降低 27～53dB。

③ 密封性能好，湿气及灰尘不易进入空气层。

④ 稳定性好，耐风压不易破裂，使用寿命长。

⑤ 耐温性好，室内外温差 60℃时不结霜、不结露。

⑥ 耐候性好，具有优良的耐候性和抗紫外线性能。

如上所述，中空玻璃必须满足节能性，耐久性和密封寿命的基本要求。如果一种中空玻璃的节能效果很差，即使耐久性和密封寿命很长，也是一种低档次的中空玻璃。反之如果中空玻璃的节能性能好，但耐久性和密封寿命短，也不是人们所追求的，显然理想的中空玻璃应该同时具有最好的节能效果和最长的密封耐久性。

6.4.2 影响中空玻璃节能性能的因素分析

在建筑用中空玻璃诸多的性能指标中，能够用来判别其节能特性的主要有传热系数（热导率）K 和太阳得热系数 SHGC。影响中空玻璃节能性能的主要因素有：玻璃、间隔条（框）和气体。

6.4.2.1 玻璃的厚度

中空玻璃的传热系数，与玻璃的热阻（玻璃的热阻为 $1m^2$·K/W）和玻璃厚度的乘积有着直接的联系。当增加玻璃厚度时，必然会增大该片玻璃对热量传递的阻挡能力，从而降低整个中空玻璃系统的传热系数。对具有 12mm 空气间隔层的普通中空玻璃进行计算，当两片玻璃都为 3mm 白玻时，K＝2.745W/(m^2·K)，都为 10mm 白玻时，K＝2.64W/(m^2·K)，降低了 3.8%左右，且 K 值的变化与玻璃厚度的变化基本为直线关系。从计算结果也可以看出，增加玻璃厚度对降低中空玻璃 K 值的作用不是很大，8＋12＋8 的组合方式比常用的 6＋12＋6 组合 K 值仅降低 0.03W/(m^2·K)，对建筑能耗的影响甚微（图 6-15）。由吸热玻璃或镀膜玻璃组成的中空系统，其变化情况与白玻相近，所以在下面的其他因素分析中将以常用的 6mm 玻璃为主。

当玻璃厚度增加时，太阳光穿透玻璃进入室内的能量将会随之减少，从而导致中空玻璃太阳得热系数的降低。如图 6-16 所示，在由两片白玻组成中空时，单片玻璃厚度由 3mm 增加到 10mm，SHGC 值降低了 16%；由“绿玻（选用典型参数）＋白玻”组成中空时，降低了 37%左右。不同厂商、不同颜色的吸热玻璃影响程度将会有所不同，但同一类型中，玻璃厚度对 SHGC 值的影响都会比较大，同时对可见光透过率的影响也很大。所以，建筑上选用吸热玻璃组成的中空玻璃时，应根据建筑物能耗的设计参数，在满足结构要求的前提下，考虑玻璃厚度对室内获得太阳能强度的影响程度。在镀膜玻璃组成中空时，厚度会依基片的种类而产生不同程度的影响，但主要的因素将会是膜层的类型。

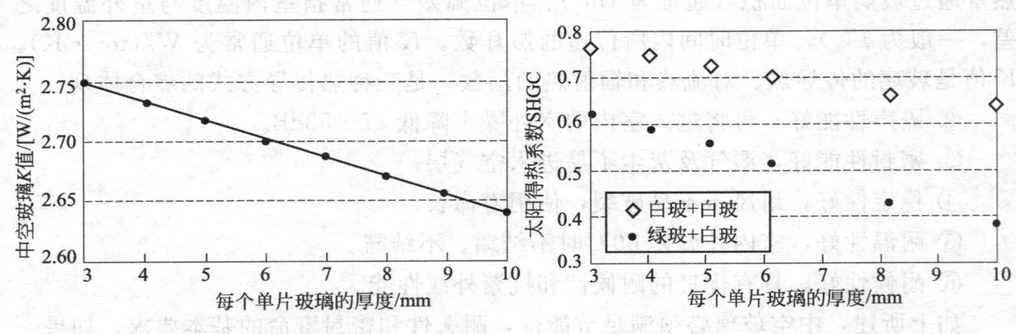

图 6-15　中空玻璃 *K* 值与玻璃厚度关系　　图 6-16　SHGC 值与玻璃厚度关系

6.4.2.2　玻璃的类型

组成中空的玻璃类型有白玻、吸热玻璃、阳光控制镀膜、Low-E 玻璃等，以及由这些玻璃所产生的深加工产品。玻璃被热弯、钢化后的光学热工特性会有微小的改变，但不会对中空系统产生明显的变化，所以此处仅分析未进行深加工的玻璃原片。不同类型的玻璃，在单片使用时的节能特性就有很大的差别，当合成中空时，各种形式的组合也会呈现出不同的变化特性。

吸热玻璃是通过本体着色减小太阳光热量的透过率、增大吸收率，由于室外玻璃表面的空气流动速度会大于室内，所以能更多地带走玻璃本身的热量，从而减少了太阳辐射热进入室内的程度。不同颜色类型、不同深浅程度的吸热玻璃，都会使玻璃的 SHGC 值和可见光透过率发生很大的改变。但各种颜色系列的吸热玻璃，其辐射率都与普通白玻相同，约为 0.84。所以在相同厚度的情况下，组成中空玻璃时传热系数是相同的。选取不同厂商的几种有代表性的 6mm 厚度吸热玻璃，中空组合方式为“吸热玻璃＋12mm 空气＋6mm 白玻”，表 6-8 列出了各项节能特性参数。计算结果表明，吸热玻璃仅能控制太阳辐射的热量传递，不能改变由于温度差引起的热量传递。

阳光控制镀膜玻璃是在玻璃表面镀上一层金属或金属化合物膜，膜层不仅使玻璃呈现丰富的色彩，而且更主要的作用就是降低玻璃的太阳得热系数 SHGC 值，限制太阳热辐射直接进入室内。不同类型的膜层会使玻璃的 SHGC 值和可见光透过率发生很大的变化，但对远红外热辐射没有明显的反射作用，所以阳光控制镀膜玻璃单片或中空使用时，K 值与白玻相近。

表 6-8　不同类型吸热玻璃对中空节能特性的影响

玻璃类型	生产厂商	K 值	SHGC 值	可见光透过率
白玻	普通	2.703W/(m^2·K)	0.701	0.786
灰色	PPG	2.704W/(m^2·K)	0.454	0.395
绿色	PPG	2.704W/(m^2·K)	0.404	0.598
茶色	Pilkington	2.704W/(m^2·K)	0.511	0.482
蓝绿色	Pilkington	2.704W/(m^2·K)	0.509	0.673

Low-E 玻璃是一种对波长范围 4.5～25μm 的远红外线有很高反射比的镀膜玻璃。在我们周围的环境中，由于温度差引起的热量传递主要集中在远红外波段上，白玻、吸热玻璃、阳光控制镀膜玻璃对远红外热辐射的反射率很小，吸收率很高，吸收的热量将会使玻璃自身的温度提高，这样就导致热量再次向温度低的一侧传递。与之相反，Low-E 玻璃可以将温度高的一侧传递过来的 80%以上的远红外热辐射反射回去，从而避免了由于自身温度提高产生的二次热传递，所以 Low-E 玻璃具有很低的传热系数。以耀华生产的在线 Low-E 玻璃为例。与其他类型玻璃的对比见表 6-9，其中耀华 Low-E 组合成中空时，传热系数可以达到 1.9W/(m^2·K)，比普通的白玻中空 K 值降低了 30%。并且 Low-E 中空玻璃的 SHGC 值和可见光透过率可以按照节能的需要在生产时进行调节，严寒地区使用时可以采用可见光高透型的耀华 Low-E 中空玻璃，在炎热地区可以采用具有遮阳效果的耀华 Sun-E 中空玻璃。

表 6-9　不同类型玻璃节能特性的对比

玻璃种类	单片 K 值 /[W/(m^2·K)]	中空组合	中空 K 值 /[W/(m^2·K)]	SHGC
透明玻璃	5.8	6 白玻＋12＋6 白玻	2.7	72
吸热玻璃	5.8	6 蓝玻＋12＋6 白玻	2.7	43
热反射玻璃	5.4	6 反射＋12＋6 白玻	2.6	34
耀华 Low-E	3.8	6 白玻＋12＋6Low-E	1.9	66
耀华 Low-E	3.7	6Sun-E＋12＋6 白玻	1.8	38

6.4.2.3　Low-E 玻璃的辐射率

Low-E 玻璃的传热系数与其膜面的辐射率有着直接的联系。辐射率越小时，对远红外线的反射率越高，玻璃的传热系数也会越低。例如，当 6mm 单片 Low-E 玻璃的膜面辐射率为 0.2 时，传热系数为 3.80W/(m^2·K)；辐射率为 0.1 时，传热系数为 3.45W/(m^2·K)。单片玻璃 K 值的变化必然会引起中空玻璃 K 值的变化，所以 Low-E 中空玻璃的传热系数会随着低辐射膜层辐射率的变化而改变：图 6-17 所示的数据为白玻与 Low-E 玻璃采用 6＋12＋6 的组合时，中空 K 值受膜面

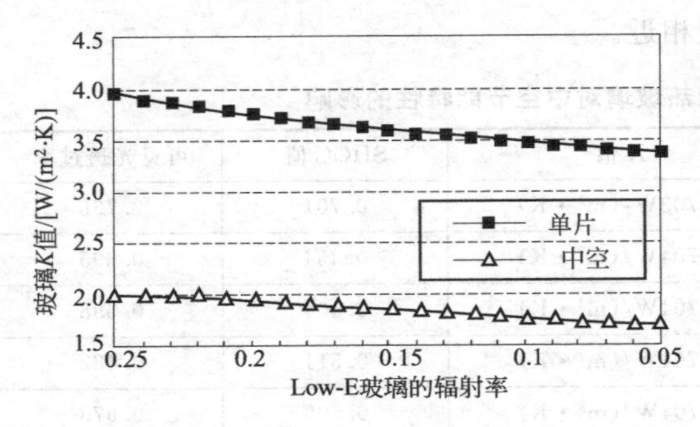

图 6-17 Low-E 玻璃 K 值受辐射率影响程度

辐射率变化的情况。可以看出，当辐射率从 0.2 降低到 0.1 时，K 值仅降低了 0.17W/(m^2·K)。这说明与单片 Low-E 的变化相比，Low-E 中空的 K 值变化受辐射率的影响不是非常显著。

6.4.2.4 Low-E 玻璃镀膜面位置

由于 Low-E 玻璃膜面所具有的独特的低辐射特性，所以在组成中空玻璃时，镀膜面位置的不同将使中空玻璃产生不同的光学特性，以耀华 Low-E 为例，按照与白玻进行 6＋12＋6 的组合方式计算，将镀膜面放置在四个不同的位置上时（室外为 1 号位置，室内为 4 号位置），中空玻璃节能特性的变化如表 6-10 所示。根据结果显示，膜面位置在 2 号或 3 号时的中空玻璃 K 值最小，即保温隔热性能最好，3 号位置时的太阳得热系数要大于 2 号位置，这一区别是在不同气候条件下使用 Low-E 玻璃时要注意的关键因素。寒冷气候条件下，在对室内保温的同时人们希望更多地获得太阳辐射热量，此时镀膜面应位于 3 号位置；炎热气候条件下，人们希望进入室内的太阳辐射热量越少越好，此时镀膜面应位于 2 号位置。

表 6-10 Low-E 玻璃镀膜面位置对节能的影响

镀膜面位置	项目	1 号(室外)	2 号	3 号	4 号(室内)
白玻组合	K 值/[W/(m^2·K)]	2.677	1.923	1.923	2.041
	SHGC 值	0.632	0.625	0.676	0.640
吸热玻璃组合（以浅绿为例）	K 值/[W/(m^2·K)]	2.680	1.925	1.925	2.042
	SHGC 值	0.416	0.586	0.347	0.345

如果为了建筑节能或颜色装饰的设计需要，在炎热地区采用吸热玻璃与 Low-E 玻璃组成中空时，从表 6-10 中可以看出，膜面在 2 号或 3 号位置时的传热系数都是最小，但 3 号位置的太阳得热系数比 2 号位置小得多，此时 Low-E 膜层应该位于 3 号位置。

6.4.2.5 间隔气体的类型

中空玻璃的热导率约为单片玻璃 1/2，这主要是气体间隔层的作用。中空玻璃内部充填的气体除空气以外，还有氩气、氪气等惰性气体。由于气体的热导率很低[空气 0.024W/(m^2·K)，氩气 0.016W/(m^2·K)]，因此极大地提高了中空玻璃的热阻性能。6＋12＋6 的白玻中空组合，当充填空气时 K 值约为 2.7W/(m^2·K)，充填 90%氩气时 K 值约为 2.55W/(m^2·K)，充填 100%氩气时约为 2.53W/(m^2·K)，充填 100%氪气时 K 值约为 2.47W/(m^2·K)。两种惰性气体相比，氩气在空气中的含量丰富，提取比较容易，使用成本低，所以应用较为广泛。不论填充何种气体，相同厚度情况下。中空玻璃的 SHGC 值和可见光透过率基本保持不变。

6.4.2.6 气体间隔层的厚度

常用的中空玻璃间隔层厚度为 6mm，9mm，12mm 等，气体间隔层的厚薄与传热阻的大小有着直接的联系。在玻璃材质、密封构造相同的情况下，气体间隔层越大，传热阻越大。但气体层的厚度达到一定程度后，传热阻的增长率就很小了。因为当气体层厚度增大到一定程度后，气体在玻璃之间温差的作用下就会产生一定的对流过程，从而减低了气体层增厚的作用。如图 6-18 所示，气体层从 1mm 增加到 9mm 时，白玻中空充填空气时 K 值下降 37%，Low-E 中空玻璃充填空气时 K 值下降 53%，充填氩气时下降 59%。从 9mm 增加到 13mm 时，下降速率都开始变缓，13mm 以后，K 值反而有轻微的回升。所以，对于 6mm 厚度玻璃中空组合，超过 13mm 的气体间隔层厚度再增大不会产生明显的节能效果。

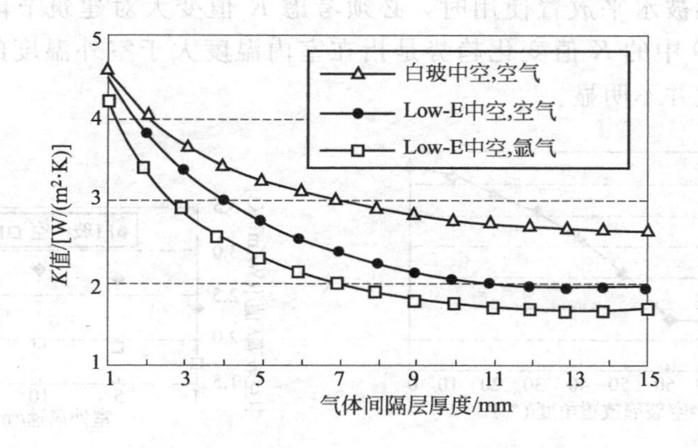

图 6-18 气体间隔层厚度对 K 值的影响

从图 6-18 中也可以看出，气体间隔层增加时，Low-E 中空玻璃 K 值的下降速率比普通中空玻璃要快。这种特性使得在组成三玻中空玻璃时，如果必须采用两个气体层厚度不一样的特殊组合时，Low-E 部位的间隔层厚度应不小于白玻部位的间隔层厚度。例如，6mm 玻璃中空组合时，白玻＋6mm＋白玻＋12mm＋Low-E 的 K 值为 1.48W/(m² · K)；白玻＋9mm＋白玻＋9mm＋Low-E 的 K 值为 1.54W/(m² · K)；白玻＋12mm＋白玻＋6mm＋Low-E 的 K 值为 1.70W/(m² · K)。

6.4.2.7 间隔条的类型

中空玻璃边部密封材料的性能对中空玻璃的 K 值有一定的影响。通常情况下，大多数间隔使用槽铝法，虽然重量轻，加工简单，但其热导率大，导致中空玻璃的边部热阻降低。在室外气温特别寒冷时，室内的玻璃边部都会产生结霜现象。以 Swiggle 胶条为代表的暖边密封系统具有更优异的隔热性能，大大降低了中空玻璃边部的传热系数，有效地减少了边部结露现象，如表 6-11 所示。

表 6-11　各种边部密封材料的热导率

边部材料	双封铝条	热熔丁基/U 形	铝带 Swiggle	不锈钢 Swiggle
热导率/[W/(m²·K)]	10.8	4.43	3.06	1.36

6.4.2.8　中空玻璃的安装角度

一般情况下，中空玻璃都是垂直放置使用，目前中空玻璃的应用范围越来越广泛，如果应用于温室或斜坡屋顶时，其角度将会发生改变。当角度变化时，内部气体的对流状态也会随之而改变，这必将影响气体对热量的传递效果，最终导致中空玻璃的传热系数发生变化。以常用的 6＋12＋6 白玻空气填充组合形式为例，图 6-19 显示了不同角度的中空玻璃 K 值变化情况（注：受不同角度范围采用不同的计算公式影响，图中数据仅供分析参考），常用的垂直放置（90°）状态 K 值为 2.70W/(m²·K)，水平放置（0°）时 K 值为 3.26W/(m²·K)，增加了 21%。所以，当中空玻璃被水平放置使用时，必须考虑 K 值变大对建筑节能效果的影响。但应注意图 6-19 中的 K 值变化趋势是指在室内温度大于室外温度的环境条件下，相反条件时变化并不明显。

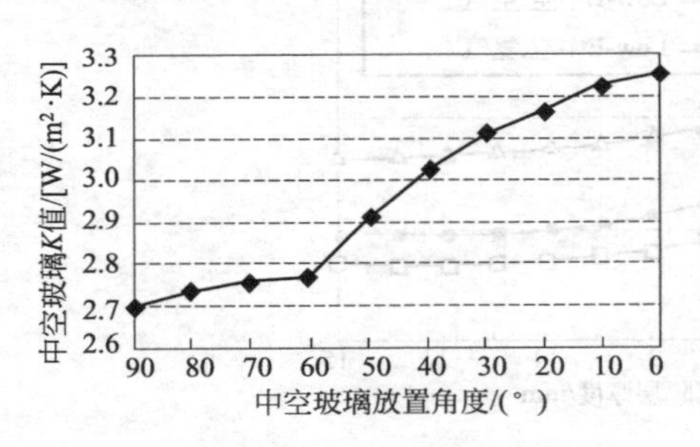

图 6-19　中空玻璃放置角度的影响

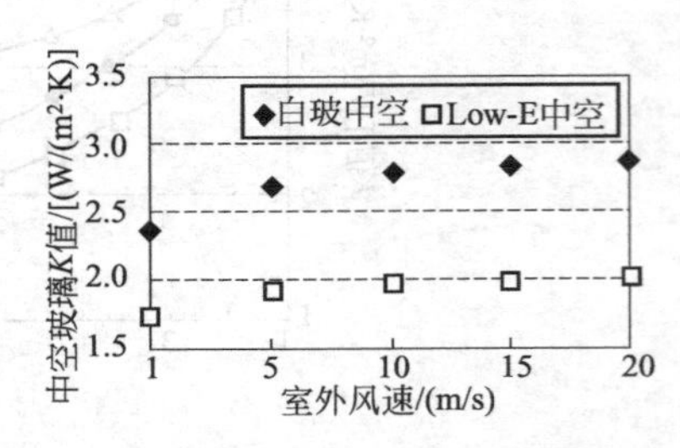

图 6-20　室外风速对节能特性的影响

6.4.2.9　室外风速的变化

在按照国内外标准测试或计算一块中空玻璃的传热系数时，一般都将室内表面的对流换热设置为自然对流状态，室外表面为风速在 3～5m/s 的强制对流状态。但实际安装到高层建筑上时，玻璃外表面的风速将会随着高度的增加而增大，使玻璃外表面的换热能力加强，中空玻璃的传热系数会略有增大。对比图 6-20 中的数据，当风速从测试标准采用的 5m/s 加大到 15m/s 时，白玻中空的 K 值增加了 0.16W/(m²·K)，Low-E 中空的 K 值增加了 0.1W/(m²·K)。对于窗墙比数值较小的高层建筑结构，上述 K 值的变化对节能效果不会产生大的影响，但对于纯幕墙的高层建筑来说，为了使顶层房间也能保持良好的热环境，就应该考虑高空风速变大对节能效果的影响。

6.4.2.10　采用不同标准的变化

中空玻璃传热系数和 SHGC 值的测试或模拟计算条件在各个国家的标准中略

有不同。美国采用 NFRC100 和 NFRC200，国际 ISO 标准为 ISO15099，欧洲的 PrENISO10077 和 PrEN13363 标准主要采用了 ISO 的有关规定，我国的玻璃传热系数测试标准为 GB 8484，在 JGJ113—2003 中加入了等效于 ISO10292 的传热系数计算条件，按照 GB/T 2680 可以测试或计算玻璃的光学热工性能。这些标准在测试或模拟计算的环境条件设置上，主要是在室内外温度差、对流换热系数（或风速）、太阳辐射强度等方面不完全相同。这将对最终的测试或模拟计算结果产生一定的影响，但通过采用不同标准进行模拟计算的对比表明，不同标准对 SHGC 值的影响甚微，对传热系数 K 值略有影响。以 6＋12＋6 空气填充的 Low-E 中空玻璃为例，依据不同标准的环境设置。使用 Windows52 计算出 K 值，结果如表 6-12 所示。

表 6-12　不同标准参数设置对 K 值的影响

项目	室内温度/℃	室内对流/[W/(m²·K)]	室外温度/℃	太阳辐射/[W/(m²·K)]	风速/(m/s)	室外对流/[W/(m²·K)]	Low-E 中空 K 值变化/[W/(m²·K)]
NFRC100-2001Winter	21		－18	0	5.5	26.0	1.923
ASHRAEWinter	21.1		－17.8	0	6.7	25.4	1.943
ISO15099Winter	20	3.6	0	300	—	20.0	1.956
ISO15099Russia	21	3.6	－26.6	300	—	20.0	1.998
GB 8484	18		－20	0	3.0		测试标准

6.4.3　影响中空玻璃耐久性和密封寿命的因素分析

影响中空玻璃的耐久性和密封寿命的主要因素有：中空玻璃密封胶、密封结构、间隔条、干燥剂（分子筛）以及人工操作质量等。业已证明，采用双道密封、连续间隔条和 3A 分子筛的中空玻璃的密封寿命最长，而采用单道密封、四边插角铝间隔条和 3A 分子筛的中空玻璃的密封寿命是较短的。北美中空玻璃协会对中空玻璃实际使用情况的 20 年跟踪结果，也证实了这一点。另外，中空玻璃加速老化试验（PI 检测）结果表明，采用不同间隔条密封结构的中空玻璃的期望密封寿命相差是巨大的，短的仅仅为 2 个月，长的高达 100 年以上。

在其他条件相同的情况下，不同间隔条的采用直接影响中空玻璃的节能性和耐久密封性。但在相当长的一段时间内，人们普遍使用铝间隔条（主要为四边插角）制作中空玻璃，虽然密封寿命较长，但热传导性高致使节能效果差，直接表现在中空玻璃边部出现冷凝。而在 20 世纪 70 年代末出现的实唯高胶条，具有热传导性能、节能较使用铝间隔条制作的中空玻璃有所改善，但不幸的是同时缩短了密封寿命。

这种不幸还表现在，在传统的思维框架里，无论人们如何努力改进，改善中空玻璃的节能效果和提高密封寿命耐久性，都是不能兼得的。虽然，将四边插角铝间隔条改为连接弯管的铝间隔条，使得中空玻璃的密封寿命进一步提高，但是节能效果差的问题仍然没有解决。

20世纪80年代末，两名勇于进取、富有挑战精神的加拿大科学家第一次开发出同时解决中空玻璃节能和耐久性一对矛盾的方法，即超级间隔条，在中空玻璃行业引发了一场革命。超级间隔条是使用一种无任何金属，内含3A分子筛的聚硅氧烷微孔结构材料的连续间隔条。特点是导热性能最小，可大幅度提高中空玻璃四周边缘的温度高达200%～300%，达到低辐射玻璃节能效果的40%，大大减少玻璃四周边缘的冷凝程度。使用超级间隔制作中空玻璃采用逆向的双道密封方法，使中空玻璃具有卓越耐久性和密封寿命，而且由于其卓越的耐久性和密封寿命，从根本上消除了售后服务（投诉）电话。在北美，使用超级间隔条制作中空玻璃的厂家对最终用户给出行业内最长保质期20年的书面承诺，而其他厂家给出的保质期仅仅为5年、10年或最多15年不等。

提高中空玻璃的耐久性和密封寿命的意义在于，中空玻璃的节能不仅仅是一个短期、静态的行为，而是一种长期、动态的概念。在众多的间隔系统中，超级间隔条是唯一能够使中空玻璃在使用期间长期保持最佳节能状态的间隔条。由此，它给厂家带来的直接和间接的经济效益在于减少了售后服务的巨大费用，由于产品差异性使得其售价较高从而利润率较高。从最终用户角度看，虽然其购买费用较高，但由于其显著的节能效果和密封寿命所带来的长期效益，使得该项投资能长期地产生丰厚的回报。在北美，使用超级间隔条制作中空玻璃窗的厂家在营销中空窗时，将其称为卡迪拉克中空窗，原因很简单，因为他们使用了间隔条中的卡迪拉克间隔条。

6.5 中空玻璃成型设备

6.5.1 复合胶条式中空玻璃主要成型设备

6.5.1.1 热压机

该机是生产复合胶条式中空玻璃的专用生产设备，在两片玻璃之间的周边安放胶条后，经本机加热、辊压，使其内部形成较低真空度和静止干燥的空气层。本机采用变频调速技术和自动温控系统及精密测量装置，如图6-21所示。

图6-21 中空玻璃热压机

图6-22 胶条装配合片台

6.5.1.2 胶条装配合片台

该机是在中空玻璃原片周边安装胶条及合片的专用生产设备，采用可编程序控制器（PLC）配以相应的接近开关，完成各执行元件的动作循环，使玻璃 90°分步回转，自动定位铺设胶条，工作台两侧定位，便于合片。如图 6-22 所示。该机有特别设计的悬浮台面，玻璃移动轻快灵活。

图 6-23　玻璃合片台

6.5.1.3　玻璃合片台

该机是安装好胶条的玻璃和另一块玻璃对齐合片的专用工作台，它有特别设计的吸附和悬浮台面，上下玻璃安全可靠，如图 6-23 所示。

6.5.2　槽铝式中空玻璃主要成型设备

6.5.2.1　立式中空玻璃自动合片板压生产线系列产品

立式中空玻璃自动合片板压生产线见图 6-24 所示。

图 6-24　立式中空玻璃自动合片板压生产线

该产品系列是槽铝式中空玻璃生产的专用设备，可完成玻璃清洗、铝框定位安放、玻璃自动合片、板压、中空玻璃放平自动移出等功能。主要配置功能如下：

① 由 PLC 程序控制器自动控制，实现自动定位、自动合片、压实、自动出片等功能。

② 可制作矩形、异形中空玻璃，具备等边及不等边大小片、不同胶深功能，适合幕墙用中空玻璃制造。

③ 整机采用变频无级调速，各段速度自动匹配调整，主要电器件采用进口元件。

④ 清洗段玻璃传送配有特殊的胀紧传动装置，对不同厚度的玻璃保持可靠的夹持，平稳的传送。

⑤ 可选用特殊胀紧装置，使干燥段风刀、靠轮、行进轮整体结构随玻璃厚度变化自动调整，保证厚薄玻璃一样的干燥效果。

⑥ 可清洗普通玻璃、各种镀膜玻璃，特别是 Low-E 镀膜玻璃。

⑦ 可选配专门的毛刷驱动装置，当检测到所洗玻璃为镀膜玻璃时，自动调整毛刷达到最佳清洗效果。

⑧ 毛刷采用特别结构与调整方式，便于长期使用后补偿磨损，保持最佳清洗状态。

⑨ 采用进风过滤装置，保持干燥风清洁，提高玻璃洁净度，风路采用特别的消噪设计，提高工作环境舒适度。

⑩ 玻璃翻转时将玻璃自动放平并自动将玻璃送出。

6.5.2.2 铝框折弯机

铝框折弯机如图 6-25 所示，该机用于中空玻璃铝间隔条矩形自动折弯。一般采用 PLC 控制系统，定位可靠，运行平稳，加工铝框范围大。自动储料槽，自动上料，自动铝条续接；一般都可以弯至弧形铝框、异形框，生产尺寸精确，生产效率高。

6.5.2.3 丁基胶涂布机

丁基胶涂布机（图 6-26）是将热熔丁基密封胶均匀涂布在中空玻璃铝间隔框两侧的专用生产设备，其主要性能特点为：

① 平胶带传送速度快，可达 30m/min。

② 胶缸温升可在 24h 内任意时间自动启动，缩短了待机工作时间。

③ 胶缸温度可自动显示，自动控温。

④ 气液增压泵结构紧凑增压比大。

⑤ 胶缸设有胶料限位报警装置，缸体采用回转支撑装置，便于更换胶料。

⑥ 电控系统以 PLC 为中枢，工作灵敏可靠，自动化程度高。

⑦ 操作面板按钮控制，操作直观方便。

图 6-25 全自动铝框折弯机

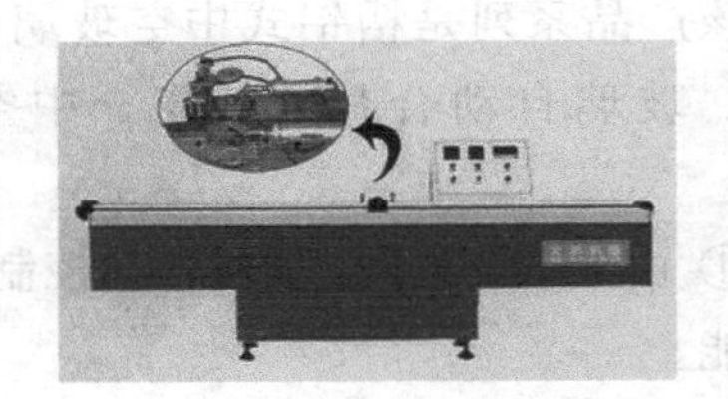

图 6-26 丁基胶涂布机

6.5.2.4 双组分打胶机

双组分打胶机（图 6-27）是在制作槽铝式中空玻璃或幕墙玻璃时，对其周边涂敷双组分聚硫密封胶或双组分聚硅氧烷密封胶的专用生产设备。A 组分胶泵和 B 组分胶泵分别采用液压和气压驱动装置，换向采用无触点电器控制系统，灵敏可靠，整机运行平稳，出胶混合均匀，连续稳定，涂层平整充实，生产效率高，操作及维修简单方便。

6.5.2.5 旋转打胶台

旋转打胶台（图 6-28）是中空玻璃生产中对玻璃涂注二道密封胶的专用附属设备，设备配置有步进电机带动主轴旋转，由 PLC 控制连续或分步旋转，该机型自动化程度高，可连续生产，生产效率高。

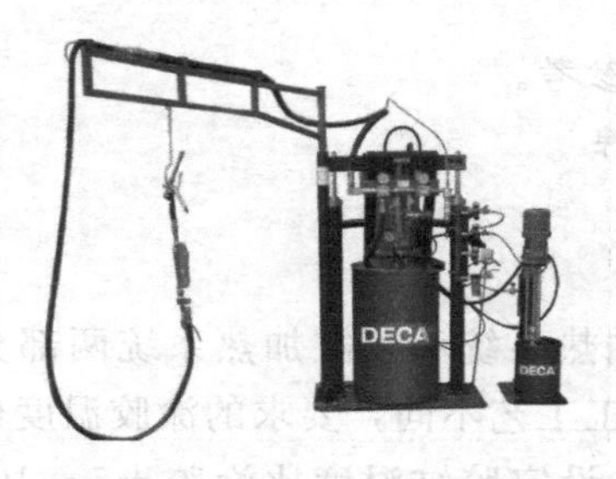

图 6-27　双组分打胶机

图 6-28　旋转打胶台

6.5.2.6　中空玻璃充气机

中空玻璃充气机（图 6-29）的作用是给中空玻璃冲氩气（也可以充其他的惰性气体如氮气、氪气等）。

中空玻璃空腔充惰性气体主要有三个好处：

① 有利于中空玻璃的降噪，因为惰性气体的传声系数小，一般可降低 5dB 左右。

② 节能，因为惰性气体的质量比较大，在中空内部不容易形成对流，所以可以进一步节能。

③保护离线 Low-E 膜层被氧化。

6.5.2.7　其他辅助设备

其他辅助设备还包括玻璃磨边机、玻璃输送台、玻璃输送车、铝间隔框输送机、分子筛灌装机（图 6-30）、铝间隔条切割锯（图 6-31）等。

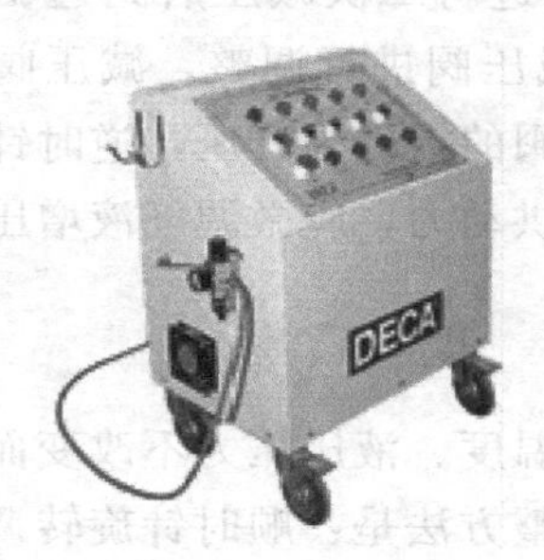

图 6-29　中空玻璃充气机

图 6-30　分子筛灌装机

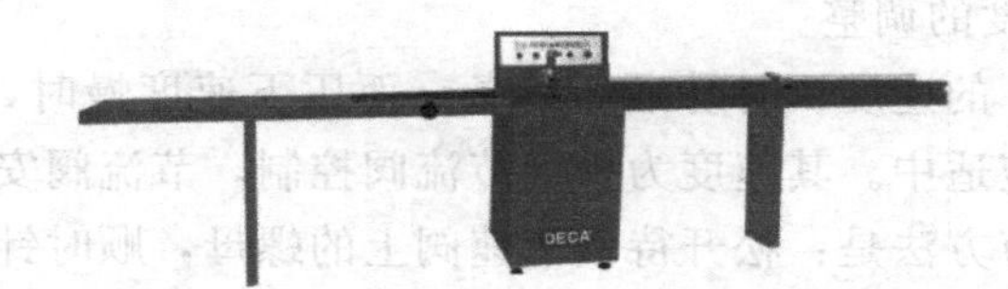

图 6-31　铝间隔条切割锯

6.5.3　多种加工设备的调整及维护保养

国内的中空玻璃成型机械已达到相当的水平，下面介绍几种中空玻璃设备的调整及维护保养，供使用类似中空玻璃设备的企业参考。

6.5.3.1 JT01型丁基胶涂布机的调整及维护保养

(1) JT01型丁基胶涂布机的调整

① 温度参数的调整

JT01型丁基胶涂布机的加热系统由打胶头加热系统和胶缸加热系统两部分组成。不同品牌的丁基胶因其工艺参数、匹配、加工工艺不同，要求的涂胶温度也不同。一般情况下，设定涂胶座温度110～150℃，设定胶缸温度比涂胶±5～10℃。当工作温度、工作压力以及胶的质量、环境条件正常的条件下，若涂不上胶，应适当升高温度，若打出的胶没有光泽，有毛刺、气泡，则应适当降低温度。每次胶头、胶缸温度同时升高或降低5℃。

② 涂胶压力参数调整

向铝框两侧涂胶，是由液压系统或气液增压系统控制。当液压系统为挤胶动力时，靠调整电接点压力表的上下限来控制，当气液增压系统提供挤胶动力时，靠调整进气压力来控制。

③ 气压参数调整

丁基胶涂布机的气源主要用在三个部位。一是推动开关轴，完成打胶功能，推动开关轴的压力不得小于0.5MPa，压力过低会使开关轴开关不灵活，其压力直接由气源三联体供给，所以气源进入三联体的压力不能小于0.5MPa，推动开关轴的压力可通过气源三联体上减压阀进行调整。二是驱动两个小压轮，气源经过气源三联体减压后，又通过装在气动件安装板上的减压阀进行二次减压后到达驱动发动机，该压力可调整为0.2～0.4MPa，可通过二次减压阀进行调整。减压阀调整的方法是：拉起减压阀上的保护盖，顺时针旋转减压阀的指针为升压，逆时针调整为减压，调整后按下保护盖。三是为气液增压系统提供动力，应微调气液增压系统的进气压力，使出胶速度适宜，出胶流畅。

④ 涂胶厚薄微调整

涂胶厚薄与加热温度、液压压力有关，当加热温度、液压压力不改变而微调其涂胶厚度时，应调整涂胶头上的流量调整螺钉。调整方法是：顺时针旋转调整螺钉为加粗，逆时针调整为减细。

⑤ 前后压轮速度的调整

当前后压轮压下的速度快时易砸坏铝条，而压下速度慢时，会阻挡铝框前进，前后压轮压下速度应适中。其速度为排气节流阀控制，节流阀安装在控制压轮的两个电磁气阀上，调节方法是：松开待调节速阀上的螺母，顺时针调为减速，逆时针为加速，调整完后旋紧螺母。

⑥ 打胶头与铝条间隙调整

为保证合片压合后丁基胶均匀，无气泡等缺陷，丁基胶涂胶导向槽一般都呈半圆形。挤胶头与铝条间隙过大，易出现不粘、断胶，吐出的胶为圆形等缺点。而过小，铝条不易通过，故一般调整为比铝条宽度宽0.5mm。调整方法是松开紧固涂胶头的螺栓，旋转调节手柄，适合后紧固螺栓。

⑦ 打胶高度调整

成品中空玻璃的丁基胶内边缘应与铝框内边缘相差距离 0.5mm 左右，距离太小，丁基胶易挤入中空玻璃内，影响外观质量，距离太大影响中空寿命。通过调整打胶横梁的高度来调整胶在铝框上的高度。

(2) 设备保养

① 设备润滑，传动轴承每六个月一次，更换钙基润滑油。

② 气源三联体油水分离器经常放水，油雾器加 32 号润滑油，喷油速度控制在每分钟 1 滴。

③ 液压油首次三个月更换，以后每年更换一次。

④ 每周清理涂胶头一次。

⑤ 及时清理传送带。

(3) 安全操作规程

开机顺序：打开电源→打开胶缸、胶头加热→胶缸、胶头温度达到设定值后保温 15～30min→根据铝条宽度调整两胶头距离→打开液压站，胶缸状态"退"，活塞推出后"停"→放胶料→胶缸状态"进"，推进胶后"停"，皮带传送"开"，皮带传送运行→胶缸状态"进"，并保持→调整时间参数，试挤胶→正常工作。

关机顺序：胶缸工作状态"退"，2～3s 后"停"→液压站"关"→胶头胶温度"关"→皮带传送"停"→关整机电源。

(4) 常见故障及处理

常见故障及处理方法列于表 6-13 中。

表 6-13 丁基胶涂布机常见故障及解决方法

故障现象	原因分析	解决方法
胶头升温比正常慢或不升温	①加热棒损坏一个或两个 ②温控表故障 ③交流接触器故障	①更换加热棒 ②更换温控表 ③更换交流接触器
液压站电机不工作，其他显示正常	①电源相线缺相 ②继电器触点烧损或黏合 ③交流接触器故障 ④液压压力表触点烧损或黏合	①检查排除 ②更换继电器 ③更换交流接触器 ④更换压力表
不升压或胶缸活塞不后退	①电机反转 ②溢流阀故障 ③电磁阀不换向 ④液压压力表损坏	①检查交换相线 ②清洗调整溢流阀 ③清洗阀芯或更换电磁线圈 ④维修更换压力表
不保压/推力不足/压力降低超过下限，电机不启动	①液压系统有泄漏 ②液压压力表损坏 ③液压泵泵力不足 ④储能器损坏 ⑤继电器线圈烧损或触点烧损，黏合	①检查排除 ②更换压力表 ③更换液压泵 ④更换储能器 ⑤更换继电器

续表

故障现象	原因分析	解决方法
整机带电	①加热棒、加热板接线柱或导线与机架连接 ②加热棒、加热板损坏漏电 ③线路或其他部位元件漏电	①检查排除 ②更坏加热棒、加热板 ③检查排除
涂不上胶	①室温太低 ②胶头与铝条间隙过大 ③胶有异物堵塞出胶孔 ④铝条有油渍灰尘等异物 ⑤挤胶压力低 ⑥挤胶温度低 ⑦加热棒损坏一个 ⑧不保压 ⑨胶质量低	①改善加工车间环境条件 ②调整间隙 ③清洁胶头 ④清除 ⑤适当调整挤胶压力 ⑥根据各种品种要求的温度，适当调整挤胶温度 ⑦更换加热棒 ⑧更换调整元件 ⑨更换质量好的胶
压轮压坏铝条	①气压压力过大 ②摆动速度过快	①调节气压 ②调节速度

6.5.3.2 JT01型丁基胶涂布机常见故障及处理方法

JT01型丁基胶涂布机是将丁基热熔胶均匀地涂在中空玻璃的铝间隔框上，用来制作中空玻璃。该设备是制作槽铝式中空玻璃的关键设备，其主要结构由打胶系统、液压控制系统、气动控制系统、电气自动控制系统组成。机械传动、控制电气自动与温控、气动、液压控制集成于一体，属机、电、液、气一体化高科技产品。

该设备常见的故障及解决办法如下。

(1) 气动控制常见异常及解决方法

在日常工作中，气动控制常见的异常及解决方法如表6-14所示。

表6-14 气动控制常见异常及解决方法

故障现象	产生原因	解决方法
压轮压下抬起不均衡	进气与排气压力不均衡	调节紧定螺钉使压力均衡
	时间参数 $t_1 \sim t_6$ 未调准确	调整 $t_1 \sim t_6$ 参数，使动作准确
	管接头漏气	更换管接头
开关轴不同步	汽缸定位及行程有差异	调节汽缸安装位置使行程开关统一
	气压不均衡	调节开关轴汽缸，气阀压力一致
	开关轴与胶座配合松紧不一	修开关轴孔，手动转动松紧一致
电磁阀动作不灵活	压缩空气不平静	清理三联体并注润滑油，去积水
	电磁阀线圈损坏	更换电磁阀

(2) 打胶系统常见故障及处理方法

① 涂胶不均匀且有时出现断胶现象

表6-15给出了涂胶不均匀且出现断胶现象及处理方法。

表 6-15　涂胶不均匀且有时出现断胶现象及处理方法

产生原因	处理方法
两大胶出胶孔不一致	修出胶少的大胶头出胶孔使之一致
胶缸内有空气	打框前排胶、排气
前后大胶头间距不对	依铝框宽度定位调正

② 活塞轻微拉缸现象

表 6-16 给出了活塞轻微拉缸现象及处理方法。

表 6-16　活塞轻微拉缸

产生原因	处理方法
油缸与胶缸轴线偏移	调节拉杆长度一致，并重新紧固螺母，必要时增加垫片调节
	调节油缸两侧及底部升降螺杆轴线重合
	清理胶后做活塞往复运动空行程无划痕试验
胶缸内有异物	清理机器上多余的螺钉、螺母等金属物品，必要时用磁铁吸附
	每次退缸放胶时清理干净胶墩

另外为防止拉缸，丁基胶温度低于 120℃时不允许做挤胶动作。

(3) 温控表常见故障及解决方法

表 6-17 列出了温控表常见故障、产生原因及解决方法。

表 6-17　温控表常见故障、产生原因及解决方法

常见故障		产生原因	解决说明
显示类	显示不出	电源端子配线不正确	应按温控表说明书中的接线图正确接线并牢固
		未接正规电源电压	应按温控表所指定的电压进行连接
控制类	控制异常	输出信号线与输入信号线断路	检查外围线路
		热电偶的插入深度不够	确认热电偶是否与被测物正确连接，间隙过大则用铜皮包住
		继电器与温控表的输出不匹配	外围继电器，使之与温控表输出信号匹配

另外，环境温度在 50℃之上或低于 0℃也会使温控表异常，切记湿度不能过大，远离强烈振动源及尘埃较多的地方。

(4) 液压系统常见故障及排除方法

表 6-18 给出了液压系统常见故障、产生原因及解决方法。

设备在使用中，应严格按照操作规程来操作，并需要定期维护与保养，增加机器的使用寿命。

6.5.3.3 LB1500A 立式玻璃生产线的调整与保养

(1) LB1500A 立式玻璃生产线的调整

① 清洗速度的调整

根据环境温度的不同、工作效率的不同，可对清洗速度进行调整。该生产线采

表 6-18 液压系统常见故障、产生原因及排除方法

主题 \ 项目	常见故障	产生原因	解决说明
噪声	油泵吸空	滤油器堵塞	清洗或更换新件
		吸油管路内径小，油管弯死	更换新件
		油液黏度高	选适合型号液压油，冬季用稍稀，夏用稍稠，半年更换一次
	油生泡沫	回管油在油面以上	选用长油或者加油量
		油泵吸油管路漏气	选适合型号液压油，冬季用稍稀，换新件
	机械振动	联轴器松动，相关件不同心	调整同心或更换
	油泵及溢流阀	油泵磨损严重，溢流阀不稳定	更换
系统压力不足或无压力	油泵旋向不对	油泵电机电源接错	重新接线
	油泵功率低	油泵内漏	更换
	系统或局部泄漏	油液黏度低	选适当牌号油
		有关密封锁环节损坏	更换密封件
压力波动	油泵吸空	同噪声项中油泵吸空	同噪声项中油泵吸空
	溢流阀	不稳定	更换密封件
	压力系统	有空气	打开排气孔放气
	压力表	灵敏度不合格，损坏	更换新压力表
	打胶系统内泄漏	打胶缸开关轴打胶座连接处漏胶	更换格来圈，更坏螺钉

用现代流行的无级变频调速技术，清洗速度在 1.2～7m/min 之间可调。调整方法是：停止传送，按动变频器面板上"▲"或"▼"，改变输入到减速电机的电源频率，从而改变速度。

② 水温调节

当玻璃较脏或环境温度低时，可对清洗用水进行加热。水温由温控器进行调节，调节方法是：顺时针旋转温控器调节旋钮，使其指针指到需要的加热温度。一般加热到 30～50℃。

③ 水压调整

使用一段时间后，因杂质聚集在过滤系统中，会使水压下降，必须经常反冲、清理过滤系统。过滤器由全自动石英过滤器和精密保安过滤器组成。全自动石英过滤器的清理、反冲方法有三种。a. 全自动：接入电源和进水，关闭出水口，调整好当时的日期、时间和设定所需反冲的日期，则到达设定时间会自动反冲、清理。b. 半自动：接入电源和进水，关闭出水口，逆时针缓慢旋转反冲动作旋钮到"开始/预备"、会自动反冲。c. 手动：接入进水，关闭出水口，逆时针缓慢旋转反冲动作旋钮到"开始/预备"、"反冲"、"清理"、"运行"，每步 15～30min。精密保安过滤器通过精密纸芯过滤，清理、反冲方法：将出水口接进水，进水口接污水管，

反冲 30min；多次反冲效果不明显后，可将纸芯撕去一层。

④ 风量调整

使用一段时间后，因灰尘聚集在风机过滤网中，堵塞过滤网进风，使风量减小，需清理。清理方法：拆下过滤网，用高压风管反冲后在清水中漂洗，晾干。

⑤ 铝框定位调整

中空玻璃国家标准规定，双道密封中空玻璃外道密封胶涂胶厚度 5～7mm，各生产中空玻璃厂家根据实际情况调整铝框定位系统。调整方法是：调整玻璃侧定位及铝框下定位的位置。

⑥ 辊压压力、压紧速度的调整

根据单片玻璃所做中空玻璃厚度的不同可调节辊压压力，一般压力为 0.2～0.4MPa。压力调整可调整三联体上的减压阀，减压阀调整的方法是：拉起减压阀上的保护盖，顺时针旋转减压阀的指针为升压，逆时针调整为减压，调整后按下保护盖。压紧速度过大易撞坏玻璃，其速度为排气节流阀控制，节流阀安装在控制压轮的汽缸上，调节方法是：松开待调节调速阀上的螺母、顺时针调为减速，逆时针为加速，调整完后、旋紧螺母。

⑦ 翻转台传送速度的调整

翻转台传送速度可在 0～7.5m/min 调整，调整由调速器调节。调节方法是：顺时针旋转调速器调节旋钮，使其指针指到需要的速度，一般为 2.5～3.5m/min。

(2) 设备保养

① 设备润滑，传送轴轴承、齿轮、链轮、链条每三个月更换一次钙基润滑油，减速机每半年更换钙基润滑油。

② 气源三联体油水分离器经常放水，油雾器加 32 号润滑油、喷油速度控制在每分钟 1 滴。

③ 定时清理风机过滤网、水箱、喷水嘴。

④ 长时间不用设备或在低温环境下停机后应及时放净水箱、水管、水泵中的水，以防冻坏设备。

(3) 安全操作规程

① 开启总电源。

② 水箱加满水，需要加热时可提前 15～30min 加热。检查水泵、水管是否注满水。

③ 开启风机，运转平稳后，开启清洗传送、覆片传送、检查灯、毛刷、水泵。

④ 放入玻璃，经清洗、干燥后到检查段，检查清洗质量。第一块玻璃到覆片段自动停止，脚踩脚踏板开关，铝框定位移出，装上涂好丁基胶的铝框，第二次脚踩脚踏板开关，铝框定位退出，将清洗后的第二块玻璃移到覆片段，以传送辊和定位销定位，与第一片玻璃合片；启动辊压按钮，自动辊压后进入翻转台，自动停在翻转台末端，如需要，脚踩脚踏板开关，翻转台自动翻转放平，移出玻璃。

⑤ 每班工作结束后，关闭控制台上各个旋扭，再关闭总电源。

(4) 常见故障及处理

表 6-19 给出了 LB1500A 立式玻璃生产线的常见故障现象、产生原因及解决方法。

表 6-19 常见故障、产生原因及解决方法

故障现象	产生原因	处理方法
不传送	①电压过高或过低 ②设备输入零线未接好 ③变频器损坏 ④电机、减速箱故障 ⑤转动元件(轴承、齿轮、链条等)损坏	①检查排除 ②检查排除 ③更换变频器 ④检查排除 ⑤更换元器件
水压小	①过滤系统堵塞 ②喷水嘴堵 ③水箱水少或水管、接头漏气、水泵吸入气体 ④水泵内有气 ⑤喷水管堵头松掉	①反冲系统 ②检查排除 ③检查排除 ④检查排除 ⑤检查排除
风量小	①过滤网堵塞 ②风机反转	①清理排除 ②更换相线
清洗不干净或有漏水	①水压小 ②风量小 ③刮水胶皮损坏 ④毛刷损坏 ⑤传送速度太快 ⑥水质硬度高	①检查排除 ②检查排除 ③更换刮水胶皮 ④更换毛刷 ⑤调节速度 ⑥更换清洗水
传送辊压动作不正常	①感应开关不灵敏 ②电磁阀损坏	①调整、更换开关 ②修理、更换电磁阀
整机带电	①加热器进水漏电 ②检查灯线路漏电 ③线路其他部位或电气元件漏电	①检查排除 ②检查排除 ③检查排除
压碎玻璃	①辊压压力太大 ②压紧速度太快 ③延时辊压位置不正确 ④玻璃有缺陷	①调小压力 ②调小速度 ③调整感应开关位置 ④更换玻璃

6.6 中空玻璃耐久性分析

6.6.1 中空玻璃的失效原因及预防措施

影响中空玻璃有效使用时间的原因很多，如制造材料的性能、制造工艺及控制、安装方法等。下面就影响中空玻璃有效使用时间的各种因素进行分析，并提出延长中空玻璃有效使用时间的一些相关措施。

6.6.1.1 中空玻璃失效的主要原因

中空玻璃失效的直接原因主要有两种。一是间隔层内露点上升。当环境温度降低到使玻璃表面的温度低于间隔层内的露点时，间隔层内的水汽便在玻璃内表面产生结露或结霜（玻璃内表面温度高于0℃时结露，低于0℃时结霜）。由于玻璃内表面的结露或结霜，影响中空玻璃的透明度，并降低中空玻璃的隔热效果［因水的传热系数为0.5kcal/(m²·h·℃)，干燥空气传热系数为0.021kcal/(m²·h·℃)，随着空气含水量的增加，传热系数增大，使中空玻璃间隔层的热阻降低］，同时长时间的结露会使玻璃的内表面发生霉变或析碱，产生白斑，严重影响玻璃的外观质量。二是中空玻璃的炸裂，当中空玻璃在安装使用过程中由于环境温度的不断变化、日晒以及风压的作用使玻璃发生炸裂。玻璃炸裂后（即使极小的裂缝存在）就会失去其密封性，在间隔层内出现结露、结霜，从而丧失使用功能。

6.6.1.2 中空玻璃失效原因分析

（1）露点上升的主要原因分析

中空玻璃的露点是指密封于间隔层的空气湿度达到饱和状态时的温度。低于该温度隔层中水蒸气就会凝结成液态水。露点与空气的相对湿度和空气中的含水量之间的对应关系见表6-20。

表6-20 露点、空气中的相对湿度和含水量之间的关系

相对湿度(25℃)/%	0.4	1.0	5	20	30	40	50	60	70	80
露点/℃	−40	−32	−16	0	6	10	14	17	19	21
含水量/(g/m²)	0.12	0.28	1.27	4.84	7.23	9.37	12.05	14.05	16.21	20.06

显然水的含量越高，空气的露点温度也就越高。当玻璃内表面温度低于间隔层内空气的露点时，空气中的水就会在玻璃的内表面结露或结霜（国家标准GB/T 11944—2002《中空玻璃》中规定露点为−40℃）。中空玻璃的露点上升是由于外界的水分进入间隔层又不被干燥剂吸收造成的。下列几种原因可导致中空玻璃的露点升高：

① 密封胶中存在机械杂质或涂胶过程中挤压不实而存在毛细小孔，在间隔层内外压差或湿度差的作用下，空气中的水分进入间隔层使中空玻璃间隔层中的水分含量增加。

② 干燥剂的有效吸附能力低。中空玻璃干燥剂的有效吸附能力指的是干燥剂被密封于间隔层之后所具有的吸附能力。它是分子筛的性能、空气湿度、装填量以及在空气中放置时间等的函数，干燥剂的作用有两个：其一是吸附掉生产时密封于间隔层中的水分，使得中空玻璃有合格的初始露点；其二是不断地吸附从环境中通过胶层扩散到间隔层中的水分，保证中空玻璃始终有符合使用要求的露点（检测中称为最终露点，即经过高温高湿和气候循环试验后测得的露点），因此要求干燥剂要有较强的吸附能力。如果干燥剂的吸附能力差，不能有效地吸附通过扩散进入间隔层中的水分，就会导致水分在间隔层中聚集，使中空玻璃的露点上升。

③ 生产时的环境湿度。如果生产车间的环境湿度较大，就会消耗干燥剂的吸

附能力从而使干燥剂的剩余吸附能力降低，使得中空玻璃使用寿命缩短（湿度应控制在50%以下）。

④ 中空玻璃的生产工艺控制。如果分子筛在空气中暴露时间较长，其有效吸附能力就会降低。另外混胶不匀（涂胶后不固化）或一次性混胶太多造成部分胶出现固化（混合后的密封胶随温度升高固化速率加快，一般车间温度应控制在20～25℃，混胶后应在最短的时间内用完，从搅拌到涂胶完毕不应超过20min）产生气孔，并降低玻璃和密封胶之间的黏结强度。工艺上玻璃清洗不净、双道密封时丁基胶断胶或角部密封不严等均可造成中空玻璃的质量下降。

⑤ 密封胶的水汽透过率和胶层宽度。水汽通过聚合物（密封胶一般均为高分子聚合物）扩散进入间隔层是中空玻璃失效的最主要原因。众所周知，任何聚合物都不是绝对不透气的，用于中空玻璃的密封胶（通常为聚硫橡胶、硅橡胶、丁基胶等）也是如此。对于这些高分子材料，由于其两侧逸度差（压差或浓度差）的存在，为聚合物等温扩散提供了驱动力。在逸度较高的一侧聚合物分子因吸附气体分子进入固体聚合物中，移动并穿过聚合物链阵，从聚合物的另一侧（逸度较低的一侧）释放出来。对于中空玻璃的密封胶而言，主要扩散物就是空气中的水分。

水分的扩散遵循如下关系式：

$$J=P\Delta P/L \tag{6-6}$$

式中 J——扩散速率，指单位时间、单位面积上气体通过一定厚度的聚合物的扩散量；

P——气体渗透系数，是材料固有的一种物理性质；

L——聚合物的厚度；

ΔP——聚合物两侧的气体分压差。

从上式可知，影响水蒸气扩散的因素主要是聚合物的气体渗透系数（气密性）、厚度和间隔层内外的分压差。

⑥ 复合丁基胶条的质量。复合胶条与玻璃的黏结强度是决定中空玻璃寿命的主要因素。

（2）中空玻璃炸裂的原因

导致中空玻璃炸裂有多种原因，有生产方面的、选材方面的，也有安装运输方面的。玻璃炸裂的主要原因可以归纳为以下几种：

① 生产时的环境温度。生产中空玻璃时，密封于间隔层内的压力是生产环境温度下的压力。在使用过程中，往往是使用温度和生产环境温度相差较大。空气的热胀冷缩会使空气的压力发生变化，在夏季使用环境温度一般都高于生产环境温度，间隔层中的空气发生膨胀，产生正压，特别是用吸热玻璃制作的中空玻璃，玻璃的吸热效果很强，间隔层内空气温度更高，产生的正压也就更大。当由于间隔层空气膨胀引起的压力高于玻璃的破坏压力时，玻璃便会发生炸裂。同样在冬季时，生产温度高于使用时的环境温度，间隔层内空气收缩，而产生负压，当玻璃面积较大而间隔框又较小时，两片玻璃的中心部位有可能贴在一起形成类似彩虹的斑点，

严重影响使用效果（此缺陷可以事后纠正但比较麻烦），1995 年秋天北京曾发生过这一现象，经查证得知中空玻璃是在夏季生产的。在风雪载荷的联合作用下有可能使玻璃发生破裂。另外，我国地域辽阔，如供需两地气压相差较大，也可使玻璃发生变形，这时就应在施工现场进行矫正。

② 玻璃在生产时的变形。水平法生产中空玻璃时（目前手工或半手工生产几乎全部是水平法），由于玻璃下部受支撑的面积较少而且支撑多在中心部位，加之上片玻璃的重量全部加到下片玻璃上，使下片玻璃向上弯曲，上片玻璃由于自重向下弯曲。结果造成中空玻璃的间隔层变薄，玻璃安装使用时就自然存在负压，使玻璃上产生预应力，面积较大的中空玻璃这种现象更为突出（变形严重时必须矫正）。由于玻璃上预应力的存在，减小了其抵抗的能力，在外界因素变化较大时容易发生破裂。

③ 使用后产生“热炸裂”。在使用吸热玻璃和镀膜玻璃为原片制作中空玻璃时，由于在玻璃的两点间存在的温度差较大而产生热冲击导致玻璃破坏。值得一提的是热带地区较少发生热炸裂。

④ 安装时玻璃上产生预应力。玻璃在安装时框架不平或弹性密封胶条质量不佳使玻璃发生弯曲变形从而产生预应力，由于玻璃预应力的存在降低了其抗风压强度，甚至发生破裂。

⑤ 包装运输不当使玻璃炸裂。中空玻璃不同于其他玻璃，中空玻璃在受到压力时是单片受力，如果衬垫不平极易造成中空玻璃炸裂。另外，在生产中空玻璃时，磨边质量不好或在运输中玻璃边部由于碰撞产生微小裂口，而在安装前又不易被发现（由于周边涂胶），安装后受外力影响裂纹增长而使玻璃破裂。

⑥ 密封胶质量不佳。制作中空玻璃的密封胶要求在高、低温状态下均有较好的弹性，即与玻璃同步伸缩，使玻璃不会产生较大应力。另外要求中空玻璃密封胶要有较少的有机挥发物（小于 1.5%），以防止密封胶收缩过大产生破裂。

6.6.1.3 预防中空玻璃失效的措施

要想延长中空玻璃的有效使用时间，必须从各个环节加以控制，如生产工艺条件、原材料选择、安装运输等。

(1) 严格控制生产环境的湿度

生产环境的湿度主要是影响干燥剂的有效吸附能力和剩余吸附能力。剩余吸附能力是指中空玻璃密封后，干燥剂吸收间隔层的水分，使之初始露点达到要求。除此之外干燥剂还具有吸附能力，此部分吸附能力称之为剩余吸附能力，定量地说，它等于有效吸附能力减去干燥剂吸附密封于间隔层内空气中的水分消耗的吸附能力。剩余吸附能力的作用是不断地吸附从周边扩散到间隔层中的水分。剩余吸附量的大小决定着对中空玻璃在使用过程中，通过扩散进入间隔层的水分吸附量的大小，也就决定着水分在间隔层中聚集速率的快慢，从而决定着中空玻璃的有效使用时间的长短。

中空玻璃生产时湿度大，首先密封于间隔层中的水分多，消耗干燥剂的吸附能力就大，其剩余吸附能力就小。

由表 6-20 可以看出，空气的湿度越大，其含水量就越高。环境湿度由 40%增加到 80%时，空气中的水分含量提高一倍。环境湿度对干燥剂的吸附速率有很大影响。在不同的湿度下，湿度越大，干燥剂的吸附速率越快，生产过程中干燥剂暴露于空气中一段时间内，干燥剂消耗的吸附能力与环境湿度成正相关关系，干燥剂的剩余吸附量随着湿度的升高而减小。因此湿度对中空玻璃的有效使用时间的影响至关重要。要延长中空玻璃的有效使用时间，就必须使生产环境的湿度控制得低一些。

(2) 减少水分通过聚合物的扩散

① 选择低渗透系数的密封胶

选择气体渗透系数低的中空玻璃密封胶是减小气体扩散速率的有效措施之一。中空玻璃生产常用的密封胶有丁基橡胶、聚硫橡胶和硅橡胶等，其气体渗透系数为：丁基橡胶 1～1.5g/(m^2·d·cm)，聚硫橡胶 7～8g/(m^2·d·cm)，硅橡胶 10～15g/(m^2·d·cm)。可见，丁基橡胶的气体渗透系数最小，所以双道密封的中空玻璃由于使用了丁基橡胶，其有效使用期要明显好于单道密封的中空玻璃。单道密封的中空玻璃（在我国逐步被淘汰）的密封胶要采用聚硫胶而不宜采用硅橡胶。需要注意的是在用中空玻璃做玻璃幕墙时，其双道密封的外层胶必须用聚硅氧烷橡胶，因为聚硫胶和幕墙施工时所用密封胶发生缓慢化学反应，容易造成工程事故，应特别注意，必要时可向有关方面咨询。

② 合理的胶层厚度

由式 (6-6) 可以看出，气体通过聚合物扩散的量与胶层厚度成反比。胶层越厚其扩散量越小，所以国家标准中规定：使用双道密封胶时其外层胶的胶层厚度为 5～7mm、使用单道密封胶时胶层厚度为 8～12mm，保证胶层厚度也是减少水汽扩散的重要一环，在生产时一定要保证胶层厚度和厚度的均匀性。特别保证角部密封的严密性。

③ 减小中空玻璃胶层的内外湿度差

式 (6-6) 中气体的扩散量与中空玻璃内外的分压差成正比，作为中空玻璃其间隔层的湿度（水汽分压）越低越好，要减小 ΔP，只有减小外部环境的湿度（或水汽分压）。这可以采用在安装框上开排水孔，使沿玻璃表面流到框架内部的积水能迅速排出，从而保证玻璃周边干燥，以延长中空玻璃的有效使用时间。

④ 合理设计和选材

设计时要充分考虑玻璃的“热炸裂”现象，注意不要在同一片玻璃面或断面产生过大的温度差。为避免“热炸裂”，可根据使用地的气象情况，选用经强化处理过的吸热玻璃或透光率较高的镀膜玻璃。在建筑物的东侧一直到南侧，如果使用吸热玻璃和加丝平板玻璃时，一定要进行这项校核。校核应当分两个阶段进行，即定性校核和定量校核，把由于温度差产生的热应力限制在容许的范围内。为保险起见，中空玻璃厂家在接到此类订单时，应向用户说明可能发生“热炸裂”的有关缘由，分清责任，以避免事后发生纠纷。

⑤ 选择适当吸附速率的干燥剂并尽量缩短工艺时间

对于手工或半手工生产的中空玻璃，干燥剂灌注过程是不密封的。干燥剂暴露于空气之中，会很快从空气中吸附水分。如果干燥剂的吸附速率较低，在同样的时间内干燥剂的吸附量会很小，损失的有效吸附能力也就小。同样缩短工艺时间也是为了减少吸附能力的损失。

⑥ 安装时避免中空玻璃上产生预应力

安装玻璃的框架要平整，与玻璃接触的周边密封材料要有良好的弹性，使玻璃不产生任何变形。

6.6.2 中空玻璃出现炸裂的原因

自从建设部在《民用建筑节能管理规定》中把中空玻璃列为正式实施推广应用的建材节能产品之一以来，中空玻璃作为重要的节能产品得到了广泛的应用。然而在某些完工的建筑工程中常常出现中空玻璃炸裂现象，这种现象在严寒地区逐渐增多。结果使中空玻璃失去了密封性，间隔层内结霜，丧失使用功能。

这种现象的发生，往往与中空玻璃边缘密封质量、玻璃厚度、玻璃边缘处理过程、中空玻璃制作过程等方面有直接的关系。

6.6.2.1 与中空玻璃制作过程有关

玻璃是制作中空玻璃的主要原材料，而玻璃对表面的磨损非常敏感，在中空玻璃制作过程中，难免要对玻璃进行搬运、切割、制作，在这个过程中，不注意就会使其擦伤，表面就会有些小的裂纹形成，这些裂纹是由于在表面的一些微小的区域上，施加小的负载而造成高的、局部的应力形成的。所以，对制作中空玻璃的工作环境应该有严格的要求，避免玻璃表面擦伤。玻璃的表面内部有夹杂物，不能应用到中空玻璃上，因为夹杂物本身已经伴随有微裂纹，微裂纹的无规则分布使施加的应力得到放大，即在施加应力下更容易使裂纹引发，在中空玻璃搬运、制作或使用过程中容易产生炸裂现象。

玻璃的加工过程中边部处理也很重要。因为玻璃的边部加工过程易产生加工缺陷，玻璃所受的拉力最大，玻璃的切割和搬运过程中形成微裂纹的概率就大，也是引起玻璃炸裂现象的重要因素。所以，在制作三层中空玻璃时，边部加工后的磨边工序很重要，应用 120 目以上的砂纸打磨。

6.6.2.2 与中空玻璃边缘的密封质量有关

为了检测玻璃炸裂是否与边缘密封有关系，笔者做了中空玻璃边缘密封质量的试验，采用冷热循环试验方法进行观察。分别制作了尺寸为 300mm×270mm 的三层中空玻璃，玻璃厚度 3mm，铝隔条厚度 12mm，采用聚硫胶单层密封的两个试样，一个试样（图 6-32）聚硫胶打得好，另一个试样（图 6-33）聚硫胶打得不好（有意识在玻璃边缘几处没有涂好）。四次冷热循环试验玻璃裂纹数见表 6-21。

表 6-21　四次冷热循环试验玻璃裂纹数量统计

中空玻璃密封效果	玻璃个数及每次裂纹数						合计
	上层	小计	中层	小计	下层	小计	
密封好的	1,2,2,1	6	0,0,0,0	0	0,0,0,2	2	8
密封不好的		8		1		10	19
数量比	1∶1.33		0∶1		1∶5		

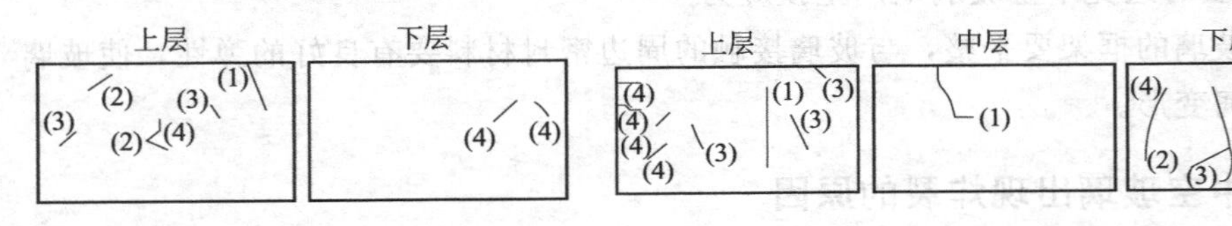

图 6-32　密封好的试样　　　　图 6-33　密封不好的试样

冷热循环试验方法的步骤是：

① 高温：将样品放入烘箱加热，当温度达到（52±2)℃时，保持恒温，90min 后取出。

② 冷却：自烘箱中将样品取出，用（24±3)℃的水冲洗样品 5min，停放风冷 85min。

③ 低温：将冷却后的样品放在（－10±2)℃冰箱内，90min 后取出。

这三个步骤为一个循环，每个循环后观察样品的现象。

经过四个冷热循环后发现，同样单道密封的中空玻璃，打胶质量不同，经过冷热循环后结果不同。由图 6-32、图 6-33 和表 6-21 可以看出，密封好的试样经过三个循环后有一面玻璃无裂纹，而且中间的玻璃经过四个循环后仍无裂纹；密封不好的试样一个循环后三层玻璃全部有裂纹产生。边部密封不好的中空玻璃的玻璃裂纹数量比边部密封好的中空玻璃多 2.37 倍。

从试验结果分析：三层中空玻璃的边缘密封效果不好，玻璃炸裂的机会大，中空玻璃以至门窗的节能效果就会相应降低。这是因为边缘密封好的中空玻璃，玻璃之间形成静止干燥气体隔热空间的整体玻璃结构，静止干燥气体隔热层热导率比玻璃小得多，边缘密封好的三层中空玻璃的热导率为 2.11W/(m^2·K)。密封效果不好的中空玻璃，隔热层中的气体是流动潮湿的，冷热空气直接与单片玻璃接触，单层玻璃的热导率为 6.84W/(m^2·K)，是三层中空玻璃的 3.14 倍。在进行冷热循环时，冷或热空气通过没有涂好的玻璃边缘处进入隔热空气层，加快了与单片玻璃对流、传导速度，使每片玻璃在冷、热循环作用的环境下形成较大的温度梯度，玻璃内部无规则结构网络原子膨胀应力释放，导致裂纹的产生，而且裂纹大多数产生在玻璃边缘的垂直方向。随着循环次数增加，裂纹扩大、增多。密封好的中空玻璃在进行冷热循环时、冷或热空气只在玻璃的表面上进行，冷、热循环作用的环境下形成的温度梯度较小，玻璃炸裂现象少。

一般玻璃炸裂常常发生在冬季朝南、朝东的窗户上，且多发生在早晨、上午，就是因为此时冷热梯度较大。试验结果说明，中空玻璃边缘密封胶的涂敷质量是制作中空玻璃的第一步，也是减少玻璃炸裂现象的关键环节，决定着中空玻璃制品的综合质量性能。

6.6.2.3 与玻璃的厚度有关

对不同厚度的玻璃，同样进行采用冷热循环试验方法观察玻璃是否有炸裂现象。分别制作试样五块：3mm 厚度，尺寸 300mm×250mm 玻璃三块；5mm 厚度，尺寸 260mm×210mm 玻璃两块。经过四个冷热循环后发现：玻璃厚度不同，经过冷热循环后结果不同。由图 6-34、图 6-35、表 6-22 可以看出，厚度 3mm 的玻璃冷热循环效果不如厚度 5mm 的玻璃，第一个循环后 3mm 厚度的三块玻璃不但出现裂纹，且较多、较长，5mm 厚度的玻璃也有裂纹出现，但较少、较短。经过四个循环，3mm 厚度玻璃裂纹数量是 5mm 厚度玻璃的 2 倍。试验结果表明，薄玻璃比厚玻璃炸裂的概率大。另外，还有两种情况：一是 3mm 的薄玻璃不是浮法生产的，玻璃的平整度较差，在进行冷热循环时，冷或热空气与单片玻璃接触不均匀，玻璃表面分子应力不一致，二是如均系浮法生产的玻璃，厚度为 3mm 的玻璃热导率为 6.84W/(m^2·K)，厚度 5mm 的玻璃热导率为 6.72W/(m^2·K)。3mm 厚度玻璃比 5mm 厚度玻璃的传导速度快，在进行冷热循环变化中玻璃的温度梯度大，由于玻璃内部分子在热环境膨胀快，产生的应力没有来得及释放就进入冷却状态，容易产生裂纹。所以，为降低成本，忽视中空玻璃制品质量，选择 3mm 厚度玻璃代替 5mm 厚度玻璃做法是不可取的。

此外，中空玻璃使用环境的温湿度、安装方式等也是影响发生炸裂的因素。

表 6-22 四次冷热循环试验玻璃裂纹数量统计

玻璃厚度	玻璃个数及每次裂纹数						平均每块裂纹数量
	第 1 块玻璃	小计	第 2 块玻璃	小计	第 3 块玻璃	小计	
3mm	1,2,1,2	6	2,1,4,1	8	1,3,0,0	4	6
5mm	0,3,0,0	3	0,2,1,0	3			3
数量比		2：1		2.67：1			2：1

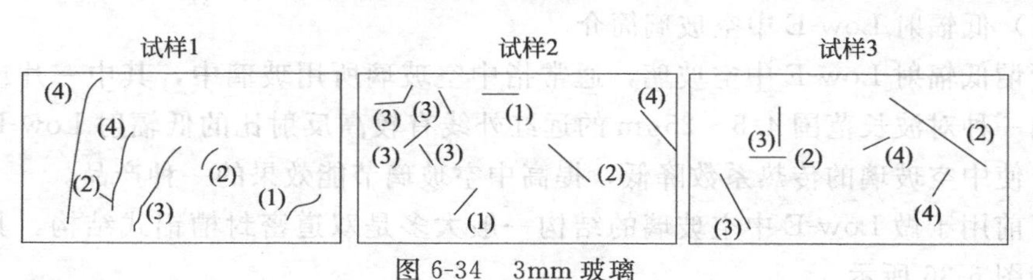

图 6-34 3mm 玻璃

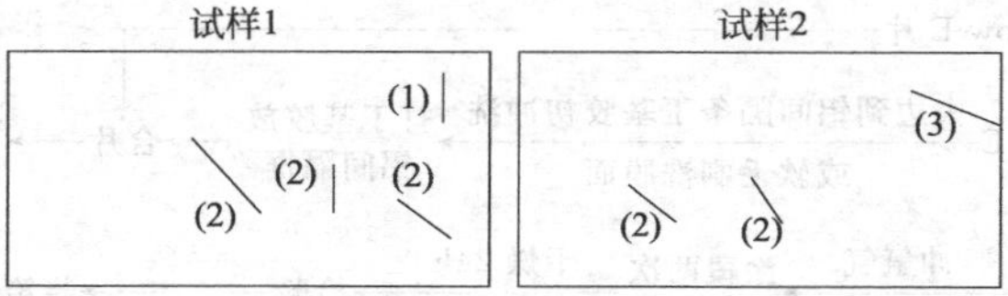

图 6-35 5mm 玻璃

避免和减少炸裂现象发生的方法有：

① 采用双道密封的中空玻璃。实际上，双道密封的中空玻璃保温效果比单道密封中空玻璃的保温效果好。因为单道密封只能防止外界冷或热空气进入中空玻璃的空气层内，而双道密封除了单层密封的作用外，还有抵御外界温度变化及高温和紫外线照射对中空玻璃结构的影响。

② 重视玻璃加工过程中的磨边工序，重视玻璃、中空玻璃的搬运、存储工作。

③ 在制造塑料门窗时不能忽视中空玻璃的制造质量，特别是加强玻璃边缘密封质量的检查、指导。中空玻璃质量不好，等于节能效果只有30%～40%。

④ 在制造中空玻璃的时候，须充分考虑玻璃的质量、厚度。在严寒地区使用三玻塑料门窗，采用5mm厚度的浮法玻璃作为中空玻璃的材料为好。

⑤ 在制造中空玻璃的时候，要充分考虑密封胶、分子筛的质量，保证中空玻璃隔热层中是干燥静止的气体。

⑥ 中空玻璃的室内玻璃采用低辐射玻璃（Low-E 玻璃）。

6.6.3 低辐射 Low-E 玻璃加工中空玻璃常见问题及分析

随着国家对建筑节能要求的逐步提高，市场对中空玻璃的认识程度逐步深入，中空玻璃已成为门窗用和幕墙用玻璃的首选产品。在众多的中空产品中，由于低辐射 Low-E 中空玻璃比一般中空玻璃的节能效果更加突出，热导率 K 值甚至可做到 1.0W/(m^2·K) 左右，因此更受市场的欢迎。但各大生产厂家对 Low-E 中空玻璃的生产技术和经验的掌握还不够全面，技术进步明显滞后于市场的发展速度，明显落后于国际先进生产厂家，导致了 Low-E 中空玻璃在生产、销售和使用中出现了各种各样的质量问题，如：Low-E 效能失效、出现中空干涉彩虹、露点上升、存在色差等，如何尽快提高 Low-E 中空玻璃的产品质量已成为众多生产厂家迫在眉睫的难题。

6.6.3.1 低辐射 Low-E 中空玻璃的加工现状

（1）低辐射 Low-E 中空玻璃简介

所谓低辐射 Low-E 中空玻璃，通常指中空玻璃所用玻璃中，其中一片或两片是使用一种对波长范围 4.5～25μm 的远红外线有较高反射比的低辐射 Low-E 镀膜玻璃，使中空玻璃的传热系数降低，提高中空玻璃节能效果的一种产品。

目前用于做 Low-E 中空玻璃的结构一般大多是双道密封槽铝式结构，其加工过程如图 6-36 所示。

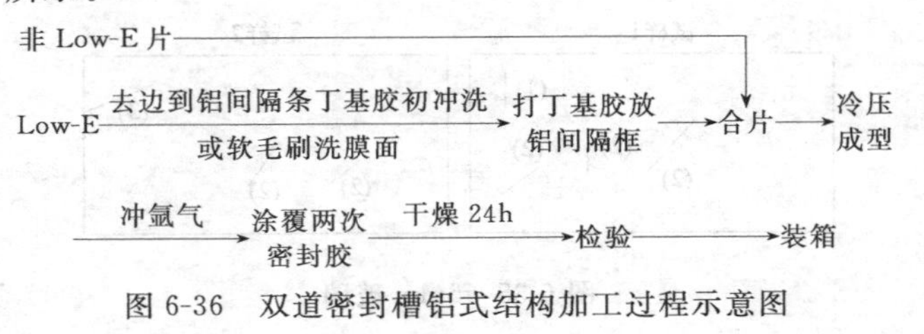

图 6-36 双道密封槽铝式结构加工过程示意图

(2) 加工现状

目前能主产 Low-E 中空玻璃产品的厂家有三类：第一类是拥有先进的可生产离线 Low-E 的进口多是阴极磁控镀膜生产线的厂家，如上海新比利、上海耀皮、南玻及设备改造后的中山格兰特等；第二类是没有生产 Low-E 设备，靠外购国外在线 Low-E 玻璃进厂后再进行中空合片的厂家；第三类是那些引进美国或德国设备较早的玻璃深加工厂家，由于阴极比较少，靠循环往复生产 Low-E 中空玻璃的厂家，这类厂家一般生产量少，不能保证质量稳定，不能大批量供应 Low-E 玻璃。目前国内生产的离线 Low-E 产品，大多数是单银 Low-E 产品，膜层能在大气中放置 24～48h，一般不能外加工，只能用于本厂生产 Low-E 中空玻璃用，只有极少数厂家偶尔生产双银 Low-E 中空玻璃，如上海新比利、南玻等。目前，国内已有几家企业生产在线的 Low-E 中空玻璃。

6.6.3.2 低辐射 Low-E 加工中空玻璃常见质量问题及分析

由于引进低辐射 Low-E 生产技术较晚，生产发展较快，市场比较混乱，加上部分厂家生产管理控制不严，致使上市的产品质量参差不齐，存在各种问题。

(1) Low-E 膜层局部氧化或硫化

根据我们的调查，客户对 Low-E 中空玻璃反映最多的是膜层有局部氧化点。产生这种现象的直接原因有以下几方面：①Low-E 镀膜银隔离层和最后的保护膜偏薄，有的厂家为了节约成本或设备限制，甚至只镀一层银和保护膜，产品在使用中银极易氧化或硫化；②中空玻璃中湿气过大，或没充保护气体氩气，导致银层氧化，产生白色氧化点；③中空玻璃密封不够好，导致银层氧化；④Low-E 玻璃四周去膜不彻底或没有去膜，致使膜层从外面顺着膜层氧化到内部；⑤外层保护膜气密性不够好，致使空气或水蒸气渗透到内部银层。

(2) Low-E 中空玻璃的 K 值偏高

Low-E 中空玻璃之所以受市场青睐，就是因为它的热导率 K 值偏低，一般低于 1.9W/(m^2·K)，而客户反映并非所有 Low-E 中空玻璃都能达到这个值。原因分析如下：

① Low-E 镀膜玻璃本身的低辐射值（e）偏高，一般要求在线 Low-E 小于 0.18，离线 Low-E 小于 0.15。

② 中空玻璃内部没充惰性气体（如氩气），或充得比较少，充气后可有效降低 K 值。

③ 间隔条本身 K 值偏高，若采用暖边技术可大大降低玻璃的 K 值。

④ 中空玻璃密封不好也会导致 K 值升高，节能效率降低。

(3) 中空干涉彩虹现象较多

在产品的生产和使用中，经常发现中空玻璃在一定光线和观察角度下会产生水波纹状的彩色干涉条纹，术语上也叫牛顿环。其产生机理一般有两种。一种是因为当光穿过第一片玻璃时，一部分光继续透过第二片玻璃，而一部分光被反射到第一片玻璃的第二面后回到第一面，被第一面反射后，又透过第三面。另外最初透过第二片玻璃的光部分被第四面反射回来，由于两片玻璃的厚度接近，光的反射在第三面重合，形成了干涉条纹，其具体形成原理如图 6-37 所示。

还有一种是因为两块玻璃反射率相同在第二面产生的干涉条纹，原理如图 6-38 所示。

由以上原理可见，产生彩虹的原因主要有以下几方面：①采用同一厂家的玻璃；②采用相同厂家同一位置玻璃，因为它们的厚度和反射很相近；③两块玻璃厚度相同；④Low-E 镀膜使两片玻璃反射率和厚度更接近，加强了干涉条纹的可见性；⑤大面积薄玻璃尤其是 6mm 左右大规格玻璃易变形产生干涉彩虹。

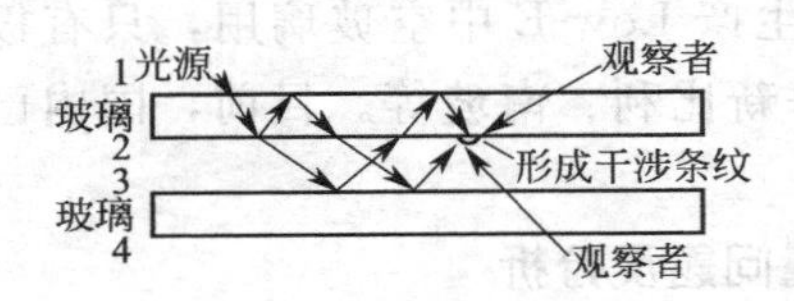

图 6-37 牛顿环形成原理之一

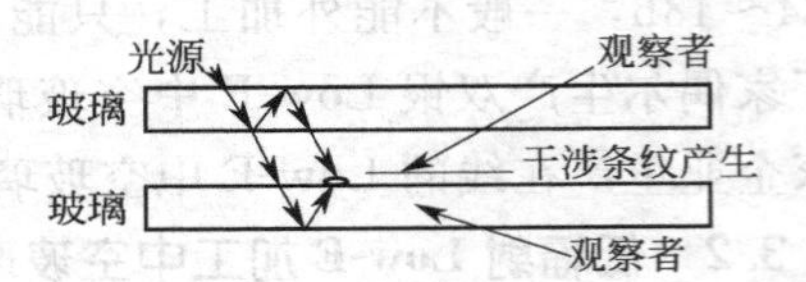

图 6-38 牛顿环形成原理之二

（4）Low-E 中空玻璃内部不干净

Low-E 中空玻璃内部不干净的原因大约有两点：

① 由于离线 Low-E 膜层较软，容易划伤，所以 Low-E 玻璃合中空时一般仅仅冲洗或用软毛刷轻轻清洗；若膜面不慎掉上污物，很难洗干净，合片后会产生可见污物，甚至会导致该处银氧化（硫化），产生缺陷。

② 由于设备清洗维护不够，传输环节有灰尘或污物，致使玻璃在输送中产生污点。

（5）Low-E 中空玻璃密封性能不好甚至失效

虽然生产 Low-E 中空玻璃的厂家设备一般大多采用进口设备，所选材料质量一般也较好，但也常常发生中空玻璃密封性能下降，甚至失效等现象。产生原因比较复杂，主要原因分析如下：①没有采用一次折弯间隔框或插角与间隔框不合适，泄漏率较高；②丁基胶涂得不均匀，有断胶现象，或插角处没用丁基胶修补密封；③钢化玻璃平整度不够，密封性能下降；④规格过大，中空玻璃易变形；⑤所用材料质量不过关，如密封胶的水汽透过率较高；⑥Low-E 膜层没有去边或去边不彻底；⑦环境恶劣，如温差变化过大，导致玻璃与密封胶收缩和膨胀范围过大，导致中空玻璃泄漏；⑧胶与间隔条或胶与玻璃的相容性不够好。

（6）色差

Low-E 中空玻璃一般分高透型和遮阳型两种，高透型一般以浅色或净色为主；遮阳型一般反射效果较好，颜色比较重，遮蔽系数一般小于 0.50。由于 Low-E 玻璃的生产工艺比较复杂，组合膜层比较多，颜色比较柔和，属于柔色系列，膜层的变化对颜色影响程度比较大，同一批产品的色差控制难度较大，因此若 Low-E 产品的膜层设计不合理，生产工艺不稳定，极易产生色差现象。据客户反映，各大厂家生产的 Low-E 中空玻璃均在一定程度上存在色差现象，给客户的安装使用带来不便。

6.6.3.3 提高 Low-E 中空玻璃的常用手段

根据我们的经验，采取以下措施可在一定程度上提高 Low-E 中空玻璃的质量。

① 适当增加 Low-E 玻璃银层前后隔离膜层，如：NiCr 层的厚度；改善最外层保护膜，如 ZnO，SnO_2，SiO_2 的密封性能；增加厚度或采用气密性较好的膜层，如 SiO_2 等。

② Low-E 玻璃膜层四周去膜彻底，宽度合适，一般以到丁基胶中部为好，可有效防止 Low-E 膜层氧化，提高中空玻璃的粘接性。

③ 采用质量好的一次压弯隔层框，如 Lisec 的铝压弯框，并在插角处用丁基胶或其他密封剂完全密封。

④ 加快离线 Low-E 中空玻璃的合片间隔时间，从生产 Low-E 玻璃出来到中空玻璃合片一般应控制在 6h 以内为好，如下雨天，湿度较大时，应一边生产一边合片，尽量减少 Low-E 膜层在大气中的暴露时间，合片后应及时充氩气并将充气孔密封好。

⑤ 改进生产设备和改善生产环境。生产 Low-E 中空玻璃设备的清洗机应进行技术改进，洗 Low-E 膜层面应改用不容易划伤 Low-E 膜层的软毛刷或不用毛刷，最后冲洗水用软化水为好，以防侵蚀膜层，中空合片室应与外部隔离，增设干燥抽湿设备，一般应保证合片室湿度在 40%以下为好。

⑥ 采用好的中空密封胶和好的打胶工艺。丁基胶的密封性和粘接性对 Low-E 中空玻璃的质量至关重要，若采用水汽透过率低、粘接性能好的丁基胶，可有效防止 Low-E 膜层氧化和中空玻璃失效，一般丁基胶的应用温度应为 120～140℃，厚度控制在 0.5mm 左右为好，宽度应大于 3mm。丁基胶不仅要粘接性能好，而且容易修复，且不能太硬或太软，太硬易泄漏，太软易变形，间隔框与丁基胶应物理黏合，不应与间隔框发生化学反应。二次密封胶的选用应根据玻璃的用途来选用。若用于有框门窗玻璃应采用气密性较好的聚硫胶或聚硅氧烷胶，若用于隐性幕墙或对玻璃强度要求较高的应采用聚硅氧烷结构胶，双组分胶的 A 与 B 组分的配比应根据使用的温度和湿度，做适当的调整，一般固化时间在 1h 左右为好。

⑦ 调整 Low-E 膜层厚度，尽量调节到膜层厚度变化对颜色变化影响不大的范围。另外，提高真空度、稳定生产工艺和镀膜进片速度，均可降低产品色差。

⑧ 建立中空玻璃质量检验室，全面检验和控制中空玻璃的内在质量。

⑨ 在国内，对中空玻璃的内在质量控制方面，各生产厂家普遍不够重视，尤其是对密封胶的性能检测方面。应全面检测中空玻璃的密封性能、露点、耐紫外线照射性、胶的混合比例、均匀性、硬度、粘接性、扯断试验等。只有这样，才有望全面提高中空玻璃的产品质量。

6.6.4 粘接工艺对中空玻璃密封胶粘接性能的影响

槽铝式中空玻璃的内道密封，一般采用丁基中空玻璃密封胶，其主要起密封作用；外道密封胶主要采用聚硅氧烷、聚硫等中空玻璃密封胶，以赋予铝框架和玻璃优良的粘接性。因此，外道密封胶粘接性的优劣直接影响中空玻璃的安全性、使用寿命以及进而影响内道密封胶的气密性。

在影响中空玻璃密封胶粘接性的诸多因素中，除与中空玻璃密封胶的性质有关外，还与被粘物表面的性质以及粘接过程的工艺有关。

探讨粘接工艺对中空玻璃粘接性的影响，旨在给使用中空玻璃密封胶的用户，在理论上明确粘接工艺对中空玻璃密封胶粘接性的重大影响，从而在实际运用中严格规范粘接程序及操作工艺，确保制作出合格的中空玻璃。

6.6.4.1 铝间隔条、玻璃表面的覆盖层和污物对粘接性的影响

被粘物的表面被环境气氛污染是一种普通的物理吸附现象。铝、玻表面是一种高能活性表面，其刚处理好的洁净表面一旦暴露于大气气氛中，该表面立即被大气气氛或其他杂质所污染，表面的接触角迅速上升，一般情况下经 5h 后污染才达到平衡，接触角开始稳定。假如铝、玻表面的污染物质是各种油脂及低表面能的物质，这必然导致铝、玻表面能减小，接触角增大，使密封胶不易湿润被粘物表面，不同程度上影响了粘接性；假如铝、玻表面吸附的是一些无机盐和可溶性物质，当这些可溶性物质被带进胶接件的粘接界面层时，容易被入侵的水所溶解，由于溶解的渗透而导致胶接界面上气泡的形成，这将大大影响粘接强度。因此，为了达到最佳的黏合效果，在制作中空玻璃前，必须对被粘物表面进行处理，并且处理过的被粘物必须在短期内施胶，否则必须重新处理。

6.6.4.2 中空玻璃生产区和固化区环境对粘接性的影响

① 施工区及固化区的环境，设备卫生应保持洁净，在混胶过程中应防止灰尘、水、杂质的混入，否则，因杂质的混入会形成粘接破坏的应力集中点。

② 中空玻璃密封胶应在温度 5～45℃，相对湿度 40%～80%的环境下施工。因为环境温度过低，一方面使胶的黏度变大，易造成混胶不良；另一方面使胶的表面湿润性降低，并且在低温的型材上可能形成霜和冰，从而影响密封胶的粘接性。在高的环境温度下，密封胶的抗下压垂性会变差，初始固化时间加快，适用期短，密封胶还来不及湿润铝、玻表面，其自身已成半固化状态，从而大大影响其黏附性，相对湿度过低会使密封胶的固化速率变慢，但过高的相对湿度可能会在型材表面上形成冷凝水膜，影响密封胶的粘接性，也可使密封胶形成气泡。

6.6.4.3 配胶、混胶、注胶工艺对粘接性的影响

(1) 配比正确与否对粘接性的影响

对双组分中空玻璃密封胶应按照供货方产品说明书提供的比例进行计量配比，严格计量，配比正确，各组分相互混合后发生交联反应生成的生成物发挥预期的性能，而计量配比不准确时，则发生两种情况：①交联点不够，固化速率慢，甚至不固化，固化后硬度小，表面始终发黏；②交联点过多，固化速率过快，影响胶对铝、玻表面的湿润性，固化后胶硬而脆，失去弹性，耐老化性能差。这两种情形势必影响胶的内聚强度或胶对铝、玻的粘接性。

（2）每次配胶量的多少对粘接性的影响

应根据所使用胶的适用期，季节，环境温湿度，施工条件，实际用量的多少来决定每次配胶量的多少，否则，一次性配胶过多，混合胶一旦超过其适用期，则发生胶自身固化，与铝、玻粘接性大大降低。

（3）混合是否均匀对粘接性的影响

双组分中空玻璃密封胶在注胶之前应该进行混合均匀性试验（蝴蝶试验），否则，混合胶中某一部分过多或过少，会影响固化后胶的预期性能，从而影响胶的内聚强度及其对铝、玻的粘接性。

（4）混胶工艺及注胶工艺对粘接性的影响

① 单组分中空玻璃密封胶可用手动或气动施胶枪注胶，当使用气动枪时应调节好操作压力（配制气压为0.1～0.6MPa），防止注胶时产生气泡，从而影响粘接强度。

② 双组分中空玻璃密封胶应使用双组分打胶机施胶。不推荐手工混胶，因手工混胶不可避免地会把空气裹进胶中，空气在固化后的胶中成为气孔，成为应力集中点，黏结拉伸破坏往往从气孔处开始。

③ 胶枪枪嘴口径应小于接口厚度，使枪嘴伸入接口 1/2 深度挤胶，挤胶动作应连续，枪嘴应匀速缓慢移动，其速度以始终保证挤出的胶在枪嘴的前方，即“推着胶”运动，而不能“拉着胶”走，从而确保接口内充满密封胶，以防枪嘴移动过快或往复施胶而产生气泡或空穴。

④ 在完成注胶后应及时用工具用力将接口外多出的密封胶向接口内压实，使胶与接口的侧边相接触，以减少内部气泡和空穴，并保证胶与铝、玻面充分接触湿润。

6.6.4.4 中空玻璃成品养护工艺粘接性的影响

中空玻璃成品在不同的养护时间内，中空玻璃密封胶与铝、玻表面的粘接强度大小不同，而且这种粘接强度受当地的环境温度、相对湿度、胶头的设计等因素的影响较大。一般中空玻璃密封胶在其养护过程中的固化分为三个时间段：

（1）初固化

在一定温度条件下，经过一段时间达到一定的强度，胶表面已固化不发黏，但固化未结束。此时，胶的内聚强度及黏附性能均很低。

（2）基本固化

再经过一段时间，基本大部分参加反应，并达到一定的交联程度，该历程一般需要一周时间。

（3）后固化

一般是在一定温度下，保持一段时间能够补充固化，进一步提高固化程度并可有效地消除内应力，从而提高粘接强度，该历程一般需要两周时间。

JC/T 486—2001《中空玻璃用弹性密封胶》标准中明确规定中空玻璃密封胶在标准试验条件下（RT＝20～23℃，RH＝50％±5％），双组分中空玻璃密封胶必须养护 14 天，单组分中空玻璃密封胶必须养护 28 天，方可达到最大黏结强度。

中空玻璃单元件必须在静止和不受力的条件下养护。在养护期间搬运中空玻璃单元件不允许铝框与玻璃产生丝毫的位移和错位，否则会影响粘接性。以上从被粘物的表面处理，在环境条件、配胶、混胶、注胶、养护等细节上探讨了粘接工艺对中空玻璃密封胶粘接性的影响。作为中空玻璃生产厂家，如能按照密封胶供货产品说明书正确使用密封胶，并严格规范粘接工艺，方能确保其生产出粘接性佳的中空玻璃。

6.6.5 密封胶的常见问题及解决措施

目前，国内中空玻璃的制作分槽铝法和复合胶条法两种，槽铝法是应用较早也是较为广泛的生产方法，它是以丁基胶为内层密封胶，外层是聚硫胶、聚硅氧烷胶等密封胶做周边密封来生产中空玻璃。中空玻璃密封胶的性能和质量是决定中空玻璃质量性能的重要因素之一。在中空玻璃的生产制造过程中，常会遇到一些问题，比如中空玻璃漏气失效、胶层与玻璃粘接不良导致中空玻璃使用寿命短、密封胶硫化过快造成堵塞打胶机而影响正常生产、胶层不硫化或胶层表面发黏不能包装而影响交货期等。如何处理好这些在生产过程中遇到的问题，是中空玻璃制造商最为关心的话题。如果对中空玻璃密封胶的机理、性能有所了解，并在实际生产过程中加以结合、运用，就能及时地、较好地解决上述问题。

6.6.5.1 中空胶固化速率太快

中空胶固化速率过快，胶未使用完就固化或打胶机在涂胶过程中发生堵机现象。产生的主要原因有以下几个方面：

① 施工环境温度或胶温高导致胶的活性高、固化速率加快以致施工期缩短。

② B组分过量。

③ 打胶机A，B两组分比例失调。

在实际中解决的措施有：适当降低B组分的比例，从而延长施工期以满足施工要求。对于手工涂胶的，应在降低B组分用量的同时对A、B两组分进行准确称量；对于机械施工的，应检查打胶机的配比系统，调整、降低B组分的使用比例，同时清洗打胶机。

6.6.5.2 中空胶固化速率太慢

与中空胶固化速率太快相反，中空胶固化速率过慢，制作的中空玻璃不能及时搬运和包装。产生胶固化速率太慢的主要原因有以下几个方面：

① 环境温度低、湿度小导致中空胶的活性降低，不能很好地固化；

② B组分的比例不够。

解决措施从以下几方面着手：适当增加B组分的用量，对于手动涂胶的，在增加B组分用量的同时应准确称量；对于机械施工的，应检查打胶机的配比系统，调整、增加B组分的使用比例，同时检查混胶器是否堵塞。有条件的生产厂家还可以用加温、加湿的方法以促进中空胶的固化。

6.6.5.3 中空胶黏度太大

在温度低的时节打胶时，由于温度低，中空胶黏度太大，发硬不易施工。

造成这种现象的主要原因是中空胶内含有有机高分子材料，使得中空胶的黏度随温度的变化而变化，温度降低导致中空胶的黏度增大。

解决的措施有：

① 改善施工环境条件，升高施工现场的温度。

② 对中空胶以适当的方式进行加热。

6.6.5.4 粘接性不好

中空胶对玻璃、铝等材料的粘接情况不良或不粘。

产生这种现象的原因有：材料表面没有清洗干净；粘接是一个过程，需要一定时间且与施工现场的环境条件有关，环境温度降低会使黏结时间延长；材料因素。

解决的措施有：

① 对被粘材料表面用清洗液/剂进行有效清洗。

② 根据环境条件适当延长养护时间。

③ 有些材料如镀膜玻璃、PVC型材等因配料不同或有增塑剂渗出，会导致粘接不良出现。这些材料在首次使用前应先做粘接试验，以确保粘接性能。

6.6.5.5 打胶机出胶不均匀

打胶机在涂胶过程中，打出的胶不均匀，有时会有一段固化，而另一段不固化的情况。

产生这种现象的原因有：打胶机内有异物造成堵塞，或单向堵塞或单向阀失效。

解决措施有：对打胶机进行检查、清洗，消除异物、更换失效零部件；根据设备说明书，调整好A、B组分的使用比例。

6.6.6 丁基胶在涂布过程中产生的缺陷

在槽铝式中空玻璃的生产过程中，作为一道密封的丁基胶涂布的成功与否直接影响到中空玻璃的质量与使用寿命。而在实际生产过程中，丁基胶涂布有时会遇到气泡观象，气泡现象产生的危害主要有两个：

① 使正常涂布的胶条中断，影响涂布效率。

② 因大量微小气泡的产生影响胶条表面的光亮度，产生毛刺观象，严重影响未合片前铝间隔条的外观。因此消除气泡的产生在中空玻璃的生产过程中显得尤为重要。

涂布丁基胶过程中产生气泡的原因很多，大致分为以下五个方面：

① 成品丁基胶内部存在气泡。因丁基胶为半固体黏稠状不干胶，在生产过程中如果混入气泡，不加以处理或处理不彻底，而把气泡存留在胶体中，在涂布过程中气泡可随胶体从涂胶头排出，从而影响涂布质量。

② 胶缸中丁基胶没有排净就更换加入新的丁基胶。如果在胶缸中存在丁基胶的情况下退出活塞，具有优良粘接性的丁基胶，在胶缸底部和活塞上会形成山峰

状，而在推入新的丁基胶后，胶缸和活塞粘接的山峰状丁基胶与新的丁基胶之间会存在大量气泡，区别只不过是活塞处气泡比胶缸底部气泡少一些。因此在涂胶过程中表现为刚刚换胶后气泡较大，毛刺较多，而在将近结束时，气泡较少。

③ 丁基胶体直径与胶缸直径相差太大。如果丁基胶直径大大小于胶缸直径，丁基胶与胶缸内壁存在较大空间并充斥着大量空气，丁基胶在活塞强大的机械力挤压下，胶体外壁不规则向外膨胀，把部分空气挤压封闭在胶体与缸壁之间，虽然在挤压过程中会有部分空气从活塞与缸壁之间的缝隙中排出，但被封闭的空气由于丁基胶的阻碍，不能排出，导致在丁基胶涂布过程中间隔一定时间就会有气泡产生。

④ 胶缸和胶头温度过高。由于丁基胶内部存在大分子有机物质，如果温度过高，有机物质会发生裂解，产生小分子物质，其中一些在高温下以气态形式存在，如果此时丁基胶涂布操作，排出胶头后，即高温高压状态下的气体突然降压，其体积会迅速膨胀，产生大量微气泡，使胶条表现为毛刺现象。

⑤ 其他原因

从以上气泡产生的原因分析过程中可以看出，气泡是可以避免的，在应用过程中：a. 应采用高质量的丁基胶；b. 更换丁基胶时应尽量把原丁基胶完全排净，退出活塞后把活塞清理干净；c. 使用的丁基胶直径应尽量接近胶缸直径 D，且 $D-d \leqslant 10\text{mm}$（$d$ 为丁基胶的直径）；d. 涂布温度应尽量小于 160℃。

当然，造成丁基胶涂布过程中产生气泡的原因的不确定性有很多，只要遵循事物的客观规律，深入分析，就可以解决困扰丁基胶涂布的气泡问题。

6.6.7 密封胶不实

槽铝式中空玻璃在实际生产过程中，由于种种原因，经常会遇到内道密封外道密封不接触，而形成一条非常规则的“隔线”或“隔孔”，如图 6-39 所示。隔线与隔孔的存在严重影响了中空玻璃的质量和外观。在生产过程中操作人员为消除隔线、隔孔，致使工作效率严重降低，并且在修复过程中外道密封胶中极易混入大量气泡，使中空玻璃质量受到影响，其产生原因分析如下。

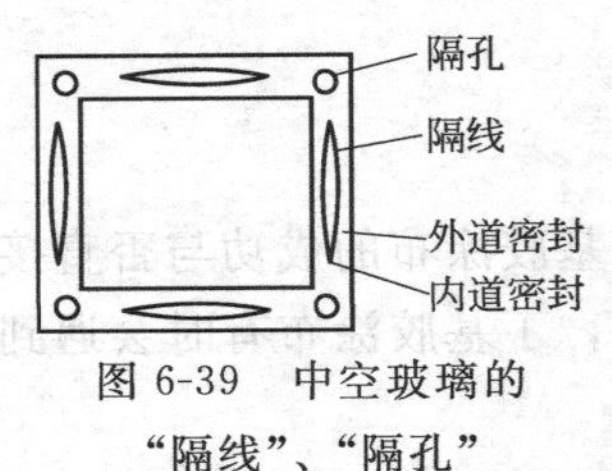

图 6-39 中空玻璃的“隔线”、“隔孔”

6.6.7.1 丁基胶涂布未到位

在生产过程中中空玻璃涂胶流程如图 6-40 所示。在图中可以看出截面为圆缺形的丁基胶在受到玻璃和铝条的挤压下变形向两边延伸，如果丁基胶涂布位置不当，也就是太靠近 b 端，导致合片时丁基胶受压变形后与 a 端相差太远（图 6-40）。这使外道密封胶在涂布时进入厚度只有 0.3～0.5mm 的狭缝中，要与丁基胶良好接触几乎是不可能的。

6.6.7.2 外道密封胶选用不当

外道密封胶，在进入狭缝与丁基胶接触时，胶面主要受两个力作用（图 6-41），压力 F 是涂布动力源施予的，及胶面本身存在的分子张力 f：胶体进入玻璃与铝条狭缝后，F 由于胶体本身黏度存在阻力而大大减小，当 $F>f$ 时，外道密封胶很易进入狭缝与丁基胶接触，排出空气，当 $F\leqslant f$ 时，外道密封胶不能进入狭缝，与丁基胶之间的空气未被排出，在中空玻璃边上形成"隔线"，而在中空玻璃离夹角处形成"隔孔"。选用 f 较小，黏度阻力较小的外道密封胶，可从根本上解决"隔线""隔孔"问题。而在 f 降低的同时，中空下垂度并未受到任何影响，保持在 0。

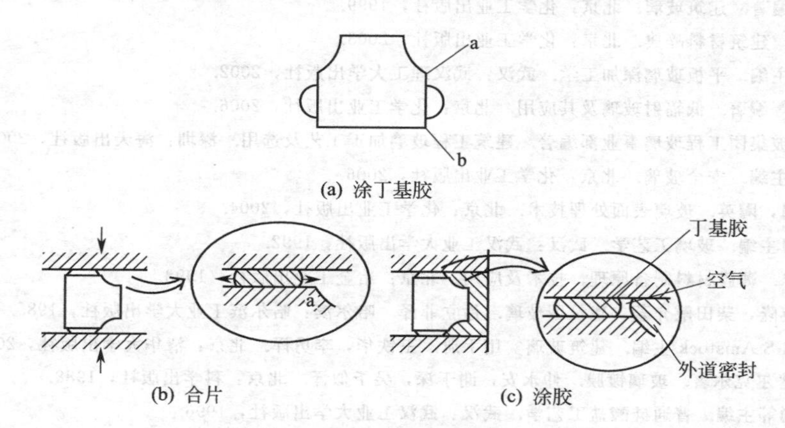

图 6-40　中空玻璃涂胶流程

6.6.7.3　外道密封胶操作不当

目前外道密封胶涂布分为机涂和手涂两种，在机涂过程中，主胶与辅胶在将涂布时，才可以混合，而在此时，混合时的黏度最小和可挤出性最好。也就是说，此时混合胶最容易进入狭缝，手工涂胶与机涂存在很大差异。手工涂胶时，主胶与辅胶提前混合，如果混合胶太多，而混合胶消耗使用的速率由于操作人员技术熟练程度和生产能力等诸多原因影响相对滞后，混合胶因为自身反应而使黏度逐渐增大，使 F 迅速下降，造成隔线与隔孔的概率增大。因此在涂胶过程中，机器涂胶产生隔线、隔孔的概率大大小于手工涂胶。

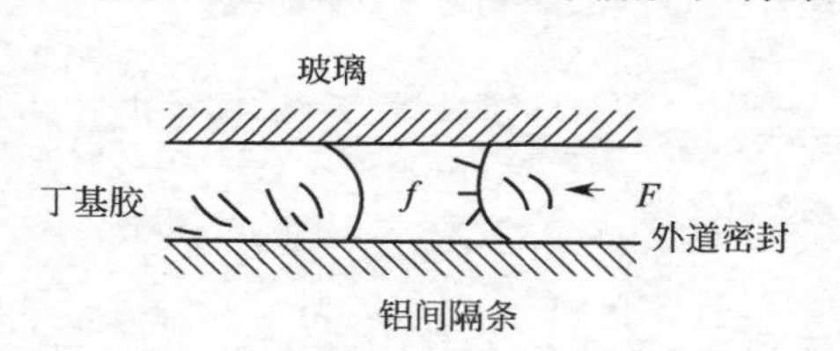

图 6-41　外道密封胶的受力

了解了产生隔线与隔孔原因后，我们可以制定相应的解法方法：

① 涂布丁基胶应尽量靠近 a 端。

② 选用品质优良的聚硅氧烷胶。

③ 手工涂胶时混合密封胶应遵循"少量多次"的原则。

有时造成隔线、隔孔的原因是由于以上三点中的两个或三个同时作用引发造成的，所以只有综合以上三个解决方法，灵活运用，才能解决隔线、隔孔的问题。

参 考 文 献

[1] 西北轻工业学院主编．玻璃工艺学．北京：轻工业出版社，1982.

[2] 龙逸编著．加工玻璃．武汉：武汉工业大学出版社，1999.

[3] 刘忠伟等著．建筑玻璃在现代建筑中的应用．北京：中国建材工业出版社，2000.

[4] 马眷荣编著．建筑玻璃．北京：化学工业出版社，1999.

[5] 马眷荣．建筑材料辞典．北京：化学工业出版社，2003.

[6] 朱雷波主编．平板玻璃深加工学．武汉：武汉理工大学出版社，2002.

[7] 刘志海等编著．低辐射玻璃及其应用．北京：化学工业出版社，2006.

[8] 中国南玻集团工程玻璃事业部编著．建筑工程玻璃加工工艺及选用．深圳：海天出版社，2006.

[9] 石新勇主编．安全玻璃．北京：化学工业出版社，2006.

[10] 王承遇，陶英．玻璃表面处理技术．北京：化学工业出版社，2004.

[11] 赵永田主编．玻璃工艺学．武汉：武汉工业大学出版社，1992.

[12] 唐伟忠．薄膜材料制备原理、技术及应用．北京：冶金工业出版社，1998.

[13] 宇野英隆，柴田敬介著．建筑用玻璃．徐立菲译．哈尔滨：哈尔滨工业大学出版社，1985.

[14] Joseph S Amstock 主编．建筑玻璃实用手册．王铁华，李勇译．北京：清华大学出版社，2003.

[15] H K 普尔克尔著．玻璃镀膜．仲永安，谢于深，吴予似译．北京：科学出版社，1988.

[16] 曹文聪等主编．普通硅酸盐工艺学．武汉：武汉工业大学出版社，1996.

[17] 干福熹．现代玻璃科学技术，下册．上海：上海科学技术出版社，1990.

[18] 刘缙主编．平板玻璃的加工．北京：化学工业出版社，2008.

[19] 朱洪祥主编．中空玻璃的生产与应用．济南：山东大学出版社，2006.